Auswertung von Messdaten

Statistische Methoden für Geo- und Ingenieurwissenschaften

von
Prof. Dr.-Ing. Wilhelm Caspary,
Univ.-Prof. Dr. rer. nat. Klaus Wichmann

Oldenbourg Verlag München Wien

Prof. Dr.-Ing. Wilhelm Caspary war bis 2002 Professor am Institut für Geodäsie der Universität der Bundeswehr München.
Univ.-Prof. Dr. rer. nat. Klaus Wichmann war bis 2003 Professor für Mathematik am Institut für Mathematik und Bauinformatik der Universität der Bundeswehr München.

Bibliografische Information der Deutschen Nationalbibliothek

Die Deutsche Nationalbibliothek verzeichnet diese Publikation in der Deutschen Nationalbibliografie; detaillierte bibliografische Daten sind im Internet über <http://dnb.d-nb.de> abrufbar.

Rosenheimer Straße 145, D-81671 München
Telefon: (089) 45051-0
oldenbourg.de

Lektorat: Anton Schmid
Herstellung: Anna Grosser
Coverentwurf: Kochan & Partner, München
Gedruckt auf säure- und chlorfreiem Papier
Druck: Grafik + Druck, München
Bindung: Thomas Buchbinderei GmbH, Augsburg

ISBN 978-3-486-58351-9

Vorwort

Durch Messen, Zählen, Beobachten und Befragen werden Daten gewonnen, die zur Beschreibung von Objekten und zur Entwicklung und Überprüfung von Hypothesen über Phänomene der wahrnehmbaren Welt verwandt werden. Besonders ausgeprägt ist diese Vorgehensweise in den Natur- und den Ingenieurwissenschaften, aber auch für die Humanwissenschaften gewinnt sie durch die Empirie zunehmend an Bedeutung.

Die Art der Daten und wie sie gewonnen werden hängt stark vom fachspezifischen Kontext ab und unterliegt einer großen Variationsbreite. Beispielsweise können die Beschleunigungsdaten eines Trägerfahrzeugs von einem Navigationssystem mit einer Frequenz von tausend Hertz gemessen werden. Als Daten können aber auch die Anzahlen der Sonnenflecken in verschiedenen Zeitintervallen beobachtet werden oder die Ernteerträge einer bestimmten Feldfrucht auf Versuchsflächen bei einem Düngungsexperiment.

Die rohen Daten werden in aller Regel aufbereitet bevor sie in der Fachanwendung benutzt werden. Dabei kann es sich um die Bereinigung der Daten von groben Fehlern, um Mittelbildungen zur Volumenreduktion oder um die Codierung von Angaben in Fragebögen handeln.

Die in diesem Band dargestellten Verfahren der wissenschaftlichen Datenanalyse setzen bereinigte Daten voraus. Sie können aber nur einen kleinen Ausschnitt des breiten Spektrums der fachspezifischen Methoden abdecken. Die Autoren haben den Versuch unternommen, eine Darstellung zu entwickeln, die den Schwerpunkt auf die Grundlagen und die methodischen Ansätze legt, so dass eine breite Anwendung der erläuterten Lösungswege möglich erscheint. Die Beispiele zur Veranschaulichung der Modelle und zur Demonstration der Schätzverfahren sind vorwiegend den Bereichen geodätische Messtechnik und Positionsbestimmung entnommen. Auf diesen Anwendungsgebieten besitzen die Verfasser die umfangreichste Erfahrung. Sie haben über viele Jahre die Fachgebiete Ingenieurgeodäsie bzw. Mathematik und Statistik in der Fakultät für Bauingenieur- und Vermessungswesen an der Universität der Bundeswehr München in Lehre und Forschung vertreten.

Das Buch ist in drei Hauptteile gegliedert. Im ersten Teil, Kapitel 1 bis 3, werden die Grundlagen statistischer Verteilungen behandelt und zur Beschreibung der Eigenschaften von Beobachtungsreihen angewandt. Außerdem werden wichtige Schätzverfahren eingeführt, die zur Berechnung von Mittelwert und Varianz einer Beobachtungsreihe benötigt werden. Der zweite Teil, Kapitel 4 bis 6, behandelt die Bildung linearer Modelle und die Schätzung von Modellparametern sowie die Filterung und Vorhersage für räumliche Prozesse und kinematische Positionsbestimmungen. Im dritten Teil, Kapitel 7 und 8, wird die Intervallschätzung eingeführt, und die statistischen Grundlagen werden soweit erweitert, wie sie zum Verständnis der ausführlich behandelten statistischen Testverfahren benötigt werden.

Das Buch ist sowohl zur selbständigen Einarbeitung in die Methoden der wissenschaftlichen Messdatenanalyse und als Begleittext für weiterführende Lehrveranstaltungen gedacht als auch als Referenz bei der wissenschaftlichen Arbeit mit Daten unterschiedlicher Herkunft. Für Leser, die sich im Wesentlichen mit der Parameterschätzung befassen, sind die Kapitel 7 und 8 entbehrlich. Wer dagegen den Schwerpunkt auf die statistische Analyse von Beobachtungsreihen legen will, kann beim Lesen die Kapitel 4 bis 6 überspringen.

München

Wilhelm Caspary
Klaus Wichmann

Inhaltsverzeichnis

1 Einleitung

1.1 Gegenstand und Aufgabe der Messdatenauswertung

Wenn in Naturwissenschaft und Technik beobachtete Phänomene mathematisch behandelt werden sollen, werden sie durch Modelle beschrieben, die in der Regel *Parameter* enthalten, deren Werte durch Messungen zu ermitteln sind. Diese Parameter sind geometrische, physikalische oder stochastische Größen, die innerhalb des Modells einen exakten (wahren) Wert besitzen.

Da die Messungen in der realen Welt durchgeführt werden müssen, erfolgen sie unter der Hypothese, dass die gesuchten Größen auch dort einen *wahren Wert* besitzen, der mit dem Modellwert identisch ist. Die Erfahrung lehrt jedoch, dass der wahre Wert eines Modellparameters durch Messungen nicht ermittelt werden kann; denn das Modell ist in aller Regel nur eine Approximation der Wirklichkeit, und wiederholte Messungen führen zu voneinander abweichenden Ergebnissen. Ursachen für diese *Abweichungen* sind Unzulänglichkeiten des Instrumentariums, des Beobachters, der Modellvorstellungen, der Berücksichtigung der Umwelteinflüsse auf die Messung und die natürliche Variabilität der Messobjekte. Die Messabweichungen haben dieselben Eigenschaften wie die Realisierungen von *Zufallsvariablen.* Es liegt daher nahe, bei der Auswertung der Messungen Methoden der mathematischen Statistik anzuwenden.

Um dies zu ermöglichen, werden stets mehr als die Mindestanzahl von Messungen durchgeführt und zu einer *Beobachtungsreihe (BR)* zusammengefasst, die als statistische *Stichprobe* aus der fiktiven *Grundgesamtheit* aller denkbaren Wiederholungsmessungen betrachtet werden kann. Mit statistischen Methoden wird aus der Stichprobe ein Schätzwert für den Erwartungswert der gesuchten Größe berechnet, der nach statistischer Betrachtungsweise ein Parameter der Grundgesamtheit bzw. der Verteilung der Zufallsvariablen ist. Bei dieser Vorgehensweise wird der statistische Erwartungswert mit dem wahren Wert des Parameters des mathematischen Modells gleichgesetzt, und es wird angenommen, dass der ermittelte Schätzwert zugleich der günstigste (plausibelste, wahrscheinlichste) Wert für den Modellparameter ist, der aus der Beobachtungsreihe abgeleitet werden kann.

Aufgabe der Messdatenauswertung ist es, mathematisch-statistische Modelle, Schätzverfahren und Algorithmen zu entwickeln, um aus mit zufälligen Abweichungen (Fehlern) behafteten Beobachtungen möglichst gute Schätzungen für unbekannte Parameter abzuleiten, ein widerspruchsfreies System von geschätzten (ausgeglichenen) Größen zu liefern und Genauigkeitsschätzungen für Beobachtungen und abgeleitete Größen zur Verfügung zu stellen. Dabei soll die in den Beobachtungen enthaltene Information möglichst erschöpfend genutzt werden. Schlechte Messungen werden durch die Auswertung nicht besser. Es können auch keine Fehler beseitigt werden. Daher sind sorgfältige Messungen und die Erfassung aller den Messvorgang beeinflussenden Größen die wichtigsten Voraussetzungen zur Ermittlung guter Schätzwerte für die gesuchten Modellparameter.

Ein weit verbreitetes Verfahren der Parameterschätzung ist die auf GAUSS zurückgehende *Methode der kleinsten Quadrate* (MkQ), die unter der Bezeichnung *Ausgleichungsrechnung* in der Geodäsie, der Astronomie und in vielen anderen Disziplinen eingesetzt wird. An fünf einfachen Beispielen wird nun die Art der Probleme veranschaulicht, die mit den in den folgenden Kapiteln ausführlich abgeleiteten Methoden behandelt werden.

1.2 Einfache Beispiele

1) Der Durchmesser eines zylindrischen Bolzens soll mit einer Schieblehre bestimmt werden. Dazu werden fünf Messungen an verschiedenen Stellen des Bolzens durchgeführt. Die Messwerte werden auf dieselbe Weise gewonnen und können daher als gleichgenau betrachtet werden. Trotzdem werden sich die Einzelwerte bei genügend hoher Auflösung unterscheiden. Aus ihnen ist ein repräsentativer Wert für den Durchmesser des Bolzens zu bestimmen.

2) Gemessen wurden die Winkel α, β und γ. Die Winkelsumme ergibt $\alpha + \beta + \gamma = 200\,gon + w$. Falls es sich um ein ebenes Dreieck geringer Größe handelt, ist der wahre Wert der Summe genau $200\,gon$. Um den Widerspruch w auf die Winkel zu verteilen, ist eine weitere Information nötig, nämlich die *a priori Genauigkeitsschätzung* der gemessenen Größen. Sie wird aus der Beschreibung des Messvorgangs, bekannten Gesetzmäßigkeiten der Varianzen-Fortpflanzung, früheren Messungen und aus Angaben des Herstellers des Messgeräts bzw. Anwendermitteilungen abgeleitet. Deshalb ist es wichtig, zu protokollieren, wie oft, von welchen Beobachtern und mit welchen Instrumenten die Winkel gemessen wurden. Ferner sind die meteorologischen Bedingungen und topographischen Gegebenheiten festzuhalten. Unter Berücksichtigung der geschätzten a priori Genauigkeit wird jedem Winkel eine *Verbesserung* v zugewiesen, so dass die Summe der korrigierten Winkel $\alpha + v_\alpha$, $\beta + v_\beta$, $\gamma + v_\gamma$ genau $200\,gon$ beträgt.

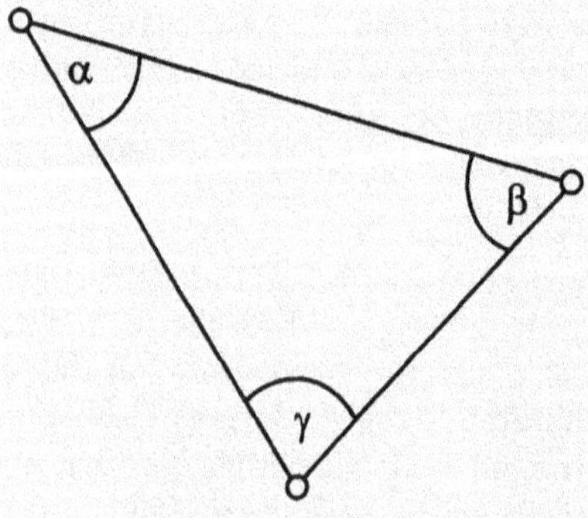

Abb. 1.1: Winkelsumme im Dreieck

3) Von den drei Festpunkten A, B und C aus wird die Höhe des Neupunktes N durch geometrisches Nivellement dreimal unabhängig bestimmt. Man erhält drei unterschiedliche Ergebnisse; der wahre Wert ist nicht bekannt. Aus den Messwerten ist der *wahrscheinlichste Wert* (plausibelste Wert) der gesuchten Höhe abzuleiten. Die a priori Genauigkeit der drei Messwerte wird verschieden sein, denn sie hängt von der Streckenlänge, dem Instrument, dem Beobachter, den Zielweiten, dem Wetter, der Anzahl der Wiederholungsmessungen etc. ab. Sie ist bei der Bestimmung des wahrscheinlichsten Wertes zu berücksichtigen.

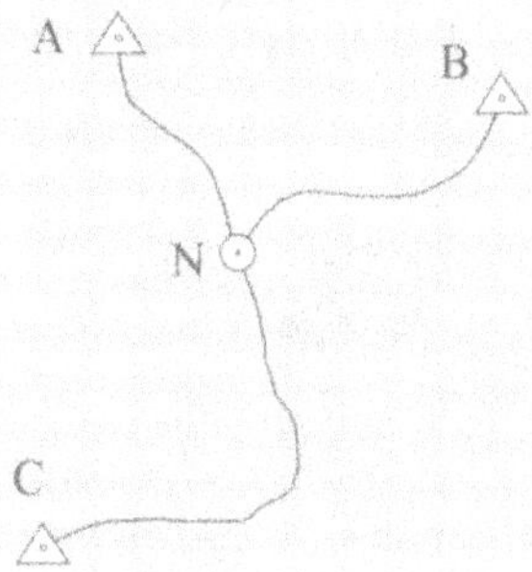

Abb. 1.2: Nivellement

4) Die Kennlinie eines elektrischen Wegaufnehmers ist zu ermitteln. Mit einer Messeinrichtung werden Wegänderungen vorgegeben, und das Ausgangssignal (z. B. die Induktivität eines induktiven Aufnehmers) wird gemessen. Der Graph, in dem die Induktivität L_i über dem Weg x_i aufgetragen wird, ist die Kennlinie. Für viele Anwendungen ist es zweckmäßig, sie durch ein mathematisches Modell zu approximieren, z. B. in der Form $L_i + v_i = f(x_i)$. Als Funktion $f(x)$ wird häufig ein Polynom in x gewählt, dessen Koeffizienten (Modellparameter) so bestimmt werden, dass es sich nach einem noch zu präzisierenden Kriterium den Messwerten möglichst gut anpasst.

5) Eine Maschine wurde zur Produktion von Bolzen eines vorgegebenen Durchmessers eingerichtet. Aus dem ersten Los von 1000 Bolzen werden 20 Stück zufällig herausgegriffen, die als repräsentative Stichprobe betrachtet werden. Die mit der Schieblehre ermittelten Durchmesser bilden eine Beobachtungsreihe, aus der der Erwartungswert für den Durchmesser der produzierten Bolzen und die Varianz geschätzt werden. Auf der Basis der Schätzergebnisse soll entschieden werden, ob die Maschine richtig eingestellt ist.

1.3 Beobachtungen und Zufallsvariable

Ein *Zufallsexperiment* ist ein Vorgang, dessen Resultat sich nicht mit Sicherheit vorhersagen lässt und der unbeschränkt oft wiederholt werden kann, ohne dass eine Wiederholung die andere beeinflusst. Der Ausgang eines Zufallsexperiments heißt *Ergebnis* oder *Elementarereignis.* Die Menge aller möglichen Ausgänge heißt *Ergebnisraum* Ω, seine Teilmengen heißen *Ereignisse.*

Ein Ereignis $A \subset \Omega$ *tritt ein*, wenn das Ergebnis des Zufallsexperiments ein Element von A ist.

Das zur leeren Menge $\emptyset \subset \Omega$ gehörende Ereignis tritt niemals ein, es heißt *unmögliches Ereignis.* Das zur ganzen Menge Ω gehörende Ereignis tritt immer ein, es wird daher als *sicheres Ereignis* bezeichnet.

Eine *Zufallsvariable* (auch Zufallsgröße oder stochastische Variable) ist eine Funktion X, die jedem möglichen Ergebnis eines Zufallsexperimentes eine reelle Zahl zuordnet.

Die Chance für das Eintreten eines Ereignisses A wird als *Wahrscheinlichkeit* $P(A)$ quantifiziert. Bei den hier interessierenden Messexperimenten ist dies die *statistische Wahrscheinlichkeit* $p(A)$, die sich als Grenzwert der relativen Häufigkeit $h(A)$ bei wachsender Zahl von Messwiederholungen stabilisiert.

Die so modellmäßig festgelegten Wahrscheinlichkeiten müssen einige Eigenschaften aufweisen, die als *Axiomensystem von* KOLMOGOROFF die Grundlage der Wahrscheinlichkeitsrechnung bilden:

Ein *Wahrscheinlichkeitsmaß* p ist eine Abbildung, die allen Ereignissen $A \subset \Omega$ eines Zufallsexperiments eine reelle Zahl $p(A)$ zuordnet, so dass die folgenden Bedingungen erfüllt sind:

1) $0 \leq p(A) \leq 1$
2) $p(S) = 1$ für das sichere Ereignis Ω
3) $p(A_1 \cup A_2) = p(A_1) + p(A_2)$, falls $A_1 \cap A_2 = \emptyset$.

Die Auswertung von Messdaten kann mit den Verfahren der mathematischen Statistik durchgeführt werden, wenn die Messung als Zufallsexperiment aufgefasst wird. Das Messergebnis ist dann die Realisation einer der Messung zugeordneten Zufallsvariablen. Voraussetzung ist, dass die Streuung der Messwerte nur von unkontrollierbaren Zufallseinflüssen bestimmt wird. Alle nichtzufälligen Einflüsse müssen durch die Messanordnung beseitigt oder durch Korrekturen berücksichtigt werden.

Streng betrachtet ist die Beobachtung eine diskrete Zufallsvariable. Sie darf jedoch so behandelt werden, als sei sie kontinuierlich. Dies wird durch die Hypothese gerechtfertigt, dass - zumindest theoretisch - die Auflösung der Messwerte beliebig hoch (relativ zur Standardabweichung) gewählt werden kann.

Eine Analyse der *wahren Abweichungen* (Differenz zwischen Beobachtung und wahrem Wert) führt auf die Unterscheidung von drei Arten von Abweichungen:

Systematische Abweichungen entstehen durch Modellunvollkommenheiten. Sie sind als Differenz zwischen der eigentlich gesuchten und der tatsächlich beobachteten Größe aufzufassen. Systematische Abweichungen treten einseitig auf, sind konstant oder folgen einem deterministischen Gesetz: Maßstabsabweichung, Nullpunktabweichung, Instrumentenfehler, vernachlässigte meteorologische Einflüsse etc.

Systematische Abweichungen lassen sich nie vollständig ausschalten. Sie sind, so weit wie möglich, durch eine sorgfältige Analyse des Messprozesses aufzudecken und durch geeignete Messanordnungen sowie Justierung, Kalibrierung, Korrekturen oder Parameter im funktionalen Modell zu eliminieren. Systematische Abweichungen sind Gegenstand von a posteriori Residuenanalysen und von vielen statistischen Testverfahren. Sie stören bei der Anwendung statistischer Schätzmethoden, da sie die geforderte Zufälligkeit des Ergebnisses des Messprozesses beeinträchtigen oder überlagern und damit die Voraussetzungen für die statistische Betrachtungsweise verletzen. Einige Abweichungen wirken systematisch, solange ihre Existenzbedingungen konstant sind. Ändern sich diese, so werden sie zufällig. Dies gilt beispielsweise für den Aufstellungsfehler eines Instrumentes nach Standortwechsel und für den Zentrierfehler nach erneuter Zentrierung. In der Messtechnik versucht man durch Ringversuche zu einer Abschätzung der systematischen Abweichungen zu gelangen. Dazu wird dasselbe Messobjekt in verschiedenen Laboren mit unterschiedlichen Methoden gemessen.

Grobe Abweichungen sind Irrtümer: Ablesefehler, Schreibfehler, Hörfehler, Punktverwechslung, Instrumentenversagen etc.

Ursachen sind meist Unaufmerksamkeit, Ermüdung oder unzureichende Fachkenntnisse des Beobachters. Sie treten selten auf, sind nicht vorhersagbar und damit im Sinne der Statistik zufällig. Sie machen jedoch die Beobachtung unbrauchbar. Durch konzentrierte Aufmerksamkeit werden grobe Abweichungen vermieden, und durch Mess- und Rechenkontrollen werden sie aufgedeckt. Bei der Durchführung der Schätzverfahren wird vorausgesetzt, dass das Beobachtungsmaterial von groben Abweichungen bereinigt ist.

Zufällige Abweichungen sind unvermeidlich und daher in jeder Beobachtung enthalten. Sie machen aus der Beobachtung eine Zufallsvariable im Sinne der Statistik. Die zufälligen Abweichungen entstehen durch die Überlagerung vieler einzelner Elementarfehler: Einstellfehler, Ablesefehler, Schätzfehler, Einfluss durch Luftflimmern, Erschütterung, meteorologische Einflüsse etc.

Diese so zusammengesetzten zufälligen Abweichungen folgen statistischen Gesetzmäßigkeiten und geben daher die Rechtfertigung für die Anwendung statistischer Methoden bei der Auswertung von Beobachtungsreihen.

1.4 Messauftrag und Genauigkeitsschätzung

An einem einfachen Messauftrag soll gezeigt werden, bei welchen Arbeitsschritten Fragen auftreten, die mit Methoden der mathematischen Statistik behandelt werden. Die Messdatenauswertung im engeren Sinne behandelt die optimale Verwertung der Information, die in den Beobachtungen enthalten ist. Dabei werden Erkenntnisse gewonnen, die ganz wesentlich auch die Planung und Ausführung von Messvorhaben beeinflussen. Am Beispiel einer Turmhöhenbestimmung soll dies erläutert werden.

1. Schritt: Präzise Formulierung des Auftrags

Vor Beginn der Messplanung ist eine Reihe von Fragen zwischen Auftraggeber und Messingenieur zu klären. Dazu gehört insbesondere:

- Welche Höhe ist gesucht? Über Grund, über NN oder über dem Fundament; bis zum Turmknauf, bis zum Kreuzfuß oder bis zur Traufe?
- Wie genau soll das Ergebnis sein? Standardabweichung $s = 10\,\text{cm}$, $1\,\text{cm}$ oder $1\,\text{mm}$?
- Wie teuer darf die Messung werden?
- Wieviel Zeit steht zur Verfügung?

Verlangt sei die Höhe des Kreuzfußes über Oberkante Fundament mit $s = 1\,\text{cm}$.

2. Schritt: Planung der Messung

Die gesuchte Größe kann nicht direkt gemessen werden. Es ist ein *funktionales Modell* zu entwerfen, das die deterministischen (hier geometrischen) Beziehungen zwischen den gesuchten und geeigneten messbaren Größen enthält. Im Beobachtungsplan sind genügend redundante Messelemente vorzusehen, um eine wirksame Kontrolle gegen grobe Mess- und Rechenfehler sicherzustellen. Die Messelemente sind unter Beachtung der örtlichen Zwänge so anzuordnen, dass mit minimalem Messaufwand die geforderte Genauigkeit erreicht wird.

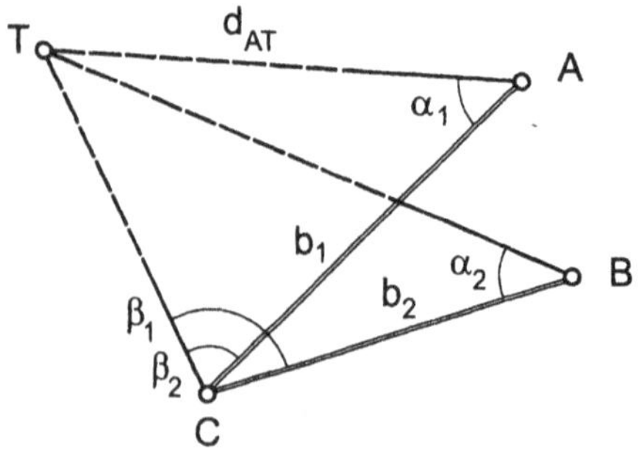

Abb. 1.3: Turmhöhenbestimmung im Grundriss

Es sind durch die Wahl der Seitenlängen und Schnittwinkel genauigkeitstheoretisch günstige Verhältnisse zu schaffen. In diesem Beispiel werden zur Bestimmung der benötigten Entfernungen von den Standpunkten A, B und C zum Ziel T (Kreuzfuß) zwei horizontale Hilfsdreiecke angelegt, in denen die Winkel α_i, β_i und die Strecken b_i gemessen werden. Von zwei der Standpunkte sind dann die Zenitdistanzen z_i zu beobachten.

Wenn eine geeignete Messanordnung festgelegt worden ist, sind folgende Fragen zu entscheiden:

- Wie genau sind die messbaren Größen zu beobachten, um die geforderte Höhengenauigkeit zu erzielen?
- Welches Instrument soll eingesetzt werden?
- Wieviele Wiederholungsmessungen sind nötig?

Das Ergebnis dieses Schrittes ist ein Beobachtungsplan einschließlich eines Genauigkeitsvoranschlages.

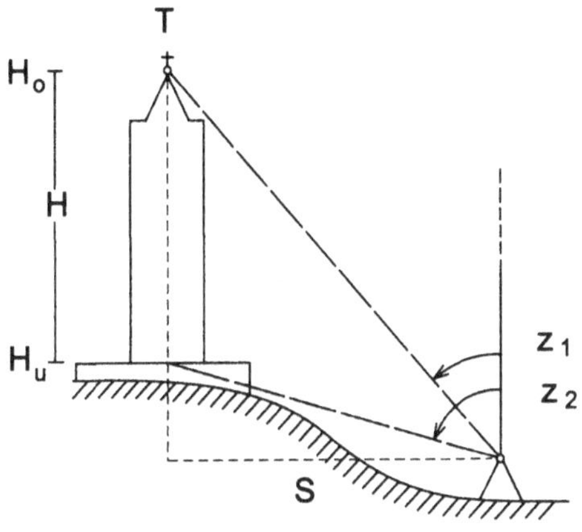

Turmhöhe: $H = H_0 - H_u$

$$H_0 = s \cot z_1, H_u = s \cot z_2$$

$$d_{AT} = b_1 \cdot \frac{\sin \beta_1}{\sin(\alpha_1 + \beta_1)}$$

$$d_{BT} = b_2 \cdot \frac{\sin \beta_2}{\sin(\alpha_2 + \beta_2)}$$

$$d_{CT} = b_1 \cdot \frac{\sin \alpha_1}{\sin(\alpha_1 + \beta_1)} = b_2 \cdot \frac{\sin \alpha_2}{\sin(\alpha_2 + \beta_2)}$$

Abb. 1.4: Turmhöhenbestimmung im Aufriss

Als durchgreifende Kontrolle für Rechnung und Messung sind zwei unabhängige Werte für H zu ermitteln.

Zu messen sind mindestens:	α_1, β_1, b_1;	z_1 und z_2 in A oder C,
	α_2, β_2, b_2;	z_1 und z_2 in B oder C.

3. Schritt: Durchführung der Messung

Der Justierzustand der Instrumente (Theodolit, Entfernungsmesser) ist zu überprüfen. An Ort und Stelle sind durchgreifende Mess- und Rechenproben durchzuführen. Die empirischen Standardabweichungen der Messergebnisse sind zu berechnen und mit den Werten des Genauigkeitsvoranschlags zu vergleichen. Falls erforderlich, ist die Zahl der Wiederholungsmessungen zu erhöhen. Das Ergebnis wird im Messprotokoll festgehalten, das neben den verprobten Messzahlen eine erschöpfende Beschreibung des Messprozesses enthält.

4. Schritt: Auswertung der Messergebnisse

Es wird ein mathematisches Modell der Messaufgabe formuliert, in dem die Auswertung durchgeführt wird. Das Modell enthält alle deterministischen und stochastischen Beziehungen zwischen Messelementen und gesuchten Größen.

Die deterministischen (hier geometrischen) Beziehungen bilden das *funktionale Modell*, das schon bei der Messplanung entworfen wurde, nun aber ausführlich und erschöpfend zu fassen ist. Es sind eventuelle Korrekturen für Erdkrümmung und Refraktion vorzusehen, für die Streckenmessung müssen eventuell Maßstabsfaktor und Additionskonstante berücksichtigt werden. Bei steilen Visuren kann eine Korrektur wegen Stehachsschiefe des Theodoliten notwendig sein. Ein unvollständiges oder fehlerhaftes funktionales Modell führt zu systematischen Verfälschungen der Ergebnisse (Modellabweichungen).

Das *stochastische Modell* enthält alle a priori Informationen über Varianzen und Kovarianzen der Beobachtungen. Diese Größen werden aus Mittelbildungen für die einzelnen Messreihen, aus der Beschreibung des Messvorgangs heraus und aus Korrelationsanalysen geschätzt. Sie werden zu der Gewichtsmatrix der Beobachtungen verarbeitet, die eine wichtige Rolle bei der Schätzung spielt. Die Berechnung der gesuchten Größen und der Genauigkeitsmaße erfolgt bei Überbestimmungen nach dem Formelapparat der Methode der kleinsten Quadrate.

Das Ergebnis ist in diesem Beispiel die Turmhöhe einschließlich ihrer Standardabweichung sowie die Standardabweichungen der Strecken-, Horizontal- und Vertikalwinkelmessung. Bei einer ausreichenden Anzahl von Überbestimmungen (Freiheitsgrade) kann mit Hilfe statistischer Tests durch Vergleich der a posteriori Varianzen und Kovarianzen mit dem stochastischen Modell eine Aussage über den Grad der Verträglichkeit des mathematischen Modells mit der Wirklichkeit gemacht werden. Es kann sich dabei als notwendig erweisen, das Modell und/oder den Beobachtungsplan zu erweitern oder zu modifizieren und die Schätzungen evtl. nach Ergänzungsmessungen zu wiederholen. Diese Vorgehensweise ist in Abb. 1.5 dargestellt. Sie führt zu bestmöglichen Schätzwerten für die gesuchten Parameter und einer Vergrößerung des Schatzes an Erfahrungen und Kenntnissen.

1.5 Zur Geschichte der Messdatenauswertung

Die Methoden zur Auswertung von Beobachtungsreihen wurden aus dem Bedürfnis heraus entwickelt, den wahrscheinlichsten Wert einer Größe aus einer Reihe sich widersprechender Messungen abzuleiten. Als praktisches Rechenverfahren wurde bei dieser Problemstellung mindestens seit dem 17. Jahrhundert die Mittelwertbildung benutzt, allerdings hat man teilweise zuvor Extremwerte gestrichen. Eine wissenschaftliche Theorie für die Richtigkeit dieses Vorgehens versuchte wohl erstmals SIMPSON (1757) aufzustellen. Er betrachtete das Auftreten von Abweichungen als Zufallsereignisse, deren Wahrscheinlichkeit von der Größe der Abweichungen abhängt. Er stellte die Hypothese auf, dass die Dichtefunktion der Abweichungen Dreiecksform habe, mit der Abweichung Null an der Spitze.

Zwei große Mathematiker, JOSEPH-LOUIS LAGRANGE und DANIEL BERNOULLI, veröffentlichten 1770 bis 1778 ihre Überlegungen zum arithmetischen Mittel, die von der Wahrscheinlichkeitstheorie ausgehen, welche in der zweiten Hälfte des 18. Jahrhunderts entstanden ist. LAGRANGE arbeitete den Unterschied zwischen wahrem und wahrscheinlichem Wert heraus und beschäftigte sich insbesondere mit der Frage des Fehlers

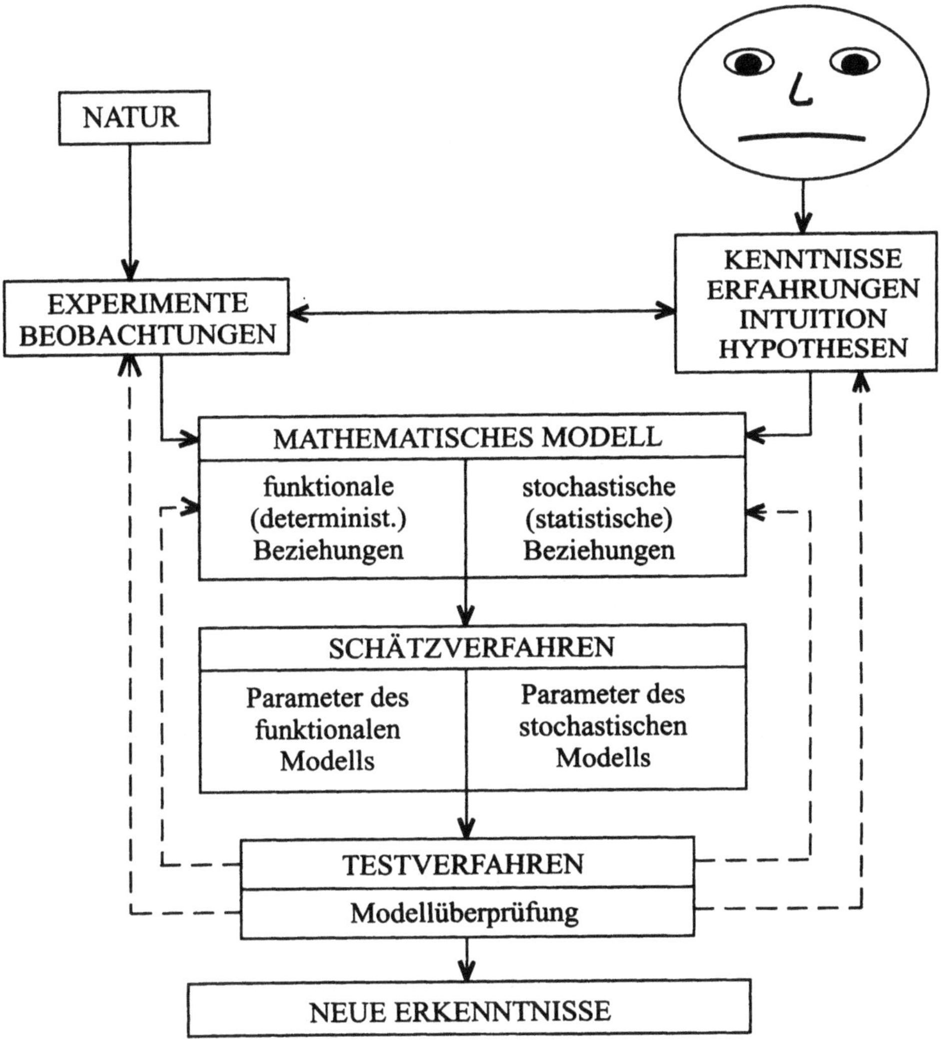

Abb. 1.5: Generelle Vorgehensweise bei der Auswertung von Messdaten

des arithmetischen Mittels. BERNOULLI wandte sich mehr den zufälligen Abweichungen zu und stellte die Hypothese auf, dass die Form der Dichtefunktion der Halbkreis sei.

Mit geeigneten Kriterien für eine ausgleichende Gerade durch eine Punktreihe hat sich insbesondere LAPLACE (1789) befasst. Er schlug zwei Methoden vor, für die er auch Rechenverfahren ausarbeitete. Danach werden die Parameter so bestimmt, dass (1) das größte Residuum minimal wird, bzw. (2) die Summe der Beträge der Residuen minimal wird, wobei als Nebenbedingung die Summe der Residuen zu Null wird. Das zweite Kriterium war bereits von BOSCOVICH (1757) vorgeschlagen worden.

Von LEGENDRE (1806) stammt die erste Veröffentlichung über die Methode der kleinsten Quadrate (MkQ). Er stellte die Hypothese auf, dass jenen Werten für die gesuchten Unbekannten die höchste Wahrscheinlichkeit zukommt, welche die Summe der Quadrate der Residuen zum Minimum machen. Diese Hypothese führt für eine Unbekannte bekanntlich auf den Mittelwert. Er wandte seine Methode mit Erfolg auf die Bestimmung der Bahnelemente von Kometen an.

Fast gleichzeitig, aber sicher unabhängig, entwickelte ADRAIN (1808) ein Rechenverfahren, mit dem er die Konstante der CLAIRAUTschen Pendelgleichung $L = A/\sin^2\varphi$ bestimmte. Dieses Verfahren war nichts anderes als die MkQ. Dabei ging er von einer Verteilung der Messfehler aus, die mit der normalen Dichteverteilung in Einklang steht.

C.F. GAUSS (1809) tat den entscheidenden Schritt zur Begründung der *Fehler- und Ausgleichungsrechnung* als einer geschlossenen mathematischen Disziplin. Dabei führte er Rechenverfahren und Bezeichnungen ein, die teilweise noch heute benutzt werden. Er zeigte insbesondere, dass die Forderung, dass der Mittelwert der wahrscheinlichste Wert sein soll, auf ein ganz spezielles Fehlergesetz führt, die GAUSS*sche Normalverteilung*, und dass zugleich die Summe der Verbesserungsquadrate minimal sein muss. In einer späteren zweiten Begründung für die MkQ wies GAUSS (1821) nach, dass dieses Verfahren bei jeder geraden Dichtefunktion der Beobachtungsfehler auf Schätzwerte mit kleinstmöglichen *empirischen Standardabweichungen* führt.

Die Anwendung der MkQ beschränkte sich zunächst auf die Astronomie und fand wegen ihrer Kompliziertheit nur zögernd Eingang bei der Auswertung von Messdaten in anderen Disziplinen. Dies änderte sich erst allmählich nach der Veröffentlichung des Werkes über die Wahrscheinlichkeitsrechnung von HAGEN (1837) und des ersten Lehrbuches über die Methode der kleinsten Quadrate von GERLING (1843). Die Einführung in die Vermessungspraxis erfolgte durch F.G. GAUSS, der als preußischer Katasterorganisator die Punktbestimmung mit Hilfe der Methode der kleinsten Quadrate 1881 in die Katasteranweisung IX aufnahm.

Die MkQ wurde im 19. Jahrhundert durch zahlreiche Wissenschaftler ausgebaut und bereichert. Es gibt aus dieser Zeit über 500 Veröffentlichungen über diesen Gegenstand. HELMERT (1872) hat den Stand seiner Zeit in einem großartigen Lehrbuch zusammengefasst und viele eigene Gedanken eingebracht, die ganz wesentlich zur Weiterentwicklung der *Ausgleichungsrechnung* beigetragen haben.

Neue Impulse für die Auswertung von Messdaten kamen von der mathematischen Statistik. Diese wurde in der ersten Hälfte des 20. Jahrhunderts gleichzeitig mit der Wahrscheinlichkeitsrechnung wesentlich ausgebaut. Sie fand schnell Anwendungen in allen Bereichen von Wissenschaft und Praxis, in denen Beobachtungen und Messungen durchgeführt wurden, wie z. B. in der Physik, in den Ingenieurwissenschaften, der Industrie, den Umweltwissenschaften, der Meteorologie, der Landwirtschaft, der Volkswirtschaft und der Medizin. Einen Überblick über diese Entwicklung mit dem Schwerpunkt Fehlertheorie und Parameterschätzung gibt HARTER (1974, 1975).

Als einer der Ersten hat sich TIENSTRA in seinen Arbeiten (1931 bis 1940) mit der Erweiterung der klassischen Methode der kleinsten Quadrate um die Erkenntnisse der mathematischen Statistik beschäftigt. Er führte die Berücksichtigung von Korrelationen zwischen den Beobachtungen bei der Parameterschätzung ein. Seine Ergebnisse fasste er in einem Lehrbuch zusammen, das von seinen Mitarbeitern 1956 veröffentlicht wurde.

Schließlich brachte die Einführung des Matrizenkalküls (JENSEN (1939), BJERHAMMER (1951), GOTTHARDT (1952)) eine wesentliche Vereinfachung in der mathematischen Darstellung und für das Verständnis der Parameterschätzung in linearen Modellen. Diese Darstellungsweise erwies sich darüber hinaus als sehr geeignet für die Programmierung der Rechenarbeiten. Heute stehen zahlreiche Programmpakete zu Verfügung, mit denen die statistische Auswertung von Beobachtungen effizient durchgeführt werden kann.

Literatur zur Geschichte der Messdatenauswertung

- Simpson, T.: *An attempt to show the advantage arising by taking the mean of a number of observations, in practical astronomy. Miscellaneous Tracts on some curious and very interesting Subjects in Mechanics, Physical-Astronomy and Speculative Mathematics.* London, 1757

- Lagrange, J.-L.: *Mémoire sur l'utilité de pendre le milieu entre les résultats de plusieurs observations, dans lequel on examine les avantages de cette méthode par le calcul des probabilités, et où l'on résoud différents problèmes relatifs à cette matière.* Miscell. Taurinensia, tom. V, 1770–1773, 167–232, in: Æuvres, 2. Nachdruck, Hildesheim, New York, 1973

- Bernoulli, D.: *Dijudicatio maxime probabilis plurium observationum discrepantium atque verisimillima inductio inde formanda.* Acta Acad. Sci. Petropol, 1, 3–23, 1778

- De Laplace, P.S.: *Sur le dégrés mésures des méridiens et sur les longeurs observées du pendule.* Mém. de l'Acad. roy. des Sci. De Paris, 18–43, 1789

- Boscovich, R.J.: *De litteraria expeditione per pontificiam ditionem, et synopsis amplioris operis, ac habentur plura eius ex exemplaria etiam sensorum impressa.* Bononiensi Scient. et Art. Inst. Atque Acad. Comm. 4, 353–396, 1757

- Legendre, A.M.: *Nouvelles Méthodes pour la Détermination des Orbites des Cométes.* App. 72–80, Courcier, Paris, 1805

- Adrain, R.: *Research concerning the probabilities of the errors which happen in making observations.* Analyst 1, 93–109, 1808

- Gauß, C.F.: *Theoria motus corporum coelestium in sectionibus conicis solem ambientium.* (1809), *Theoria combinationis observationum erroribus minimis obnoxiae, pars prior* (1821), *pars posterior* (1823), *pars supplementum* (1828). Comm. Soc. Regiae Sci. Gott. Rec. 5 und 6 [Deutsche Übersetzung von A. Börsch u. P. Simon: *Abhandlungen zur Methode der kleinsten Quadrate von C.F. Gauss.* Stankiewicz, Berlin, 1887, Neudruck: Physika Verlag, Würzburg, 1964]

- Hagen, G.: *Grundzüge der Wahrscheinlichkeitsrechnung.* Berlin, 1837
- Gerling, C.L.: *Ausgleichungsrechnung in der praktischen Geometrie oder die Methode der kleinsten Quadrate.* Hamburg, Gotha, 1843
- Helmert, F.R.: *Die Ausgleichungsrechnung nach der Methode der kleinsten Quadrate (mit Anwendungen auf die Geodäsie, die Physik und die Theorie der Messinstrumente).* Leipzig, 1872 (2. Auflage, 1907)
- Harter, H.L.: *The Method of Least Squares and Some Alternatives*-Part I bis V. Int. Stat. Rev. Vol. 42, 147–174, 235–264 (1974) und Vol. 43, 1–44, 125–190, 269–278 (1975)
- Tienstra, J.M.: *Theory of the Adjustment of Normally Distributed Observations.* Amsterdam, 1956
- Jensen, H.: *Herleitung einiger Ergebnisse der Ausgleichungsrechnung mit Hilfe von Matrizen.* Kopenhagen, 1939
- Bjerhammer, A.: *Application of calculus of matrices to the method of least squares with special references to geodetic calculations.* Trans. R. Inst. Techn., Stockholm, 1951
- Gotthardt, E.: *Ableitung der Grundformeln der Ausgleichungsrechnung mit Hilfe der Matrizenrechnung.* München, 1952

2 Zufallsvariable und Verteilung

2.1 Eindimensionale Verteilungen

Wenn das Ergebnis der einmaligen Ausführung einer Beobachtung oder eines Zufallsexperiments durch *eine* Zahl (Skalar) ausgedrückt werden kann, so ist diese Zahl die Realisation einer eindimensionalen Zufallsvariablen (ZV).

2.1.1 Diskrete Verteilungen

Die Zufallsvariable X kann nur endlich oder abzählbar unendlich viele Werte $x_1, x_2, \ldots$ annehmen. Jedem Wert x_i ist eine Wahrscheinlichkeit p_i zugeordnet:

$$P(X = x_i) = p_i, \quad \sum p_i = 1.$$

Daraus folgt die *Wahrscheinlichkeitsfunktion* von X:

$$f(x) = \begin{cases} p_i & \text{für } x = x_i \\ 0 & \text{sonst.} \end{cases}$$

Beispiele für eine Zufallsvariable mit einem endlichen Ergebnisraum sind die Augenzahlen beim Würfeln und das Werfen einer Münze. Das Experiment "Werfen einer Münze, bis Kopf kommt" mit der Zufallsvariablen "Anzahl der benötigten Würfe" besitzt einen abzählbar unendlichen Ergebnisraum.

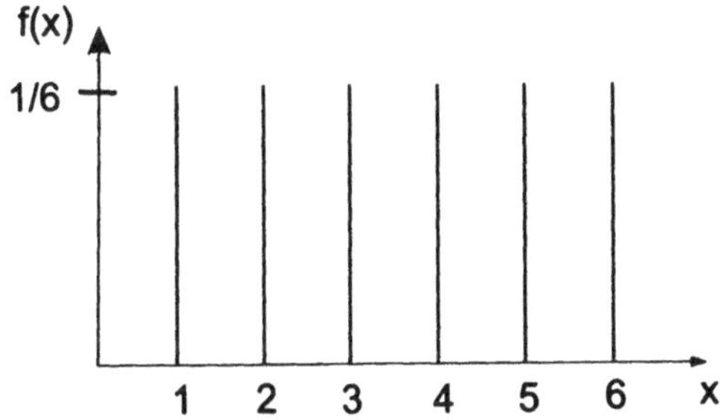

Abb. 2.1: Wahrscheinlichkeitsfunktion beim Würfeln

Für jede reelle Zahl x existiert nach Definition die Wahrscheinlichkeit $P(X \leq x)$. Diese Funktion $F(x) = P(X \leq x)$ heißt *Verteilungsfunktion* von X. Während die Wahrscheinlichkeitsfunktion durch ein Säulendiagramm veranschaulicht wird, hat die Verteilungsfunktion das Bild einer Treppenkurve.

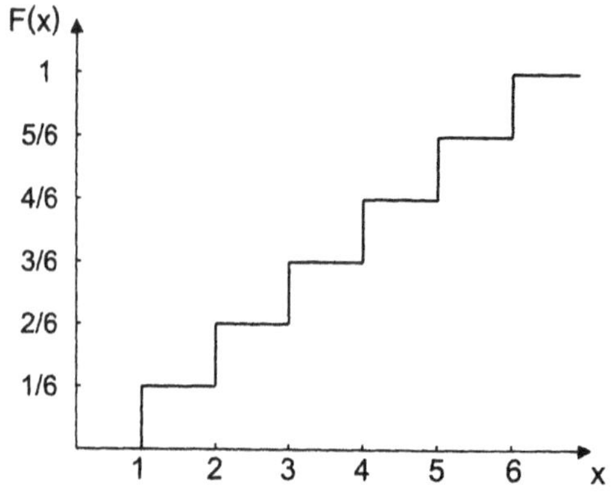

Abb. 2.2: Verteilungsfunktion des Würfelbeispiels

Der *Erwartungswert* einer Funktion $g(X)$ der Zufallsvariablen X ist definiert durch

$$E(g(X)) = \sum_i g(x_i) f(x_i), \tag{2.1}$$

wobei über alle möglichen Indizes i zu summieren ist. Als Kenngrößen einer Verteilung werden die *Momente* benutzt, die als Erwartungswerte der Potenzen der Zufallsvariablen definiert sind. So erhält man für das k-te (gewöhnliche) Moment

$$\alpha_k = E(X^k) = \sum_i x_i^k f(x_i). \tag{2.2}$$

Oft ist es zweckmäßiger, *zentrale Momente* zu betrachten. Diese sind definiert als Momente

$$\beta_k = E([X - \alpha_1]^k) = \sum_i (x_i - \alpha_1)^k f(x_i)$$

bezüglich des Erwartungswertes der Zufallsvariablen, d.h. bezüglich $E(X) = \alpha_1$.
Als wichtigste Maßzahlen, die eine Verteilung beschreiben, werden der *Mittelwert* ξ und die *Varianz* σ^2 benutzt. Der Mittelwert ist der Erwartungswert der Zufallsvariablen und damit zugleich das 1. Moment:

$$\xi = E(X) = \alpha_1 = \sum_i x_i f(x_i).$$

Die Varianz der Verteilung ist durch das zweite zentrale Moment gegeben

$$\sigma^2 = E([X - \xi]^2) = \beta_2 = \sum_i (x_i - \xi)^2 f(x_i). \tag{2.3}$$

Die positive Wurzel aus der Varianz, die Größe σ, wird als *Standardabweichung* bezeichnet.

2.1.2 Kontinuierliche Verteilungen

Die Zufallsvariable X kann jeden Wert in ihrem Definitionsintervall auf der Zahlengeraden annehmen. Die *Verteilungsfunktion* $F(x)$ ist definiert durch

$$F(x) = P(X \leq x) = \int_{-\infty}^{x} f(t)dt. \tag{2.4}$$

Sie ist eine überall stetige monoton wachsende Funktion von x. Der Integrand $f(x)$ ist die *Wahrscheinlichkeitsdichte* (Dichtefunktion) der Verteilung. Diese ist nichtnegativ und muss wegen

$$P(-\infty \leq X \leq +\infty) = 1$$

die Beziehung

$$\int_{-\infty}^{+\infty} f(x)dx = 1$$

befriedigen. Für $f(x)$ nach (2.4) gilt

$$f(x) = \frac{dF(x)}{dx},$$

falls F an der Stelle x differenzierbar ist.

X heißt dann stetige Zufallsvariable .
Die Wahrscheinlichkeit, dass die Zufallsvariable X einen Wert im Intervall $(a, b]$ annimmt, folgt aus

$$P(a < X \leq b) = F(b) - F(a) = \int_{-\infty}^{b} f(x)dx - \int_{-\infty}^{a} f(x)dx = \int_{a}^{b} f(x)dx.$$

Sie ist damit gleich der Fläche zwischen dem Graphen von $f(x)$ und der x-Achse in den Grenzen zwischen a und b. Lässt man die Intervallbreite gegen Null bzw. b gegen a gehen, so erhält man

$$\lim_{b \to a} \int_{a}^{b} f(x)dx = 0.$$

Für ein differenziell kleines Intervall der Länge dx gilt

$$P(a \leq x \leq a + dx) = f(a)dx.$$

Ein einfaches Beispiel für kontinuierliche Verteilungen ist die Gleich- oder Rechteckverteilung, für die

$$f(x) = \begin{cases} 1/(b+a) & \text{für } a < x \leq b \\ 0 & \text{sonst} \end{cases}$$

gilt.

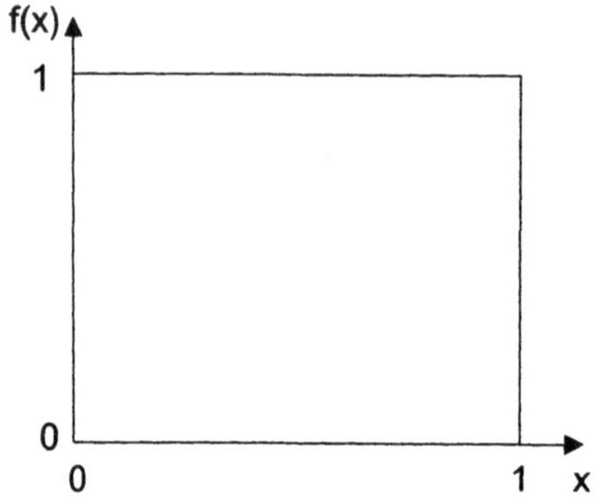

Abb. 2.3: Dichtefunktion der Gleichverteilung im Intervall [0,1]

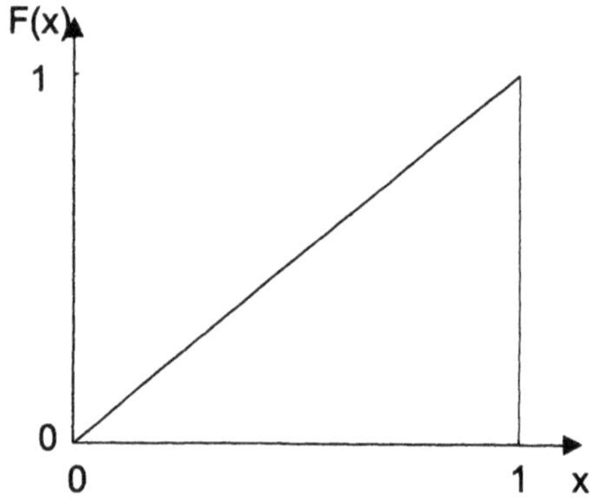

Abb. 2.4: Verteilungsfunktion der Gleichverteilung im Intervall [0,1]

Die Ausdrücke für die Maßzahlen bzw. Kenngrößen von stetigen Zufallsvariablen unterscheiden sich von den entsprechenden Ausdrücken für diskrete Verteilungen dadurch, dass die Summe durch das Integral zu ersetzen ist. Der *Erwartungswert* einer Funktion $g(X)$ der Zufallsvariablen X ist definiert durch

$$E(g(X)) = \int_{-\infty}^{+\infty} g(x)f(x)dx \ , \tag{2.5}$$

Damit erhält man folgende Definitionsgleichungen für die gewöhnlichen *Momente*

$$\alpha_k = E(X^k) = \int_{-\infty}^{+\infty} x^k f(x)dx, \tag{2.6}$$

und für die *zentralen Momente*

$$\beta_k = E([X - \alpha_1]^k) = \int_{-\infty}^{+\infty} (x - \alpha_1)^k f(x)dx. \tag{2.7}$$

Auch für stetige Verteilungen sind *Mittelwert* (Erwartungswert) ξ und *Varianz* σ^2 die wichtigsten Maßzahlen:

$$\xi = \alpha_1 = E(X) = \int_{-\infty}^{+\infty} x f(x) dx$$

$$\sigma^2 = \beta_2 = E([X - \xi]^2) = \int_{-\infty}^{+\infty} (x - \xi)^2 f(x) dx. \tag{2.8}$$

Die positive Wurzel aus σ^2 wird als *Standardabweichung* bezeichnet.
Die Differenzfunktion $\varepsilon = X - \xi$ ist die *Fehlerfunktion* , und $\varepsilon_i = x_i - \xi$ der *wahre Fehler* bzw. die *wahre Abweichung* der Realisation x_i der Zufallsvariablen X. Für die Varianz σ^2 erhält man damit die gleichwertigen Darstellungen

$$\begin{aligned}\sigma^2 &= E([X - \xi]^2) = E(\varepsilon^2) \\ &= E(X^2 - 2X\xi + \xi^2) = E(X^2) - [E(X)]^2 = E(X^2) - \xi^2.\end{aligned}$$

Für Verteilungen, die bezüglich ξ symmetrisch sind, gilt für das dritte zentrale Moment $\beta_3 = 0$. Als Maß für die Abweichung einer Verteilung von der Symmetrie wird daher die *Schiefe* γ benutzt, die als

$$\gamma = \frac{1}{\sigma^3}\beta_3 = \frac{1}{\sigma^3}E([X - \xi]^3) \tag{2.9}$$

definiert ist.

2.1.3 Funktion einer Zufallsvariablen

Für die *lineare Transformation* einer Zufallsvariablen X mit den festen Parametern a und b

$$Y = a + bX$$

erhält man als *Erwartungswert* (1. Moment)

$$E(Y) = a + bE(X) = a + b\xi = \eta$$

und als *Varianz* (2. Zentrales Moment)

$$\begin{aligned}Var(Y) &= E([Y - \eta]^2) = E(Y^2) - \eta^2 \\ Y - \eta &= b(X - \xi) \\ E([Y - \eta]^2) &= b^2 E([X - \xi]^2) = b^2 \sigma_x^2 \\ \\ Var(Y) &= \sigma_y^2 = b^2 Var(X) = b^2 \sigma_x^2.\end{aligned}$$

Die praktisch wichtigste Transformation einer Zufallsvariablen X ist die *Normierung*

$$U = \frac{X - \xi}{\sigma}, \tag{2.10}$$

die auch als *Standardisierung* bezeichnet wird.

Die normierte Zufallsvarieble U besitzt die Kenngrößen

$$\text{Erwartungswert:} \quad E(U) = (E(X) - \xi)/\sigma = 0$$

$$\text{Varianz:} \quad E(U^2) = E([X - \xi]^2)/\sigma^2 = 1.$$

Bei *nichtlinearen Funktionen* einer Zufallsvariablen ist die Berechnung von Erwartungswert und Varianz nur dann streng möglich, wenn die Verteilung vollständig bekannt ist. Es ist unbedingt zu beachten, dass z. B. $E(1/X) \neq 1/E(X)$ und $Var(1/X) \neq 1/Var(X)$ und allgemein $E(g(X)) \neq g(E(X))$ bzw. $Var(g(X)) \neq g(Var(X))$ gilt. Falls $g(X)$ streng monoton und die Streuung der Einzelwerte x_i um den Mittelwert ξ klein im Vergleich zu ξ selbst ist, d. h. falls $|(x_i - \xi)/\xi| \ll 1$ ist, führt eine TAYLOR-Entwicklung der Funktion $g(X)$ an der Stelle ξ zu befriedigenden Ergebnissen. Für die Realisation x_i lautet diese Entwicklung

$$g(x_i) = g_i = g(\xi) + g'(\xi)(x_i - \xi) + \frac{1}{2!}g''(\xi)(x_i - \xi)^2 + \ldots. \tag{2.11}$$

Werden nun gliedweise die *Erwartungswerte* gebildet, so erhält man

$$\begin{aligned} E(g(x)) &= g(\xi) + g'(\xi)E(X - \xi) + \frac{1}{2!}g''(\xi)E(X - \xi)^2 + \ldots \\ E(g(x)) &= g(\xi) + g'(\xi)\beta_1 + \frac{1}{2!}g''(\xi)\beta_2 + \ldots. \end{aligned}$$

Ist die Verteilung von X symmetrisch, was sehr häufig der Fall ist, so verschwinden die zentralen Momente mit ungeradem Index. Daher stellt für diese Verteilungen

$$E(g(X)) \approx g(\xi) + \frac{1}{2}g''(\xi)\sigma_x^2$$

eine Annäherung dar, die erst Glieder 4. und höherer Ordnung vernachlässigt.
Zur Abschätzung der *Varianz*einer Funktion $g(X)$ wird ebenfalls von der TAYLOR-Entwicklung (2.11) ausgegangen, und dann der Ausdruck $Var(g) = E(g^2) - E(g)^2$ gebildet. Alle Funktionswerte g und ihre Ableitungen werden an der Stelle ξ berechnet.

$$\begin{aligned} g(X)^2 &= [g + g'(X - \xi) + \frac{1}{2}g''(X - \xi)^2 + \ldots]^2 \\ &= g^2 + g'^2(X - \xi)^2 + \frac{1}{4}g''^2(X - \xi)^4 + 2gg'(X - \xi) + gg''(X - \xi)^2 \\ &\quad + g'g''(X - \xi)^3 + \text{Gl.h.O.} \end{aligned}$$

Werden nun die Erwartungswerte eingesetzt, so erhält man

$$E(g^2) = g^2 + g'^2\beta_2 + \frac{1}{4}g''^2\beta_4 + 2gg'\beta_1 + gg''\beta_2 + g'g''\beta_3 + \ldots.$$

Andererseits ist das Quadrat des Erwartungswertes gegeben durch

$$E(g)^2 = g^2 + g'^2\beta_2 + \frac{1}{4}g''^2\beta_2^2 + 2gg'\beta_1 + gg''\beta_2 + g'g''\beta_1\beta_2 + \ldots,$$

so daß man als Differenz

$$E(g^2) - E(g)^2 = g'^2(\beta_2 - \beta_1^2) + \frac{1}{4}g''^2(\beta_4 - \beta_2^2) + g'g''(\beta_3 - \beta_1\beta_2) + \ldots,$$

erhält. Für den häufigen Fall, daß X eine symmetrische Verteilung besitzt, verschwinden die zentralen Momente mit ungeradem Index, und es ergibt sich die einfache Gleichung

$$E(g^2) - E(g)^2 = Var(g) = g'^2(\beta_2) + \frac{1}{4}g''^2(\beta_4 - \beta_2^2) + \ldots,$$

deren zweites Glied auf der rechten Seite für praktische Anwendungen meist vernachlässigt werden darf, so dass man als Gebrauchsformeln für symmetrische Verteilungen mit $E(X) = \xi$ und $Var(X) = \beta_2 = \sigma_x^2$ folgende Kenngrößen einer nichtlinearen Funktion $g(X)$ erhält:

$$\begin{aligned} E(g(X)) &= g(\xi) + \frac{1}{2}g''(\xi)\sigma_x^2, \\ Var(g(X)) &= g'^2(\xi)\sigma_x^2. \end{aligned}$$

Abschließend sei noch die *Verteilung* der Funktion $Y = g(X)$ betrachtet, wobei X eine stetige Zufallsvariable und g eine Transformation mit $g' \neq 0$ sein möge. Die Umkehrfunktion $X = h(Y)$ existiert unter diesen Voraussetzungen und ihre Ableitung $h'(Y)$ ist endlich und stetig. Es folgt dann für das Intervall $[x_1, x_2]$ mit $y_1 = g(x_1)$ und $y_2 = g(x_2)$, sowie $dx = h'(y)dy$

$$P(x_1 < X \leq x_2) = \int_{x_1}^{x_2} f(x)dx = \int_{y_1}^{y_2} f[h(y)]h'(y)dy.$$

Da $h'(y)$ beide Vorzeichen annehmen kann, sind zur Vermeidung negativer Werte im Falle $y_2 < y_1$ die Integrationsgrenzen zu vertauschen, und man erhält

$$P(x_1 < X \leq x_2) = P(y_2 < Y \leq y_1) = \int_{y_2}^{y_1} f[h(y)]h'(y)dy.$$

Aus den Gleichungen liest man die Dichte $f_y(y)$ der Zufallsvariablen $Y = g(X)$ ab

$$f_y(y) = f_x[h(y)]|h'(y)|.$$

2.1.4 Die Normalverteilung

Die stetige Verteilung der Zufallsvariablen X mit der Wahrscheinlichkeitsdichtefunktion $\varphi(x)$

$$\varphi(x) = \frac{1}{\sigma\sqrt{2\pi}} \exp\left\{-\frac{(x-\xi)^2}{2\sigma^2}\right\} \qquad \text{für } -\infty < x < \infty \text{ und } 0 < \sigma^2 < \infty \tag{2.12}$$

heißt Normalverteilung (GAUSSverteilung).

Die Dichtefunktion (Massenbelegung) $\varphi(x)$ ist die sogenannte GAUSSsche Glockenkurve. Sie ist stetig, symmetrisch bezüglich ξ, überall positiv und geht für $|\, x \,| \to \infty$ gegen Null.

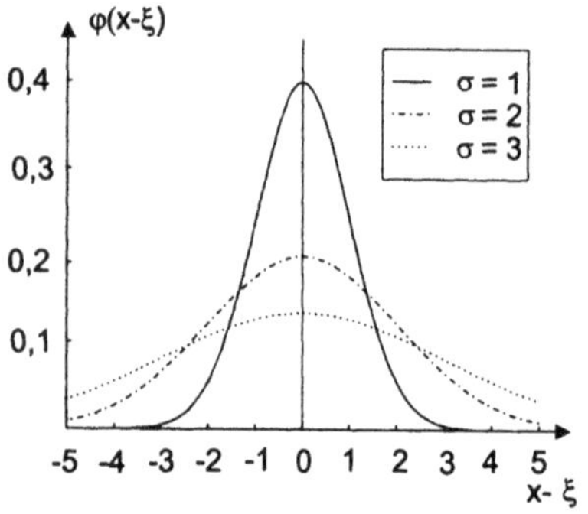

Abb. 2.5: Dichte der Normalverteilung

Die Verteilungsfunktion der Normalverteilung ist gegeben durch

$$\Phi(x) = \frac{1}{\sigma\sqrt{2\pi}} \int_{-\infty}^{x} \exp - \left\{\frac{(t-\xi)^2}{2\sigma^2}\right\} dt. \tag{2.13}$$

Damit können z. B. folgende Wahrscheinlichkeiten berechnet werden:

$$P(-\infty < X \leq a) = \Phi(a)$$
$$P(-\infty < X \leq b) = \Phi(b)$$
$$P(a < X \leq b) = \Phi(b) - \Phi(a)$$

Ferner gilt die Beziehung

$$\Phi(\xi - a) = 1 - \Phi(\xi + a)$$

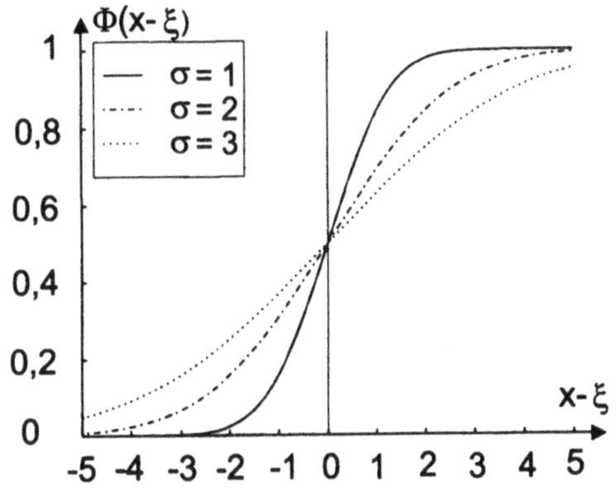

Abb. 2.6: Verteilungsfunktion der Normalverteilung

Die Parameter ξ (Lageparameter) und σ^2 (Streuungsparameter) legen die Normalverteilung vollständig fest. Zur Kennzeichnung der Normalverteilung benutzt man folgende Schreibweise:

$$X \sim N(\xi, \sigma^2) \quad \text{mit} \quad E(X) = \xi, \quad Var(X) = \sigma^2.$$

Das Arbeiten mit der Normalverteilung wird oft durch den Übergang auf die normierte Form vgl. (2.10) erleichtert. Die normierte Zufallsvariable
$U = (X - \xi)/\sigma$ wird durch die Abkürzung $U \sim N(0,1)$ gekennzeichnet, denn es gilt $E(U) = 0$ und $Var(U) = 1$. Für die Dichte und die Verteilung von U erhält man die Darstellungen

$$\begin{aligned} \varphi(u) &= \frac{1}{\sqrt{2\pi}} \exp[-\frac{u^2}{2}] \\ \Phi(u) &= \frac{1}{\sqrt{2\pi}} \int_{-\infty}^{u} \exp[-\frac{t^2}{2}] dt. \end{aligned}$$

Die normierte Normalverteilung (*Standard-Normalverteilung*) ist vertafelt. Zur Benutzung der Tafel (Tabelle 2.1) ist zu beachten, dass

$$\varphi(x)dx = \varphi(u)du$$

gilt. Aus $u = (x - \xi)/\sigma$ erhält man $\sigma du = dx$, so dass

$$\begin{aligned} \varphi_x(x) &= \frac{1}{\sigma}\varphi_u(u) = \frac{1}{\sigma}\varphi_u(\frac{x-\xi}{\sigma}) \\ \Phi_x(x) &= \Phi_u(\frac{x-\xi}{\sigma}) = \Phi_u(u) \end{aligned}$$

folgen.

	$\varphi(x)$				$\Phi(x)$			
$x-\xi$	$\sigma=1$	2	3	4	$\sigma=1$	2	3	4
0,00	0,399	0,200	0,133	0,100	0,500	0,500	0,500	0,500
0,25	0,387	0,198	0,133	0,100	0,599	0,550	0,533	0,525
0,50	0,352	0,193	0,131	0,099	0,691	0,599	0,566	0,550
0,75	0,301	0,186	0,129	0,098	0,773	0,646	0,598	0,575
1,00	0,242	0,176	0,126	0,097	0,841	0,691	0,630	0,599
1,25	0,183	0,164	0,122	0,095	0,894	0,734	0,661	0,623
1,50	0,130	0,151	9,117	0,093	0,933	0,773	0,691	0,646
2,00	0,054	0,121	0,106	0,088	0,977	0,841	0,747	0,691
2,50	0,018	0,091	0,094	0,082	0,994	0,894	0,797	0,733
3,00	0,004	0,065	0,081	0,075	0,999	0,933	0,641	0,773
3,50	0,001	0,043	0,067	0,068	1,000	0,960	0,878	0,809
4,00	0,000	0,027	0,055	0,060	1,000	0,977	0,908	0,841
4,50	0,000	0,016	0,043	0,053	1,000	0,988	0,933	0,870
5,00	0,000	0,009	0,033	0,046	1,000	0,004	0,952	0,894

Tab. 2.1: Ausgewählte Werte der Dichtefunktion und der Verteilungsfunktion der Normalverteilung

Beispiel 1

Berechnung ausgewählter Intervalle und Wahrscheinlichkeiten für normalverteilte Zufallsvariable

$$P(\xi - k\sigma < X \leq \xi + k\sigma) = \Phi(\xi + k\sigma) - \Phi(\xi - k\sigma)$$

$$u_1 = \frac{(\xi + k\sigma) - \xi}{\sigma} = +k \; ; \; u_2 = \frac{(\xi - k\sigma) - \xi}{\sigma} = -k$$

$$P(\xi - k\sigma < X \leq \xi + k\sigma) = \Phi(k) - \Phi(-k) = 1 - 2\Phi(-k) = 2\Phi(k) - 1$$

$$k = 1 \Rightarrow P = 0,6826 \;\; \textit{für} \;\; x \in [\xi \pm \sigma]$$
$$k = 2 \Rightarrow P = 0,9544 \;\; \textit{für} \;\; x \in [\xi \pm 2\sigma]$$
$$k = 3 \Rightarrow P = 0,9973 \;\; \textit{für} \;\; x \in [\xi \pm 3\sigma]$$

$$k = 1,64 \Rightarrow P = 0,90 \;\; \textit{für} \;\; x \in [\xi \pm 1,64\sigma]$$
$$k = 1,96 \Rightarrow P = 0,95 \;\; \textit{für} \;\; x \in [\xi \pm 1,96\sigma]$$
$$k = 2,58 \Rightarrow P = 0,99 \;\; \textit{für} \;\; x \in [\xi \pm 2,58\sigma]$$

Sei $\boldsymbol{X} = (X_1 \;\; X_2 \;\; \dots \;\; X_n)^t$ ein Vektor von n unabhängigen $N(\xi_i, \sigma_i^2)$-verteilten Zufallsvariablen. Das *Additionstheorem* der Normalverteilung besagt, dass jede Linearkombination

$$Y_j = \boldsymbol{k}_j^t \boldsymbol{X} \quad \text{mit} \quad \boldsymbol{k}_j = (k_{1j} \;\; k_{2j} \;\; \dots \;\; k_{nj})^t, \quad k_{ij} \quad \text{reell}$$

$N(\eta_j, \sigma_j^2)$-verteilt ist mit

$$\eta_j = E(Y_j) = \boldsymbol{k}_j^t E(\boldsymbol{X}) = \boldsymbol{k}_j^t \boldsymbol{\xi} \quad \text{mit} \quad \boldsymbol{\xi} = (\xi_1 \;\; \xi_2 \;\; \dots \;\; \xi_n)^t \tag{2.14}$$

$$\sigma_j^2 = E([Y_j - \eta_j]^2) = \boldsymbol{k}_j^t E([\boldsymbol{x} - \boldsymbol{\xi}][\boldsymbol{x} - \boldsymbol{\xi}]^t) \boldsymbol{k}_j \tag{2.15}$$

$$= k_{1j}^2 \sigma_1^2 + k_{2j}^2 \sigma_2^2 + \dots + k_{nj}^2 \sigma_n^2. \tag{2.16}$$

Die in (2.6) und (2.7) definierten *Momente* können für die Normalverteilung leicht angegeben werden. Zur Berechnung wird folgendes uneigentliches Integral benötigt:

$$\int_0^\infty x^n \exp(-ax^2) dx = \Gamma(\frac{n+1}{2})/2a^{(n+1)/2}, \; a > 0, \; n > -1.$$

Die hier auftretende Gammafunktion ist durch

$$\Gamma(x) = \int_0^\infty e^{-t} t^{x-1} dt, \quad x > 0 \tag{2.17}$$

definiert. Ihre Haupteigenschaften sind

$$\Gamma(x+1) = x\Gamma(x) \quad \forall x > 0; \quad \Gamma(\frac{1}{2}) = \sqrt{\pi}; \quad \Gamma(1) = 1$$

$$\Gamma(n) = (n-1)! \quad \forall n \in \mathbb{N}.$$

Für die normalverteilte Zufallsvariable U können damit folgende uneigentliche Integrale gelöst werden:

$$\int_{-\infty}^\infty u \exp\left\{-\frac{u^2}{2}\right\} du = \int_{-\infty}^\infty u^3 \exp\left\{-\frac{u^2}{2}\right\} du \tag{2.18}$$

$$= \int_{-\infty}^\infty u^5 \exp\left\{-\frac{u^2}{2}\right\} du = 0$$

$$\int_{-\infty}^\infty \exp\left\{-\frac{u^2}{2}\right\} du = \int_{-\infty}^\infty u^2 \exp\left\{-\frac{u^2}{2}\right\} du = \sqrt{2\pi} \tag{2.19}$$

$$\int_{-\infty}^\infty u^4 \exp\left\{-\frac{u^2}{2}\right\} du = 3\sqrt{2\pi}. \tag{2.20}$$

Aus $u = (x-\xi)/\sigma$ folgt unmittelbar $x = \xi + u\sigma$. Wird dies in die Definitionsgleichungen (2.6), (2.7) der Momente eingesetzt, so erhält man mit (2.18) bis (2.20) der Reihe nach für die Normalverteilung:

$$\alpha_1 = E(X) = \xi \qquad \text{Lageparameter}$$
$$\beta_1 = E(X-\xi) = 0$$

$$\alpha_2 = E(X^2) = \xi^2 + \sigma^2$$
$$\beta_2 = E(|X-\xi|)^2 = \sigma^2 \quad \text{Streuungsparameter}$$

$$\alpha_3 = E(X^3) = \xi^3 + 3\xi\sigma^2$$
$$\beta_3 = E(|X-\xi|)^3 = 0$$

$$\alpha_4 = E(X^4) = \xi^4 + 6\xi^2\sigma^2 + 3\sigma^4$$
$$\beta_4 = E(|X-\xi|)^4 = 3\sigma^4$$

Als Maße für die Nähe zur Normalverteilung dienen bei empirischen aber auch theoretischen Verteilungen die *Schiefe* und der *Exzess*. Die Schiefe ist nach (2.9) definiert als

$$\gamma_1 = \frac{\beta_3}{\sigma^3}.$$

Als Exzess bezeichnet man die Größe

$$\gamma_2 = \frac{\beta_4}{\sigma^4} - 3.$$

Die Schiefe misst die Abweichung der Dichtefunktion von der Symmetrie. Positives γ_1 bedeutet, dass am rechten Rand der Dichtefunktion zuviel Beobachtungen (Dichte) vorliegen. Der Exzess misst die Wölbung der Dichtefunktion im Vergleich zur Normalverteilung. Positives γ_2 bedeutet, daß die Verteilung stärker um den Erwartungswert konzentriert ist als die Normalverteilung. Für die Normalverteilung sind γ_1 und γ_2 identisch Null.

Der *zentrale Grenzwertsatz*liefert die Rechtfertigung für die Normalverteilungshypothese in vielen praktischen Anwendungen. Seien $X_1, X_2, \ldots, X_n$ unabhängige Zufallsvariable, die alle dieselbe aber beliebige Verteilung besitzen mit $E(X_i) = \xi$ und $Var(X_i) = \sigma^2 \neq 0$. Die Zufallsvariable

$$Y_n = \frac{1}{n}\sum X_i$$

besitzt dann die Kenngrößen $E(Y_n) = \xi$ und $Var(Y_n) = \sigma^2/n$. Die durch die Normierung gebildete neue Zufallsvariable

$$U_n = (Y_n - \xi)\sqrt{n}/\sigma$$

ist asymptotisch standard-normalverteilt, d.h. es gilt für die zugehörigen Verteilungsfunktionen F_n

$$\lim_{n\to\infty} F_n(u) = \Phi(u) = \frac{1}{\sqrt{2\pi}}\int_{-\infty}^{u} \exp\left\{-\frac{t^2}{2}\right\} dt.$$

Dieser für die Anwendung der mathematischen Statistik äußerst wichtige Satz lässt sich noch verallgemeinern. Nach dem Satz von LINDEBERG-FELLER (FISZ 1976, S. 245) gilt:

Seien $X_1, X_2, \ldots, X_n$ unabhängige Zufallsvariable, die gleichmäßig beschränkt sind, d. h. es gibt eine Zahl $a > 0$ derart, dass für jedes X_i die Wahrscheinlichkeitsbeziehung $P(|X_i| \leq a) = 1$ gilt, und es sei $Var(X_i) = \sigma_i^2 \neq 0 \; \forall i$. Ist dann F_n die Verteilung der standardisierten Zufallsvariablen

$$U_n = \frac{\sum(X_i - \xi_i)}{\sqrt{\sum \sigma_i^2}},$$

so gilt

$$\lim_{n\to\infty} F_n(u) = \Phi(u) = \frac{1}{\sqrt{2\pi}} \int_{-\infty}^{u} \exp\left\{-\frac{t^2}{2}\right\} dt$$

genau dann, wenn

$$\lim_{n\to\infty} \sum_{i=1}^{n} \sigma_i^2 = \infty$$

ist. Für die Beweise dieser Sätze und für weitere Einzelheiten sei auf FISZ (1976, Kap. 6) verwiesen.

2.2 Zweidimensionale Verteilungen

Bei vielen Zufallsexperimenten ist der Ausgang seiner Natur nach zweidimensional, so dass zwei Zufallsvariable gleichzeitig auftreten. Einfache Beispiele sind die Beschreibung

- der Lage eines Punktes in der Ebene durch kartesische Koordinaten x, y oder Polarkoordinaten r, φ
- des Zustandes der Atmosphäre durch Temperatur T und Druck p
- der Eigenschaften einer Schwingung durch Amplitude A und Frequenz f
- einer Richtung im Raum durch (geographische) Breite φ und Länge λ.

Die *Verteilungsfunktion* einer zweidimensionalen Zufallsvariablen (X_i, X_j) hat die Form

$$F(x_i, x_j) = P(X_i \leq x_i, X_j \leq x_j).$$

Die Wahrscheinlichkeit, dass die zweidimensionale Zufallsvariable einen Wert in einem vorgegebenen Rechteck annimmt, lautet

$$P(a_1 < X_i \leq a_2, b_1 < X_j \leq b_2) = F(a_2, b_2) - F(a_2, b_1) - F(a_1, b_2) + F(a_1, b_1). \quad (2.21)$$

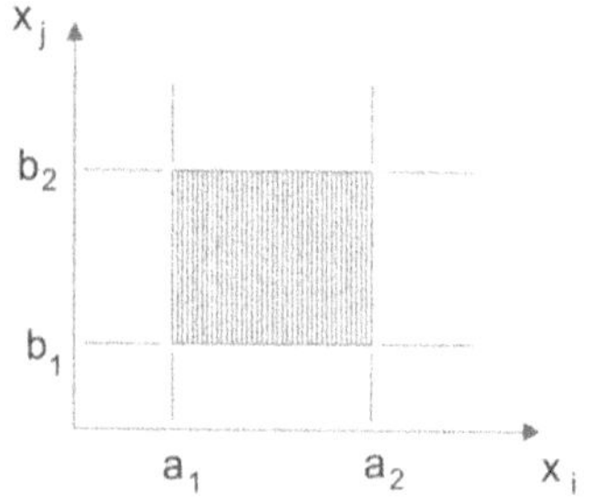

Abb. 2.7: Zweidimensionale Zufallsvariable

Eine diskrete Zufallsvariable kann nur endlich oder abzählbar viele verschiedene Wertepaare annehmen. Die Wahrscheinlichkeit dafür, dass ein bestimmtes Wertepaar auftritt, wird bezeichnet mit

$$P(X_i = x_{ik}, X_j = x_{jl}) = p_{kl}.$$

Damit kann die *Wahrscheinlichkeitsfunktion* definiert werden, die der Bedingung

$$\sum_k \sum_l f(x_{ik}, x_{jl}) = 1$$

genügen muss.

Sie lautet:

$$f(x_i, x_j) = \begin{cases} p_{kl} & \text{für } x_i = x_{ik} \text{ und } x_j = x_{jl} \\ 0 & \text{sonst} \end{cases}$$

und führt auf die diskrete Verteilungsfunktion

$$F(x_i, x_j) = \sum_{x_{ik} \leq x_i} \sum_{x_{jl} \leq x_j} f(x_{ik}, x_{jl}).$$

Eine *kontinuierliche* Zufallsvariable (X_i, X_j) ist überall in einem Gebiet definiert. Ihre Dichtefunktion $f(x_i, x_j)$ ist überall nichtnegativ und beschränkt. Die zugehörige Verteilungsfunktion ergibt sich als Doppelintegral

$$F(x_i, x_j) = \int_{-\infty}^{x_j} \int_{-\infty}^{x_i} f(t_i, t_j) dt_i dt_j.$$

Die Wahrscheinlichkeit dafür, dass die Zufallsvariable (X_i, X_j) in einem vorgegebenen Rechteck liegt, hat die Form

$$P(a_1 < X_i \leq a_2, b_1 < X_j \leq b_2) = \int_{b_1}^{b_2} \int_{a_1}^{a_2} f(x_i, x_j) dx_i dx_j.$$

Die *Dichtefunktion* $f(x_i, x_j)$ genügt der Bedingung

$$\int_{-\infty}^{\infty} \int_{-\infty}^{\infty} f(x_i, x_j) dx_i dx_j = 1.$$

2.2.1 Randverteilung und bedingte Verteilung

Betrachtet man nur eine Zufallsvariable einer zweidimensionalen Verteilung und lässt man für die andere alle möglichen Werte zu, so gelangt man zu den *Randverteilungen* der Zufallsvariablen (X_i, X_j). Im diskreten Fall erhält man für die erste Zufallsvariable X_i die Randwahrscheinlichkeitsfunktion

$$f(x_{ik}) = P(X_i = x_{ik}; X_j \text{ beliebig}) = \sum_{x_j} f(x_{ik}, x_j) = p_k.$$

Ganz entsprechend wird die Randverteilungsfunktion definiert:

$$F_i(x_{ik}) = P(X_i \leq x_{ik}; X_j \text{ beliebig}) = \sum_{x_i \leq x_{ik}} f_i(x_i).$$

Bei stetigen Zufallsvariablen tritt an die Stelle der Summation die Integration. Die Randverteilungsfunktion

$$F_i(x_i) = P(X_i \leq x_i; -\infty < X_j < \infty) = \int_{-\infty}^{x_i} [\int_{-\infty}^{\infty} f(t_i, x_j) dx_j] dt_i. \tag{2.22}$$

gibt an, mit welcher Wahrscheinlichkeit die Zufallsvariable X_i kleiner oder gleich x_i ausfällt, wobei die Werte für X_j unbeachtet bleiben. Die *Randdichte* der Zufallsvariablen X_i kann man an der Verteilungsfunktion (2.22) ablesen:

$$f_i(x_i) = \int_{-\infty}^{\infty} f(x_i, x_j) dx_j. \tag{2.23}$$

Wird sie in die Verteilungsfunktion eingesetzt, so vereinfacht sich die Gleichung zu

$$F_i(x_i) = \int_{-\infty}^{x_i} f_i(t_i) dt_i.$$

Durch Indexvertauschung erhält man die Randdichte- und die Randverteilungsfunktion der Zufallsvariablen X_j bezüglich der zweidimensionalen Verteilung von (X_i, X_j).
Betrachtet man eine Zufallsvariable der zweidimensionalen Verteilung unter der Voraussetzung (Hypothese), dass die andere einen bestimmten Wert angenommen hat, bzw. in einem bestimmten Intervall liegt, so erhält man die *bedingten Verteilungen.* Die Verteilungsfunktion ergibt sich aus der Definition der bedingten Wahrscheinlichkeit

$$P(A|B) = P(A \cap B)/P(B).$$

Für diskrete Zufallsvariable (X_i, X_j) folgt daraus mit

$$P(X_i = x_{ik}|X_j = x_{jl}) = p_{kl}/p_l,$$

eine Wahrscheinlichkeit, die für jedes k und jedes l definiert ist und auf die bedingte Wahrscheinlichkeitsfunktion

$$f(x_{ik}|x_{jl}) = \begin{cases} p_{kl}/p_l & \text{für } x_i = x_{ik}|x_{jl} \\ 0 & \text{sonst} \end{cases}$$

führt. Die zugehörige Verteilungsfunktion lautet

$$F(x_i|x_{jl}) = \sum_{x_{ik} \leq x_i} f(x_{ik}|x_{jl}).$$

Für die stetige Zufallsvariable (X_i, X_j) mit der Dichte $f(x_i, x_j)$ soll zunächst X_i unter der Bedingung betrachtet werden, daß X_j im Intervall $[x_j, x_j + \delta]$ liegt.

$$P(X_i \leq x_i | x_j < X_j \leq x_j + \delta) = \frac{P(X_i \leq x_i, x_j < X_j \leq x_j + \delta)}{P(x_j < X_j \leq x_j + \delta)} =$$

$$= \int_{x_j}^{x_j+\delta} \int_{-\infty}^{x_i} f(t_i, t_j) dt_i dt_j \Big/ \int_{x_j}^{x_j+\delta} \int_{-\infty}^{\infty} f(t_i, t_j) dt_i dt_j.$$

Unter der Voraussetzung einer nicht entarteten Verteilung existiert der Grenzwert $\delta \to 0$. Bei Beschränkung auf Werte größer Null für die Randdichte (Nenner)

$$f_j(x_j) = \int_{-\infty}^{\infty} f(x_i, x_j) dx_i$$

kann daher auch die Verteilung von X_i unter der Bedingung $X_j = x_j$ angegeben werden:

$$\lim_{\delta \to 0} P(X_i \leq x_i | x_j < X_j \leq x_j + \delta) = F_i(x_i, x_j) = \frac{\int_{-\infty}^{x_i} f(t_i, t_j) dt_i}{f_j(x_j)}.$$

Durch Vertauschung der Indizes erhält man die bedingte Verteilung $F_j(x_j|x_i)$.

Zwei Zufallsvariable X_i, X_j sind genau dann *stochastisch unabhängig*, wenn für jede Realisation des zweidimensionalen Experiments gilt

$$P(a_1 < X_i \leq a_2, b_1 < X_j \leq b_2) = P(a_1 < X_i \leq a_2) P(b_1 < X_j \leq b_2). \qquad (2.24)$$

Für unabhängige Zufallsvariable erhält man damit die Beziehungen

$$F(x_i, x_j) = F_i(x_i) F_j(x_j), \quad f(x_i, x_j) = f_i(x_i) f_j(x_j),$$

$$F_i(x_i|x_j) = F_i(x_i), \quad F_j(x_j|x_i) = F_j(x_j)$$

2.2.2 Erwartungswert, Varianz und Kovarianz

Der *Erwartungswert* einer Funktion $g(X_i, X_j)$ einer zweidimensionalen Zufallsvariablen wird ebenso gebildet wie im eindimensionalen Fall (2.1) bzw. (2.5)

$$E(g(X_i, X_j)) = \begin{cases} \sum_{x_i} \sum_{x_j} g(x_i, x_j) f(x_i, x_j) \\ \int_{-\infty}^{\infty} \int_{-\infty}^{\infty} g(x_i, x_j) f(x_i, x_j) dx_i dx_j. \end{cases}$$

Hängt die Funktion g nur von der Zufallsvariablen X_i ab, so wird nur die entsprechende Randdichte (2.23) benötigt:

$$E(g(X_i)) = \begin{cases} \sum_{x_i} g(x_i) f_i(x_i) \\ \int_{-\infty}^{\infty} g(x_i) f_i(x_i) dx_i. \end{cases}$$

Für den Erwartungswert als linearen Operator gilt allgemein

$$E[c_1 g_1(X_i, X_j) + c_2 g_2(X_i, X_j)] = c_1 E(g_1(X_i, X_j)) + c_2 E(g_2(X_i, X_j)).$$

Daraus folgt insbesondere der sogenannte *Additionssatz*

$$E(X_i + X_j) = E(X_i) + E(X_j).$$

Für die Varianz gilt ein analoges Ergebnis wegen

$$Var(X_i + X_j) = Var(X_i) + Var(X_j) + 2E(X_i X_j) - 2E(X_i)E(X_j)$$

nur dann, wenn X_i und X_j stochastisch unabhängig sind. In diesem Fall gilt der sogenannte *Produktsatz*

$$E(X_i X_j) = E(X_i)E(X_j).$$

Auch die *Varianz* einer Funktion einer zweidimensionalen Zufallsvariablen (X_i, X_j) wird analog zum eindimensionalen Fall gebildet

$$Var(g(X_i, X_j)) = E([g(X_i, X_j)]^2) - [E(g(X_i, X_j))]^2.$$

Von besonderem Interesse sind wieder die *Momente*, die durch

$$\alpha_{rs} = E(X_i^r X_j^s) = \int_{-\infty}^{\infty} \int_{-\infty}^{\infty} x_i^r x_j^s f(x_i, x_j) dx_i dx_j \tag{2.25}$$

definiert sind und die entsprechenden zentralen Momente

$$\beta_{rs} = E[(X_i - \alpha_{10})^r (X_j - \alpha_{01})^s].$$

Wir lesen sogleich ab, dass $E(X_i) = \alpha_{10} = \xi_i$ und $E(X_j) = \alpha_{01} = \xi_j$ die Erwartungswerte der Randverteilungen der beiden Zufallsvariablen X_i und X_j sind. Ferner gibt es drei Momente zweiter Ordnung, nämlich $\alpha_{20} = E(X_i^2)$, $\alpha_{02} = E(X_j^2)$ und $\alpha_{11} = E(X_i X_j)$. Die ersten zentralen Momente β_{10} und β_{01} ergeben sich nach Definition zu Null. Als zweite zentrale Momente erhält man die Streuungsparameter der Zufallsvariablen (X_i, X_j)

$$\begin{aligned} \beta_{20} &= E([X_i - \alpha_{10}]^2) = \alpha_{20} - \alpha_{10}^2 = Var(X_i) = \sigma_i^2 \\ \beta_{02} &= E([X_j - \alpha_{01}]^2) = \alpha_{02} - \alpha_{01}^2 = Var(X_j) = \sigma_j^2 \\ \beta_{11} &= E([X_i - \alpha_{10}][X_j - \alpha_{01}]) = \alpha_{11} - \alpha_{10}\alpha_{01} = Kov(X_i, X_j) = \sigma_{ij}. \end{aligned} \tag{2.26}$$

Die *Kovarianz* σ_{ij} bringt die stochastische Beziehung zwischen X_i und X_j zum Ausdruck. Sind X_i und X_j stochastisch unabhängig, so verschwindet σ_{ij}. Als Maß der Abhängigkeit ist σ_{ij} jedoch nicht geeignet. Dazu wird der *Korrelationskoeffizient* ρ_{ij} benutzt, der gleich der Kovarianz der normierten Zufallsvariablen (U_i, U_j) ist,

$$U_i = \frac{X_i - E(X_i)}{\sigma_i}, \quad U_j = \frac{X_j - E(X_j)}{\sigma_j}.$$

Diese Zufallsvariable (U_i, U_j) hat die Momente

$$\alpha_{10} = E(U_i) = 0, \qquad \alpha_{01} = E(U_j) = 0, \tag{2.27}$$

$$\beta_{20} = \sigma_i^2 = 1, \qquad \beta_{02} = \sigma_j^2 = 1 \tag{2.28}$$

$$\beta_{11} = \sigma_{ij} = \rho_{ij}, \qquad -1 \leq \rho_{ij} \leq +1\,. \tag{2.29}$$

Die Varianzen und Kovarianzen werden zweckmäßig in einer 2×2-Matrix zusammengefasst, die als *Varianz-Kovarianz-Matrix* (VKM) bezeichnet wird und wegen $\sigma_{ij} = \sigma_{ji}$ symmetrisch ist

$$Var(X_i, X_j) = \mathbf{\Sigma} = \begin{pmatrix} Var(X_i) & Kov(X_i, X_j) \\ Kov(X_j, X_i) & Var(X_j) \end{pmatrix} = \begin{pmatrix} \sigma_i^2 & \sigma_{ij} \\ \sigma_{ji} & \sigma_j^2 \end{pmatrix}. \tag{2.30}$$

Für die normierte Zufallsvariable (U_i, U_j) wird daraus die *Korrelationsmatrix*

$$\boldsymbol{R} = \begin{pmatrix} Var(U_i) & Kov(U_i, U_j) \\ Kov(U_j, U_i) & Var(U_j) \end{pmatrix} = \begin{pmatrix} 1 & \rho_{ij} \\ \rho_{ji} & 1 \end{pmatrix}.$$

2.2.3 Funktionen zweidimensionaler Zufallsvariablen

Für den praktisch wichtigsten Fall einer *linearen Funktion* der Zufallsvariablen (X_i, X_j)

$$g(X_i, X_j) = aX_i \pm bX_j$$

erhält man durch Anwendung der Resultate des vorhergehenden Abschnitts für Erwartungswert und Varianz folgende Ergebnisse:

$$E(g) = \gamma = aE(X_i) \pm bE(X_j),$$

oder in Vektornotation mit $g(X_i, X_j) = \boldsymbol{h}^t\boldsymbol{X}$, $\boldsymbol{h} = (a \pm b)^t$, $\boldsymbol{X} = (X_i \;\; X_j)^t$ und $\boldsymbol{\xi} = (\xi_i \;\; \xi_j)^t$

$$E(g) = \boldsymbol{h}^t E(\boldsymbol{X}) = a\xi_i \pm b\xi_j = \boldsymbol{h}^t\, \boldsymbol{\xi} = \gamma$$

$$\begin{aligned} Var(g) &= E(g^2) - [E(g)]^2 = E(a^2X_i^2 \pm 2abX_iX_j + b^2X_j^2) - \gamma^2 \\ &= a^2E(X_i^2) \pm 2abE(X_iX_j) + b^2E(X_j)^2 - a^2\xi_i^2 - (\pm 2ab\xi_i\xi_j) - b^2\xi_j^2 \\ &= a^2(E(X_i^2) - \xi_i^2) \pm 2ab(E(X_iX_j) - \xi_i\xi_j) + b^2(E(X_j^2) - \xi_j^2) \end{aligned}$$

$$Var(g) = a^2Var(X_i) \pm 2abKov(X_i, X_j) + b^2Var(X_j) = \boldsymbol{h}^t\mathbf{\Sigma}\boldsymbol{h}.$$

Wir fassen dieses wichtige Ergebnis folgendermaßen zusammen. Die lineare Funktion

$$g = aX_i \pm bX_j = \boldsymbol{h}^t\boldsymbol{X}$$

besitzt den Erwartungswert

$$E(g) = \gamma = a\xi_i \pm b\xi_j = \boldsymbol{h}^t\boldsymbol{\xi}$$

und die Varianz

$$Var(g) = \sigma_g^2 = a^2\sigma_i^2 \pm 2ab\sigma_{ij} + b^2\sigma_j^2 = \boldsymbol{h}^t\boldsymbol{\Sigma}\boldsymbol{h}.$$

Für *nichtlineare Funktionen* können nur in Ausnahmefällen strenge Formeln für Erwartungswert und Varianz angegeben werden. Unter der Voraussetzung, dass die Dichtefunktion stetig differenzierbar ist, kann eine TAYLOR-Entwicklung von g an der Stelle (ξ_i, ξ_j) durchgeführt und damit eine näherungsweise Bestimmung von $E(g)$ und $Var(g)$ erzielt werden. Mit den Abkürzungen

$$\frac{\partial g(x_i, x_j)}{\partial x_i} = g_i', \quad \frac{\partial^2 g(x_i, x_j)}{\partial x_i^2} = g_i'', \quad \frac{\partial^2 g(x_i, x_j)}{\partial x_i \partial x_j} = g_{ij}'', \; \ldots$$

erhält man folgende Darstellung der Funktion für eine Realisierung der Zufallsvariablen mit den Werten x_{ik} und x_{jl}

$$\begin{aligned} g(x_{ik}, x_{jl}) &= g(\xi_i, \xi_j) + g_i'(x_{ik} - \xi_i) + g_j'(x_{jl} - \xi_j) + \\ &+ \frac{1}{2!}\left\{g_i''(x_{ik} - \xi_i)^2 + 2g_{ij}''(x_{ik} - \xi_i)(x_{jl} - \xi_j) + g_j''(x_{jl} - \xi_j)^2\right\} + \ldots . \end{aligned}$$

Werden nun die *Erwartungswerte* eingesetzt, wobei berücksichtigt wird, dass

$$E[(x_{ik} - \xi_i)^r (x_{jl} - \xi_j)^s] = \beta_{rs}$$

als zentrales Moment nach (2.26) definiert ist, so folgt

$$E(g(X_i, X_j)) = g(\xi_i, \xi_j) + g_i'\beta_{10} + g_j'\beta_{01} + \frac{1}{2}(g_i''\beta_{20} + 2g_{ij}''\beta_{11} + g_j''\beta_{02}) + \ldots .$$

Sind weiterhin die Streuungen der Zufallsvariablen um den Mittelwert klein im Vergleich zum Mittelwert selbst und ist die Verteilung symmetrisch, so dass die Momente verschwinden, für die die Indexsumme $r + s$ eine ungerade Zahl ist, so erhält man mit

$$E(g(X_i, X_j)) = g(\xi_i, \xi_j) + \frac{1}{2}(g_i''\sigma_i^2 + 2g_{ij}''\sigma_{ij} + g_j''\sigma_j^2) + \ldots .$$

eine Gleichung, bei der erst die Momente ab der 4. Ordnung vernachlässigt sind. Unter denselben Bedingungen erhält man für die *Varianz*

$$Var(g(X_i, X_j)) = g_i'^2\sigma_i^2 + 2g_i'g_j'\sigma_{ij} + g_j'^2\sigma_j^2 + \ldots .$$

Die *Verteilung* einer Funktion der Zufallsvariablen (X_i, X_j) lässt sich unter gewissen Stetigkeitsvoraussetzungen recht einfach in allgemeiner Form darstellen. Die Konkretisierung für bestimmte Funktionen gestaltet sich jedoch meist äußerst schwierig, so dass darauf hier verzichtet werden soll.

Seien mit $F(x_i, x_j)$ die Verteilungsfunktion und mit $f(x_i, x_j)$ die Dichte gegeben. Wir betrachten nun die neuen Zufallsvariablen $Y_1 = h_1(X_i, X_j)$ und $Y_2 = h_2(X_i, X_j)$, die durch eine stetige und umkehrbar eindeutige Transformation definiert seien. Die Umkehrungen mögen die Form $X_i = z_i(Y_1, Y_2)$ und $X_j = z_j(Y_1, Y_2)$ haben. Wir setzen ferner voraus, dass die partiellen Ableitungen von h stetig und endlich sind. Dasselbe gelte für z, deren Funktionaldeterminante D im betrachteten Gebiet G endlich und stetig sein möge.

$$D = \begin{vmatrix} \frac{\partial x_i}{\partial y_1} & \frac{\partial x_i}{\partial y_2} \\ \frac{\partial x_j}{\partial y_1} & \frac{\partial x_j}{\partial y_2} \end{vmatrix}, \quad G = [a < X_i \leq b, c < X_j \leq d].$$

Unter diesen Voraussetzungen gilt die Wahrscheinlichkeitsbeziehung

$$P(a < X_i \leq b, c < X_j \leq d) = \int_a^b \int_c^d f(x_i, x_j) dx_i dx_j = \int_G \int f(z_i, z_j) |D| dy_1 dy_2.$$

Die Dichte der Zufallsvariablen (Y_1, Y_2) hat demnach die Form

$$f_y(y_1, y_2) = f_x(z_i(Y_1, Y_2), z_j(Y_1, Y_2))|D|.$$

Anwendungsbeispiele gibt FISZ (1976) in Kap. 2.9.

2.2.4 Die zweidimensionale Normalverteilung

Die stetige Verteilung der Zufallsvariablen (X_i, X_j) mit der Dichtefunktion

$$\varphi(x_i, x_j) = \frac{1}{2\pi\sigma_i\sigma_j\sqrt{1-\rho^2}} \exp\left\{-\frac{1}{2}q(x_i, x_j)\right\},$$

wobei

$$q(x_i, x_j) = \frac{1}{1-\rho^2}\left(\left[\frac{x_i - \xi_i}{\sigma_i}\right]^2 - 2\rho\frac{(x_i - \xi_i)(x_j - \xi_j)}{\sigma_i\sigma_j} + \left[\frac{x_j - \xi_j}{\sigma_j}\right]^2\right) \tag{2.31}$$

bedeutet, heißt *zweidimensionale Normalverteilung*. Nach Definition gilt für den Korrelationskoeffizienten ρ

$$\rho = \frac{\sigma_{ij}}{\sigma_i\sigma_j} \quad \text{und damit} \quad 1 - \rho^2 = \frac{\sigma_i^2\sigma_j^2 - \sigma_{ij}^2}{\sigma_i^2\sigma_j^2}$$

sowie für die Varianz-Kovarianz-Matrix $\mathbf{\Sigma}$ wegen $\sigma_{ij} = \sigma_{ji}$

$$\mathbf{\Sigma} = \begin{pmatrix} \sigma_i^2 & \sigma_{ij} \\ \sigma_{ij} & \sigma_j^2 \end{pmatrix} \quad \text{somit} \quad \mathbf{\Sigma}^{-1} = \frac{1}{\sigma_i^2\sigma_j^2 - \sigma_{ij}^2}\begin{pmatrix} \sigma_j^2 & -\sigma_{ij} \\ -\sigma_{ij} & \sigma_i^2 \end{pmatrix},$$

vergleiche auch (2.30). Bildet man nun die quadratische Form

$$q = (\boldsymbol{x} - \boldsymbol{\xi})^t \boldsymbol{\Sigma}^{-1} (\boldsymbol{x} - \boldsymbol{\xi})$$

mit $(\boldsymbol{x} - \boldsymbol{\xi}) = ([x_i - \xi_i]\ [x_j - \xi_j])^t$ als Vektor mit den beiden Komponenten $[x_i - \xi_i]$ und $[x_j - \xi_j]$, so erhält man

$$q = \frac{1}{\sigma_i^2 \sigma_j^2 - \sigma_{ij}^2}((x_i - \xi_i)^2 \sigma_j^2 - 2(x_i - \xi_i)(x_j - \xi_j)\sigma_{ij} + (x_j - \xi_j)^2 \sigma_i^2)$$

bzw. nach Ausklammern von $\sigma_i^2 \sigma_j^2$

$$q = \frac{\sigma_i^2 \sigma_j^2}{\sigma_i^2 \sigma_j^2 - \sigma_{ij}^2} \left(\frac{(x_i - \xi_i)^2}{\sigma_i^2} - 2\frac{(x_i - \xi_i)(x_j - \xi_j)}{\sigma_i^2 \sigma_j^2}\sigma_{ij} + \frac{(x_j - \xi_j)^2}{\sigma_j^2} \right)$$

in Übereinstimmung mit der in (2.31) eingeführten Abkürzung $q(x_i, x_j)$. Die Verteilungsfunktion lautet dann

$$\Phi(x_i, x_j) = \frac{1}{2\pi\sigma_i\sigma_j\sqrt{1-\rho^2}} \int_{-\infty}^{x_i} \int_{-\infty}^{x_j} \exp\left\{-\frac{1}{2}q(t_i, t_j)\right\} dt_i dt_j .$$

Sind X_i, X_j stochastisch unabhängig (2.24), so ist der Korrelationskoeffizient$\rho = 0$. Die Dichte lässt sich in diesem Fall als Produkt der Randdichten darstellen

$$\begin{aligned} \varphi(x_i, x_j) &= \varphi_i(x_i)\varphi_j(x_j) \\ \varphi_i(x_i) &= \frac{1}{\sigma_i\sqrt{2\pi}} \exp\left\{-\frac{1}{2}\left[\frac{x_i - \xi_i}{\sigma_i}\right]^2\right\} \\ \varphi_j(x_j) &= \frac{1}{\sigma_j\sqrt{2\pi}} \exp\left\{-\frac{1}{2}\left[\frac{x_j - \xi_j}{\sigma_j}\right]^2\right\}. \end{aligned}$$

$\varphi_i(x_i)$ und $\varphi_j(x_j)$ sind die Dichten eindimensionaler Normalverteilungen und zugleich die *Randverteilungsdichten* der Zufallsvariablen (X_i, X_j). Die zweidimensionale Normalverteilung ist durch die fünf Parameter ξ_i, ξ_j (Erwartungswerte, Mittelwerte), σ_i^2, σ_j^2 (Varianzen) und ρ (Korrelationskoeffizient) vollständig bestimmt. Eine wesentliche Vereinfachung der Darstellung erhält man durch Standardisierung der Zufallsvariablen nach (2.10)

$$U_i = \frac{X_i - \xi_i}{\sigma_i}, \quad U_j = \frac{X_j - \xi_j}{\sigma_j}.$$

Wegen $E(U) = 0$ und $Var(U) = 1$ nimmt die Dichtefunktion damit folgende Gestalt an:

$$\varphi(u_i, u_j) = \frac{1}{2\pi\sqrt{1-\rho^2}} \exp\left\{-\frac{1}{2(1-\rho^2)}(u_i^2 - 2\rho u_i u_j + u_j^2)\right\}.$$

Im eindimensionalen Fall konnte die Dichtefunktion $\varphi(x)$ als Glockenkurve veranschaulicht werden. Ähnlich kann die Dichte $\varphi(x_i, x_j)$ interpretiert werden, indem man $z =$

$\varphi(x_i, x_j)$ als Höhe über der x_i, x_j-Ebene darstellt. Man erhält dann ein glockenförmiges räumliches Gebilde. Die Randverteilungen kann man als Projektion dieses Gebildes auf die z, x_i- bzw. z, x_j-Ebene interpretieren. Eine Darstellung der Dichte der bedingten Verteilung erhält man durch Zeichnung achsparalleler Profile durch das räumliche Gebilde. In Abb. 2.8 sind die Randdichten $\varphi_i(x_i)$ und $\varphi_j(x_j)$ sowie die bedingten Dichten $\varphi(x_i|x_j = a)$ und $\varphi(x_j|x_i = b)$ veranschaulicht.

Die *bedingte Dichte* der Zufallsvariable X_i bei gegebenem $X_j = x_j$ hat die Form

$$\varphi(x_i|x_j) = \frac{1}{\sigma_i\sqrt{2\pi(1-\rho^2)}} \exp\left\{-\frac{1}{2\sigma_i^2(1-\rho^2)}\left[(x_i-\xi_i) - \frac{\rho\sigma_i}{\sigma_j}(x_j-\xi_j)\right]^2\right\}.$$

Dies ist wiederum eine Normalverteilung mit dem Erwartungswert

$$\xi_i(x_j) = \xi_i + \frac{\rho\sigma_i}{\sigma_j}(x_j - \xi_j) = E(X_i|x_j).$$

und der von x_j unabhängigen Varianz

$$\sigma_i^2(x_j) = \sigma_i^2(1-\rho^2) = Var(X_i|x_j)$$

Kurven gleicher Wahrscheinlichkeitsdichte $z = z_0$ erhält man, wenn im Exponenten der Dichtefunktion der Ausdruck $q = q_0$ konstant gehalten wird. Die Gleichungen stellen eine Schar von Ellipsen dar, die alle denselben Mittelpunkt ξ_i, ξ_j und dieselbe Orientieung

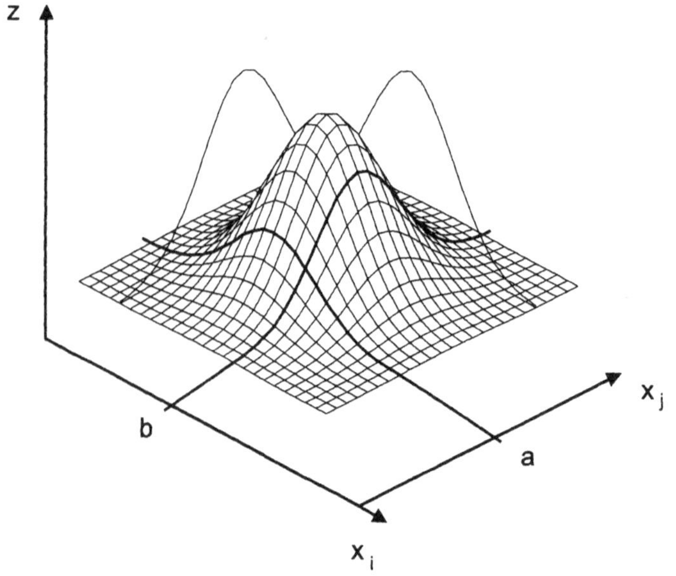

Abb. 2.8: Zweidimensionale Dichte mit Randdichte und bedingter Dichte

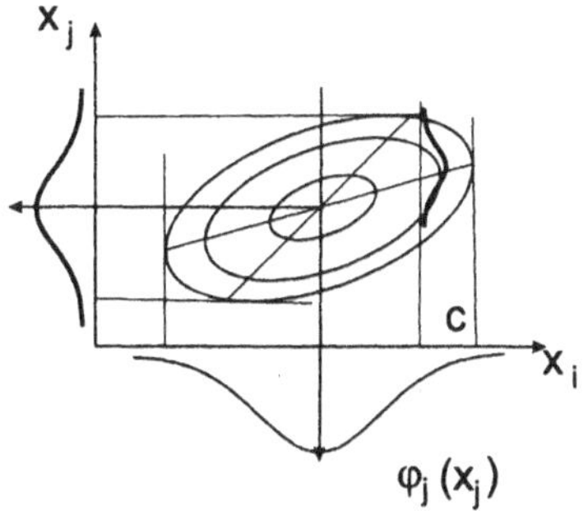

Abb. 2.9: Linien gleicher Wahrscheinlichkeitsdichte mit Randdichte und bedingter Dichte

der Achsen besitzen. Die Abbildung 2.9 zeigt neben einigen Kurven gleicher Wahrscheinlichkeitsdichte die in die Zeichenebene geklappten Randdichten $\varphi_i(x_i), \varphi_j(x_j)$ und die ebenso dargestellte bedingte Dichte $\varphi(x_j \mid x_i = c)$.

2.3 n-dimensionale Verteilungen

Wir bezeichnen einen Vektor $\boldsymbol{X} = (X_1 \ X_2 \ \ldots \ X_n)^t$, dessen Komponenten Zufallsvariable sind, als *Zufallsvektor*. Die Realisationen von $\boldsymbol{X}$ sind durch die Vektoren $\boldsymbol{x}_i = (x_{i1} \ x_{i2} \ \ldots \ x_{in})^t$ gegeben, die in der Realisationsmatrix zusammengefasst werden können. Jeder Vektor $\boldsymbol{x}_i$ definiert einen Punkt im n-dimensionalen Raum.
Die Verteilungsfunktion und die Dichte $f(\boldsymbol{x})$ sind definiert durch

$$P(\boldsymbol{X} \leq \boldsymbol{x}) = P(X_1 \leq x_1, X_2 \leq x_2, \ldots, X_n \leq x_n) =$$
$$= F(\boldsymbol{x}) = \int_{-\infty}^{\boldsymbol{x}} \int f(\boldsymbol{t}) d\boldsymbol{t}.$$

Für die Wahrscheinlichkeit, mit der $\boldsymbol{X}$ Werte im Gebiet G annimmt, gilt

$$P(\boldsymbol{X} \in G) = F(G) = \int_G \int f(\boldsymbol{x}) d\boldsymbol{x}.$$

Die Berechnung des *Erwartungswertes* einer Funktion $g(\boldsymbol{x})$ erfolgt durch die Integration über den gesamten Definitionsbereich

$$E(g(\boldsymbol{X})) = \int_{-\infty}^{\infty} \cdots \int_{-\infty}^{\infty} g(\boldsymbol{x}) f(\boldsymbol{x}) d\boldsymbol{x}.$$

Ist die Funktion linear, so gilt mit $E(X_i) = \xi_i$ und $E(\boldsymbol{X}) = \boldsymbol{\xi} = (\xi_1 \ \xi_2 \ \ldots \ \xi_n)^t$ sowie $\boldsymbol{h} = (h_1 \ h_2 \ \ldots \ h_n)^t$ für

$$\begin{aligned} g(\boldsymbol{X}) &= h_0 + h_1 X_1 + h_2 X_2 + \cdots + h_n X_n = h_0 + \boldsymbol{h}^t \boldsymbol{X} \qquad (2.32) \\ E(g(\boldsymbol{X})) &= h_0 + h_1 E(X_1) + h_2 E(X_2) + \cdots + h_n E(X_n) \\ &= h_0 + \boldsymbol{h}^t E(\boldsymbol{X}) = h_0 + \boldsymbol{h}^t \boldsymbol{\xi}. \end{aligned}$$

Bei nichtlinearen Funktionen treten meist schwer lösbare Integrale auf, die nur durch Linearisierung der Funktion mit Hilfe einer TAYLOR-Entwicklung umgangen werden können.
Da die *Normalverteilung* für die Messdatenauswertung eine herausragende Rolle spielt, seien abschließend Verteilungsfunktion und Dichte eines n-dimensionalen normalverteilten Zufallsvektors angegeben. Ein Zufallsvektor $\boldsymbol{X}$ heißt normalverteilt mit $E(\boldsymbol{X}) = \boldsymbol{\xi}$ und $Var(\boldsymbol{X}) = \boldsymbol{\Sigma}$, geschrieben wird $\boldsymbol{X} \sim N(\boldsymbol{\xi}, \boldsymbol{\Sigma})$, wenn er die folgende Verteilungsfunktion besitzt

$$\Phi(\boldsymbol{x}) = P(X_1 \leq x_1, X_2 \leq x_2, \ldots, X_n \leq x_n) = \int_{-\infty}^{x_1} \cdots \int_{-\infty}^{x_n} \varphi(\boldsymbol{t}) d\boldsymbol{t},$$

in der $\varphi(\boldsymbol{x})$ die folgende Dichtefunktion bedeutet:

$$\varphi(\boldsymbol{x}) = \frac{\sqrt{\det \boldsymbol{\Sigma}^{-1}}}{(\sqrt{2\pi})^n} exp\{-\frac{1}{2}(\boldsymbol{x} - \boldsymbol{\xi})^t \boldsymbol{\Sigma}^{-1} (\boldsymbol{x} - \boldsymbol{\xi})\}. \quad (2.33)$$

2.4 Das Varianzen-Fortpflanzungsgesetz (VFG)

Für die *Varianz* einer Funktion $g(X)$ einer eindimensionalen Zufallsvariablen X gilt die allgemeine Definition (2.3) bzw. (2.8)

$$Var(g) = E(g^2) - E(g)^2.$$

Eine direkte Berechnung der Erwartungswerte durch Integration ist bei Funktionen von Zufallsvektoren in der Regel nur für lineare Funktionen möglich, daher ist es erforderlich, allgemeine Funktionen durch eine TAYLOR-Entwicklung zu linearisieren. Wir wollen uns auf den Fall beschränken, dass $g(\boldsymbol{X})$ linear oder linearisiert ist und dass die Varianz-Kovarianz-Matrix $\boldsymbol{\Sigma}$ von $\boldsymbol{X}$ bekannt ist:

$$Var(\boldsymbol{X}) = E(\boldsymbol{X}\boldsymbol{X}^t) - E(\boldsymbol{X})E(\boldsymbol{X})^t = \begin{pmatrix} \sigma_1^2 & \sigma_{12} & \sigma_{13} & \ldots & \sigma_{1n} \\ \sigma_{21} & \sigma_2^2 & \sigma_{23} & \ldots & \sigma_{2n} \\ \sigma_{31} & \sigma_{32} & \sigma_3^2 & & \\ \vdots & & & \ddots & \\ \sigma_{n1} & \ldots & & & \sigma_n^2 \end{pmatrix} = \boldsymbol{\Sigma} \quad (2.34)$$

Die Varianz-Kovarianz-Matrix$\boldsymbol{\Sigma}$ ist symmetrisch und positiv definit. Von der linearen Funktion g (2.32) ausgehend, bilden wir der Reihe nach $E(g^2)$ und $E(g)^2$

$$\begin{aligned} E(g^2) &= E[(h_0 + \boldsymbol{h}^t\boldsymbol{X})^t(h_0 + \boldsymbol{h}^t\boldsymbol{X})] \\ &= E(h_0^2 + 2h_0\boldsymbol{h}^t\boldsymbol{X} + \boldsymbol{h}^t\boldsymbol{X}\boldsymbol{X}^t\boldsymbol{h}) \\ &= h_0^2 + 2h_0\boldsymbol{h}^t E(\boldsymbol{X}) + \boldsymbol{h}^t E(\boldsymbol{X}\boldsymbol{X}^t)\boldsymbol{h} \\ E(g)^2 &= h_0^2 + 2h_0\boldsymbol{h}^t E(\boldsymbol{X}) + \boldsymbol{h}^t E(\boldsymbol{X})E(\boldsymbol{X}^t))\boldsymbol{h} \end{aligned}$$

und erhalten damit für die Varianz den einfachen Ausdruck

$$\begin{aligned} Var(g) &= E(g^2) + E(g)^2 \\ &= \boldsymbol{h}^t[E(\boldsymbol{X}\boldsymbol{X}^t) - E(\boldsymbol{X})E(\boldsymbol{X}^t)]\boldsymbol{h} \\ Var(g) &= \boldsymbol{h}^t Var(\boldsymbol{X})\boldsymbol{h} = \boldsymbol{h}^t\boldsymbol{\Sigma}\boldsymbol{h}. \end{aligned}$$

Damit haben wir die sehr wichtigen Regeln für die Übertragung von Erwartungswerten und Varianzen bei linearen (linearisierten) Funktionen abgeleitet, die abschließend zusammengefasst seien:

$$\begin{aligned} g(\boldsymbol{X}) &= h_0 + h_1X_1 + h_2X_2 + \ldots + h_nX_n = h_0 + \boldsymbol{h}^t\boldsymbol{X} \\ E(g(\boldsymbol{X})) &= h_0 + h_1\xi_1 + h_2\xi_2 + \ldots + h_n\xi_n = h_0 + \boldsymbol{h}^t\boldsymbol{\xi} \\ Var(g(\boldsymbol{X})) &= \boldsymbol{h}^tVar(\boldsymbol{X})\boldsymbol{h} = \boldsymbol{h}^t\boldsymbol{\Sigma}\boldsymbol{h}. \end{aligned}$$

Die Verallgemeinerung auf m Funktionen Y_i trägt die Bezeichnung *allgemeines Varianzen-Fortpflanzungsgesetz.* Sie ergibt sich unmittelbar aus dem Vorstehenden mit

$$\boldsymbol{Y} = \boldsymbol{H}\boldsymbol{X}, \quad \boldsymbol{Y} = (Y_1 \; Y_2 \; \ldots \; Y_m)^t, \quad \boldsymbol{X} = (X_1 \; X_2 \; \ldots \; X_n)^t,$$

wobei $\boldsymbol{H}$ eine reelle $m \times n$-Matrix ist. Sei $\boldsymbol{\Sigma}_x$ die Varianz-Kovarianz-Matrix von $\boldsymbol{X}$, dann erhält man die $m \times m$ Varianz-Kovarianz-Matrix $\boldsymbol{\Sigma}_y$ aus der einfachen Beziehung

$$\boldsymbol{\Sigma}_y = \boldsymbol{H}\boldsymbol{\Sigma}_x\boldsymbol{H}^t.$$

3 Beobachtungsreihen

3.1 Parameterschätzung

3.1.1 Die Beobachtungsreihe als Stichprobe

Wenn eine geometrische oder physikalische Größe bestimmt werden soll, so werden die Messungen dazu in der Regel mehrfach durchgeführt. Die Messergebnisse werden in einer *Beobachtungsreihe* (BR) zusammengestellt. Diese BR kann als einfache *Stichprobe* aus einer *Grundgesamtheit* (GG) aufgefasst werden, die alle Messergebnisse enthält, die bei unbeschränkter Wiederholung der Messung auftreten würden. Die Streuung der Messwerte wird hier primär durch unkontrollierbare Änderungen der Messbedingungen und durch den Messprozess selbst verursacht.

In anderen Fällen werden die Messwerte an verschiedenen aber gleichartigen Objekten gewonnen, die als Stichprobe aus einer Population oder einem Los hergestellter Produkte gezogen werden. Die Streuung enthä lt dann auch Anteile, die als natürliche Variabilität der Messobjekte existieren bzw. die durch den Produktionsprozess verursacht wurden und von der Messung unabhängig sind.

In allen Fällen kommt es auf die zufällige Natur der Unterschiede der Messwerte an. Diese bilden dann eine Stichprobe aus einer GG auf der eine Zufallsvariable X definiert ist. Diese Zufallsvariable besitzt eine in der Regel unbekannte statistische Verteilung, die für die weiteren Überlegungen als kontinuierlich vorausgesetzt wird.

Bei einer anderen gleichberechtigten Betrachtungsweise wird die BR vom Umfang n als Realisation einer n-dimensionalen Zufallsvariablen aufgefasst, deren Komponenten alle dieselben statistischen Eigenschaften haben. Es wird dabei also eine Grundgesamtheit angenommen, die aus n-dimensionalen Zufallsvektoren $\boldsymbol{X} = (X_1\ X_2\ \ldots\ X_n)^t$ besteht, aus der die BR als Stichprobe entnommen wurde. Auf diese Interpretation der Stichprobe werden wir uns stützen, wenn die statistischen Eigenschaften von Schätzfunktionen diskutiert werden.

Schließlich können wir die zufälligen Schwankungen, mit denen die Messwerte behaftet sind, als einen stochastischen Prozess interpretieren. Dann nehmen wir an, dass mit jeder Messung eine Zufallsvariable X_i verknüpft ist. Die Folge dieser Variablen bildet den stochastischen Prozess $X = (X_1, X_2, \ldots)$. Die Beobachtungsreihe vom Umfang n ist die Realisierung eines Ausschnitts dieses Prozesses, der z.B. die Form $X_n = (\ldots, X_{k+1}, X_{k+2}, \ldots, X_{k+n}, \ldots)$ haben kann.

Die Auswertung der BR zielt darauf ab, Schätzwerte für $E(X)$ und $Var(X)$ sowie für die Verteilung und für Funktionen von X zu erhalten. Wenn die Beobachtungen unter gleichen Bedingungen wiederholt werden und nur zufälligen Schwankungen unterliegen, so haben die Messabweichungen, das sind die Differenzen der Einzelwerte zum Erwartungswert, erfahrungsgemäß folgende Eigenschaften:

- Dem Betrage nach gleich große Abweichungen kommen gleich häufig mit positiven wie mit negativen Vorzeichen vor. Die Wahrscheinlichkeitsdichte der Abweichungen folgt daher einer geraden Funktion.
- Die Häufigkeit der Abweichungen nimmt mit zunehmendem Betrag monoton ab.
- Für die Abweichung Null hat die Dichtefunktion ihr Maximum.

Diese Eigenschaften treffen u.a. auch für die Normalverteilung zu, die zudem besonders leicht zu handhaben ist. Da umfangreiche Untersuchungen gezeigt haben, dass die Verteilung der Abweichungen unter den genannten Voraussetzungen gut durch die Normalverteilung angenähert werden kann, wird bei der Anwendung statistischer Methoden häufig angenommen, dass die Stichproben normalverteilt sind. Die Verfahren der Parameterschätzung setzen nicht immer eine bestimmte Verteilung voraus. Sie führen allerdings häufig nur dann zu vernünftigen Ergebnissen, wenn die Abweichungen die oben genannten Eigenschaften besitzen.
In zwei häufig vorkommenden praktischen Fällen sind die Beobachtungen nicht normalverteilt.

a) Messwerte, die außergewöhnlich weit vom Mittelwert abweichen, sind gestrichen worden (3σ-Regel). Man erhält eine *gestutzte Verteilung*, für die im Falle ursprünglicher Normalverteilung folgende Beziehungen gelten:

$$f(x) = \begin{cases} \dfrac{\varphi(x)}{\phi(b) - \phi(a)} & \text{für } a \le x \le b \\ 0 & \text{sonst} \end{cases}$$

$$F(x) = \begin{cases} 0 & \text{für } x \le a \\ \dfrac{\phi(x) - \phi(a)}{\phi(b) - \phi(a)} & \text{für } a < x \le b \\ 1 & \text{für } x > b \end{cases}$$

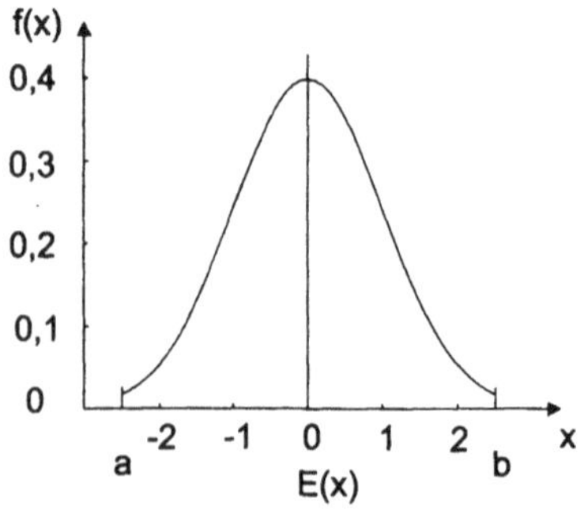

Abb. 3.1: Dichte der gestutzten Normalverteilung

b) Es sind BR zusammengefasst worden, die aus unterschiedlichen Grundgesamtheiten stammen. Für den Fall, dass $A\%$ der Beobachtungen zu einer Grundgesamtheit der Dichte $\varphi_1(x_1)$ und $B\%$ zu einer Grundgesamtheit mit der Dichte $\varphi_2(x_2)$ gehören, erhält man folgende *Mischverteilung,* deren Dichtefunktion in Abb. 3.2 dargestellt ist

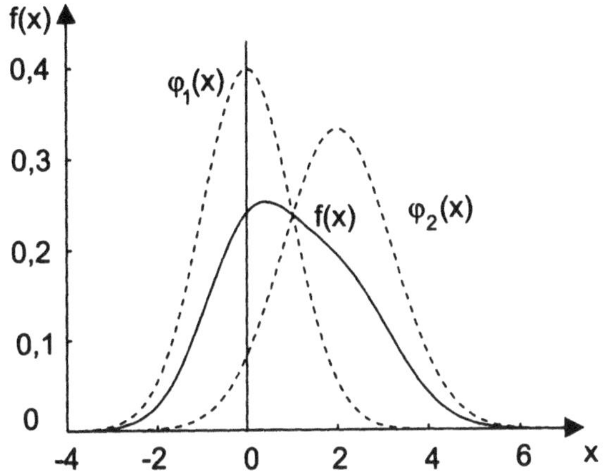

$X_1 \sim N(0;1), \quad A = 50\%$

$X_2 \sim N(2;1,2), \quad B = 50\%$

$$f(x) = \frac{A}{100}\varphi_1(x) + \frac{B}{100}\varphi_2(x)$$

Abb. 3.2: Dichte einer Mischverteilung

3.1.2 Schätzkriterien

Wie einleitend bereits erläutert wurde, zielen die Messungen letztlich darauf ab, gesicherte Kenntnisse über physikalische oder geometrische Größen zu gewinnen, oder die Parameter eines mathematischen Modells zu ermitteln. Aus praktischen Gründen ist nur eine begrenzte Anzahl von Messwiederholungen möglich, deren Ergebnisse die Beobachrungsreihe (BR) bilden. Wegen der unvermeidlichen Variabilität der Messergebnisse können die Beobachtungen l_i als Realisationen von Zufallsvariablen L_i aufgefasst werden. Das Schätzproblem besteht darin, von den Zufallswerten der BR auf die festen Kenngrößen der Zufallsvariablen bzw. der Grundgesamtheit zu schließen.

Dazu werden Schätzfunktionen G entwickelt, die als Funktionen der Zufallsvariablen L_i selbst Zufallsgrößen sind. Wenn die Beobachtungsreihe durch den Vektor $\boldsymbol{l} = (l_1\ l_2\ \ldots\ l_n)^t$ gegeben ist, so ist der Schätzer $g_n = g(l_1, l_2, \ldots, l_n)$ für den Parameter α der Verteilung so zu konstruieren, dass er *möglichst nah* bei dem unbekannten Wert von α liegt und *möglichst erschöpfend* die in der BR enthaltene Information verwertet. Zur Präzisierung dieser Eigenschaften sind einige Kriterien nützlich, die in der Schätztheorie eine wichtige Rolle spielen:

- Eine Schätzfunktion $g_n = g_n(\boldsymbol{l})$ heißt *erschöpfend* (suffizient) bezüglich des Parameters α, wenn sie die gesamte Information der Stichprobe nutzt. Dies ist dann der Fall, wenn die bedingte Wahrscheinlichkeitsverteilung $F(g_n(\boldsymbol{l})|\alpha)$ von α unabhängig ist. Überprüft werden kann die Suffizienz an der Dichte $f(\boldsymbol{l};\alpha)$, die folgende Produktdarstellung haben muss:

$$f\left(g_n(\boldsymbol{l})\right) = f(\boldsymbol{l};\alpha) = f_1\left(g_n(\boldsymbol{l}),\alpha\right) f_2(\boldsymbol{l}).$$

Beispiel 2

Erschöpfende Schätzfunktion

Sei $x = \boldsymbol{e}^t\boldsymbol{l}/n$ eine Schätzfunktion für den Parameter ξ aus einer normalverteilten Grundgesamtheit. Die Dichte der Zufallsvariablen X lautet

$$\varphi(x) = (\sigma\sqrt{2\pi})^{-n}\exp\left\{-\frac{1}{2\sigma^2}(\boldsymbol{l}-\boldsymbol{e}\xi)^t(\boldsymbol{l}-\boldsymbol{e}\xi)\right\}.$$

Wegen

$$\boldsymbol{l}-\boldsymbol{e}\xi = \boldsymbol{l}-\boldsymbol{e}x+\boldsymbol{e}(x-\xi)$$

und

$$(\boldsymbol{l}-\boldsymbol{e}\xi)^t(\boldsymbol{l}-\boldsymbol{e}\xi) = (\boldsymbol{l}-\boldsymbol{e}x)^t(\boldsymbol{l}-\boldsymbol{e}x)+n(x-\xi)^2$$

kann $\varphi(x)$ faktorisiert werden:

$$\varphi(x) = \exp\left\{-\frac{n}{2\sigma^2}(x-\xi)^2\right\}\cdot\frac{1}{(\sigma\sqrt{2\pi})^n}\exp\left\{-\frac{1}{2\sigma^2}(\boldsymbol{l}-\boldsymbol{e}x)^t(\boldsymbol{l}-\boldsymbol{e}x)\right\}.$$

Der Mittelwert x ist also bei normalverteilter BR ein erschöpfender Schätzer für den Lageparameter ξ.

- Die Funktion $g_n(\boldsymbol{l})$ ist eine *konsistente* Schätzfunktion für den Parameter α, falls g_n für $n \to \infty$ stochastisch (nach Wahrscheinlichkeit) gegen α konvergiert.

  $$\lim_{n\to\infty} P(|g_n-\alpha|<\varepsilon) \to 1.$$

  Eine gleichwertige Formulierung der Konsistenz lautet

  $$E\left[(g_n-\alpha)^2\right] \to 0 \quad \text{für } n\to\infty.$$

Beispiel 3

Konsistente Schätzfunktion

Sei $x = \boldsymbol{e}^t\boldsymbol{l}/n$ eine Schätzfunktion für den Erwartungswert $E(L_i) = \xi$ der unabhängigen Beobachtungen und $\sigma^2 = E\left[(L_i-\xi)^2\right]$ ihre Varianz. Dann erhält man als Varianz von X:

$$E\left[(X-\xi)^2\right] = E\left[\left(\frac{\boldsymbol{e}^t}{n}\boldsymbol{L}-\xi\right)^2\right] = \frac{1}{n^2}\boldsymbol{e}^t E(\boldsymbol{L}\boldsymbol{L}^t)\boldsymbol{e}-\xi^2.$$

Wegen $e^t e = n$ gilt $\xi^2 = e^t e \xi \xi e^t e / n^2$ und damit

$$E\left[(X-\xi)^2\right] = \frac{1}{n^2} e^t [E(LL^t) - e\xi\xi e^t] e = \frac{1}{n^2} e^t E[(L - e\xi)(L - e\xi)^t] e$$
$$= \frac{1}{n^2} n E\left[(L_i - \xi)^2\right] = \frac{1}{n}\sigma^2,$$

wobei $E\left[(L_i - \xi)(L_j - \xi)\right] = 0$ für $i \neq j$ berücksichtigt wurde. Wegen

$$\lim_{n\to\infty} E\left[(X-\xi)^2\right] = \lim_{n\to\infty} \frac{\sigma^2}{n} \to 0$$

besitzt die Schätzfunktion x die Eigenschaft der Konsistenz. Die betrachtete Varianz bezieht sich auf den wahren Parameter ξ!

- Eine Schätzfunktion $g_n(l)$ für den Parameter α heißt *erwartungstreu* (unverzerrt), wenn unabhängig vom Umfang n der BR gilt:

$$E(g_n(l)) = \alpha \quad \forall n = 1, 2, \ldots$$

Beispiel 4

Erwartungstreue Schätzfunktion

Sei $x = e^t l / n$ eine Schätzfunktion für den Erwartungswert $E(L_i) = \xi$ der Beobachtungen.

$$E(X) = \frac{1}{n} e^t E(L) = \frac{1}{n} e^t e \xi = \xi.$$

Wenn die Beobachtungen l_i unverzerrt sind, so ist ihr Mittel x ein erwartungstreuer Schätzer für den „wahren" Wert ξ.

- Nicht immer gibt es für die interessierenden Kenngrößen einer Grundgesamtheit erwartungstreue Schätzfunktionen. In dieser Situation ist man bestrebt, aus der Stichprobe eine zumindest *asymptotisch erwartungstreue* Schätzung zu berechnen, für die dann nur

$$\lim_{n\to\infty} E(g_n(l)) = \alpha$$

gefordert wird.

Ist auch eine solche Schätzfunktion nicht verfügbar, muss man auf *verzerrte* Schätzer zurückgreifen und wird dabei bemüht sein, einen Schätzer minimaler Verzerrung zu erhalten. In manchen Situationen mag es günstiger sein, einen minimal verzerrten Schätzer mit kleiner Varianz anstelle eines nur asymptotisch erwartungstreuen Schätzers mit größerer Varianz zu verwenden.

Die bisher betrachteten Gütekriterien der Schätzung beziehen sich darauf, wie nahe der Stichprobenwert im Mittel bei der gesuchten Kenngröße der Grundgesamtheit liegt. Ebenso wichtig ist aber auch die Frage nach der Streuung des Schätzers. Gibt es für einen Parameter α verschiedene erwartungstreue Schätzfunktionen $g_n^1, g_n^2, \ldots, g_n^k$, so ist diejenige zu bevorzugen, die am wenigsten um α streut.

- Wenn g_n^e die Ungleichung

  $$\frac{Var(g_n^e)}{Var(g_n^i)} \leq 1 \quad \forall i \in \{1, 2, \ldots, e, \ldots, k\} \text{ und } \forall n \in \{1, 2, \ldots\}$$

  erfüllt, so ist g_n^e eine *effiziente* (wirksame) Schätzfunktion. Nach der RAO-CRAMERschen Ungleichung für die Varianz erwartungstreuer Schätzfunktionen

  $$Var(g_n) \geq \left(n \int_{-\infty}^{\infty} \left[\frac{\partial \ln f(l)}{\partial \alpha} \right]^2 f(l)\, dl \right)^{-1} = a \tag{3.1}$$

  gibt es eine feste untere Grenze für die Varianz. Schätzer, die diese Grenze erreichen, für die also das Gleichheitszeichen in (3.1) gilt, werden als *absolut effizient* (wirksamst) bezeichnet.

Um zu charakterisieren, wie nahe ein Schätzer der Genauigkeitsgrenze a in (3.1) kommt, wird häufig als Maß der *relativen Effizienz* der Quotient $a/Var(g_n)$ angegeben, der natürlich nur wenig kleiner als eins sein sollte. Gelegentlich wird auch ein beliebiges Varianzenverhältnis $Var(g_n^i)/Var(g_n^j)$ als relative Effizienz der Schätzfunktionen g_n^i und g_n^j bezeichnet.

- Eine Schätzfunktion $g_n^b(\boldsymbol{l})$ heißt *beste* Schätzfunktion (Schätzfunktion minimaler Varianz) für die Kenngröße α der Grundgesamtheit, wenn sie die Ungleichung

  $$E\left[(g_n^b - E(g_n^b))^2\right] \leq E\left[(g_n^i - E(g_n^i))^2\right] \quad \forall i \in \{1, 2, \ldots, b, \ldots\}$$

  erfüllt. Für erwartungstreue Schätzfunktionen geht dieses Kriterium in das Effizienzkriterium über.

Da häufig statistische Testverfahren benutzt werden, um abgesicherte Aussagen über die Realisationen von Schätzfunktionen zu machen, ist es wichtig, dass man die Verteilung der Zufallsvariablen $G = g(\boldsymbol{l})$ kennt. Einige der im folgenden zu konstruierenden Schätzer sind *asymptotisch normalverteilt.* Diese eignen sich für solche Aufgabenstellungen besonders gut und werden vorzugsweise ausgewählt.

3.1.3 Schätzverfahren

Die Schätzverfahren dienen dazu, Schätzfunktionen $g(\boldsymbol{l})$ für die Kenngrößen der Grundgesamtheit zu entwickeln. Die wichtigsten Kenngrößen sind die *Lageparameter* und die *Streuungsparameter.* Dazu kommen in selteneren Fällen noch Momente höherer Ordnung sowie Schiefe und Exzess.

Als *Lageparameter* bezeichnet man einen ausgezeichneten Punkt im Definitionsbereich der Zufallsvariablen. Dies kann z. B. der Erwartungswert sein, der Wert, der mit $P = 0,5$

unter- oder überschritten wird (*Median*), der Wert, an dem die Dichtefunktion ihr Maximum hat (*Modalwert*) oder ein *Quantil*. Unter α-Quantilen versteht man jene Punkte, die das zum Median symmetrische Intervall begrenzen, in dem die Realisationen der Zufallsvariablen mit $P = 1 - 2\alpha$ liegen.
Die *Streuungsparameter* sind ein Maß für die Variabilität der Zufallsvariablen. In Frage kommen Varianz, Standardabweichung, durchschnittliche Abweichung, Quantilenabstand u. a.

- Das in der Statistik am meisten benutzte Verfahren zur Ableitung von Schätzfunktionen ist die *Maximum-Likelihood-Methode* (MLM), die der ersten Begründung der Methode der kleinsten Quadrate von GAUSS entspricht und später von R.A. FISHER auf die heutige Form gebracht worden ist.

Die Zufallsvariable L mit der Dichte $f(l;\boldsymbol{\alpha})$ hänge von den Parametern $\boldsymbol{\alpha} = (\alpha_1\ \alpha_2\ \ldots\ \alpha_m)^t$ ab und definiere eine Grundgesamtheit, aus der die Stichprobe (BR) $l = (l_1, l_2, \ldots, l_n)$ entnommen sei. Gesucht werden Schätzer $g_i(l)$ für die unbekannten Parameter α_i. Dazu wird die Wahrscheinlichkeit(sdichte) der Stichprobe als Funktion von $\boldsymbol{\alpha}$ an der Stelle $(l_1, l_2, \ldots, l_n)$ gebildet, die *Likelihoodfunktion* genannt wird. Die Likelihoodfunktion ist also eine Funktion der Stichprobe l und daher als a posteriori Wahrscheinlichkeitsdichte zu interpretieren und ihrer Natur nach eine Zufallsfunktion. Sie hat folgende Form

$$\mathcal{L} = p_1(\boldsymbol{\alpha}) \cdot p_2(\boldsymbol{\alpha}) \cdot \ldots \cdot p_n(\boldsymbol{\alpha}), \text{ für } L \text{ diskret, } P(L = l_i) = p_i$$

$$\mathcal{L} = f(l_1;\boldsymbol{\alpha}) \cdot f(l_2;\boldsymbol{\alpha}) \cdot \ldots \cdot f(l_n;\boldsymbol{\alpha}), \text{ für } L \text{ stetig, } l_i \text{ unabhängig.}$$

Die Parameter werden nun so bestimmt, dass $\mathcal{L}$ ein Maximum annimmt. Bei diskreten Zufallsvariablen wird also die Wahrscheinlichkeit für das Auftreten der BR maximiert, während bei einer stetigen Zufallsvariablen das Maximum der n-dimensionalen Dichtefunktion in den durch die BR gegebenen Punkt gelegt wird.
Aus praktischen Gründen erfolgt die Herleitung der Schätzer $g_i(l)$ durch Maximierung von $\ln \mathcal{L}$ bzw. $\log \mathcal{L}$, was natürlich erlaubt ist, da der Logarithmus eine monotone Funktion des Argumentes ist. Wie üblich, wird das Maximum durch Nullsetzen der Ableitungen $\partial \ln \mathcal{L}/\partial\alpha_i$ gefunden.
Unter sehr schwachen Einschränkungen sind ML-Schätzer konsistent, asymptotisch effizient, asymptotisch erwartungstreu und asymptotisch normalverteilt. Wenn für einen Parameter α der Verteilungsfunktion $F(x)$ eine effiziente Schätzfunktion existiert, so ist sie identisch mit dem ML-Schätzer.

Beispiel 5

Maximum-Likelihood-Methode

$L \sim N(\xi, \sigma^2)$, $f(l_i) = \varphi(l_i; \xi, \sigma^2)$, BR $l = (l_1, l_2, \ldots, l_n)$, l_i, l_j stochastisch unabhängig.
Dichte:

$$\varphi(l_i; \xi, \sigma^2) = \frac{1}{\sqrt{2\pi\sigma^2}} \exp\left\{-\frac{1}{2\sigma^2}(l_i - \xi)^2\right\},$$

Likelihoodfunktion: $\mathcal{L} = \varphi(l_1;\xi,\sigma^2)\cdot\varphi(l_2;\xi,\sigma^2)\cdot\ldots\cdot\varphi(l_n;\xi,\sigma^2)$

$$\mathcal{L} = \left[\frac{1}{\sqrt{2\pi\sigma^2}}\right]^n \exp\left\{-\frac{1}{2\sigma^2}\sum_{i=1}^{n}(l_i-\xi)^2\right\}.$$

Gesucht sei $g_1(l)$, Schätzer für $\xi = \alpha_1$

$$\ln\mathcal{L} = -\frac{n}{2}\ln 2\pi - \frac{n}{2}\ln\sigma^2 - \frac{1}{2\sigma^2}\sum_i(l_i-\xi)^2.$$

$$\frac{\partial\ln\mathcal{L}}{\partial\xi} = \frac{1}{\sigma^2}\sum_i(l_i-\xi) \Longrightarrow \sum_i(l_i-\xi) = 0$$

$$\Longrightarrow g_1(l) = x = \frac{1}{n}\sum_i l_i \ .$$

Gesucht sei ferner $g_2(l)$, Schätzfunktion für $\sigma^2 = \alpha_2$.

$$\frac{\partial\ln\mathcal{L}}{\partial\sigma^2} = -\frac{n}{2\sigma^2} + \frac{1}{2\sigma^4}\sum_i(l_i-\xi)^2 \Rightarrow ns^2 - \sum_i(l_i-\xi)^2 = 0$$

$$\Longrightarrow g_2(l) = s^2 = \frac{1}{n}\sum_i(l_i-\xi)^2 \ .$$

- Während die MLM die Kenntnis der Verteilung der Zufallsvariablen voraussetzt, ist die *Methode der kleinsten Quadrate*(MkQ) davon unabhängig.

Die Messwerte der BR $l = (l_1, l_2, \ldots, l_n)$ seien gleich genau, paarweise unabhängig und mit beliebig verteilten zufälligen Abweichungen behaftet. Im einfachsten Fall direkter Beobachtungen ist jeder Messwert die Summe aus dem gesuchten Lageparameter ξ und der Messabweichung ε_i.

$$l_i = \xi + \varepsilon_i \text{ bzw. } \boldsymbol{l} = \boldsymbol{e}\xi + \boldsymbol{\varepsilon}.$$

Die Schätzfunktion x für ξ wird nun so gebildet, daß der Verbesserungsvektor $\boldsymbol{v}$ möglichst klein wird.

$$\boldsymbol{l} + \boldsymbol{v} = \boldsymbol{e}x.$$

Die Größe des Vektors $\boldsymbol{v}$ wird durch die euklidische Norm $\|\boldsymbol{v}\|$, d.h. die Länge gemessen

$$\|\boldsymbol{v}\|^2 = \boldsymbol{v}^t\boldsymbol{v} = \sum_i(v_1^2 + v_2^2 + \ldots + v_n^2) \Longrightarrow min.$$

Der Lageparameter x wird also so bestimmt, dass die Summe der Quadrate der Verbesserungen zum Minimum wird (MkQ).

$$
\begin{aligned}
\boldsymbol{v} &= \boldsymbol{e}x - \boldsymbol{l},\ \boldsymbol{v}^t\boldsymbol{v} = (\boldsymbol{e}x - \boldsymbol{l})^t(\boldsymbol{e}x - \boldsymbol{l}) \\
\boldsymbol{v}^t\boldsymbol{v} &= x^2\boldsymbol{e}^t\boldsymbol{e} - 2x\boldsymbol{e}^t\boldsymbol{l} + \boldsymbol{l}^t\boldsymbol{l} \\
\frac{d(\boldsymbol{v}^t\boldsymbol{v})}{dx} &= 2x\boldsymbol{e}^t\boldsymbol{e} - 2\boldsymbol{e}^t\boldsymbol{l} \Longrightarrow \boldsymbol{e}^t\boldsymbol{e}x = \boldsymbol{e}^t\boldsymbol{l}
\end{aligned}
$$

$$
x = \frac{\boldsymbol{e}^t\boldsymbol{l}}{\boldsymbol{e}^t\boldsymbol{e}} = \frac{1}{n}\boldsymbol{e}^t\boldsymbol{l} = \frac{1}{n}\sum_i l_i. \tag{3.2}
$$

In den folgenden Abschnitten wird gezeigt, dass die MkQ auch anwendbar ist, wenn die Beobachtungen unterschiedlich genau und korreliert sind. Ebenso ist die Erweiterung auf indirekte Beobachtungen $l_i = f_i(\alpha_1, \alpha_2, \ldots, \alpha_m) + \varepsilon_i$ problemlos möglich.
Da durch die MkQ der Abstand $\|\boldsymbol{v}\|$ zwischen dem durch die BR definierten und dem geschätzten Punkt minimiert wird, hat sie eine geometrische Bedeutung, die bei zwei Beobachtungen noch leicht anschaulich gemacht werden kann. Der Vektor $\boldsymbol{v}$ steht senkrecht auf der Geraden $\boldsymbol{l} + \boldsymbol{v}$.

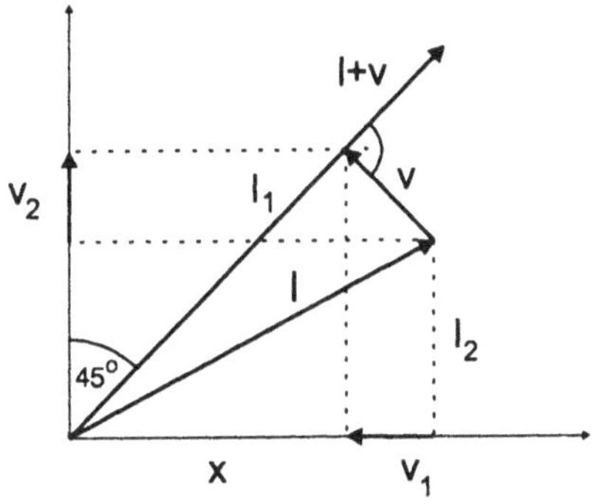

$$
\begin{aligned}
x &= \tfrac{1}{2}(l_1 + l_2) \\
&= l_1 + v_1 \\
&= l_2 + v_2 \\
&\Longrightarrow v_1 + v_2 = 0
\end{aligned}
$$

Abb. 3.3: Geometrische Veranschaulichung der MkQ-Schätzung

- Die nach der MkQ schätzbaren Lageparameter charakterisieren die Grundgesamtheit nur zum Teil. Weitere Eigenschaften können durch die Momente der Zufallsvariablen ausgedrückt werden, die durch die entsprechenden *Stilprobenmomente* geschätzt werden.

Dieses als *Momentenmethode (MM)* bezeichnete Schätzverfahren beruht auf den in (2.2) und (2.6) gegebenen Definitionen der Momente und ihre Übertragung auf die Sichprobe. Als gewöhnliche Stichprobenmomente bezeichnet man demnach die Potenzsummen

$$
a_k = \frac{1}{n}\sum_i l_i^k \tag{3.3}
$$

und als zentrierte Sichprobenmomente die Ausdrücke

$$b_k = \frac{1}{n}\sum_i (l_i - a_1)^k \; . \tag{3.4}$$

Das erste Stichprobenmoment a_1 ist ein Schätzer für den Lageparameter der Grundgesamtheit und das zweite zentrale Moment b_2 ein Schätzer für die Streuung. Aus den höheren Momenten können Schiefe und Exzess der Verteilung der Zufallsvariablen geschätzt werden.

- Abschließend sei das Verfahren der *besten linearen unverzerrten Schätzung* (BLU-Schätzung) erläutert.

Die Schätzfunktion für den Erwartungswert $E(L_i) = \xi$ soll danach folgende Eigenschaften besitzen:

(i) **L**inearität (in den Beobachtungen): $x = \boldsymbol{c}^t\boldsymbol{l} = c_1l_1 + c_2l_2 + \ldots + c_nl_n$

(ii) **U**nverzerrtheit (Erwartungstreue): $E(X) = \boldsymbol{c}^tE(\boldsymbol{L}) = \boldsymbol{c}^t\boldsymbol{e}\xi = \xi$

(iii) Minimale Varianz (**b**ester Schätzer): $Var(X) = \boldsymbol{c}^tVar(\boldsymbol{L})\,\boldsymbol{c} \Longrightarrow min.$

Im Fall gleichgenauer Beobachtungen gilt:

$$Var(\boldsymbol{L}) = \sigma^2\boldsymbol{I} = \begin{pmatrix} \sigma^2 & & \\ & \ddots & \\ & & \sigma^2 \end{pmatrix} .$$

Es ist dann also $\boldsymbol{c}^t\boldsymbol{c}\,\sigma^2$ zu minimieren unter der aus (ii) folgenden Nebenbedingung $\boldsymbol{c}^t\boldsymbol{e} = 1$. Daraus folgt nach der LAGRANGE-Methode

$$\begin{aligned} \mathcal{L} &= \sigma^2\boldsymbol{c}^t\boldsymbol{c} + 2\lambda(\boldsymbol{c}^t\boldsymbol{e} - 1) \Longrightarrow min \\ \frac{\partial\mathcal{L}}{\partial\boldsymbol{c}} &= 2\sigma^2\boldsymbol{c} + 2\lambda\boldsymbol{e} \\ \sigma^2\boldsymbol{e}^t\boldsymbol{c} &= -\lambda\boldsymbol{e}^t\boldsymbol{e} \Longrightarrow \lambda = -\frac{\sigma^2}{n} \quad \text{wegen } \boldsymbol{c}^t\boldsymbol{e} = 1 \text{ und } \boldsymbol{e}^t\boldsymbol{e} = n \end{aligned}$$

$$\begin{aligned} \sigma^2\boldsymbol{c} &= \sigma^2\frac{\boldsymbol{e}}{n} \Longrightarrow \boldsymbol{c} = \frac{1}{n}\boldsymbol{e},\; \boldsymbol{c}^t\boldsymbol{c} = \frac{1}{n} \\ x &= \frac{1}{n}\boldsymbol{e}^t\boldsymbol{l}, \quad Var(X) = \sigma_x^2 = \frac{1}{n}\sigma^2 \; . \end{aligned} \tag{3.5}$$

Diese Vorgehensweise zur Konstruktion eines Lageschätzers entspricht im Wesentlichen der zweiten GAUSSschen Begründung der MkQ.

3.1.4 Gleichgenaue unabhängige Beobachtungen

Die bisher abgeleiteten Schätzverfahren sollen nun für den Fall angewendet werden, dass alle Werte in der BR $l = (l_1, l_2, \ldots, l_n)$ gleichgenau und unabhängig sind. Diese Situation wird im Folgenden stets durch

$$l = (l_1, l_2, \ldots, l_n), \quad \boldsymbol{\Sigma}_l = \sigma^2 \boldsymbol{I}$$

gekennzeichnet. Die Größe der a priori Varianz σ^2 ist dabei belanglos. Wichtig ist allein die Struktur der *Kofaktorenmatrix* $\boldsymbol{Q}$, die durch

$$Var(\boldsymbol{l}) = \boldsymbol{\Sigma}_l = \sigma^2 \boldsymbol{Q}$$

definiert ist und hier die Identität $\boldsymbol{Q} \equiv \boldsymbol{I}$ erfüllen soll. Da bei den im vorigen Abschnitt gerechneten Beispielen die hier eindeutig beschriebene Situation schon stillschweigend vorausgesetzt worden ist, müssen nur noch die Ergebnisse zusammengetragen werden. Dabei erhält man im Einzelnen:

- **Lageparameter:**

$$\text{MLM}: \quad L_i \sim N(\xi, \sigma^2) \quad \Longrightarrow x = \tfrac{1}{n} \textstyle\sum_i l_i,$$

$$\left.\begin{array}{c}\text{MkQ}\\ \text{MM}\\ \text{BLU}\end{array}\right\} : \text{beliebige Verteilung} \Longrightarrow x = \tfrac{1}{n} \textstyle\sum_i l_i \; .$$

Dieser Schätzer für den Erwartungswert der beobachteten Zufallsvariablen wird als *einfaches arithmetisches Mittel* bezeichnet. Die Varianz von X erhält man nach dem Varianzen-Fortpflanzungsgesetz (Abschnitt 2.4) und nach (3.5) zu

$$\sigma_x^2 = \frac{1}{n} \sigma^2$$

- **Streuungsparameter:**

$$\text{MLM: } L_i \sim N(\xi, \sigma^2) \Longrightarrow s^2 = \tfrac{1}{n} \textstyle\sum (l_i - \xi)^2,$$

$$\text{MM:} \qquad \Longrightarrow s^2 = \tfrac{1}{n} \textstyle\sum (l_i - x)^2 \; .$$

Die MkQ und die BLU Schätzmethode sind nicht für die Varianzschätzung anwendbar. Der ML-Schätzer setzt voraus, dass der Erwartungswert ξ der Zufallsvariablen bekannt ist. Da dies nur in Ausnahmefällen zutrifft, kann er nur selten direkt benutzt werden. Der Schätzer (3.4) nach der MM erweist sich bei näherer Untersuchung als nicht erwartungstreu. Er ist jedoch asymptotisch erwartungstreu und kann, wie in Folgendem gezeigt wird, so modifiziert werden, dass ein erwartungstreuer Varianzschätzer entsteht.

$$\begin{aligned}
s^2 &= \frac{1}{n}\sum(l_i - x)^2 = \frac{1}{n}(\boldsymbol{l} - \boldsymbol{e}\,x)^t(\boldsymbol{l} - \boldsymbol{e}\,x),\ \boldsymbol{l} = \boldsymbol{e}\xi + \boldsymbol{\varepsilon},\\
x &= \frac{1}{n}\boldsymbol{e}^t\boldsymbol{l} = \frac{1}{n}(\boldsymbol{e}^t\boldsymbol{e}\xi + \boldsymbol{e}^t\boldsymbol{\varepsilon}) = \xi + \frac{1}{n}\boldsymbol{e}^t\boldsymbol{\varepsilon},\\
\boldsymbol{l} - \boldsymbol{e}\,x &= \boldsymbol{e}\xi + \boldsymbol{\varepsilon} - \boldsymbol{e}\xi - \frac{1}{n}\boldsymbol{e}\,\boldsymbol{e}^t\boldsymbol{\varepsilon} = \boldsymbol{\varepsilon} - \frac{1}{n}\boldsymbol{e}\,\boldsymbol{e}^t\boldsymbol{\varepsilon},\\
s^2 &= \frac{1}{n}(\boldsymbol{\varepsilon} - \frac{1}{n}\boldsymbol{e}\,\boldsymbol{e}^t\boldsymbol{\varepsilon})^t(\boldsymbol{\varepsilon} - \frac{1}{n}\boldsymbol{e}\,\boldsymbol{e}^t\boldsymbol{\varepsilon})\\
&= \frac{1}{n}\boldsymbol{\varepsilon}^t\boldsymbol{\varepsilon} - \frac{1}{n^2}\boldsymbol{e}^t\boldsymbol{\varepsilon}\boldsymbol{\varepsilon}^t\boldsymbol{e},\\
E(s^2) &= \frac{1}{n}E(\boldsymbol{\varepsilon}^t\boldsymbol{\varepsilon}) - \frac{1}{n^2}\boldsymbol{e}^tE(\boldsymbol{\varepsilon}\boldsymbol{\varepsilon}^t)\boldsymbol{e},\\
E(s^2) &= \sigma^2 - \frac{1}{n}\sigma^2 = \frac{n-1}{n}\sigma^2.
\end{aligned}$$

Diese Ableitung zeigt, wie aus dem MM-Schätzer ein erwartungstreuer Schätzer gebildet werden kann:

$$\frac{n}{n-1}E(s^2) = E(\frac{n}{n-1}s^2) = \sigma^2.$$

Ein besserer Schätzer für die Varianz ist also

$$s^2 = \frac{1}{n-1}\sum(l_i - x)^2 \quad \text{mit} \quad x = \frac{1}{n}\sum l_i\ .$$

Wenn der Streuungsparameter aus der BR geschätzt werden soll, sind daher zwei Fälle zu unterscheiden:

a) ξ ist bekannt, $l_i = \xi + \varepsilon_i$, ε_i ist wahre Abweichung

$$s^2 = \frac{1}{n}\sum\varepsilon_i^2 = \frac{1}{n}\sum(l_i - \xi)^2. \tag{3.6}$$

b) x ist Schätzwert für unbekanntes ξ, $l_i + v_i = x$, v_i ist Verbesserung

$$s^2 = \frac{1}{n-1}\sum v_i^2 = \frac{1}{n-1}\sum(x - l_i)^2. \tag{3.7}$$

- **Momente:**

Die Stichprobenmomente lauten:

$$\begin{aligned}
a_k &= \frac{1}{n}\sum l_i^k, && k\text{-tes Moment},\\
a_1 &= \frac{1}{n}\sum l_i = x, && \text{einfaches arithmetisches Mittel},\\
a_2 &= \frac{1}{n}\sum l_i^2.
\end{aligned}$$

Für die zentrierten Momente folgt

$$\begin{aligned}
b_k &= \frac{1}{n}\sum(l_i - a_1)^k, \quad k\text{-tes zentrales Moment,}\\
b_1 &= 0,\\
b_2 &= \frac{1}{n}\sum(l_i - a_1)^2 = a_2 - a_1^2, \text{ Streuungsmaß (nicht erwartungstreu),}\\
b_3 &= \frac{1}{n}\sum(l_i - a_1)^3 = a_3 - 3a_2a_1 + 2a_1^3,\\
b_4 &= \frac{1}{n}\sum(l_i - a_1)^4 = a_4 - 4a_3a_1 + 6a_2a_1^2 - 3a_1^4.
\end{aligned}$$

Aus b_3 kann die *Schiefe* geschätzt werden:

$$g_1 = b_3/b_2^{3/2}; \quad (b_3 = 0 \text{ für symmetrische Verteilungen})$$

und aus b_4 folgt der Schätzwert für den *Exzess:*

$$g_2 = b_4/b_2^2 - 3 \quad (b_4/b_2^2 = 3 \text{ für Normalverteilung}).$$

3.1.5 Beobachtungen unterschiedlicher Genauigkeit

Es wird nun angenommen, dass die Beobachtungen sich zwar alle auf dieselbe Messgröße beziehen, dass sie aber mit unterschiedlicher Genauigkeit ausgeführt werden. Die a priori geschätzten Varianzen seien zusammengefasst in der VKM

$$Var(\boldsymbol{l}) = \boldsymbol{\Sigma}_l = \begin{pmatrix} \sigma_1^2 & & \\ & \ddots & \\ & & \sigma_n^2 \end{pmatrix} = \sigma_0^2 \begin{pmatrix} q_{11} & & & \\ & q_{22} & & \\ & & \ddots & \\ & & & q_{nn} \end{pmatrix} = \sigma_0^2 \boldsymbol{Q}$$

mit

$$q_{ii} = \sigma_i^2/\sigma_0^2 \ bzw. \ \boldsymbol{\Sigma}_l = \sigma_0^2\boldsymbol{Q}.$$

Bei den Schätzverfahren sollen die genaueren Beobachtungen (kleines σ_i^2) größeren Einfluss haben als die weniger genauen (großes σ_i^2). Deshalb wird jeder Beobachtung ein *Gewicht* p_i beigegeben, das umgekehrt proportional zur Varianz ist,

$$p_i \sim \frac{1}{\sigma_i^2} \quad \text{bzw.} \quad p_i = \frac{\sigma_0^2}{\sigma_i^2} = \frac{1}{q_{ii}} \,. \tag{3.8}$$

Als Proportionalitätsfaktor wird eine geeignete Zahl σ_0^2 gewählt. Man bezeichnet σ_0^2 als *Varianzfaktor* oder auch als *Gewichtseinheitsvarianz,* da eine Beobachtung, für die $\sigma_i^2 = \sigma_0^2$ gilt, als Gewicht die Einheit erhält. Die Gewichte werden in der Diagonalmatrix $\boldsymbol{P}$ zusammengefasst, für diese gilt:

$$\boldsymbol{P} = \boldsymbol{Q}^{-1} = \sigma_0^2\boldsymbol{\Sigma}_l^{-1}.$$

Für die Entwicklung von Schätzverfahren sind nun folgende Modellannahmen zugrunde zu legen:

$$\begin{aligned} \mathrm{BR}: l &= (l_1, l_2, \ldots, l_n), \quad \boldsymbol{\Sigma}_l = \sigma_0^2 \boldsymbol{Q}, \quad \boldsymbol{P} = \boldsymbol{Q}^{-1} \\ \boldsymbol{l} &= \boldsymbol{e}\xi + \boldsymbol{\varepsilon}. \end{aligned}$$

- **Lageparameter:**

Die Likelihoodfunktion der BR nimmt für $L_i \sim N(\xi, \sigma_i^2)$ folgende Form an:

$$\mathcal{L} = \varphi(l_1; \xi, \sigma_1^2) \cdot \varphi(l_2; \xi, \sigma_2^2) \cdot \ldots \cdot \varphi(l_n; \xi, \sigma_n^2).$$

Es wird nun angenommen, dass die Gewichte der Beobachtungen bis auf den Proportionalitätsfaktor σ_0^2 a priori bekannte feste Größen sind. Wegen $p_i = \sigma_0^2/\sigma_i^2$ kann in der Likelihoodfunktion $\sigma_i^2 = \sigma_0^2/p_i$ gesetzt werden. Daraus folgt

$$\mathcal{L} = \sqrt{\frac{(p_1 \cdot p_2 \cdot \ldots \cdot p_n)}{[2\pi\sigma_0^2]^n}} \exp\left\{-\frac{1}{2\sigma_0^2} \sum_i p_i (l_i - \xi)^2\right\}.$$

Auf dem üblichen Weg

$$\ln \mathcal{L} = \frac{1}{2} \sum_i \ln p_i - \frac{n}{2} \ln 2\pi - \frac{n}{2} \ln \sigma_0^2 - \frac{1}{2\sigma_0^2} \sum_i p_i (l_i - \xi)^2 \tag{3.9}$$

$$\frac{\partial \ln \mathcal{L}}{\partial \xi} = \frac{1}{\sigma_0^2} \sum_i p_i (l_i - \xi) \Longrightarrow \sum_i p_i (l_i - x) = 0$$

folgt als ML-Schätzer für ξ aus $\sum_i p_i l_i - x \sum_i p_i = 0$

$$x = \frac{\sum pl}{\sum p} = (\boldsymbol{e}^t \boldsymbol{P} \boldsymbol{e})^{-1} \boldsymbol{e}^t \boldsymbol{P} \boldsymbol{l}\ . \tag{3.10}$$

Die Matrixschreibweise ist hier sinnvoll, da sie auf einfache Weise zu den Verallgemeinerungen überleitet.
Als Alternative sei noch die von der Verteilung unabhängige BLU-Schätzung abgeleitet. Die Kriterien

(i) Linearität: $x = \boldsymbol{c}^t \boldsymbol{l}$,

(ii) Unverzerrtheit: $E(X) = \boldsymbol{c}^t E(\boldsymbol{L}) = \boldsymbol{c}^t \boldsymbol{e}\,\xi = \xi$,

(iii) Min. Varianz: $Var(X) = \boldsymbol{c}^t Var(\boldsymbol{L}) \boldsymbol{c} \Longrightarrow min$

führen mit $Var(\boldsymbol{L}) = \boldsymbol{\Sigma}_l = \sigma_0^2 \boldsymbol{Q}$ und $\boldsymbol{Q}^{-1} = \boldsymbol{P}$ auf die zu minimierende LAGRANGE-Funktion

$$\begin{aligned} \mathcal{L} &= \sigma_0^2 \boldsymbol{c}^t \boldsymbol{Q}\, \boldsymbol{c} + 2\lambda(\boldsymbol{c}^t \boldsymbol{e} - 1) \Longrightarrow min \\ \frac{\partial \mathcal{L}}{\partial \boldsymbol{c}} &= 2\sigma_0^2 \boldsymbol{Q}\, \boldsymbol{c} + 2\lambda \boldsymbol{e}, \end{aligned}$$

und nach einigen leichten Umformungen

$$\begin{aligned}
\sigma_0^2 e^t Q^{-1} Q\, c + \lambda e^t Q^{-1} e &= 0, \\
\sigma_0^2 e^t c + \lambda e^t P e &= 0 \Longrightarrow \lambda = -\sigma_0^2 (e^t P e)^{-1} \\
\sigma_0^2 Q^{-1} Q\, c + \lambda Q^{-1} e &= 0 \Longrightarrow c = -\frac{\lambda}{\sigma_0^2} P e,
\end{aligned}$$

auf die Lösung $c = (e^t P\, e)^{-1} P\, e$ und damit auf die Schätzfunktion

$$x = c^t l = (e^t P\, e)^{-1} e^t P\, l\,. \tag{3.11}$$

Der Schätzer x wird als *allgemeines* (gewogenes) *arithmetisches* Mittel bezeichnet. Es stellt sich auch hier heraus, dass für normalverteilte Beobachtungen der BLU-Schätzer mit dem ML-Schätzer zusammenfällt.

Die Anwendung der MkQ führt ebenfalls zu demselben Ergebnis, wenn statt der euklidischen Norm die quadratische Form $v^t P\, v$ mit $v = ex - l$ minimiert wird. Die Gewichtsmatrix P definiert durch

$$d(x, l_i) = (x - l_i)^2 p_i = v_i^2 p_i$$

eine Metrik im n-dimensionalen Raum. Diese Metrik legt die *Maßstäbe* fest, mit denen in den einzelnen Koordinatenrichtungen die Verbesserungen v_i zu messen sind. Andererseits kann das Vorgehen so interpretiert werden, dass die Beobachtungsgleichungen $l_i + v_i = x$ mit der Wurzel ihrer Gewichte zu multiplizieren sind,

$$\sqrt{p_i}(l_i + v_i = x) \Longrightarrow \sqrt{p_i} v_i = \sqrt{p_i} x - \sqrt{p_i} l_i$$

um die Genauigkeitsunterschiede zu berücksichtigen. In der Vektorschreibweise erhält man damit

$$P^{1/2} l + P^{1/2} v = P^{1/2} e\, x.$$

In diesem homogenisierten Modell, vgl. Abschnitt 3.3.5, haben alle Beobachtungen $l_i' = \sqrt{p_i} l_i = l_i / \sigma_i$ die Varianz 1, so dass zur Lösung des Schätzproblems die euklidische Norm des homogenisierten Verbesserungsvektor $v' = P^{1/2}\, v$ zu minimieren ist,

$$\|v'\|^2 = v'^t v' = v^t P^{1/2} P^{1/2} v = v^t P v.$$

Aus der Forderung $v^t P v \Longrightarrow min$ folgt leicht die Schätzfunktion x:

$$\begin{aligned}
v &= ex - l \\
v^t P v &= (e\,x - l)^t P (e\,x - l) = e^t P e\, x^2 - 2 e^t P l\, x + l^t P l \\
\frac{d(v^t P v)}{dx} &= 2 e^t P e\, x - 2 e^t P l \\
e^t P e\, x - e^t P l &= e^t P (e\,x - l) = e^t P v = 0 \\
x &= (e^t P e)^{-1} e^t P l.
\end{aligned}$$

Die *Varianz des Lageschätzers* x der BR wird nach dem Varianzen-Fortpflanzungsgesetz berechnet:

$$\begin{aligned}\sigma_x^2 &= [(\boldsymbol{e}^t\boldsymbol{P}\boldsymbol{e})^{-1}\boldsymbol{e}^t\boldsymbol{P}]\boldsymbol{\Sigma}[(\boldsymbol{e}^t\boldsymbol{P}\boldsymbol{e})^{-1}\boldsymbol{e}^t\boldsymbol{P}]^t \\ &= \sigma_0^2(\boldsymbol{e}^t\boldsymbol{P}\boldsymbol{e})^{-1}\boldsymbol{e}^t\boldsymbol{P}\boldsymbol{P}^{-1}\boldsymbol{P}\,\boldsymbol{e}(\boldsymbol{e}^t\boldsymbol{P}\boldsymbol{e})^{-1}\end{aligned}$$

$$\sigma_x^2 = \sigma_0^2(\boldsymbol{e}^t\boldsymbol{P}\boldsymbol{e})^{-1} = \frac{\sigma_0^2}{\sum p_i}. \tag{3.12}$$

Die Varianz σ_x^2 des allgemeinen arithmetischen Mittels x erhält man also, indem die Varianz σ_0^2 einer Beobachtung mit dem Gewicht 1 durch die Summe aller Gewichte $\boldsymbol{e}^t\,\boldsymbol{P}\boldsymbol{e} = \Sigma p_i$ der Beobachtungen dividiert wird.

- **Streuungsparameter:**

Da die Gewichte als a priori bekannte feste Verhältniszahlen in das Modell eingeführt werden, ist a posteriori (aus der BR) nur noch eine Schätzung für den Proportionalitätsfaktor σ_0^2 erforderlich. Die ML-Schätzung erfolgt durch Nullsetzen der Ableitung der Funktion $\ln\mathcal{L}$ (3.9).

$$\begin{aligned}\frac{\partial \ln\mathcal{L}}{\partial\sigma_0^2} &= -\frac{n}{2\sigma_0^2} + \frac{1}{2\sigma_0^4}\sum p_i(l_i-\xi)^2 \\ n\,s_0^2 &= \sum p_i(l_i-\xi)^2.\end{aligned}$$

Mit $\varepsilon_i = l_i - \xi$ (wahrer Fehler) folgt daraus

$$s_0^2 = \frac{\sum p_i\varepsilon_i^2}{n} = \frac{\boldsymbol{\varepsilon}^t\boldsymbol{P}\,\boldsymbol{\varepsilon}}{n}. \tag{3.13}$$

Es kann leicht gezeigt werden, dass s_0^2 ein erwartungstreuer Schätzer für σ_0^2 ist:

$$E(s_0^2) = \frac{1}{n}\sum p_i E(\varepsilon_i^2) = \frac{1}{n}\sum p_i\sigma_i^2.$$

Mit $p_i = \sigma_0^2/\sigma_i^2$ folgt daraus

$$E(s_0^2) = \frac{1}{n}\sum \sigma_0^2 = \sigma_0^2.$$

Da allerdings ε_i in den meisten Fällen unbekannt ist, muss aus dem Verbesserungsvektor $\boldsymbol{v} = \boldsymbol{e}\,x - \boldsymbol{l}$ eine Schätzfunktion abgeleitet werden. Mit $\boldsymbol{v} = \boldsymbol{e}\,x - \boldsymbol{l}$ und $\boldsymbol{\varepsilon} = \boldsymbol{l} - \boldsymbol{e}\,\xi$ folgt $\boldsymbol{\varepsilon} = \boldsymbol{e}(x-\xi) - \boldsymbol{v}$. Für die quadratische Form (3.13) erhält man damit

$$\begin{aligned}\boldsymbol{\varepsilon}^t\boldsymbol{P}\boldsymbol{\varepsilon} &= (x-\xi)^2\boldsymbol{e}^t\boldsymbol{P}\boldsymbol{e} + \boldsymbol{v}^t\boldsymbol{P}\boldsymbol{v} - 2(x-\xi)\boldsymbol{e}^t\boldsymbol{P}\boldsymbol{v} \\ &= \boldsymbol{e}^t\boldsymbol{P}\boldsymbol{e}(x-\xi)^2 + \boldsymbol{v}^t\boldsymbol{P}\boldsymbol{v} \quad (\text{wegen } \boldsymbol{e}^t\boldsymbol{P}\boldsymbol{v} = \boldsymbol{0}).\end{aligned}$$

Nun werden die Erwartungswerte gebildet.

$$\begin{aligned} E(\boldsymbol{\varepsilon}^t \boldsymbol{P} \boldsymbol{\varepsilon}) &= \boldsymbol{e}^t \boldsymbol{P} \boldsymbol{e} E([x-\xi]^2) + E(\boldsymbol{v}^t \boldsymbol{P} \boldsymbol{v}) \\ n\,\sigma_0^2 &= \boldsymbol{e}^t \boldsymbol{P} \boldsymbol{e} \sigma_x^2 + E(\boldsymbol{v}^t \boldsymbol{P} \boldsymbol{v}) \\ E(\boldsymbol{v}^t \boldsymbol{P} \boldsymbol{v}) &= n\,\sigma_0^2 - \sigma_0^2 \quad \text{(wegen (3.12))} \\ E(\frac{\boldsymbol{v}^t \boldsymbol{P} \boldsymbol{v}}{n-1}) &= \sigma_0^2. \end{aligned}$$

Als erwartungstreue Schätzer für die Gewichtseinheitsvarianz werden damit

$$s_0^2 = \frac{\boldsymbol{v}^t \boldsymbol{P} \boldsymbol{v}}{n-1} = \frac{\sum p_i v_i^2}{n-1}, \quad \boldsymbol{v} = \boldsymbol{e}\, x - \boldsymbol{l} \quad \text{und} \tag{3.14}$$

$$s_0^2 = \frac{\boldsymbol{\varepsilon}^t \boldsymbol{P} \boldsymbol{\varepsilon}}{n} = \frac{\sum p_i \varepsilon_i^2}{n}, \quad \boldsymbol{\varepsilon} = \boldsymbol{l} - \boldsymbol{e}\,\xi \tag{3.15}$$

gefunden.

3.1.6 Korrelierte Beobachtungen

In Abschnitt 2.2.2 wurden die Kovarianz und der Korrelationskoeffizient als Größen eingeführt, die die stochastische Beziehung zwischen zwei Zufallsvariablen zum Ausdruck bringen. In 2.3 wurden diese Kenngrößen für n-dimensionale Zufallsvektoren erweitert. Wir können dies auf die BR $l = (l_1, l_2, \ldots, l_n)$ übertragen, wenn sie als Realisation eines n-dimensionalen Zufallsvektors $\boldsymbol{L}$ interpretiert wird. In diesem Fall gilt

$$Var(\boldsymbol{L}) = E(\boldsymbol{L}\,\boldsymbol{L}^t) - E(\boldsymbol{L})E(\boldsymbol{L}^t) = \boldsymbol{\Sigma}_l = \sigma_0^2 \boldsymbol{Q},$$

bzw. für einzelne Beobachtungen und Beobachtungspaare

$$\begin{aligned} \sigma_i^2 &= Var(L_i) = E(L_i^2) - E(L_i)^2 && \text{(Varianz)}, \\ \sigma_{ij} &= Kov(L_i, L_j) = E(L_i L_j) - E(L_i)E(L_j) && \text{(Kovarianz)}, \\ \rho_{ij} &= \sigma_{ij}/\sigma_i \sigma_j, \quad -1 \leq \rho \leq +1 && \text{(Korrelationskoeffizient)}. \end{aligned}$$

Die Varianz-Kovarianz Matrix (VKM) $\boldsymbol{\Sigma}_l$ ist im allgemeinen voll besetzt und folgendermaßen aufgebaut:

$$\sum_l = \begin{pmatrix} \sigma_1^2 & \sigma_{12} & \sigma_{13} & \cdots & \sigma_{1n} \\ \sigma_{21} & \sigma_2^2 & \sigma_{23} & \cdots & \sigma_{2n} \\ \sigma_{31} & \sigma_{32} & \sigma_3^2 & & \\ \vdots & & & \ddots & \\ \sigma_{n1} & \cdots & & & \sigma_n^2 \end{pmatrix}.$$

Sie ist symmetrisch und positiv definit. Ganz entsprechend sind auch die Kofaktorenmatrix $\boldsymbol{Q}$ und die Gewichtsmatrix $\boldsymbol{P} = \boldsymbol{Q}^{-1}$ voll besetzte, symmetrische, positiv definite Matrizen.

Die Korrelation zwischen den Beobachtungen kann in der *stochastischen* Natur der Zufallsvariablen liegen, sie kann *physikalische* Ursachen haben, wenn zufällige Einflüsse mehrere Beobachtungen in gleicher Weise beeinflussen. Oder sie kann durch *algebraische* Operationen entstanden sein, wenn die „Beobachtungen" l_i keine direkt gemessenen Größen sind, sondern lineare Funktionen ursprünglicher Messungen y_i,

$$\boldsymbol{l} = \boldsymbol{F}\boldsymbol{y}, \quad \boldsymbol{\Sigma}_l = \boldsymbol{F}\boldsymbol{\Sigma}_y\boldsymbol{F}^t.$$

Man spricht dann auch von physikalischer bzw. algebraischer Korrelation der Elemente einer BR.

- **Lageparameter:**

Entstammt die BR einer normalverteilten Grundgesamtheit mit $\boldsymbol{L} \sim N(\boldsymbol{\xi}, \boldsymbol{\Sigma}_l)$ und hat jede Beobachtung denselben Erwartungswert $E(L_i) = \xi$, so ist die Dichtefunktion des Beobachtungsvektors zugleich die zu maximierende *Likelihoodfunktion*:

$$\mathcal{L} = \varphi(\boldsymbol{l}) = \frac{\sqrt{\det \boldsymbol{\Sigma}^{-1}}}{\sqrt{2\pi}^n} \exp\left\{-\frac{1}{2}(\boldsymbol{l} - \boldsymbol{e}\,\xi)^t\boldsymbol{\Sigma}^{-1}(\boldsymbol{l} - \boldsymbol{e}\,\xi)\right\}.$$

Mit

$$\boldsymbol{\Sigma} = \sigma_0^2\boldsymbol{Q}, \quad \det\boldsymbol{\Sigma} = (\sigma_0^2)^n \det\boldsymbol{Q} \quad \text{und} \quad \boldsymbol{Q}^{-1} = \boldsymbol{P}$$

folgt

$$\mathcal{L} = \frac{\sqrt{\det \boldsymbol{P}}}{\sqrt{2\pi\sigma_0^2}^n} \exp\left\{-\frac{1}{2\sigma_0^2}(\boldsymbol{l} - \boldsymbol{e}\,\xi)^t\boldsymbol{P}(\boldsymbol{l} - \boldsymbol{e}\,\xi)\right\}, \tag{3.16}$$

und analog zu Abschnitt 3.1.5 findet man nach Logarithmieren, Differenzieren und zu Null setzen den ML-Schätzer:

$$\begin{aligned}
\ln\mathcal{L} &= \frac{1}{2}\ln\det\boldsymbol{P} - \frac{n}{2}\ln 2\pi - \frac{n}{2}\ln\sigma_0^2 - \frac{1}{2\sigma_0^2}(\boldsymbol{l} - \boldsymbol{e}\,\xi)^t\boldsymbol{P}(\boldsymbol{l} - \boldsymbol{e}\,\xi)\\
\frac{d\ln\mathcal{L}}{d\xi} &= \frac{1}{\sigma_0^2}\boldsymbol{e}^t\boldsymbol{P}(\boldsymbol{l} - \boldsymbol{e}\,\xi) \Longrightarrow \boldsymbol{e}^t\boldsymbol{P}(\boldsymbol{l} - \boldsymbol{e}\,x) = 0 = \boldsymbol{e}^t\boldsymbol{P}\boldsymbol{v}\\
\boldsymbol{e}^t\boldsymbol{P}\boldsymbol{l} &= \boldsymbol{e}^t\boldsymbol{P}\boldsymbol{e}x \Longrightarrow x = (\boldsymbol{e}^t\boldsymbol{P}\boldsymbol{e})^{-1}\boldsymbol{e}^t\boldsymbol{P}\boldsymbol{l}.
\end{aligned}$$

Die Anwendung des Prinzips der BLU-Schätzung führt zu demselben Ergebnis, wie in Abschnitt 3.1.5. Die dort eingeführte VKM $\boldsymbol{\Sigma}$ bzw. Gewichtsmatrix $\boldsymbol{P}$ wurde nicht als Diagonalmatrix vorausgesetzt, so dass das Ergebnis (3.11) allgemeine Gültigkeit hat. Auch die MkQ kann hier zur Schätzung benutzt werden. Es ist lediglich die Definition der zu minimierenden Länge des Verbesserungsvektors zu verallgemeinern:

$$\|\boldsymbol{v}\|_{\boldsymbol{P}}^2 = \boldsymbol{v}^t\boldsymbol{P}\boldsymbol{v} \quad \text{mit} \quad \boldsymbol{P} = \boldsymbol{Q}^{-1}.$$

Die Ableitung führt zu demselben Ergebnis wie die ML-Methode.
Für die *Varianz des Schätzers* x erhält man wie vorher:

$$\sigma_x^2 = \sigma_0^2(\boldsymbol{e}^t\boldsymbol{P}\boldsymbol{e})^{-1},$$

weil über die Struktur von $\boldsymbol{P}$ keine Voraussetzungen getroffen worden sind.

- **Streuungsparameter:**

Die Likelihoodfunktion (3.16) wird nach dem Logarithmieren nach σ_0^2 differenziert und das Ergebnis gleich Null gesetzt:

$$\begin{aligned}\frac{\partial \ln \mathcal{L}}{\partial \sigma_0^2} &= -\frac{n}{2\sigma_0^2} + \frac{1}{2\sigma_0^4}(\boldsymbol{l} - \boldsymbol{e}\xi)^t \boldsymbol{P}(\boldsymbol{l} - \boldsymbol{e}\xi) \\ n\, s_0^2 &= (\boldsymbol{l} - \boldsymbol{e}\xi)^t \boldsymbol{P}(\boldsymbol{l} - \boldsymbol{e}\xi).\end{aligned}$$

Schreibt man wie üblich $l_i - \xi = \varepsilon_i$ bzw $\boldsymbol{l} - \boldsymbol{e}\,\xi = \boldsymbol{\varepsilon}$, so folgt in Übereinstimmung mit (3.15)

$$s_0^2 = \frac{\boldsymbol{\varepsilon}^t \boldsymbol{P} \boldsymbol{\varepsilon}}{n}$$

als ML-Schätzer für die Gewichtseinheitsvarianz. Da ε_i meist unbekannt ist, muss auch hier eine Schätzfunktion gefunden werden, die auf dem Verbesserunsvektor $\boldsymbol{v} = \boldsymbol{e}x - \boldsymbol{l}$ basiert. Die im vorigen Abschnitt ausführlich dargestellte Ableitung behält auch für eine voll besetzte Gewichtsmatrix ihre Gültigkeit und kann direkt übernommen werden. Sie liefert auf der Basis der Verbesserungen den erwartungstreuen Schätzer

$$s_0^2 = \frac{\boldsymbol{v}^t \boldsymbol{P} \boldsymbol{v}}{n-1}.$$

3.1.7 Formelzusammenstellung und Rechenproben

Es sei die BR $l = (l_1, l_2, \ldots, l_n)$ gegeben, zu der die a priori VKM $\boldsymbol{\Sigma} = \sigma_0^2 \boldsymbol{Q}$, $\boldsymbol{P} = \boldsymbol{Q}^{-1}$ gehört. Dabei seien σ_0^2 der gewählte Varianzfaktor und $\boldsymbol{P}$ die Gewichtsmatrix. Alle Beobachtungen mögen denselben Erwartungswert ξ besitzen. Wir charakterisieren dies kurz durch

$$\begin{aligned}\text{BR} \quad l &= (l_1, l_2, \ldots, l_n), \quad \boldsymbol{\Sigma}_l = \sigma_0^2 \boldsymbol{Q}, \quad \boldsymbol{P} = \boldsymbol{Q}^{-1} \\ l_i &= \xi + \varepsilon_i \quad \forall i.\end{aligned}$$

Die *Schätzfunktion x für ξ* lautet:

$$x = (\boldsymbol{e}^t \boldsymbol{P} \boldsymbol{e})^{-1} \boldsymbol{e}^t \boldsymbol{P} \boldsymbol{l}.$$

Für unabhängige Beobachtungen gilt folgende Summendarstellung (gewichtetes arithm. Mittel):

$$x = \frac{\sum p_i l_i}{\sum p_i}.$$

Für unabhängige gleichgenaue Beobachtungen folgt die einfache Form (einfaches arithm. Mittel):

$$x = \frac{\sum l_i}{n}.$$

Bei beliebig verteilten Beobachtungen ist x ein BLU- und zugleich MkQ-Schätzer. Ist $\boldsymbol{L}$ normalverteilt, so ist x darüber hinaus ein ML-Schätzer.
Die *Schätzfunktionen für σ_0^2 lauten:*

$$s_0^2 = \frac{\boldsymbol{\varepsilon}^t \boldsymbol{P} \boldsymbol{\varepsilon}}{n}$$
$$s_0^2 = \frac{\boldsymbol{v}^t \boldsymbol{P} \boldsymbol{v}}{n-1}$$

Dabei ist $\boldsymbol{\varepsilon} = \boldsymbol{l} - \boldsymbol{e}\,\xi$ der Vektor der wahren Abweichungen und $\boldsymbol{v} = \boldsymbol{e}\,x - \boldsymbol{l}$ der Vektor der Verbesserungen (Residuen). Wenn die Beobachtungen unabhängig sind, gilt mit $p_i = \sigma_0^2/\sigma_i^2$, dem Gewicht der Messung l_i, die Darstellung (3.15) bzw. (3.14)

$$s_0^2 = \frac{\sum \varepsilon_i^2 p_i}{n} \quad \text{bzw} \quad s_0^2 = \frac{\sum v_i^2 p_i}{n-1}.$$

Für gleichgenaue unabhängige Beobachtungen folgen die einfachen Formen (3.6) bzw. (3.7)

$$s^2 = \frac{\sum \varepsilon_i^2}{n} \quad \text{bzw} \quad s^2 = \frac{\sum v_i^2}{n-1}.$$

Die Varianzschätzer sind erwartungstreu und besitzen zusätzlich die Eigenschaften, dass sie unabhängig von ξ sind (Invarianz) und in der Klasse der erwartungstreuen invarianten Schätzfunktionen für σ^2 minimale Varianz aufweisen.

Folgende *Rechenproben* erweisen sich als zweckmäßig bei der Auswertung von Beobachtungsreihen:
Aus $x = (\boldsymbol{e}^t \boldsymbol{P} \boldsymbol{e})^{-1} \boldsymbol{e}^t \boldsymbol{P} \boldsymbol{l}$ bzw. aus den *Normalgleichungen* $(\boldsymbol{e}^t \boldsymbol{P} \boldsymbol{e})x - \boldsymbol{e}^t \boldsymbol{P} \boldsymbol{l} = 0$ und der Beziehung $\boldsymbol{v} = \boldsymbol{e}x - \boldsymbol{l}$ folgt $\boldsymbol{e}^t \boldsymbol{P} \boldsymbol{v} = 0$. Die erste Probe lautet damit

$$\boldsymbol{e}^t \boldsymbol{P} \boldsymbol{v} = 0 \quad \textit{bzw.} \quad \sum pv = 0 \quad \textit{bzw.} \quad \sum v = 0.$$

Ferner hat man $\boldsymbol{v}^t \boldsymbol{P} \boldsymbol{v} = (\boldsymbol{e}x - \boldsymbol{l})^t \boldsymbol{P} (\boldsymbol{e}x - \boldsymbol{l}) = x\boldsymbol{e}^t \boldsymbol{P} \boldsymbol{e} x - 2x\boldsymbol{e}^t \boldsymbol{P} \boldsymbol{l} + \boldsymbol{l}^t \boldsymbol{P} \boldsymbol{l}$ und damit die Rechenkontrolle

$$\boldsymbol{v}^t \boldsymbol{P} \boldsymbol{v} = \boldsymbol{l}^t \boldsymbol{P} \boldsymbol{l} - \boldsymbol{e}^t \boldsymbol{P} \boldsymbol{l}\, x = \boldsymbol{l}^t \boldsymbol{P} \boldsymbol{l} - (\boldsymbol{e}^t \boldsymbol{P} \boldsymbol{e})^{-1} (\boldsymbol{e}^t \boldsymbol{P} \boldsymbol{l})^2.$$

Für unkorrelierte Beobachtungen und für gleichgenaue unabhängige Beobachtungen gilt entsprechend

$$\boldsymbol{v}^t \boldsymbol{P} \boldsymbol{v} = \sum l_i^2 p_i - x \sum l_i p_i = \sum l_i^2 p_i - \frac{(\sum l_i p_i)^2}{\sum p_i},$$

$$\boldsymbol{v}^t \boldsymbol{v} = \sum l_i^2 - x \sum l_i = \sum l_i^2 - \frac{(\sum l_i)^2}{n}.$$

Für die Berechnung der Schätzungen ist es oft zweckmäßig, *Näherungswerte* einzuführen. Dies bringt den Vorteil, dass mit kleineren Zahlen gearbeitet werden kann und dass keine Rundungsfehler zu befürchten sind. Sei x_0 ein geeignet gewählter (runder) Näherungswert für den zu schätzenden Lageparameter ξ, dann gilt:

$$x = x_0 + \Delta x.$$

Der Näherungswert wird nun von allen Beobachtungen l_i subtrahiert. Es entsteht der *gekürzte Beobachtungsvektor* $\boldsymbol{l}'$:

$$l_i - x_0 = l_i' \quad \text{bzw.} \quad \boldsymbol{l} - \boldsymbol{e}x_0 = \boldsymbol{l}'.$$

Wird dieser in die Schätzfunktion eingesetzt, so folgt

$$\begin{aligned} x &= (\boldsymbol{e}^t\boldsymbol{P}\boldsymbol{e})^{-1}\boldsymbol{e}^t\boldsymbol{P}\boldsymbol{l} = (\boldsymbol{e}^t\boldsymbol{P}\boldsymbol{e})^{-1}\boldsymbol{e}^t\boldsymbol{P}(\boldsymbol{l}' + \boldsymbol{e}x_0) \\ &= (\boldsymbol{e}^t\boldsymbol{P}\boldsymbol{e})^{-1}\boldsymbol{e}^t\boldsymbol{P}\boldsymbol{e}x_0 + (\boldsymbol{e}^t\boldsymbol{P}\boldsymbol{e})^{-1}\boldsymbol{e}^t\boldsymbol{P}\boldsymbol{l}' \\ x &= x_0 + \Delta x \quad \text{mit} \quad \Delta x = (\boldsymbol{e}^t\boldsymbol{P}\boldsymbol{e})^{-1}\boldsymbol{e}^t\boldsymbol{P}\boldsymbol{l}'. \end{aligned}$$

Ferner gilt für die Verbesserungen

$$\begin{aligned} \boldsymbol{l} + \boldsymbol{v} &= \boldsymbol{e}\,x \\ \boldsymbol{l}' + \boldsymbol{e}x_0 + \boldsymbol{v} &= \boldsymbol{e}x_0 + \boldsymbol{e}\Delta\,x \\ \boldsymbol{l}' + \boldsymbol{v} &= \boldsymbol{e}\Delta\,x \\ \boldsymbol{v} &= \boldsymbol{e}\Delta\,x - \boldsymbol{l}'. \end{aligned}$$

Die Schätzwerte x für ξ und s_0^2 für σ_0^2 sind als Funktionen der Realisationen $\boldsymbol{l}$ der Zufallsvariablen L ebenfalls Realisationen von Zufallsvariablen, das heißt, diese Größen besitzen eine Streuung. Wie bei den Schätzkriterien ausgeführt, nähern sich die Schätzwerte bei wachsendem Stichprobenumfang immer besser den wahren Parametern an. Deutlich zeigt sich dies insbesondere an der Varianz von x bei gleichgenauen unabhängigen Beobachtungen:

$$\sigma_x^2 = \sigma^2/n.$$

Es ist daher zweckmäßig, bei der Zusammenstellung der aus der BR geschätzten Größen den Stichprobenumfang oder besser die *Redundanz* f (Freiheitsgrad) der BR mit anzugeben. Als *Redundanz* wird die Anzahl der überschüssigen Beobachtungen bezeichnet, es gilt für Beobachtungen mit gleichem Erwartungswert

$$f = n - 1.$$

Das Ergebnis der Auswertung von Beobachtungen mit gleichem Erwartungswert sollte daher folgendermaßen angegeben werden:

$$x = \ldots \quad , \quad s_x = \ldots \quad , \quad s\,[s_0] = \ldots \quad , \quad f = \ldots\,.$$

Beispiel 6

Höhenbestimmung durch Nivellement

Die Höhe des Punktes N wurde durch geometrisches Nivellement von 6 Festpunkten aus bestimmt. Die Höhen der Festpunkte werden als fehlerfrei angenommen. Es mögen nur zufällige Abweichungen bei der Bestimmung der Δh_i aufgetreten sein, so dass der Gewichtsansatz $p_i \sim 1/E_i$ mit den Entfernungen E_i zwischen N und den Festpunkten gerechtfertigt ist.

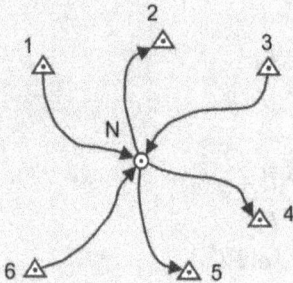

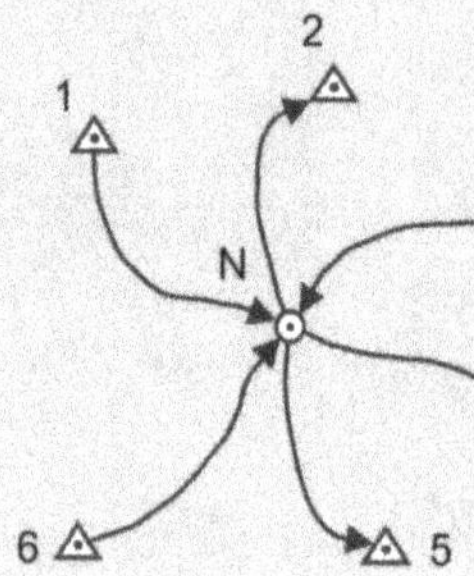

Abb. 3.4: Höhenbestimmung durch Nivellement

NR	H	Δh	H_N	E	l'	p	v
i	[m]	[m]	[m]	[km]	[mm]		[mm]
1	49,048	+1,266	50,314	2,5	+14	0,4	-0,4
2	51,171	-0,864	50,307	4,0	+7	0,2	+6,6
3	47,398	+2,904	50,302	5,0	+2	0,2	+11,6
4	50,421	-0,104	50,317	0,9	+17	1,1	-3,4
5	50,876	-0,560	50,316	1,0	+16	1,0	-2,4
6	50,002	+0,307	50,309	1,8	+9	0,6	+4,6

Tab. 3.1: Höhenbestimmung durch Nivellement

Als Näherungswert wird $x_0 = 50,300\,m$ gewählt. Daraus folgen $l_i' = H_{N_i} - x_0$ als gekürzte Beobachtungen, und als Bezugsstrecke für die Gewichtsfestsetzung wird $E_0 = 1\,km$ festgelegt, was auf $p_i = 1\,km/E_i\,[km]$ führt.

$$\Delta x = (\boldsymbol{e}^t \boldsymbol{P} \boldsymbol{e})^{-1} \boldsymbol{e}^t\ \boldsymbol{P} \boldsymbol{l}' = \frac{\sum pl'}{\sum p} = +13,57\,mm,$$

$$v_i = \Delta x - l_i, \quad \boldsymbol{v}^t \boldsymbol{P} \boldsymbol{v} = \sum pv^2 = 66,86\,mm^2.$$

Proben:

$$\boldsymbol{e}^t \boldsymbol{P} \boldsymbol{v} = \sum pv = +0,10, \quad \text{(bis auf Rundungsfehler) erfüllt,}$$

$$\boldsymbol{v}^t \boldsymbol{P} \boldsymbol{v} = \boldsymbol{l}^t \boldsymbol{P} \boldsymbol{l} - \boldsymbol{e}^t \boldsymbol{P} \boldsymbol{l} \Delta x = \sum l^2 p - \Delta x \sum lp = 66,88, \quad \text{erfüllt.}$$

Mittlerer Gewichtseinheitsfehler (mittlerer Kilometerfehler)

$$s_0 = \sqrt{\frac{v^t P v}{n-1}} = 3{,}7\,mm.$$

Stabdardabweichung der Höhe des Punktes N :

$$s_N = \frac{s_0}{\sqrt{e^t P e}} = 2{,}0\,mm.$$

Ergebnis: $H_N = 50{,}314\,m, \quad s_N = 2{,}0\,mm, \quad s_0 = 3{,}7\,mm/km, \quad f = 5$

Beispiel 7

Körpergröße

Die Größen der 30 Abiturienten des Jahrgangs 2004 eines Münchener Gymnasiums wurden gemessen. Dabei ergaben sich folgende Werte (Angaben in Zentimeter):

184	175	185	190	177	180	190	180	178	186	176	184	195	183	179
175	180	176	193	171	173	193	177	184	183	188	190	193	177	194

Nach Abschnitt 3.1.4 erhält man als mittlere Größe für den Abiturjahrgang den Wert $x = 183\,cm$ (5489 : 30 = 182,87).
Zur Ermittlung der empirischen Varianz der Körpergrößen des Jahrgangs werden die Differenzen Mittelwert - Messwert = Verbesserung gebildet:

−1	+8	−2	−7	+6	+3	−7	+3	+5	−3	+7	−1	−12	0	+4
+8	+3	+7	−10	+12	+10	−10	+6	−1	0	−5	−7	−10	+6	−11

$$\Sigma v_i = +1, \text{ Rechenprobe bis auf Rundung erfüllt.}$$
$$\Sigma v_i^2 = 1399, \; s^2 = \Sigma v_i^2 / (n-1) = 48{,}24\,cm^2\,.$$

Die empirische Standardabweichung beträgt folglich 6,9 cm. Zur weiteren Charakterisierung der Stichprobe können die zentralen Stichprobenmomente berechnet werden, die allerdings wegen des geringen Umfangs der Beobachtungsreihe nicht sehr aussagekräftig sind:

$$\left\{ \begin{array}{lll} b_1 = 0 & b_3 = 419{,}77 & g_1 = 1{,}32 \\ b_2 = 46{,}63 & b_4 = 4068{,}23 & g_2 = -1{,}13 \end{array} \right\}$$

Die positive Schiefe von $g_1 = 1{,}32$ weist darauf hin, dass die Verteilung der Messwerte nicht symmetrisch zum Mittelwert ist, sondern ihren Schwerpunkt auf der rechten Seite hat. Der negative Exzess von $g_2 = -1{,}13$ sagt aus, dass in den Randbereichen der Verteilung mehr Werte auftreten als bei einer Normalverteilung zu erwarten wären.

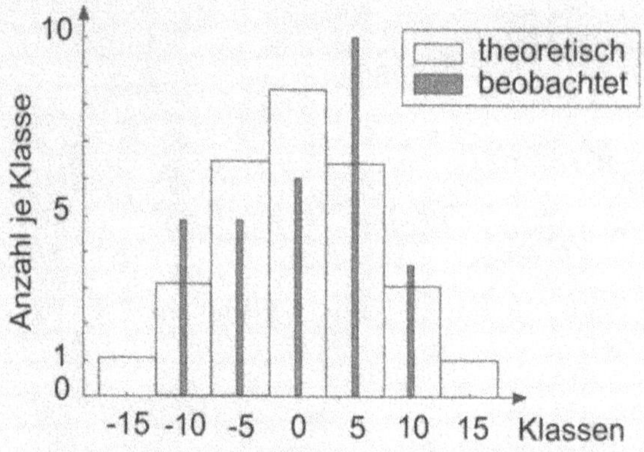

Abb. 3.5: Klassenhäufigkeiten

Dieses Ergebnis kann auch am Häufigkeitsdiagramm abgelesen werden, das die Häufigkeit h_i des Auftretens der Werte in sieben Klassen darstellt. Zum Vergleich ist das Verhalten der Normalverteilung mit derselben Varianz eingezeichnet.

Klassengr.:	$-\infty$	-17,5	-12,5	-7,5	-2,5	+2,5	+7,5	+12,5	+17,5	$+\infty$
Häufigk. h_i :		0	0	5	5	6	10	4	0	0
Normalvert.:		0,15	0,93	3,10	6,58	8,42	6,58	3,10	0.93	0,15

Die weitere Diskussion dieses Ergebnisses ist Sache der Fachdisziplin. Wir fassen es noch einmal zusammen:

Mittlere Größe der Abiturienten: $x = \sum l_i/n = 183\,cm$.

Standardabweichung von x:
$s_x = \sqrt{\sum (l_i - x)^2 / n\,(n-1)} = 1,3\,cm$
Standardabw. der Stichprobe:
$s = \sum (l_i - x)^2 / (n-1) = 6,9\,cm$,
Freiheitsgrad: $f = n - 1 = 29$, Schiefe: $g_1 = +1,32$,
Exzess: $g_2 = -1,13$.

3.2 Das Varianzen-Fortpflanzungsgesetz (VFG)

3.2.1 Die allgemeine Form des VFG

In den Abschnitten 2.2.3 und 2.4 wurde die Berechnung der Varianzen und Kovarianzen beliebiger Funktionen von Zufallsvariablen behandelt. Die dort abgeleiteten Ergebnisse sind direkt auf empirische Varianzen übertragbar, die bei der Auswertung von BR als

Schätzwerte s^2 bzw. s_0^2 für die Varianzen der Grundgesamtheit berechnet werden,

$$s_0^2 = \frac{1}{n}\boldsymbol{\varepsilon}^t \boldsymbol{P}\boldsymbol{\varepsilon} \quad \text{bzw.} \quad s_0^2 = \frac{1}{n-1}\boldsymbol{v}^t \boldsymbol{P}\,\boldsymbol{v}.$$

Betrachtet man wie vorher die Gewichtsverhältnisse innerhalb der BR als feste, *a priori* bekannte Größen, so erhält man als Schätzung *a posteriori* für die VKM $\boldsymbol{\Sigma}_l$ die Matrix $\boldsymbol{S}_l$

$$\boldsymbol{S}_l = s_0^2 \boldsymbol{Q} = s_0^2 \boldsymbol{P}^{-1}$$

$$\boldsymbol{S}_l = s_0^2 \begin{pmatrix} q_{11} & q_{12} & \cdots & q_{1n} \\ q_{21} & q_{22} & \cdots & \vdots \\ \vdots & & \ddots & \\ q_{n1} & \cdots & & q_{nn} \end{pmatrix} = \begin{pmatrix} s_1^2 & s_{12} & \cdots & s_{1n} \\ s_{21} & s_2^2 & \cdots & \vdots \\ \vdots & & \ddots & \\ s_{n1} & \cdots & & s_n^2 \end{pmatrix}.$$

Werden mehrere BR gleichzeitig betrachtet, so kann man die geschätzten Lageparameter in einen Vektor $\boldsymbol{x} = (x_1\ x_2\ \ldots\ x_n)^t$ schreiben und die zugehörigen, geschätzten Varianzen und Kovarianzen in der Matrix $\boldsymbol{S}_x$ zusammenfassen

$$\boldsymbol{S}_x = \begin{pmatrix} s_{x_1}^2 & s_{x_1x_2} & \cdots & s_{x_1x_n} \\ s_{x_2x_1} & s_{x_2}^2 & \cdots & \vdots \\ \vdots & & \ddots & \\ s_{x_nx_1} & \cdots & & s_{x_n}^2 \end{pmatrix},$$

die denselben Aufbau wie die Matrix $\boldsymbol{S}_l$ hat. Dieselben Verhältnisse ergeben sich, wenn mehrere Lageparameter aus einer BR geschätzt werden, was in Kapitel 4 behandelt wird.

Sei nun $\boldsymbol{y} = (y_1\ y_2\ \ldots\ y_n)^t$ die Realisation eines Vektors von Zufallsvariablen Y_i, zu der die empirische VKM $\boldsymbol{S}_y$ vorliegt. Gesucht werde eine Schätzung für die Standardabweichung einer linearen Funktion g von $\boldsymbol{y}$

$$g = f_0 + f_1 y_1 + f_2 y_2 + \ldots + f_n y_n = f_0 + \boldsymbol{f}^t \boldsymbol{y}.$$

Das in Abschnitt 2.4 abgeleitete Varianzen-Fortpflanzungsgesetz kann hier direkt angewandt werden. Es sind nur die Streuungsparameter σ^2 durch ihre Schätzungen s^2 zu ersetzen.

Daraus folgt:

$$s_g^2 = \boldsymbol{f}^t \boldsymbol{S}_y \boldsymbol{f}.$$

Ganz entsprechend wird die Kovarianz zwischen zwei Funktionen desselben Vektors $\boldsymbol{y}$ geschätzt

$$\begin{aligned} g_1 &= f_{10} + f_{11}y_1 + f_{12}y_2 + \ldots + f_{1n}y_n = f_{10} + \boldsymbol{f}_1^t \boldsymbol{y} \\ g_2 &= f_{20} + f_{21}y_1 + f_{22}y_2 + \ldots + f_{2n}y_n = f_{20} + \boldsymbol{f}_2^t \boldsymbol{y} \\ s_{12} &= \boldsymbol{f}_1^t \boldsymbol{S}_y \boldsymbol{f}_2 = Kov(g_1, g_2) = \boldsymbol{f}_2^t \boldsymbol{S}_y \boldsymbol{f}_1 = s_{21}. \end{aligned}$$

Diese Kovarianz kann zusammen mit den Varianzen $s_1^2 = \boldsymbol{f}_1^t \boldsymbol{S}_y \boldsymbol{f}_1$ und $s_2^2 = \boldsymbol{f}_2^t \boldsymbol{S}_y \boldsymbol{f}_2$ in eine Matrix geschrieben werden, die dann als geschätzte VKM des Vektors $\boldsymbol{g} = (g_1 \; g_2)^t$ aufgefasst wird,

$$\boldsymbol{S}_g = \begin{pmatrix} s_1^2 & s_{12} \\ s_{21} & s_2^2 \end{pmatrix}.$$

Das Bildungsgesetz dieser Matrix lautet

$$\boldsymbol{S}_g = \begin{pmatrix} \boldsymbol{f}_1^t \\ \boldsymbol{f}_2^t \end{pmatrix} \boldsymbol{S}_y (\boldsymbol{f}_1, \boldsymbol{f}_2) = \begin{pmatrix} \boldsymbol{f}_1^t \boldsymbol{S}_y \boldsymbol{f}_1 & \boldsymbol{f}_1^t \boldsymbol{S}_y \boldsymbol{f}_2 \\ \boldsymbol{f}_2^t \boldsymbol{S}_y \boldsymbol{f}_1 & \boldsymbol{f}_2^t \boldsymbol{S}_y \boldsymbol{f}_2 \end{pmatrix}.$$

Die Verallgemeinerung auf m Funktionen $\boldsymbol{g} = (g_1, g_2 \, \cdots \, g_m)^t$

$$\begin{aligned} g_1 &= f_{10} + f_{11} y_1 + f_{12} y_2 + \ldots + f_{1n} y_n = f_{10} + \boldsymbol{f}_1^t \boldsymbol{y} \\ g_2 &= f_{20} + f_{21} y_1 + f_{22} y_2 + \ldots + f_{2n} y_n = f_{20} + \boldsymbol{f}_2^t \boldsymbol{y} \\ &\vdots \\ g_m &= f_{m0} + f_{m1} y_1 + f_{m2} y_2 + \ldots + f_{mn} y_n = f_{m0} + \boldsymbol{f}_m^t \boldsymbol{y} \end{aligned}$$

führt auf das allgemeine Bildungsgesetz

$$\boldsymbol{g} = \boldsymbol{f}_0 + \boldsymbol{F}\boldsymbol{y}, \qquad \boldsymbol{S}_g = \boldsymbol{F}\boldsymbol{S}_y\boldsymbol{F}^t.$$

Werden aus den Funktionen g_i durch eine lineare Transformation neue Größen k_i gebildet

$$k_i = h_{i0} + \boldsymbol{h}_i^t \boldsymbol{g}, \qquad \boldsymbol{k} = \boldsymbol{h}_0 + \boldsymbol{H}\boldsymbol{g},$$

so gilt

$$\boldsymbol{k} = \boldsymbol{h}_0 + \boldsymbol{H}(\boldsymbol{f}_0 + \boldsymbol{F}\boldsymbol{y}) = \boldsymbol{h}_0 + \boldsymbol{H}\boldsymbol{f}_0 + \boldsymbol{H}\boldsymbol{F}\boldsymbol{y} = \boldsymbol{c}_0 + \boldsymbol{C}\boldsymbol{y},$$

und das VFG liefert die geschätzte VKM für $\boldsymbol{k}$ zu

$$\boldsymbol{S}_k = \boldsymbol{C}\boldsymbol{S}_y\boldsymbol{C}^t = \boldsymbol{H}\boldsymbol{F}\boldsymbol{S}_y\boldsymbol{F}^t\boldsymbol{H}^t = \boldsymbol{H}\boldsymbol{S}_g\boldsymbol{H}^t.$$

Wenn, was bei der Anwendung des VFG häufig unterstellt wird, die Ausgangsgrößen y_i unkorreliert sind, so hat $\boldsymbol{S}_y$ Diagonalform, was zu folgender Vereinfachung führt, die als *spezielles VFG* bezeichnet wird:

$$\boldsymbol{y} = (y_1 \; y_2 \; \cdots \; y_n)^t, \quad \boldsymbol{S}_y = diag(s_1^2 \; s_2^2 \; \ldots \; s_n^2) \quad g = f_0 + \boldsymbol{f}^t \boldsymbol{y},$$

$$s_g^2 = f_1^2 s_1^2 + f_2^2 s_2^2 + \ldots + f_n^2 s_n^2 = \sum f_i^2 s_i^2.$$

Ganz entsprechend erhält man für die Kovarianz s_{12} zwischen zwei linearen Funktionen von $\boldsymbol{y}$

$$\begin{aligned} g_1 &= f_{10} + \boldsymbol{f}_1^t \boldsymbol{y} \quad \text{und} \quad g_2 = f_{20} + \boldsymbol{f}_2^t \boldsymbol{y} \\ s_{12} &= f_{11} f_{21} s_1^2 + f_{12} f_{22} s_2^2 + \ldots + f_{1n} f_{2n} s_n^2 \\ s_{12} &= \sum f_{1i} f_{2i} s_i^2. \end{aligned}$$

3.2.2 Linearisierung von Funktionen

In den weitaus häufigeren Fällen werden Varianzschätzungen für nichtlineare Funktionen von Zufallsvariablen gesucht. Um die Voraussetzung für die Anwendung des VFG zu schaffen, müssen diese Funktionen linearisiert werden. Dies geschieht durch eine TAYLOR-Entwicklung.
Die Funktion $G = g(L_1, L_2, \ldots, L_n)$ ist als Funktion der Zufallsvariablen $L_1, L_2, \ldots$ selbst eine Zufallsvariable. Der Beobachtungsvektor $\boldsymbol{l} = (l_1 \; l_2 \; \ldots \; l_n)^t$ enthält je eine Realisation der Zufallsvariablen L_i und ergibt den Stichprobenwert $g = g(\boldsymbol{l})$ der Funktion. Wird nun die TAYLOR-Reihe um diesen Stichprobenwert entwickelt, so erhält man

$$G = g(\boldsymbol{l}) + \left(\frac{\partial g}{\partial L_1}\right)_l (L_1 - l_1) + \left(\frac{\partial g}{\partial L_2}\right)_l (L_2 - l_2) + \ldots + \left(\frac{\partial g}{\partial L_n}\right)_l (L_n - l_n) + \text{Gl.h.O.}$$

Nun wird vorausgesetzt, dass $E(L_i) \sim l_i$ gilt, so dass die Glieder 2. und höherer Ordnung vernachlässigt werden dürfen. Da l_i und folglich $g(\boldsymbol{l})$ feste durch Messung bekannte Größen sind, gilt $Var(L_i - l_i) = Var(L_i)$ und ebenso $Var(G - g(\boldsymbol{l})) = Var(G)$. Wir können daher mit $\Delta G = G - g(\boldsymbol{l})$ und $\Delta L_i = L_i - l_i$ neue Zufallsvariablen einführen, deren Varianzen mit denen der Ausgangsvariablen G und L_i übereinstimmen, und erhalten die linearisierte Beziehung

$$\Delta G = \left(\frac{\partial g}{\partial L_1}\right)_l \Delta L_1 + \left(\frac{\partial g}{\partial L_2}\right)_l \Delta L_2 + \ldots + \left(\frac{\partial g}{\partial L_n}\right)_l \Delta L_n + \text{Gl.h.O.}$$

$$\Delta G = f_1 \Delta L_1 + f_2 \Delta L_2 + \ldots + f_n \Delta L_n = \boldsymbol{f}^t \boldsymbol{\Delta L}, \tag{3.17}$$

die auch als totales Differenzial der Funktion G aufgefasst werden kann.
Die Anwendung des VFG ergibt schließlich wegen $\sigma^2_{\Delta G} = \sigma^2_G$ und $\Sigma_{\Delta L} = \Sigma_L$ nach Übergang auf die Varianzschätzungen

$$s^2_G = \boldsymbol{f}^t \boldsymbol{S}_L \boldsymbol{f}, \quad f_i = \left(\frac{\partial g}{\partial L_i}\right)_{\boldsymbol{l}}.$$

Bei der praktischen Anwendung des VFG ist besonderes Augenmerk auf die eingeführten Einheiten der Messgrößen zu legen. Selbstverständlich müssen alle Summanden der rechten Seite von (3.17) in derselben Einheit ausgedrückt werden.
Für die Bildung der partiellen Ableitungen bieten sich verschiedene Wege an:

(i) Die Ableitungen $\partial g / \partial L_i$ werden nach den Regeln der Differenzialrechnung gebildet. Durch Einsetzen der Werte $l = (l_1, l_2, \ldots, l_n)$ wird der numerische Wert von $f_i = (\partial g / \partial L_i)_l$ berechnet.

(ii) Die Ableitungen $\partial g / \partial L_i$ werden direkt numerisch gebildet. Dazu ersetzt man den Differenzialquotienten durch den Differenzenquotienten $\Delta g_i / \Delta l_i$, der für geeignet gewähltes kleines Δl_i berechnet wird. Δl_i sollte dabei nicht größer als die Standardabweichung s_i der Größe L_i sein.

$$\Delta g_i = g(l_1, l_2, \ldots, l_i + \Delta l_i, \ldots, l_n) - g(\boldsymbol{l}).$$

(iii) Bei komplizierteren unübersichtlichen Funktionen ist es zuweilen zweckmäßig, zunächst zu logarithmieren, man erhält dann mit

$$\begin{aligned} G &= g(L_1, L_2, \ldots, L_n) = g(l_1 + \Delta l_1, l_2 + \Delta l_2, \ldots, l_n + \Delta l_n), \\ &= g(l_1, l_2, \ldots, l_n) + \Delta g = g + \Delta g \end{aligned}$$

den einfacheren Ausdruck

$$\begin{aligned} \log G &= \log(g + \Delta g) = \log g + \Delta_{\log g} \Delta g + \text{Gl.h.O.} \\ \log G &= \log G(l_1 + \Delta l_1, l_2 + \Delta l_2, \ldots, l_n + \Delta l_n) = \\ &= \log g + \Delta_{\log g_1} \Delta l_1 + \Delta_{\log g_2} \Delta l_2 + \ldots + \Delta_{\log g_n} \Delta l_n + \text{Gl.h.O.} \end{aligned}$$

$$\Delta g = \frac{\Delta_{\log g_1}}{\Delta_{\log g}} \Delta l_1 + \frac{\Delta_{\log g_2}}{\Delta_{\log g}} \Delta l_2 + \ldots + \frac{\Delta_{\log g_n}}{\Delta_{\log g}} \Delta l_n + \text{Gl.h.O.} \qquad (3.18)$$

$\Delta_{\log g_i}$ ist die Änderung des $\log g$, wenn die Größe l_i um ein Inkrement Δl_i erhöht wird. Ebenso ist $\Delta_{\log g}$ die Änderung des $\log g$, wenn der Funktionswert g um das Inkrement Δg erhöht wird. Es sollten stets gleiche Inkremente z.B. 1 cm oder 1 $mgon$ gewählt werden. Aus den Änderungen der Logarithmen berechnet man $f_i = \Delta_{\log g_i} / \Delta_{\log g}$ und hat damit die Funktion auf die gesuchte lineare Form gebracht. Auch hier ist besonders darauf zu achten, dass die Summanden auf der rechten Seite von (3.18) dieselbe Einheit besitzen.

3.3 Beispiele zum VFG

Beispiel 8

Baugrube

Für die Planung des Abtransports und die Abrechnung mit den Unternehmen ist die Aushubmenge einer Baugrube zu ermitteln. Die Größe der Grube wurde mit $20 \times 12 \times 2,6\, m^3$ ermittelt. Die Aufmessung erfolgte mit einer Standardabweichung von $s_L = s_B = 10\, cm$ für Länge und Breite, und mit $s_T = 5\, cm$ für die Tiefe. Die Aushubmenge M beträgt: $M = L \cdot B \cdot T = 624\, m^3$. Als Varianz für diesen Wert liefert das Varianzen-Fortpflanzungsgesetz

$$s_M^2 = \left(\frac{\partial M}{\partial L}\right)^2 s_L^2 + \left(\frac{\partial M}{\partial B}\right)^2 s_B^2 + \left(\frac{\partial M}{\partial T}\right)^2 s_T^2.$$

Mit $\partial M/\partial L = B \cdot T = 31,2\, m^2, \partial M/\partial B = L \cdot T = 52\, m^2, \partial M/\partial T = L \cdot B = 240\, m^2$ ergibt dies $dM = 31,2 dL + 52 dB + 240 dT$ und schließlich

$$s_M^2 = 31,2^2 \cdot 0,1^2 + 52^2 \cdot 0,1^2 + 240^2 \cdot 0,05^2 = 180,77\, m^6, \quad s_M = 13,4\, m^3.$$

Die Standardabweichung der ermittelten Menge beträgt damit bei der angenommenen Messgenauigkeit $13,4\, m^3$ bzw. $2,1\%$.

Beispiel 9

Trigonometrische Höhenmesseung

Zur Ermittlung eines Höhenunterschiedes wurden die Strecke e und die Zenitdistanz z gemessen. Aus dem Messprotokoll entnimmt man $e = 100\,m$, $s_e = 2\,cm$, und $z = 90\,gon$, $s_z = 3\,mgon$. Die Messergebnisse sind unkorreliert. Zu schätzen sind der Höhenunterschied und seine Standardabweichung.

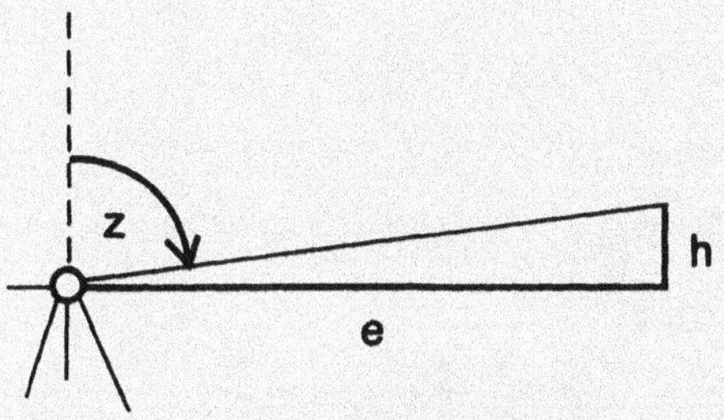

Abb. 3.6: Höhenbestimmung durch Zenitdistanzmessung

$$h = e \cot z \Longrightarrow h = 15,838\,m,$$
$$\Delta h = \frac{\partial h}{\partial e}\Delta e + \frac{\partial h}{\partial z}\Delta z + Gl.h.O.,$$
$$\Delta h = f_1 \Delta e + f_2 \Delta z$$

$$s_h^2 = f_1^2 s_e^2 + f_2^2 s_z^2 = \boldsymbol{f}^t S_l \boldsymbol{f} \quad mit \quad \boldsymbol{f}^t = (\,f_1\; f_2), \quad S_l = \begin{pmatrix} s_e^2 & 0 \\ 0 & s_z^2 \end{pmatrix}$$

a) Berechnung der Koeffizienten durch Differenziation

$$f_1 = \frac{\partial h}{\partial e} = \cot z = \cot 90\,gon = 0,158 \;\text{[dimensionslos]},$$
$$f_2 = \frac{\partial h}{\partial z} = -\frac{e}{\sin^2 z} = -\frac{100\,m}{\sin^2 90\,gon} = -102,509\,m;$$

$$\Delta h = 0,158\;\Delta e - 102,509\,m \cdot \Delta z.$$
$$\Delta h \text{ in } [m] \Longrightarrow \Delta e \text{ in } [m] \;\; \Delta z\;[rad] \;\; (gon/\rho)$$
$$\rho = 200\,gon/\pi$$

$$\Delta h_{[\text{cm}]} = 0,158 \Delta e_{[\text{cm}]} - 10250,9 \Delta z_{[mgon]}/63662$$
$$= 0,158 \Delta e_{[\text{cm}]} - 0,161 \Delta z_{[mgon]}$$
$$s_h^2 = 0,33 cm^2, \; s_h = 6\,mm$$

b) Numerische Differenziation
Gewählte Inkremente: $\Delta e = 1\,dm$, $\Delta z = 1\,cgon$

$$h = 100,0 \cot 90,00 = 15,8384\,\text{m}$$
$$h_e = 100,1 \cot 90,00 = 15,8543\,\text{m}, \; [\Delta h_e = h_e - h = 0,0159\,\text{m}]$$
$$h_z = 100,0 \cot 90,01 = 15,8223\,\text{m}, \; [\Delta h_z = h_z - h = -0,0161\,\text{m}]$$

$$f_1 = \frac{\Delta h_e}{\Delta e} = +\frac{0,0159\,\mathrm{m}}{1\,\mathrm{dm}} = 0,159, \; f_2 = \frac{\Delta h_z}{\Delta z} = -\frac{0,0161\,\mathrm{m}}{1\,\mathrm{cgon}} = -0,161\,\frac{\mathrm{cm}}{\mathrm{mgon}}$$

$$\Delta h_{[\mathrm{cm}]} = 0,159\,\Delta e_{[\mathrm{cm}]} - 0,161\,\Delta z_{[\mathrm{mgon}]}$$

c) Numerische Ableitung nach Logarithmieren

$$\log h = \log e + \log \cot z$$

Gewählte Inkremente: $\Delta h = \Delta e = 1\,\mathrm{dm}$, $\Delta z = 1\,\mathrm{cgon}$

$$\Delta_{\log h} = \log(h + 1\,\mathrm{dm}) - \log h = \log 15,943 - \log 15,843 = +2733 \cdot 10^{-6}/\mathrm{dm}$$

$$\Delta_{\log e} = \log(e + 1\,\mathrm{dm}) - \log e = \log 100,1 - \log 100 = +434 \cdot 10^{-6}/\mathrm{dm}$$

$$\Delta_{\log z} = \log \cot(z + 1\,\mathrm{cgon}) - \log(\cot z)$$

$$= \log \cot 90,01 - \log(\cot 90) = -442 \cdot 10^{-6}/\mathrm{cgon}$$

$$f_1 = \frac{\Delta_{\log e}}{\Delta_{\log h}} = \frac{434 \cdot 10^{-6}/\mathrm{dm}}{2733 \cdot 10^{-6}/\mathrm{dm}} = +0,159$$

$$f_2 = \frac{\Delta_{\log z}}{\Delta_{\log h}} = \frac{-442 \cdot 10^{-6}/\mathrm{cgon}}{2733 \cdot 10^{-6}/\mathrm{dm}} = -0,162\,\frac{\mathrm{dm}}{\mathrm{cgon}} = -0,162\,\frac{\mathrm{cm}}{\mathrm{mgon}}$$

$$\Delta h_{[\mathrm{cm}]} = +0,159\,\Delta e_{[\mathrm{cm}]} - 0,162\,\Delta z_{[\mathrm{mgon}]}$$

Beispiel 10

Dreiecksberechnungen

In einem ebenen Dreieck wurden die Seite a und die anliegenden Winkel β und γ gemessen. Zu berechnen sind die Seite b und der Flächeninhalt F des Dreiecks einschließlich der Standardabweichungen. Messergebnisse:

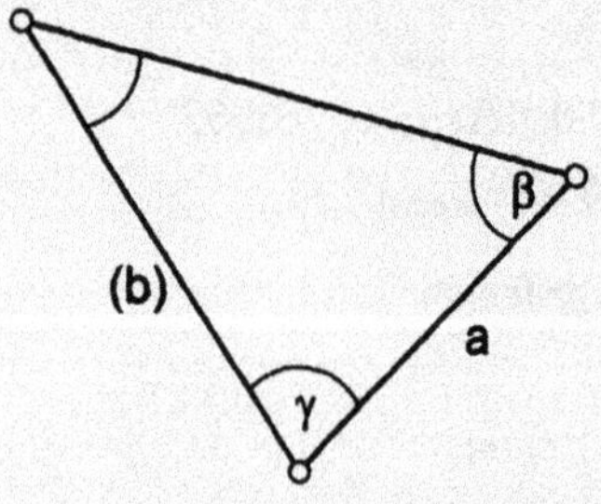

$a = 126,14\,m$, $s_a = 2\,cm$,

$\beta = 131,375\,gon$, $s_\beta = 6\,mgon$,

$\gamma = 26,050\,gon$, $s_\gamma = 6\,mgon$.

Abb. 3.7: Dreiecksberechnungen

BR: $\boldsymbol{l} = (a, \beta, \gamma)$, $\quad \boldsymbol{S_l} = \begin{pmatrix} s_a^2 & & \\ & s_\beta^2 & \\ & & s_\gamma^2 \end{pmatrix}$

a) Die Seite b und ihre Standardabweichung:

$$b = \frac{a \sin\beta}{\sin(\beta+\gamma)} = 179{,}234\,\mathrm{m}, \quad \Delta b = \frac{\partial b}{\partial a}\Delta a + \frac{\partial b}{\partial \beta}\Delta\beta + \frac{\partial b}{\partial \gamma}\Delta\gamma = \boldsymbol{f}^t \boldsymbol{\Delta l}$$

$$\frac{\partial b}{\partial a} = \frac{\sin\beta}{\sin(\beta+\gamma)} = \frac{b}{a} = 1{,}42$$

$$\frac{\partial b}{\partial \beta} = \frac{a \sin(\beta+\gamma)\cos\beta - a \sin\beta\cos(\beta+\gamma)}{\sin^2(\beta+\gamma)} = \frac{a \sin\gamma}{\sin^2(\beta+\gamma)} = 130{,}5\,\mathrm{m}$$

$$\frac{\partial b}{\partial \gamma} = -\frac{a \sin\beta\cos(\beta+\gamma)}{\sin^2(\beta+\gamma)} = -b\cot(\beta+\gamma) = 226{,}8\,\mathrm{m}$$

$$\begin{aligned} \Delta b &= 1{,}42\,\Delta a + 130{,}5\,\mathrm{m}\,\Delta\beta + 226{,}8\,\mathrm{m}\,\Delta\gamma \\ \Delta b_{[\mathrm{cm}]} &= 1{,}42\,\Delta a_{[\mathrm{cm}]} + 0{,}204\,\Delta\beta_{[\mathrm{mgon}]} + 0{,}356\,\Delta\gamma_{[\mathrm{mgon}]} \\ s_b^2 &= \boldsymbol{f}^t \boldsymbol{S}_l \boldsymbol{f}, \quad \text{mit} \quad \boldsymbol{f} = (1{,}42 \;\; 0{,}204 \;\; 0{,}356)^t \end{aligned}$$

Da a, β, γ unkorreliert sind ($\boldsymbol{S_l}$ diagonal), gilt das spezielle VFG:

$$s_b^2 = 1{,}42^2 s_a^2 + 0{,}204^2 s_\beta^2 + 0{,}356^2 s_\gamma^2 = 14{,}2\,\mathrm{cm}^2, s_b = 3{,}8\,\mathrm{cm}.$$

b) Wie genau ist a zu messen, damit für b eine Standardabweichung von $s_b = 3$ *cm* erreicht wird?

$$s_b^2 = 1{,}42^2 s_a^2 + 1{,}5 + 4{,}6, \qquad \text{mit} \quad s_b^2 = 9\,\mathrm{cm}^2 \quad \text{folgt:}$$

$$s_a^2 = (9 - 1{,}5 - 4{,}6)/1{,}42^2 = 1{,}44\,\mathrm{cm}^2, \qquad s_a = 1{,}2\,\mathrm{cm}.$$

c) Die Fläche des Dreiecks und ihre Standardabweichung

$$F = \frac{bh}{2}, \; h = a \sin\gamma, \; F = \frac{ab \sin\gamma}{2} = 4497{,}6\,\mathrm{m}^2\,,$$

$$\begin{aligned} \Delta F &= \frac{b \sin\gamma}{2}\Delta a + \frac{a \sin\gamma}{2}\Delta b + \frac{ab \cos\gamma}{2}\Delta\gamma \\ &= 35{,}66\,\Delta a + 25{,}09\,\Delta b + 1{,}629\,\Delta\gamma\,(\mathrm{m, cgon}) \end{aligned}$$

$$\Delta F = \boldsymbol{g}^t \boldsymbol{\Delta y}, \; \boldsymbol{g} = (35{,}66 \;\; 25{,}09 \;\; 1{,}629)^t, \; \boldsymbol{y} = (a \;\; b \;\; \gamma)^t, \; s_F^2 = \boldsymbol{g}^t \boldsymbol{S_y} \boldsymbol{g}.$$

Unter a) wurde b als Funktion von a, β, γ berechnet. Deshalb ist b algebraisch mit a und γ korreliert.
Berechnung von $\boldsymbol{S_y}$:

$$\boldsymbol{\Delta y} = \boldsymbol{G \Delta l}, \quad \boldsymbol{S_y} = \boldsymbol{G S_l G}^t,$$

$$\begin{array}{ccccc} \boldsymbol{y} & = & \boldsymbol{G} & & \boldsymbol{l} \\ \begin{pmatrix} a \\ b \\ \gamma \end{pmatrix} & = & \begin{pmatrix} 1 & 0 & 0 \\ 1,42 & 0,204 & 0,356 \\ 0 & 0 & 1 \end{pmatrix} & & \begin{pmatrix} a \\ \beta \\ \gamma \end{pmatrix} \end{array} \quad \text{(cm, mgon)}$$

$$\boldsymbol{S}_y = \overset{\boldsymbol{G}}{\begin{pmatrix} 1 & 0 & 0 \\ 1,42 & 0,204 & 0,356 \\ 0 & 0 & 1 \end{pmatrix}} \overset{\boldsymbol{S}_l}{\begin{pmatrix} s_a^2 & & \\ & s_\beta^2 & \\ & & s_\gamma^2 \end{pmatrix}} \overset{\boldsymbol{G}^t}{\begin{pmatrix} 1 & 1,42 & 0 \\ 0 & 0,204 & 0 \\ 0 & 0,356 & 1 \end{pmatrix}}$$

$$= \begin{pmatrix} s_a^2 & 1,42\, s_a^2 & 0 \\ 1,42\, s_a^2 & s_b^2 & 0,0356\, s_\gamma^2 \\ 0 & 0,0356\, s_\gamma^2 & s_\gamma^2 \end{pmatrix}$$

$$s_F^2 = \boldsymbol{g}^t \boldsymbol{S}_y \boldsymbol{g} = 4,46\,\mathrm{m}^4; \quad s_F = 2,1\,\mathrm{m}^2.$$

d) Berechnung von F und s_F mit ursprünglichen Beobachtungen:

$$F = \frac{ab \sin\gamma}{2}, \; b = \frac{a \sin\beta}{\sin(\beta+\gamma)} \Longrightarrow F = \frac{a^2 \sin\gamma \sin\beta}{2\sin(\beta+\gamma)},$$

$$\Delta F = \frac{\partial F}{\partial a}\Delta a + \frac{\partial F}{\partial \beta}\Delta\beta + \frac{\partial F}{\partial \gamma}\Delta\gamma$$

$$\Delta F = \boldsymbol{f}^t \boldsymbol{\Delta l}, \; \boldsymbol{l} = (a \;\; \beta \;\; \gamma)^t, \; \boldsymbol{S}_l = \begin{pmatrix} s_a^2 & & \\ & s_\beta^2 & \\ & & s_\gamma^2 \end{pmatrix}.$$

Differenzialquotienten durch Differenzenquotienten ersetzen (num. Differenziation).

$$\begin{aligned} F(a,\beta,\gamma) &= 4497,62\,\mathrm{m}^2 \\ F(a+1\,\mathrm{dm},\beta,\gamma) &= 4504,76\,\mathrm{m}^2, \; \Delta F_a = 7,14\,\frac{\mathrm{m}^2}{\mathrm{dm}} \\ F(a,\beta+1\,\mathrm{cgon},\gamma) &= 4498,14\,\mathrm{m}^2, \; \Delta F_\beta = 0,52\,\frac{\mathrm{m}^2}{\mathrm{cgon}} \\ F(a,\beta,\gamma+1,\mathrm{cgon}) &= 4500,15\,\mathrm{m}^2, \; \Delta F_\gamma = 2,53\,\frac{\mathrm{m}^2}{\mathrm{cgon}} \end{aligned}$$

$$\Delta F = 71,4\,\frac{\mathrm{m}^2}{\mathrm{m}}\,\Delta a + 0,52\,\frac{\mathrm{m}^2}{\mathrm{cgon}}\,\Delta\beta + 2,53\,\frac{\mathrm{m}^2}{\mathrm{cgon}}\,\Delta\gamma \; (\mathrm{m}, \mathrm{cgon}).$$

Da a, β, γ unkorreliert sind, kann hier das spezielle VFG angewandt werden.

$$s_F^2 = 4{,}44\,\mathrm{m}^4; \; s_F = 2{,}1\,\mathrm{m}^2$$

e) Ursprüngliche Beobachtungen und logarithmische Differenzen:

$$F = \frac{a^2 \sin\gamma \sin\beta}{2\sin(\gamma+\beta)} \Longrightarrow \log F = 2\log a + \log\sin\gamma + \log\sin\beta - \log 2 - \log\sin(\beta+\gamma)$$

$$\begin{array}{lcrl} & & \log & \Delta_{\log} \\ F & = & 3{,}65\,29\,808 & +96{,}55 \cdot 10^{-6}/\mathrm{m}^2 \\ +a^2 & = & 4{,}20\,17\,057 & +68{,}86 \cdot 10^{-6}/\mathrm{cm} \\ +\sin\gamma & = & -0{,}40\,02\,604 & +157{,}27 \cdot 10^{-6}/\mathrm{cgon} \\ +\sin\beta & = & 0{,}05\,50\,271 & -36{,}64 \cdot 10^{-6}/\mathrm{cgon} \\ -\sin(\beta+\gamma) & = & 0{,}09\,34\,348 & -86{,}34 \cdot 10^{-6}/\mathrm{cgon}\,. \end{array}$$

Es ist hier zu beachten, dass β und γ in jeweils zwei logarithmischen Differenzen auftreten, die zunächst zusammengefasst werden müssen.

$$\Delta_{\log\gamma} = \frac{\Delta_{\log\sin\gamma} + \Delta_{\log\sin(\gamma+\beta)}}{\Delta_{logF}}; \; \Delta_{\log\beta} = \frac{\Delta_{\log\sin\beta} + \Delta_{\log\sin(\beta+\gamma)}}{\Delta_{logF}}$$

$$\Delta F = \frac{6886}{96{,}55}\frac{\mathrm{m}^2}{\mathrm{m}}\Delta a + \frac{157{,}27 + 86{,}34}{96{,}55}\frac{\mathrm{m}^2}{\mathrm{cgon}}\Delta\gamma + \frac{-36{,}64 + 86{,}34}{96{,}55}\frac{\mathrm{m}^2}{\mathrm{cgon}}\Delta\beta$$

$$\Delta F = 71{,}3\,\frac{\mathrm{m}^2}{\mathrm{m}}\,\Delta a + 2{,}52\,\frac{\mathrm{m}^2}{\mathrm{cgon}}\,\Delta\gamma + 0{,}51\,\frac{\mathrm{m}^2}{\mathrm{cgon}}\,\Delta\beta\,.$$

Die weitere Berechnung erfolgt wie unter d).

3.4 Abweichungsarten und Genauigkeitsmaße

3.4.1 Verschiedene Arten von Messabweichungen

Im einleitenden Abschnitt 1.3 wurden drei verschiedene Arten von Messabweichungen identifiziert und charakterisiert: *Grobe Abweichungen* haben als Ursache menschliche Irrtümer oder instrumentelle Fehlfunktionen. Sie sind prinzipiell vermeidbar. Durch Wahl geeigneter Messanordnungen können grobe Abweichungen (Fehler) aufgedeckt oder spätestens bei der Auswertung erkannt und lokalisiert werden. Grob fehlerhafte Messungen werden gestrichen und falls erforderlich wiederholt. *Systematische Abweichungen* werden durch regelmäßig bzw. einseitig wirkende Einflüsse auf den Messprozess verursacht. Falls ihre Gesetzmäßigkeit bekannt und eine Parametrisierung möglich

ist, können sie im mathematischen Modell berücksichtigt oder durch Kompensationsverfahren oder Korrekturen beseitigt werden. Weitere Gegenmaßnahmen sind sorgfältiges Kalibrieren und evtl. Justieren der Instrumente und die Wahl eliminierender Messanordnungen. Verbleibende Restsystematiken können als Modellabweichungen aufgefasst werden. Sie führen zu systematischen Verfälschungen (Bias) der Schätzungen für die gesuchten Größen.
Zufällige Abweichungen treten unregelmäßig auf und lassen sich nur durch statistische Gesetzmäßigkeiten beschreiben; sie sind prinzipiell unvermeidbar. Ihre z. B. durch die Standardabweichung charakterisierte Größe lässt sich durch die Wahl von Messanordnung, Messbedingung, Instrument und der Zahl der Messwiederholungen beeinflussen. Bei der Parameterschätzung wird in aller Regel vorausgesetzt, dass nur zufällige Abweichungen vorhanden sind. Die Richtigkeit dieser Voraussetzung wird durch die Analyse des Residuenvektors nach der Schätzung überprüft. Dabei werden statistische Verfahren angewandt, die geeignet sind, eventuell vorhandene grobe Fehler aufzudecken und vernachlässigte systematische Abweichungen zu erkennen. Durch Korrekturen an den Beobachtungen oder Erweiterungen des mathematischen Modells wird dafür gesorgt, dass die Zufälligkeit der Abweichungen mit ausreichender Näherung gewährleistet ist.

3.4.2 Verschiedene Genauigkeitsmaße

Das zweite zentrale Moment (2.7) einer Zufallsvariablen ist das in der Statistik gebräuchlichste Maß für die Streuung. Es wird als *Varianz* bezeichnet und ist definiert durch

$$Var(L) = \sigma^2 = E[(L - E(L))^2] = E(L^2) - [E(L)]^2.$$

Die positive Wurzel aus der Varianz ist die *Standardabweichung* σ. Als Maßzahl für die Variabilität einer Stichprobe (Beobachtungsreihe) $l = (l_1, l_2, ..., l_n)$ von unabhängigen gleichgenauen Realisierungen einer Zufallsvariablen L sind mehrere Größen gebräuchlich:
Die *Stichprobenvarianz* (empirische Varianz) s^2 ist definiert als

$$s^2 = \boldsymbol{\varepsilon}^t \boldsymbol{\varepsilon}/n, \quad \varepsilon_i = l_i - E(L).$$

Da $E(L)$ in der Regel unbekannt ist, wird das Stichprobenmittel $x = \boldsymbol{e}^t \boldsymbol{l}/n$ eingeführt. Wie in Abschnitt 3.1.4 gezeigt wurde, gilt dann für die empirische Varianz

$$s^2 = \boldsymbol{v}^t \boldsymbol{v}/(n-1), \quad v_i = x - l_i.$$

s^2 ist ein erwartungstreuer Schätzer für σ^2. Darüberhinaus ist s^2 nicht vom Stichprobenmittel x abhängig und besitzt von allen quadratischen Schätzern für σ^2 die kleinste Varianz. Wenn die BR aus einer normalverteilten Grundgesamtheit stammt, ist s^2 ein ML-Schätzer für σ^2.

Die positive Wurzel aus s^2 wird als *empirische Standardabweichung* oder auch als *Standardabweichung der Beobachtungen* bezeichnet. In der älteren Literatur findet man dafür meist den Begriff *mittlerer Fehler*. Nach neueren Tendenzen, die sich auch in der Normung niedergeschlagen haben, soll zur Angleichung der Begriffe in der Messtechnik die Bezeichnung mittlerer Fehler durch *mittlere Abweichung* ersetzt werden.

In der englischsprachigen Literatur wird als Fehlermaß häufig der *root mean square error* (rmse) benutzt, der als Wurzel aus dem zweiten zentrierten Stichprobenmoment definiert ist.

$$\bar{s} = \sqrt{\boldsymbol{v}^t\boldsymbol{v}/n}$$

Als *durchschnittliche Abweichung* (durchschnittlicher Fehler) τ wird das arithmetische Mittel der Abweichungsbeträge bezeichnet

$$\tau = \sum |\varepsilon_i|/n, \quad n \to \infty.$$

Der entsprechende Stichprobenwert wird als

$$t = \sum |\varepsilon_i|/n \quad \text{bzw. } t = \sum |v_i|/n$$

berechnet.

Weitere Größen zur Charakterisierung des Streubereichs einer Zufallsvariablen sind die *Quantile*. Sie begrenzen ein in der Regel zum Erwartungswert symmetrisches Intervall im Definitionsbereich der Zufallsvariablen, und zwar so, dass für $n \to \infty$ $\alpha\%$ der Realisationen kleiner als das untere Quantil und $\alpha\%$ größer als das obere Quantil ausfallen. Am häufigsten benutzt werden die 25%-Quantile, die auch *Quartile* heißen. Sie schließen ein Intervall ein, in dem 50% der Werte liegen. Handelt es sich bei der Zufallsvariablen um die wahre Abweichung ε, so bezeichnet man die Quartile auch als *wahrscheinliche Abweichung* (wahrscheinlicher Fehler) ρ der Messgröße, da der Betrag der Abweichung einer Messung mit 50% Wahrscheinlichkeit kleiner als ρ und mit 50% Wahrscheinlichkeit größer als ρ ausfällt. Gelegentlich werden auch 10%-Quantile, die sog. *Dezile*, benutzt. Die Quantile können nur bei vollständiger Kenntnis der Verteilung der Zufallsvariablen angegeben werden. Sie werden meist aus Tabellen der Verteilungsfunktionen entnommen.

Die *Stichprobenquantile* erhält man durch Abzählen der nach Größe geordneten Beobachtungen. Bei zu kleinem Stichprobenumfang sind die Stichprobenquantile nur sehr ungenaue Schätzungen der Quantile der Zufallsvariablen. Ein Sonderfall ist das 50%-Quantil, das als Schätzer für den Lageparameter einer Zufallsvariablen in der Statistik häufig benutzt wird. Es wird als *Zentralwert* oder *Median* (med l_i) der Stichprobe bezeichnet. Für ungerades n ist der Median gerade der mittlere Wert der nach der Größe geordneten Stichprobe. Wenn n gerade ist, wird das Mittel aus den beiden nächst der Mitte liegenden Werten gebildet.

Die Standardabweichung σ, die durchschnittliche Abweichung τ und die wahrscheinliche Abweichung ρ stehen für jede Verteilung in einem festen Verhältnis zueinander. Für die Normalverteilung lautet dieses Verhältnis

$$\sqrt{2}\sigma = \sqrt{\pi}\tau = 2{,}09\rho \quad \text{bzw.} \quad \sigma : \tau : \rho = 1 : 0{,}80 : 0{,}67.$$

Schließlich sei noch als Streuungsmaß der *Median der absoluten Abweichungen vom Median* (MAD) genannt,

$$\text{MAD} = \text{med}|l_i - \text{med } l_i|,$$

der, wie die wahrscheinliche Abweichung ρ , den besonderen Vorteil hat, dass er von nicht eliminierten groben Fehlern unbeeinflusst ist. Er ist in diesem Sinne ein *robuster Schätzer* für die Streuung einer Zufallsvariablen.

Die folgenden Begriffe, die für Genauigkeitsangaben häufig benutzt werden, basieren auf der Standardabweichung σ bzw. ihrer Schätzung s.
Die *relative Abweichung* charakterisiert Beobachtungen oder Messverfahren und -geräte, bei denen die Genauigkeit eine Funktion des Messwertes ist (Streckenmessung, Flächen-, Massenermittlung, u.ä.). Der Quotient s_x/x wird als relative mittlere Abweichung oder relative Standardabweichung bezeichnet. In der Statistik wird häufig dafür die Bezeichnung *Variationskoeffizient* benutzt. Ein weiteres wichtiges Streuungsmaß ist das *Vertrauensintervall*, das angibt, zwischen welchen Grenzen mit einer vorgegebenen Wahrscheinlichkeit – meist $P = 95\%$ – der Erwartungswert der geschätzten Größe liegt. Eine ausführliche Behandlung der Intervallschätzung folgt in Kapitel 7. Als *Maximalfehler* wird oft das größte auftretende Residuum bezeichnet, oder auch die gerade noch zulässige Abweichung.

Die aufgeführten Genauigkeitsmaße werden aus den Abweichungen, d. h. den Differenzen der einzelnen Messwerte zum geschätzten Lageparameter oder zum Erwartungswert, sofern er bekannt ist, berechnet. Sie charakterisieren also die Streuung der Messungen um diesen Bezugswert. Man spricht deshalb auch von *Wiederhol(ungs)genauigkeit* oder *Reproduzierbarkeit* der Messung oder auch von *innerer Genauigkeit.* Diese Maße sind geeignet, das statistische Verhalten einer Messmethode oder eines Messverfahrens einschließlich eingesetzter Instrumente zu bewerten. Sie sagen aber nichts darüber aus, wie nahe das Messergebnis dem wahren Wert der interessierenden Messgröße kommt, ob also systematische Abweichungen wirksam sind.
Eine Aussage darüber wird möglich, wenn verschiedene Messmethoden und Messverfahren, die unabhängig voneinander sind, zur Bestimmung eingesetzt werden. Man kann eine Strecke z. B. nach verschiedenen Methoden (direkt, indirekt) und mit unterschiedlichen Verfahren (mechanisch, elektrooptisch, mit Mikrowellen) bestimmen und die Messergebnisse vergleichen. Für jedes einzelne Verfahren kann aus Messwiederholungen eine empirische Standardabweichung berechnet werden, die die innere Genauigkeit der Messungen angibt. Eine Information darüber, wie gut die einzelnen Messverfahren die Messgröße treffen, erhält man durch die Standardabweichung der Reihe der einzelnen Messergebnisse, denn hier wirken neben den zufälligen auch systematische Abweichungen mit. Freilich kann durch eine solche Vorgehensweise nicht geklärt werden, ob nicht alle Messergebnisse auch gleiche systematische Abweichungen enthalten. Angestrebt wird ein Genauigkeitsmaß, das die Streuung der Messergebnisse um die gesuchte Messgröße (wahrer Wert) charakterisiert. Dieses wird durch die *äußere Genauigkeit* gekennzeichnet. Da es aus praktischen Gründen nur ganz selten möglich ist, wie bei der oben genannten Streckenmessung vorzugehen und da dies auch nicht sicher zum Ziel führt, wird in der Norm E DIN 18710-1 "Ingenieurvermessung", die 1998 als Entwurf herauskam, vorgeschlagen, in Anlehnung an die Vorgehensweise in der physikalischen Meßtechnik (DIN 1319 Teil 1, 1995) die *Messunsicherheit* als Maß für die Streuung eines Messergebnisses zu verwenden. Ähnliche Regeln für die Bestimmung und Angabe von Messunsicherheiten sind für den Bereich der Mess- und Automatisierungstechnik in der Norm DIN V ENV 13005 (1995): Leitfaden zur Angabe der Unsicherheit beim Messen

(GUM) festgelegt worden. In diesen Normen werden folgende Begriffe definiert, die bei der wiederholten Messung einer Größe eine Rolle spielen.

Die *Messgröße* X ist die physikalische oder geometrische Größe des Messobjekts, die bestimmt werden soll. Diese Messgröße besitzt den *wahren Wert* $\tilde{x}$. Bei der Messung sind *Einflussgrößen* wirksam, die nicht Gegenstand der Messung sind, aber die Messgröße oder die Messwerte beeinflussen. Die *Messwerte* x_i sind die Einzelwerte einer Messreihe für die Messgröße X, die unter gleichen Bedingungen durchgeführt wird. Das *Messergebnis* $\hat{x}$ ist der aus der Messreihe gewonnene Schätzwert für X, i. d. R. das arithmetische Mittel . Der *Erwartungswert* ξ für das Messergebnis ist der Grenzwert von $\hat{x}$ für $n \to \infty$. Als *richtigen Wert* bezeichnet man einen bekannten Wert, dessen Abweichung vom wahren Wert für Vergleichszwecke vernachlässigbar ist. In Abbildung 3.8 sind diese Größen sowie die im folgenden definierten Abweichungen mit der glockenförmig angenommenen Dichte der zufälligen Verteilung der Messwerte dargestellt.

Die *Messabweichung* (wahre Abweichung) η_i ist die Differenz zwischen Messwert x_i und dem wahren Wert $\tilde{x}$ der Messgröße X. Sie setzt sich aus der *zufälligen Abweichung* ε_i und der *systematischen Abweichung* Δ zusammen. Die systematische Abweichung besteht aus einem bekannten Anteil Δ_x, der z. B. aus gemessenen Einflussgrößen abgeleitet oder durch Kalibrierung ermittelt wird, und einem unbekannten Anteil Δ_s.

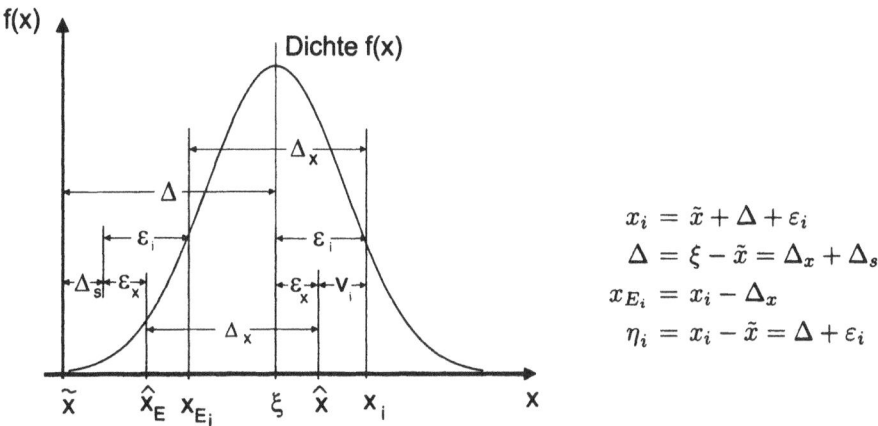

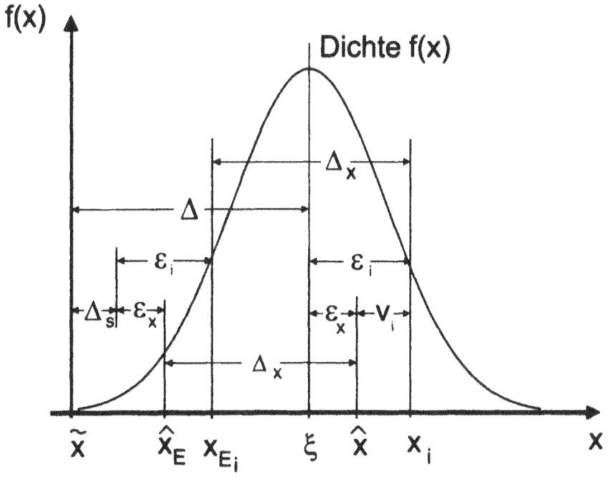

$$\begin{aligned} x_i &= \tilde{x} + \Delta + \varepsilon_i \\ \Delta &= \xi - \tilde{x} = \Delta_x + \Delta_s \\ x_{E_i} &= x_i - \Delta_x \\ \eta_i &= x_i - \tilde{x} = \Delta + \varepsilon_i \end{aligned}$$

Abb. 3.8: Grundbegriffe der Mess- und Auswertetechnik nach DIN 1319

Die unbekannte systematische Messabweichung Δ_s wird unter Wiederholbedingungen als konstant angenommen. Den *berichtigten Messwert* x_{E_i} und das *berichtigte Messergebnis* $\hat{x}_{E_i}$ erhält man durch Anbringen der Korrektur -Δ_x an den Ausgangsgrößen x_i bzw. $\hat{x}$. In Abbildung 3.8 sind zusätzlich die zufällige Abweichung ε_x des Messergebnisses $\hat{x}$ vom Erwartungswert ξ und die Verbesserung v_i des Messwertes x_i bezüglich des Messergebnisses $\hat{x}$ dargestellt.

Messungen unter *Wiederholbedingungen* sind so angelegt, dass die systematische Messabweichung Δ für alle Messwerte x_i gleich bleibt. Bei *Vergleichsbedingungen* werden im Gegensatz dazu die Messwerte x_i so gewonnen, dass die systematische Messabweichung unterschiedliche Werte annimmt. Damit gewinnt man Aufschluss über die Größe der systematischen Abweichungen, die für einzelne Methoden und Verfahren zu erwarten sind. Als *qualitative Genauigkeitsbegriffe* werden in der Norm definiert:

- die *Messgenauigkeit* als Bezeichnung für das Ausmaß der Annäherung eines Messergebnisses an den gesuchten Wert $\tilde{x}$ oder ξ,
- die *Richtigkeit* für das Ausmaß der Annäherung zwischen Erwartungswert ξ und wahrem Wert $\tilde{x}$,
- die *Präzision* für das Ausmaß der Streuung der Messwerte x_i unter Wiederholbedingungen.

Folgende Größen werden als *quantitative Genauigkeitsmaße* festgelegt:

- die *Wiederholstandardabweichung* σ_r für das Messergebnis $\hat{x}$ unter Wiederholbedingungen
- die *Vergleichsstandardabweichung* σ_R für das Messergebnis $\hat{x}$ unter Vergleichsbedingungen
- *die Messunsicherheit* (Standardabweichung) σ_x als Kenngröße zur Bezeichnung eines Wertebereiches für den wahren Wert $\tilde{x}$.

Die Messunsicherheit enthält zwei Komponenten: σ_ε resultiert aus den zufälligen Messabweichungen ε_i unter Wiederholbedingungen und σ_Δ aus der unbekannten systematischen Messabweichung Δ_s.

$$\sigma_x = \sqrt{\sigma_\varepsilon^2 + \sigma_\Delta^2}$$

Die Größe σ_ε kann als Wiederholstandardabweichung σ_r aufgefaßt werden. Wenn anerkannte Erfahrungswerte dafür fehlen, kann sie bei ausreichender Anzahl von Messwerten x_i durch die empirische Standardabweichung s_r ersetzt werden.
Die Größe σ_Δ kann aus den Unsicherheiten bei der Erfassung der Einflussgrößen für die Bestimmung der systematischen Messabweichung Δ_x, die als Korrektur am Messergebnis angebracht wird, abgeschätzt werden.

3.4.3 Das Zusammenwirken verschiedenartiger zufälliger Abweichungen

Trotz aller Maßnahmen bei Messung und Modellbildung werden die Beobachtungen Restabweichungen enthalten, die sich auf die Funktionen der Messgrößen übertragen. Am Beispiel der Messbandmessung soll das unterschiedliche Verhalten der zufälligen Abweichungen gezeigt werden.
Eine Gesamtdistanz d sei durch n Bandlagen l_i und ein Reststück l_r bestimmt worden. Für jede Bandlage gelte $l_i = \lambda + \varepsilon_i$, wobei jedes ε_i aus einer von Bandlage zu Bandlage unterschiedlichen zufälligen Komponente ε_{bi} (Anlage-, Ablesefehler) und einer bei allen

Bandlagen gleichen unbekannten Komponente ε_e (Maßstabs-, Teilungsfehler), die im Sinne von DIN 1319 als unbekannte systematische Abweichung aufgefasst werden kann, bestehen möge. λ ist der Erwartungswert der Zufallsvariablen L, deren Realisierung die Bandlagen sind.

$$
\begin{aligned}
l_i &= \lambda + \varepsilon_{bi} + \varepsilon_e, \quad E(L_i) = \lambda \; \forall i \\
d &= \sum_{i=1}^{n} l_i + l_r = n\lambda + n\varepsilon_e + \sum_{i=1}^{n} \varepsilon_{bi} + \lambda_r + \varepsilon_r \\
\varepsilon_d &= d - n\lambda - \lambda_r = n\varepsilon_e + \sum_{i=1}^{n} \varepsilon_{bi} + \varepsilon_r \\
\sigma_d^2 &= E(\varepsilon_d^2) = E(n\varepsilon_e + \sum_{i=1}^{n} \varepsilon_{bi} + \varepsilon_r)^2, \quad \sum_{i=1}^{n} \varepsilon_{bi} = \mathbf{e}^t \boldsymbol{\varepsilon}_b
\end{aligned}
$$

$$
\sigma_d^2 = n^2 E(\varepsilon_e^2) + \mathbf{e}^t E(\boldsymbol{\varepsilon}_b \boldsymbol{\varepsilon}_b^t)\mathbf{e} + E(\varepsilon_r^2) + 2nE(\boldsymbol{\varepsilon}_e \boldsymbol{\varepsilon}_b^t)\mathbf{e} + 2nE(\varepsilon_e \varepsilon_r) + 2\mathbf{e}^t E(\boldsymbol{\varepsilon}_b \varepsilon_r).
$$

Wird nun angenommen, dass die zufälligen Abweichungen ε_{bi} paarweise unabhängig sind, so folgt $E(\varepsilon_{bi}\varepsilon_{bj}) = 0$ für $i \neq j$. Ferner sei die Abweichung ε_e unabhängig von den Abweichungen ε_{bi}, so dass $E(\varepsilon_e \varepsilon_{bi}) = 0$ für alle i gilt. Auch die Restabweichung ε_r möge von den anderen Abweichungen unabhängig sein. Wird für die Varianzen $E(\varepsilon_{bi}^2) = \sigma_b^2$, $E(\varepsilon_e^2) = \sigma_e^2$ und $E(\varepsilon_r^2) = \sigma_r^2$ gesetzt, so kann σ_d^2 sofort angegeben werden:

$$
\sigma_d^2 = n^2 \sigma_e^2 + n\sigma_b^2 + \sigma_r^2 \; .
$$

Man erzielt dasselbe Ergebnis, wenn das allgemeine VFG angewandt wird. Dazu bilden wir die Varianz einer Bandlage und berücksichtigen die oben eingeführten Annahmen

$$
\begin{aligned}
\sigma_i^2 &= E(L_i - \lambda)^2 = E(\varepsilon_{bi} + \varepsilon_e)^2 = E(\varepsilon_{bi}^2 + 2\varepsilon_{bi}\varepsilon_e + \varepsilon_e^2) \\
&= E(\varepsilon_{bi}^2) + E(\varepsilon_e^2) = \sigma_b^2 + \sigma_e^2 = \sigma^2.
\end{aligned}
$$

Die Kovarianz zwischen zwei Bandlagen wird wie folgt berechnet:

$$
\begin{aligned}
\sigma_{ij} &= E[(L_i - \lambda)(L_j - \lambda)] = E[(\varepsilon_{bi} + \varepsilon_e)(\varepsilon_{bij} + \varepsilon_e)] \\
\sigma_{ij} &= E(\varepsilon_{bi}\varepsilon_{bj} + \varepsilon_{bi}\varepsilon_e + \varepsilon_e\varepsilon_{bj} + \varepsilon_e^2) = E(\varepsilon_e^2) = \sigma_e^2.
\end{aligned}
$$

Für die Gesamtdistanz gilt die Beziehung $d = \mathbf{e}^t \boldsymbol{l} + l_r$. Daraus folgt mit dem VFG für σ_d^2

$$
\sigma_d^2 = \mathbf{e}^t \boldsymbol{\Sigma}_l \mathbf{e} + \sigma_r^2.
$$

Die VKM $\boldsymbol{\Sigma}_l$ setzt sich aus den Varianzen $\sigma_i^2 = \sigma^2$ und den Kovarianzen $\sigma_{ij} = \sigma_e^2$ zusammen,

$$
\boldsymbol{\Sigma}_l = \begin{pmatrix} \sigma^2 & \sigma_e^2 & \sigma_e^2 & \cdots & \sigma_e^2 \\ \sigma_e^2 & \sigma^2 & & & \vdots \\ \vdots & & \ddots & & \\ \sigma_e^2 & \sigma_e^2 & \cdots & & \sigma^2 \end{pmatrix}.
$$

Die quadratische Form $\boldsymbol{e}^t\boldsymbol{\Sigma}_l\boldsymbol{e}$ ist die Summe aller Elemente von $\boldsymbol{\Sigma}_l$, daraus folgt wegen $\sigma^2 = \sigma_b^2 + \sigma_e^2$ wie oben

$$\sigma_d^2 = n^2\sigma_e^2 + n\sigma_b^2 + \sigma_r^2 \ .$$

3.4.4 Kovarianz und Korrelation

Das einfache Beispiel der Streckenmessung des vorigen Abschnitts zeigt deutlich, dass Beobachtungen korreliert sind, wenn sie gemeinsamen zufälligen Einflüssen unterliegen. Die Kovarianzen $\sigma_{ij} = \sigma_e^2$ sind für alle Paare von Messbandlagen konstant, da eine konstante, jedoch unbekannte, Abweichung angenommen wurde, die als Realisation einer Zufallsvariablen mit Erwartungswert Null aufzufassen ist. In der Praxis ist es im Gegensatz zu dieser Annahme meist so, dass die korrelierenden Einflüsse mit der Zeit oder den Messbedingungen variieren. In Übereinstimmung mit Abschnitt 3.1.1 interpretieren wir nun die Beobachtungsreihe $l = (l_1, l_2, \ldots, l_n)$ als eine Realisation des stochastischen Prozesses $L = (..., L_1, L_2, \ldots, L_n, \ ...)$, der aus einer Folge von Zufallsvariablen L_i besteht.
Es sind zwei Arten von Korrelation zu unterscheiden:

- *serielle Korrelation,* auch *Autokorrelation* genannt (Korrelation zwischen Zufallsvariablen eines stochastischen Prozesses) und

- *Kreuzkorrelation* (Korrelation zwischen Zufallsvariablen verschiedener Prozesse).

Generell gilt bei zwei Zufallsvariablen L_i und L_j mit $\varepsilon_i = L_i - E(L_i)$ und $\varepsilon_j = L_j - E(L_j)$ für die Kovarianz

$$Kov(L_i, L_j) = \sigma_{ij} = E(\varepsilon_i\varepsilon_j)$$

und für den Korrelationskoeffizienten

$$\rho_{ij} = \sigma_{ij}/\sigma_i\sigma_j \ .$$

Die zugehörigen Schätzer lauten

$$s_{ij} = \boldsymbol{\varepsilon}_i^t\boldsymbol{\varepsilon}_j/n \quad \text{bzw.} \quad s_{ij} = \boldsymbol{v}_i^t\boldsymbol{v}_j/(n-1) \quad \text{und} \quad r_{ij} = s_{ij}/s_is_j. \tag{3.19}$$

Es sei nun angenommen, dass die Beobachtungen von zwei oder mehr stochastischen Prozessen von derselben Einflussgröße t abhängen, die sich kontinuierlich ändert. Die Abweichungen ε_i der einzelnen Beobachtungen l_i können dann als Funktion der Einflussgröße aufgefasst werden: $\varepsilon_i = \varepsilon_i(t)$, und wegen $l_i = \lambda_i + \varepsilon_i$ gilt auch $l_i = l_i(t)$. Zum selben Wert t gehörende Beobachtungen unterliegen im Mittel demselben zufälligen Einfluss. Wenn sich t nur langsam ändert, enthalten benachbarte Beobachtungen ähnlich große Abweichungen. Man spricht dann von *Erhaltensneigung* der Beobachtungen bzw. der Abweichungen. Die Werte der Beobachtungsreihen werden nach aufsteigendem t geordnet. Haben alle Beobachtungen unabhängig von t die gleiche Varianz und hängt die Kovarianz $E[\varepsilon(t)\varepsilon(t+\Delta t)] = \sigma_{\Delta t}$ nur von Δt ab, spricht man von (schwach) stationärem Verhalten des Prozesses.

$$
\boldsymbol{M}: \quad
\begin{array}{c|ccccccc}
t & l_1 & l_2 & \dots & l_i & l_j & \dots & l_m \\
\hline
t_1 & l_{11} & l_{21} & \dots & l_{il} & l_{j1} & \dots & l_{m1} \\
t_2 & l_{12} & l_{22} & \dots & l_{i2} & l_{j2} & \dots & l_{m2} \\
t_3 & l_{13} & l_{23} & \dots & l_{i3} & l_{j3} & \dots & l_{m3} \\
\vdots & \vdots & \vdots & \dots & \vdots & \vdots & \vdots & \vdots \\
t_n & l_{1n} & l_{2n} & \dots & l_{in} & l_{jn} & \dots & l_{mn}
\end{array}
\quad \updownarrow \text{ Autokorrelation}
$$

$\longleftrightarrow$ Kreuzkorrelation

In der Messmatrix $\boldsymbol{M}$ sind n Realisierungen von m stochastischen Prozessen zusammengefasst, die von derselben Einflussgröße t abhängen. Unter der Annahme, dass $\Delta t = t_{k+1} - t_k$ konstant für alle k ist, können wir eine Zählvariable d einführen, die für die Anzahl der Δt zwischen zwei Beobachtungen steht.
Die *Autokovarianz* eines stationären Prozesses L_i bzw. L_j ist für $d = 1, 2, \dots$ definiert als

$$\sigma_{id} = E(\varepsilon_{ik}\varepsilon_{i(k+d)}) \quad \text{bzw.} \quad \sigma_{jd} = E(\varepsilon_{jk}\varepsilon_{j(k+d)}).$$

Ihre Schätzfunktion lautet

$$
\begin{aligned}
s_{id} &= \sum_{k=1}^{n-d} \frac{\varepsilon_{ik}\varepsilon_{i(k+d)}}{(n-d)} \quad \text{bzw.} \quad s_{id} = \sum_{k=1}^{n-d} \frac{v_{ik}v_{i(k+d)}}{(n-d-1)} \\
s_{jd} &= \sum_{k=1}^{n-d} \frac{\varepsilon_{jk}\varepsilon_{j(k+d)}}{(n-d)} \quad \text{bzw.} \quad s_{jd} = \sum_{k=1}^{n-d} \frac{v_{jk}v_{j(k+d)}}{(n-d-1)}
\end{aligned}
\tag{3.20}
$$

Der Korrelationskoeffizient $r_{id} = s_{id}/s^2$ ist eine Funktion von d. Typische Verläufe von $r(d)$ sind in der Abbildung 3.9 dargestellt.

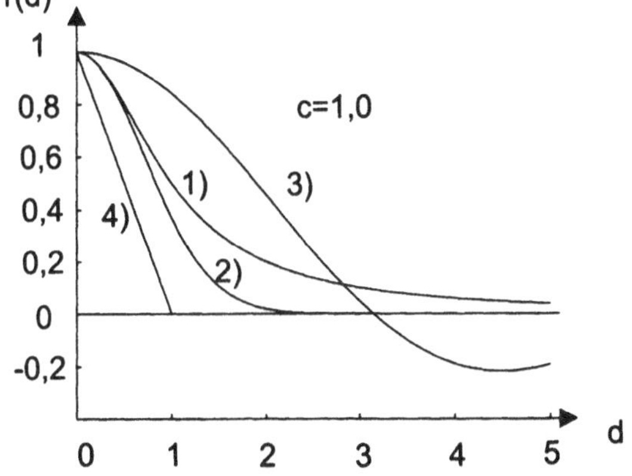

1) $r(d) = \dfrac{1}{1 + (cd)^2}$

2) $r(d) = e^{-(cd)^2}$

3) $r(d) = \dfrac{\sin(cd)}{cd}$

4) $r(d) = \dfrac{c-d}{c}$ für $d \leq c$

Abb. 3.9: Typische Autokorrelationsfunktionen

Von einem bestimmten Abstand d der Beobachtungen an ist die Korrelation abgeklungen bzw. so klein geworden, dass sie vernachlässigt werden kann. Bei praktischen Aufgaben wird für $r(d)$ meist eine analytische Funktion gewählt, die dem Verlauf der empirischen Korrelationskoeffizienten angepasst wird. Beispiele für geeignete Funktionen sind in Abbildung 3.9 dargestellt.
Bei der Schätzung von r aus einer BR ist es wichtig, dass der Freiheitsgrad $n-d$ nicht zu klein wird. Wenn die Korrelationskoeffizienten für $1 \leq d \leq \varkappa$ geschätzt werden sollen, sollte der Umfang der BR $n \geq 2\varkappa$ sein. Die Schätzergebnisse werden in der VKM bzw. der Korrelationsmatrix der BR zusammengestellt. Es ist unbedingt darauf zu achten, dass diese Matrizen positiv definit sind, was durch geeignete Wahl der analytischen Korrelationsfunktion stets erreichbar ist. Wenn die Korrelationsmatrix mit ungeglätteten empirischen Korrelationskoeffizienten aufgebaut wird, kann sie singulär sein. Dies lässt sich vermeiden, wenn man den erwartungstreuen Schätzer s_{id} durch den verzerrten aber konsistenten Schätzer

$$s_{id}^{'} = \sum_{i=1}^{n-d} \frac{v_{ik} v_{i(k+d)}}{n}$$

ersetzt. Dieser führt stets zu einer positiv definiten Kovarianzmatrix. Kovarianzmatrizen haben eine sog. TOEPLITZ-Struktur, bei der die Elemente der Diagonalen und aller Nebendiagonalen denselben Wert besitzen.

In Abbildung 3.10 bedeuten für die VKM $\boldsymbol{S}_i$

$$\begin{aligned} 1 &= s_{i1}, & * &= s^2 \\ 2 &= s_{i2}, & \varkappa &= s_{i\varkappa} \\ & & \ldots & \end{aligned}$$

$$\begin{pmatrix}
* & 1 & 2 & \cdots & \varkappa & 0 & \cdots & & & 0 \\
1 & * & 1 & 2 & \cdots & \varkappa & 0 & \cdots & & 0 \\
2 & 1 & * & 1 & 2 & \cdots & \varkappa & 0 & \cdots & 0 \\
\vdots & 2 & 1 & * & & & & \varkappa & 0 & 0 \\
 & \vdots & 2 & & * & & & & \ddots & 0 \\
\varkappa & & \vdots & & & * & & & & \varkappa \\
0 & \varkappa & & & & & \ddots & & & \vdots \\
\vdots & 0 & \varkappa & & & & & * & & 2 \\
 & \vdots & 0 & \ddots & & & & & * & 1 \\
0 & 0 & 0 & 0 & \varkappa & & \cdots & 2 & & *
\end{pmatrix}$$

Abb. 3.10: Struktur von Varianz-Kovarianz- und Korrelationsmatrizen

und für die Korrelationsmatrix $\boldsymbol{R}_i$

$$\begin{aligned} 1 &= r_{i1} = s_{i1}/s^2, & * &= 1 \\ 2 &= r_{i2} = s_{i2}/s^2, & \varkappa &= r_{i\varkappa} = s_{i\varkappa}/s^2 \\ & & &\dots \end{aligned}$$

Die *Kreuzkorrelation* tritt zwischen verbundenen stochastischen Prozessen auf, d. h. zwischen Prozessen, deren stochastisches Verhalten unter gleichen Messbedingungen ähnlich ist. Sind die Erwartungswerte $E(L_i) = \lambda_i$, $E(L_j) = \lambda_j$ bekannt, so können die Korrelationen aus den Vektoren der wahren Abweichungen $\boldsymbol{\varepsilon}_i = (\varepsilon_{i1} \;\; \varepsilon_{i2} \;\; \dots \;\; \varepsilon_{in})^t$, $\boldsymbol{\varepsilon}_j = (\varepsilon_{j1} \;\; \varepsilon_{j2} \;\; \dots \;\; \varepsilon_{jn})^t$ mit $\varepsilon_{lk} = l_{lk} - \lambda_l$ gebildet werden. Andernfalls werden die Verbesserungen bezüglich der Mittelwerte x herangezogen. Mit $x = (\boldsymbol{e}^t\boldsymbol{e})^{-1}\boldsymbol{e}^t\boldsymbol{l}$ und $\boldsymbol{v} = \boldsymbol{e}x - \boldsymbol{l}$ folgen dann die Vektoren $\boldsymbol{v}_i = (v_{i1} \;\; v_{i2} \;\; \dots \;\; v_{in})^t$, $\boldsymbol{v}_j = (v_{j1} \;\; v_{j2} \;\; \dots \;\; v_{jn})^t$. Die (Kreuz-)Kovarianz zwischen den Prozessen L_i und L_j wird durch

$$s_{ij} = \frac{\boldsymbol{\varepsilon}_i^t \boldsymbol{\varepsilon}_j}{n} = \sum_{k=1}^{n} \frac{\varepsilon_{ik}\varepsilon_{jk}}{n} \quad \text{bzw.} \quad s_{ij} = \frac{\boldsymbol{v}_i^t \boldsymbol{v}_j}{n-2} = \sum_{k=1}^{n} \frac{v_{ik}v_{jk}}{n-2}$$

geschätzt. Daraus folgt für den (Kreuz-) Korrelationskoeffizienten

$$r_{ij} = s_{ij}/s_i s_j .$$

Dieser ist ein Maß für die lineare stochastische Abhängigkeit zwischen den Prozessen L_i und L_j. Ist der Koeffizient, der stets im Intervall $-1 \leq r \leq +1$ liegt, nahezu eins, so bedeutet dies, dass bei Kenntnis der BR l_i recht präzise vorhergesagt werden kann, welche Werte die BR l_j annehmen wird. Es lohnt dann kaum, diese Beobachtungen durchzuführen, da sie nur in geringem Umfang neue Informationen enthalten. Ist r dagegen nahezu Null, so sind die Prozesse unkorreliert, d. h. die BR l_i enthält keine Information, die zur Vorhersage von l_j geeignet ist.
Weitere Kreuzkovarianzen zwischen den Prozessen L_i und L_j sind als Kovarianzen zwischen den Zufallsvariablen L_{ik} und $L_{j(k+d)}$ definiert. Daraus ergeben sich die Schätzfunktionen:

$$s_{i(j+d)} = \frac{\sum_{k=1}^{n-d} \varepsilon_{ik}\varepsilon_{j(k+d)}}{n-d} = \frac{\sum_{k=1}^{n-d} v_{ik}v_{j(k+d)}}{n-d-2}$$

und analog

$$s_{(i+d)j} = \frac{\sum_{k=1}^{n-d} \varepsilon_{i(k+d)}\varepsilon_{jk}}{n-d} = \frac{\sum_{k=1}^{n-d} v_{i(k+d)}v_{jk}}{n-d-2} .$$

Es ist zu beachten, dass im Allgemeinen $s_{i(j+d)} \neq s_{(i+d)j}$ gilt. Aus den Kreuzkovarianzen wird in der Regel die Kreuzkorrelation $r_{i(j+d)} = s_{i(j+d)}/s_i s_j$ berechnet. Die einzelnen Werte werden in der Kreuzkovarianz- bzw. Kreuzkorrelationsmatrix zusammengefasst. Für zwei stochastische Prozesse L_i und L_j erhält man dann folgende Matrixstruktur:

$$\begin{pmatrix} \boldsymbol{S}_i & \boldsymbol{S}_{ij} \\ \boldsymbol{S}_{ji} & \boldsymbol{S}_j \end{pmatrix} \quad \text{bzw.} \quad \begin{pmatrix} \boldsymbol{R}_i & \boldsymbol{R}_{ij} \\ \boldsymbol{R}_{ji} & \boldsymbol{R}_j \end{pmatrix} .$$

Die Blockmatrix $\boldsymbol{S}_{ij}$ enthält auf ihrer Diagonalen die Kovarianz s_{ij}, während die Nebendiagonalen die Schätzungen $s_{i(j+d)}$ bzw. $s_{(i+d)j}$ enthalten. In gleicher Weise wird die Korrelationsmatrix aufgebaut. Im Übrigen gelten dieselben Gesichtspunkte, die für den Aufbau der Matrizen $\boldsymbol{S}_i$ und $\boldsymbol{R}_i$ (vgl. Abb. 3.10) aufgeführt worden sind.

3.4.5 Homogenisieren von Beobachtungen

Mathematische Ableitungen werden besonders einfach und die Ergebnisse leicht verständlich, wenn alle Beobachtungen gleichgenau und unabhängig sind. Deshalb ist es oft zweckmäßig, eine BR mit voll besetzter VKM durch eine lineare Transformation in diesen Zustand überzuführen (Homogenisierung) und nach Abschluss der mathematischen Operationen zurück zu transformieren. Gegeben sei der Vektor $\boldsymbol{y}$ als Realisation eines korrelierten Zufallsvektors $\boldsymbol{Y}$

$$\boldsymbol{y} = (y_1 \;\; y_2 \;\; \ldots \;\; y_n)^t, \;\; \boldsymbol{\Sigma}_y = \sigma_0^2 \boldsymbol{Q}, \;\; \boldsymbol{Q}^{-1} = \boldsymbol{P}.$$

Gesucht ist eine Transformationsmatrix $\boldsymbol{H}$ mit folgenden Eigenschaften

$$\boldsymbol{l} = \boldsymbol{H}\,\boldsymbol{y}, \;\; \boldsymbol{\Sigma}_l = \boldsymbol{H}\boldsymbol{\Sigma}_y\boldsymbol{H}^t = \sigma_0^2 \boldsymbol{H}\,\boldsymbol{Q}\,\boldsymbol{H}^t = \sigma_0^2 \boldsymbol{I}.$$

Daraus folgen für $\boldsymbol{H}$ die Bedingungen

$$\boldsymbol{H}\,\boldsymbol{Q}\,\boldsymbol{H}^t = \boldsymbol{I} \Rightarrow \boldsymbol{Q}\,\boldsymbol{H}^t = \boldsymbol{H}^{-1} \Rightarrow \boldsymbol{Q}\,\boldsymbol{H}^t\boldsymbol{H} = \boldsymbol{I} \Rightarrow \boldsymbol{H}^t\boldsymbol{H} = \boldsymbol{Q}^{-1} = \boldsymbol{P}.$$

Da $\boldsymbol{Q}$ als positiv definit vorausgesetzt wird, muss auch $\boldsymbol{H}$ positiv definit sein. Wegen der Symmetrie von $\boldsymbol{P}$ ist die Matrix $\boldsymbol{H}$ nicht eindeutig festgelegt, denn für die n^2 Elemente von $\boldsymbol{H}$ existieren nur $n(n+1)/2$ unabhängige Gleichungen. Über $n(n-1)/2$ Elemente kann daher frei verfügt werden. Dies kann zum Beispiel geschehen, indem allen Elementen unterhalb der Hauptdiagonalen von $\boldsymbol{H}$ der Wert Null gegeben wird. Man erhält dann eine Dreieckszerlegung von $\boldsymbol{P}$, die als CHOLESKY-*Zerlegung* bekannt ist. Eine andere Möglichkeit bietet die *Eigenwertzerlegung*, die für symmetrische Matrizen zu einem System orthogonaler Eigenvektoren führt

$$\boldsymbol{E}^t\boldsymbol{Q}\,\boldsymbol{E} = \boldsymbol{\Lambda}, \quad \boldsymbol{Q} = \boldsymbol{E}\,\boldsymbol{\Lambda}\,\boldsymbol{E}^t.$$

Die Matrix $\boldsymbol{E}$ setzt sich aus den n orthogonalen *Eigenvektoren* zusammen, während $\boldsymbol{\Lambda}$ eine Diagonalmartix ist, deren Elemente die Eigenwerte von $\boldsymbol{Q}$ sind. Bezeichnet man mit $\boldsymbol{\Lambda}^{1/2}$ die Diagonalmatrix mit den positiven Wurzeln der Elemente von $\boldsymbol{\Lambda}$, so erhält man

$$\boldsymbol{Q} = \boldsymbol{E}\boldsymbol{\Lambda}^{1/2}\boldsymbol{\Lambda}^{1/2}\boldsymbol{E}^t \Rightarrow \boldsymbol{Q}^{-1} = \boldsymbol{E}\boldsymbol{\Lambda}^{-1/2}\boldsymbol{\Lambda}^{-1/2}\boldsymbol{E}^t = \boldsymbol{P},$$

und man kann ablesen, dass eine weitere Wahl für $\boldsymbol{H}$ die Matrix

$$\boldsymbol{H} = \boldsymbol{\Lambda}^{-1/2}\boldsymbol{E}^t$$

ist. Für den Spezialfall einer diagonalen Matrix $\boldsymbol{Q}$ erhält man $\boldsymbol{E} = \boldsymbol{I}$, und die Matrix $\boldsymbol{H}$ als Diagonalmatrix mit den Wurzeln der Gewichte der Beobachtungen.
In dem ursprünglichen Modell

$$\boldsymbol{y} = \boldsymbol{e}\xi + \boldsymbol{\varepsilon}, \quad \boldsymbol{\Sigma}_y = \sigma_0^2\boldsymbol{Q}, \;\; \boldsymbol{P} = \boldsymbol{Q}^{-1}$$

gelten nach (3.10) bzw. (3.13) die Schätzer

$$x = (\boldsymbol{e}^t \boldsymbol{P} \boldsymbol{e})^{-1} \boldsymbol{e}^t \boldsymbol{P} \boldsymbol{y}, \quad s_0^2 = \boldsymbol{v}^t \boldsymbol{P} \boldsymbol{v}/(n-1), \quad \boldsymbol{v} = \boldsymbol{e}\, x - \boldsymbol{y}.$$

Die Homogenisierung führt zu der Situation

$$\begin{aligned} \boldsymbol{H}\, \boldsymbol{y} &= \boldsymbol{H}\, \boldsymbol{e}\xi + \boldsymbol{H}\, \boldsymbol{\varepsilon}, \quad \boldsymbol{H}\, \boldsymbol{Q}\, \boldsymbol{H}^t = \boldsymbol{I} \\ \boldsymbol{l} &= \boldsymbol{a}\xi + \boldsymbol{w}, \ \boldsymbol{\Sigma}_l = \sigma_0^2 \boldsymbol{I}, \ \boldsymbol{P} = \boldsymbol{I}, \end{aligned}$$

in der die Schätzung für ξ und σ_0^2 analog zu (3.2) und (3.7) erfolgt

$$x = (\boldsymbol{a}^t \boldsymbol{a})^{-1} \boldsymbol{a}^t \boldsymbol{l}, \ s_0^2 = \boldsymbol{w}^t \boldsymbol{w}/(n-1), \ \boldsymbol{w} = \boldsymbol{a}x - \boldsymbol{l}.$$

Beide Vorgehensweisen liefern identische Ergebnisse für x und s_0^2.

3.4.6 Beobachtungsdifferenzen

Häufig werden gesuchte Größen zweimal beobachtet, wobei die beiden Messungen so angeordnet werden, dass das Mittel von gewissen systematischen Einflüssen frei ist. Beispiele sind die Beobachtung einer Richtung in beiden Fernrohrlagen, einer Strecke von beiden Endpunkten aus, eines Höhenunterschiedes in Hin- und Rückweg und einer Neigung durch Ablesungen vor und nach dem Umsetzen des Neigungsmessers. Man spricht dann auch von verbundenen Stichproben, in denen die Beobachtungen paarweise denselben Erwartungswert und die gleiche Varianz haben sollten und unabhängig sind. Die Beobachtungspaare bilden eine $n \times 2$ Beobachtungsmatrix der Zufallsvektoren $\boldsymbol{L}_1, \boldsymbol{L}_2$

$$(\boldsymbol{l}_1 \ \ \boldsymbol{l}_2) \quad \text{mit} \quad \boldsymbol{l}_i = (l_{i1} \ \ l_{i2} \ \ \ldots \ \ l_{in})^t, \ i = 1, 2.$$

Ferner gelte $E(\boldsymbol{L}_1) = E(\boldsymbol{L}_2)$ und damit für den Differenzvektor $\boldsymbol{D} = \boldsymbol{L}_2 - \boldsymbol{L}_1$, $E(\boldsymbol{D}) = \boldsymbol{0}$. Die VKM wird für beide Zufallsvektoren als gleich angenommen:

$$\boldsymbol{\Sigma}_1 = \boldsymbol{\Sigma}_2 = \sigma_0^2 \boldsymbol{Q}, \ \boldsymbol{\Sigma}_d = \sigma_0^2 \boldsymbol{Q}_d, \ \boldsymbol{Q}_d = 2\boldsymbol{Q} = 2\boldsymbol{P}^{-1}, \boldsymbol{P} = \boldsymbol{Q}^{-1}.$$

Unter den eingeführten Annahmen kann der Differenzenvektor $\boldsymbol{d} = \boldsymbol{l}_2 - \boldsymbol{l}_1$ als Vektor wahrer Abweichungen aufgefasst werden, so dass für die Schätzung des Varianzfaktors die Gleichung

$$s_0^2 = \frac{\boldsymbol{d}^t \boldsymbol{Q}_d^{-1} \boldsymbol{d}}{n} = \frac{\boldsymbol{d}^t \boldsymbol{P}\, \boldsymbol{d}}{2n}$$

gilt. s_0^2 bezieht sich auf eine Beobachtung l_{ij} mit dem Gewicht 1. Die VKM der Mittelwerte $x_j = (l_{1j} + l_{2j})/2$ folgt aus dem VFG zu $\boldsymbol{S}_x = \boldsymbol{s}_0^2\, \boldsymbol{Q}/2$, während die VKM der Differenzen durch $\boldsymbol{S}_d = 2\boldsymbol{s}_0^2 \boldsymbol{Q}$ gegeben ist.

Besonders einfach werden die Schätzfunktionen, wenn alle Beobachtungen gleichgenau und unabhängig sind:

$$s^2 = \frac{\boldsymbol{d}^t \boldsymbol{d}}{2n}, \ s_d^2 = \frac{\boldsymbol{d}^t \boldsymbol{d}}{n}, \ s_x^2 = \frac{\boldsymbol{d}^t \boldsymbol{d}}{4n}.$$

Diese Varianzschätzungen aus Doppelmessungen setzen voraus, dass $E(\boldsymbol{D}) = \boldsymbol{0}$ streng erfüllt ist. Vielfach wird dies zweifelhaft sein. Dann ist es zweckmäßig, einen Schätzwert für $E(\boldsymbol{D}) = \boldsymbol{e}\,\delta$ zu berechnen und einem statistischen Signifikanztest zu unterziehen.

$$\begin{aligned} \hat{d} &= \left(\boldsymbol{e}^t \boldsymbol{P} \boldsymbol{e}\right)^{-1} (\boldsymbol{e}^t \boldsymbol{P}\,\boldsymbol{d}), \text{bzw.} \quad \hat{d} = \boldsymbol{e}^t \boldsymbol{d}/n; \ \boldsymbol{v} = \boldsymbol{e}\hat{d} - \boldsymbol{d} \\ s_0^2 &= \boldsymbol{v}^t \boldsymbol{P}\,\boldsymbol{v}/2(n-1), \quad \text{bzw.} \quad s^2 = \boldsymbol{v}^t \boldsymbol{v}/2(n-1) \\ s_{\hat{d}}^2 &= 2s_0^2(\boldsymbol{e}^t \boldsymbol{P}\,\boldsymbol{e})^{-1}, \text{bzw.} \quad s_{\hat{d}}^2 = 2s_0^2/n. \end{aligned}$$

Die Entscheidung, ob tatsächlich $E(\boldsymbol{D}) \neq \boldsymbol{0}$ gilt, wird vom Ausfall der Schätzungen $\hat{d}$ und $s_{\hat{d}}$ abhängig gemacht. Die benötigten Grundlagen der Testverfahren werden in Kapitel 8 behandelt. Hier soll folgende Regel angewendet werden:
Wenn

$$\frac{n\,(\boldsymbol{e}^t \boldsymbol{P}\,\boldsymbol{d})^2}{\boldsymbol{e}^t \boldsymbol{P}\,\boldsymbol{e}} > \boldsymbol{d}^t \boldsymbol{P}\,\boldsymbol{d} \quad \text{bzw.} \quad (\boldsymbol{e}^t \boldsymbol{d})^2 > \boldsymbol{d}^t \boldsymbol{d}$$

gilt, wird $E(\boldsymbol{D}) \neq \boldsymbol{0}$ angenommen.

Beispiel 11

Polygonwinkelmessung in zwei Halbsätzen

Die 10 Brechungswinkel eines Polygonzugs wurden in beiden Fernrohrlagen des Theodoliten gemessen. Dabei ergaben sich folgende Werte, die als gleich genau betrachtet werden können und in Tabelle 3.2 ausgewertet werden.

$$\boldsymbol{d}^t \boldsymbol{d} = \sum d^2 = 31,5, \quad \boldsymbol{e}^t \boldsymbol{d} = \sum d = -0,9\ , \ \hat{d} = 0,09\,mgon$$

NR i	Lage I l_{1i} gon	Lage II l_{2i} gon	d $l_{2i} - l_{1i}$ mgon	Mittel $(l_{2i} + l_{1i})/2$ gon
1	198,2436	198,2461	+2,5	198,2449
2	201,1638	201,1642	+0,4	201,1640
3	187,7878	187,7866	−1,2	187,7872
4	199,3586	199,.3578	−0,8	199,3582
5	221,6391	221,6407	+1,6	221,6398
6	206,4356	206,4338	−1,8	206,4347
7	191,2445	191,2445	0,0	191,2445
8	175,3008	175,2978	−3,0	175,2993
9	230,5384	230,5372	−1,2	230,5378
10	187,4638	187,4664	+2,6	187,4651

Tab. 3.2: Brechungswinkel Polygonzug

Da $(\sum d)^2 < \sum d^2$ gilt, ist kein systematischer Fehler zwischen Lage I und Lage II nachweisbar

$$s_d^2 = d^t d/n = 31,5/10 = 3,15$$
$$s^2 = s_d^2/2 = 1,58 \quad \text{und} \quad s_x^2 = s_d^2/4 = 0,79$$

$s_x = 0,9$ mgon ist die empirische Standardabweichung eines Mittels aus Lage I und Lage II, geschätzt mit dem Freiheitsgrad $f = 10$.

3.4.7 Summengleichungen

Bei manchen Messverfahren müssen die in der Beobachtungsreihe zusammengestellten Größen eine Bedingungsgleichung (BGL) erfüllen. So muss in einer Nivellementschleife $\sum \Delta h = 0$ sein. Für die Winkel β_i im n-Eck muss $\sum \beta - (n-2)200 = 0$ gelten. Und im Ringpolygon müssen die Koordinaten auf dem Anfangspunkt widerspruchsfrei schließen.
Gegeben sei

$$\begin{aligned} &\text{BR:} \quad l = (l_1, l_2, ..., l_n), \quad \boldsymbol{\Sigma}_l = \sigma_0^2 \boldsymbol{Q}, \quad \boldsymbol{P} = \boldsymbol{Q}^{-1} \\ &\text{BGL:} \quad \boldsymbol{e}^t(\boldsymbol{l} + \boldsymbol{v}) + a = 0 \end{aligned}$$

Gesucht werden die Verbesserungen, die im Sinne der MkQ die Form $\boldsymbol{v}^t\boldsymbol{P}\boldsymbol{v}$ minimieren und die BGL erfüllen. Die Bedingungsgleichung wird umformuliert:

$$\boldsymbol{e}^t\boldsymbol{v} + (\boldsymbol{e}^t\boldsymbol{l} + a) = \boldsymbol{e}^t\boldsymbol{v} + w = 0.$$

Die Größe $w = \boldsymbol{e}^t\boldsymbol{l} + a$ heißt *Widerspruch* der BGL. Nun wird mit der LAGRANGE-Funktion das Minimum von $\boldsymbol{v}^t\boldsymbol{P}\boldsymbol{v}$ unter der Nebenbedingung $\boldsymbol{e}^t\, \boldsymbol{v} + w = 0$ gesucht.

$$\begin{aligned} \mathcal{L} &= \boldsymbol{v}^t\boldsymbol{P}\boldsymbol{v} + 2\lambda(\boldsymbol{e}^t\boldsymbol{v} + w) \implies min(\boldsymbol{v}, \lambda) \\ \partial\mathcal{L}/\partial\boldsymbol{v} &= 2\boldsymbol{P}\,\boldsymbol{v} + 2\lambda\boldsymbol{e} \\ \boldsymbol{0} &= \boldsymbol{P}\boldsymbol{v} + \lambda\boldsymbol{e} & 0 &= \boldsymbol{e}^t\boldsymbol{v} + w \\ 0 &= \boldsymbol{e}^t\boldsymbol{P}^{-1}\boldsymbol{P}\boldsymbol{v} + \lambda\boldsymbol{e}^t\boldsymbol{P}^{-1}\boldsymbol{e} & 0 &= -\boldsymbol{e}^t\boldsymbol{P}^{-1}\boldsymbol{e}\lambda + w \\ & & &\implies \lambda = (\boldsymbol{e}^t\boldsymbol{P}^{-1}\boldsymbol{e})^{-1}w \\ \boldsymbol{v} &= -\lambda\boldsymbol{P}^{-1}\boldsymbol{e} \\ \boldsymbol{v} &= -(\boldsymbol{e}^t\boldsymbol{P}^{-1}\boldsymbol{e})^{-1}\boldsymbol{P}^{-1}\boldsymbol{e}w \end{aligned} \tag{3.21}$$

Für unkorrelierte Beobachtungen gilt die Summenschreibweise

$$v_i = -\frac{w}{p_i \sum(p_i^{-1})},$$

die sich bei gleichgenauen Beobachtungen weiter vereinfacht zu

$$v_i = -w/n.$$

Für die quadratische Form erhält man

$$\boldsymbol{v}^t\boldsymbol{P}\boldsymbol{v} = w^2(\boldsymbol{e}^t\boldsymbol{P}^{-1}\boldsymbol{e})^{-1} \quad \text{bzw.} \quad \boldsymbol{v}^t\boldsymbol{v} = \frac{w^2}{n}.$$

Dieser Wert ist zugleich die Varianz einer Beobachtung mit dem Gewicht 1, die aber mit größter Vorsicht zu betrachten ist, da der Freiheitsgrad lediglich $f = 1$ beträgt.

Beispiel 12

Technisches Nivellement

Von dem Höhenfestpunkt A ausgehend, wurden für eine Baumaßnahme die Höhen von vier bauwerksnahen Punkten bestimmt. Um eine durchgreifende Kontrolle der Messungen zu erhalten, wurde ein Schleifennivellement durchgeführt.

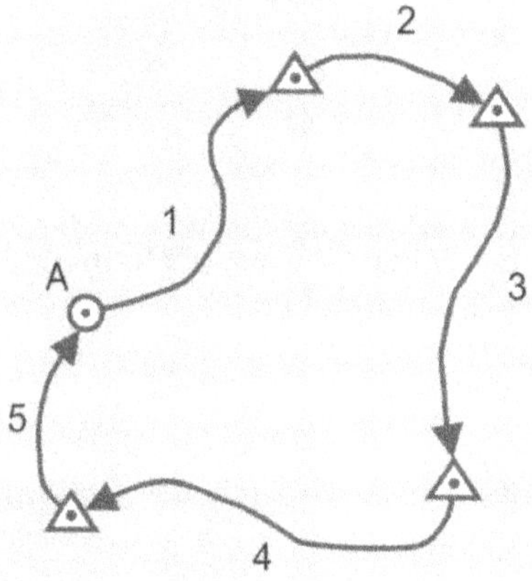

Abb. 3.11: Nivellementsschleife

Nr.	*h* [*m*]	*E* [*km*]	*p*	*v* [*mm*]	*h + v* [*m*]
1	+7,1341	0,83	1,20	+0,5	+7,1346
2	+1,0694	0,26	3,85	+0,2	+1,0696
3	-4,7761	0,40	2,50	+0,3	-4,7758
4	-9,2817	1,03	0,97	+0,6	-9,2811
5	+5,8524	0,55	1,82	+0,3	+5,8527
Σ	-0,0019	3,07		+1,9	0,0000

Tab. 3.3: Schleifennivellement

Gewichtsfestsetzung: $p_i \sim E_0/E_i$,

$$E_0 = 1\,km \quad \Longrightarrow \quad p_i = 1/E_i$$

$$\boldsymbol{P}^{-1} = \boldsymbol{Q}$$

$$\boldsymbol{Q} = \begin{pmatrix} 0,83 & & & & \\ & 0,26 & & & \\ & & 0,40 & & \\ & & & 1,03 & \\ & & & & 0,55 \end{pmatrix}$$

Widerspruch: $w = -1,9\,mm$

Verbesserungen: $v_i = -(w/3,07)\boldsymbol{E_i}$, $\boldsymbol{v}^t\boldsymbol{P}\boldsymbol{v} = w^2/3,07 = 1,18\,mm^2$

Proben aus Verbesserungen gerechnet:

$$\boldsymbol{e}^t\boldsymbol{v} + w = 0$$
$$\boldsymbol{v}^t P\boldsymbol{v} = 1,2$$

4 Schätzung von Modellparametern

Während bisher angenommen wurde, dass alle Beobachtungen l_i der Beobachtungsreihe BR : $l = (l_1, l_2, \cdots, l_n)$ denselben Erwartungswert $\lambda = E(l_i)\,\forall i$ haben, für den ein Schätzwert abgeleitet worden ist, soll nun der Fall behandelt werden, dass die Beobachtungen Funktionen mehrerer gesuchter Größen sind, also gewissermaßen zwischen diesen Größen vermitteln. Man spricht daher auch von der Ausgleichung vermittelnder Beobachtungen.

4.1 Das mathematische Modell

Viele Messungen in den Ingenieurwissenschaften dienen dem Ziel, gewisse geometrische oder physikalische Größen (Parameter) zu bestimmen, auf deren Grundlage meist weitergehende Zielsetzungen verfolgt werden. Typische Beispiele für solche Größen sind Position und Höhe vermarkter Punkte, die Dimension von Objekten und Absteckmaße. Aber auch Parameter von Funktionen, die das Verhalten von Objekten oder von Messinstrumenten unter veränderlichen Umweltbedingungen beschreiben, können durch Messungen ermittelt werden. Wenn die gesuchten Größen nicht direkt beobachtbar sind, werden geeignete messbare Größen ausgewählt, die in einem funktionalen Zusammenhang mit den gesuchten Größen stehen. Bei geometrischen Problemen ist, wenn gewisse äußere Einflüsse außer Betracht bleiben, der Zusammenhang zwischen den Beobachtungen l_i und den gesuchten Größen x_j in aller Regel von vornherein klar. Hier gelten je nach Genauigkeitsanspruch und Größe des Messgebietes oder Messobjektes die Gesetze der ebenen, sphärischen oder ellipsoidischen Geometrie. Da die Messungen aber nicht im luftleeren und schwerefreien Raum stattfinden, sind Korrekturen erforderlich, wenn die geometrischen Beziehungen des euklidischen Raums benutzt werden sollen. Diese Korrekturen werden in Schweremodellen und Modellen der Atmosphäre berechnet, die in den meisten Fällen nur näherungsweise richtig sind. Die Parameter dieser Modelle werden durch Zusatzbeobachtungen (Temperatur, Luftdruck, ...) oder aus den geometrischen Messungen oder aus beiden geschätzt. Sie sind meistens für das eigentliche Ziel der Messungen ohne Bedeutung und werden daher oft als Hilfsparameter oder Störparameter bezeichnet.

Etwas schwieriger ist die Situation bei vielen nichtgeometrischen Aufgabenstellungen. Hier werden die Beziehungen zwischen den Beobachtungen und den gesuchten Größen entweder auf der Grundlage vermuteter physikalischer Gesetzmäßigkeiten formuliert, oder es werden empirische Funktionen benutzt, z. B. Polynome. Oft ist a priori gar nicht bekannt, wie die beobachtete Erscheinung mathematisch beschrieben werden kann.

Dann dienen die Beobachtungen dazu, ein geeignetes funktionales Modell zu entwickeln.

Selbstverständlich sind auch vermittelnde Beobachtungen mit Messabweichungen behaftet, über die Annahmen zu treffen sind, wenn optimale Schätzverfahren entwickelt werden sollen.

Die Gesamtheit aller funktionalen und stochastischen Annahmen, die zur Beschreibung der beobachteten Wirklichkeit mit Hilfe der Beobachtungen aufgestellt werden, bildet das *mathematische Modell.* Durch Einführen von Näherungswerten und Linearisierung wird das Modell stets auf folgende Form gebracht:

$$\boldsymbol{l} = \boldsymbol{A}\boldsymbol{x} + \boldsymbol{\varepsilon}, \; E(\boldsymbol{l}) = \boldsymbol{A}\boldsymbol{x}, \; E(\boldsymbol{\varepsilon}\boldsymbol{\varepsilon}^t) = \boldsymbol{\Sigma} = \sigma_0^2\boldsymbol{Q}, \; \boldsymbol{P} = \boldsymbol{Q}^{-1} \tag{4.1}$$

Darin bedeuten

$\boldsymbol{l} = (l_1 \; l_2 \; \dots \; l_n)^t$ Beobachtungsvektor,
$\boldsymbol{A} = (a_{ij})$ Koeffizienten-(Design-, Modell-)matrix,
$\boldsymbol{x} = (x_1 \; x_2 \; \dots \; x_u)^t$ Parameter-(Unbekannten-)vektor,
$\boldsymbol{\varepsilon} = (\varepsilon_1 \; \varepsilon_2 \; \dots \; \varepsilon_n)^t$ wahre Beobachtungsabweichungen,
$\boldsymbol{\Sigma}$ a priori Varianz-Kovarianz-Matrix der Beobachtungen (VKM),
$\boldsymbol{Q}$ Kofaktoren-(Gewichtsreziproken-)matrix und
$\boldsymbol{P}$ Gewichtsmatrix

In den Standardanwendungen der Geodäsie, Astronomie und im Ingenieurbereich werden die Unbekannten meist als deterministische Größen betrachtet, die einen festen ("wahren") Wert besitzen. In diesem Fall spricht man vom GAUSS-MARKOV-*Modell* (GMM).

Werden die Parameter als stochastische Größen eingeführt, was hauptsächlich außerhalb der Ingenieurwissenschaft erforderlich ist, so spricht man vom *Regressionsmodell.* In manchen Lehrbüchern wird allerdings jedes lineare Modell der Form (4.1) als Regressionsmodell bezeichnet.

Im Folgenden wird angenommen, dass das GMM die geeignete Grundlage der zu bearbeitenden Schätzaufgaben ist.

4.1.1 Funktionale Beziehungen

Das *funktionale Modell* enthält die Beziehungen zwischen den Erwartungswerten der Beobachtungen und den wahren Größen der gesuchten Parameter.
Sei $\boldsymbol{l} = (l_1 \; l_2 \; \dots \; l_n)^t$ der Beobachtungsvektor und $\boldsymbol{x} = (x_1 \; x_2 \; \dots \; x_u)^t$ der Vektor der gesuchten Größen, dann soll gelten

$$E(\boldsymbol{l}) = \boldsymbol{f}(\boldsymbol{x}) \tag{4.2}$$

oder ausführlicher
$$\begin{aligned} E(l_1) &= f_1(x_1, x_2, \ldots, x_u) \\ E(l_2) &= f_2(x_1, x_2, \ldots, x_u) \\ &\vdots \\ E(l_n) &= f_n(x_1, x_2, \ldots, x_u) \, . \end{aligned}$$

Wird der Vektor $\boldsymbol{\varepsilon} = (\varepsilon_1 \;\; \varepsilon_2 \;\; \ldots \;\; \varepsilon_n)^t$ der wahren Beobachtungsabweichungen eingeführt, so nimmt das Modell die Form

$$\boldsymbol{l} = \boldsymbol{f}(\boldsymbol{x}) + \boldsymbol{\varepsilon}$$

an. Sind zur besseren Approximation der Wirklichkeit noch Hilfsparameter $\boldsymbol{y} = (y_1 \;\; y_2 \;\; \ldots \;\; y_q)^t$ zu berücksichtigen, so wird folgende Darstellung des Unbekanntenvektors gewählt:

$$\boldsymbol{x}^t := (\boldsymbol{x}^t \;\; \boldsymbol{y}^t) = (x_1 \;\; x_2 \;\; \ldots \;\; x_p \;\; y_1 \;\; y_2 \;\; \ldots \;\; y_q), \; p + q = u \, .$$

Die Schätzverfahren, die im nächsten Abschnitt beschrieben werden, setzen ein lineares funktionales Modell voraus. Wenn die Beziehungen nicht a priori linear sind, muss daher eine Linearisierung durchgeführt werden. Da alle praktisch auftretenden Funktionen $f_i(\boldsymbol{x})$ wenigstens einmal stetig differenzierbar sind, können sie mit Hilfe einer TAYLOR-Entwicklung linearisiert werden. Die Entwicklungsstelle $\boldsymbol{x}^0$ muss durch gute Näherungswerte der Parameter vorgegeben werden, damit die Glieder zweiter und höherer Ordnung der unendlichen Reihe vernachlässigt werden dürfen:

$$\boldsymbol{l} = \boldsymbol{f}(\boldsymbol{x}^0) + \frac{\partial \boldsymbol{f}(\boldsymbol{x})}{\partial \boldsymbol{x}} d\boldsymbol{x} + \boldsymbol{\varepsilon} \quad (+ \text{ Glieder höherer Ordnung})$$

$$\begin{aligned} l_1 &= f_1(x_1^0, x_2^0, \ldots, x_u^0) + \frac{\partial f_1}{\partial x_1} dx_1 + \frac{\partial f_1}{\partial x_2} dx_2 + \ldots + \frac{\partial f_1}{\partial x_u} dx_u + \varepsilon_1 \\ l_2 &= f_2(x_1^0, x_2^0, \ldots, x_u^0) + \frac{\partial f_2}{\partial x_1} dx_1 + \frac{\partial f_2}{\partial x_2} dx_2 + \ldots + \frac{\partial f_2}{\partial x_u} dx_u + \varepsilon_2 \\ &\vdots \\ l_n &= f_n(x_1^0, x_2^0, \ldots, x_u^0) + \frac{\partial f_n}{\partial x_1} dx_1 + \frac{\partial f_n}{\partial x_2} dx_2 + \ldots + \frac{\partial f_n}{\partial x_u} dx_u + \varepsilon_n \, . \end{aligned}$$

Alle Ableitungen sind an der Stelle $\boldsymbol{x}^0$ zu berechnen. Wir führen nun folgende Bezeichnungen ein:

$$\begin{array}{lll} l_i := l_i - f_i(\boldsymbol{x}^0), & i \in \{1, 2, \ldots, n\} & \Rightarrow \;\text{gekürzter Beobachtungsvektor } \boldsymbol{l} \\ x_j := dx_j = x_j - x_j^0, & j \in \{1, 2, \ldots, u\} & \Rightarrow \;\text{gekürzter Unbekanntenvektor } \boldsymbol{x} \\ a_{ij} := \left. \dfrac{\partial f_i(\boldsymbol{x})}{\partial x_j} \right|_{\boldsymbol{x}=\boldsymbol{x}^0}, & \boldsymbol{A} = (a_{ij}) & \text{Designmatrix } \boldsymbol{A}. \end{array}$$

Damit können wir das funktionale Modell auf die lineare Form (4.1)

$$\boldsymbol{l} = \boldsymbol{A}\boldsymbol{x} + \boldsymbol{\varepsilon}$$

bringen, die Grundlage für alle weiteren Entwicklungen in diesem Kapitel ist.

Auch wenn das ursprüngliche funktionale Modell linear ist, ist es zweckmäßig, Näherungswerte einzuführen. Man erhält dann $\boldsymbol{l} = \boldsymbol{A}(\boldsymbol{x}^0+\boldsymbol{x}) + \boldsymbol{\varepsilon}$ und bildet mit $\boldsymbol{l} := \boldsymbol{l} - \boldsymbol{A}\boldsymbol{x}^0$ den gekürzten Beobachtungsvektor, so dass in $\boldsymbol{l} = \boldsymbol{A}\boldsymbol{x} + \boldsymbol{\varepsilon}$ nur mit kleinen Zahlen zu rechnen ist.

Zur Veranschaulichung der Modellbildung werden zunächst drei einfache Beispiele behandelt. Sie zeigen exemplarisch das Vorgehen beim Aufbau vonFestpunktfeldern, wie sie als Grundlage der amtlichen Vermessungen oder für die Errichtung baulicher Anlagen benötigt werden. Dabei werden die vermarkten Punkte durch Messelemente verknüpft, so dass ein (geodätisches) Netz entsteht.

Beispiel 13

Höhennetz

Beobachtet wurden 6 Höhenunterschiede h_i. *Unbekannt* sind die Höhen H_j von 4 Punkten. Die Pfeile geben die Steigrichtung an.

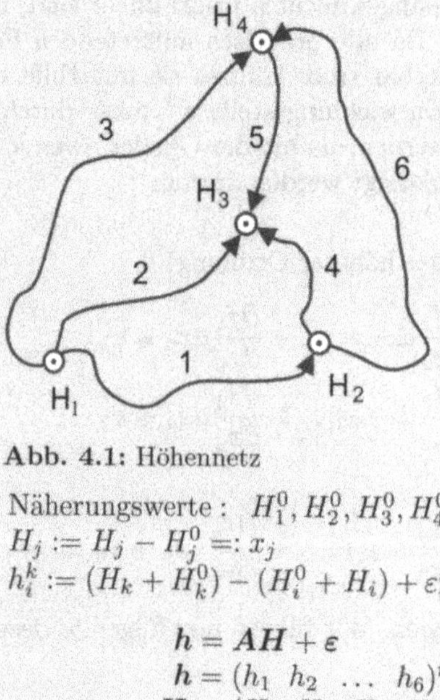

Abb. 4.1: Höhennetz

$$h_i^k = H_k - H_i + \varepsilon_i^k$$

$$\begin{aligned}
h_1^2 &:= h_1 = -H_1 + H_2 && + \varepsilon_1\\
h_1^3 &:= h_2 = -H_1 + H_3 && + \varepsilon_2\\
h_1^4 &:= h_3 = -H_1 + H_4 && + \varepsilon_3\\
h_2^3 &:= h_4 = -H_2 + H_3 && + \varepsilon_4\\
h_3^4 &:= h_5 = +H_3 - H_4 && + \varepsilon_5\\
h_2^4 &:= h_6 = -H_2 + H_4 && + \varepsilon_6
\end{aligned}$$

Näherungswerte : $H_1^0, H_2^0, H_3^0, H_4^0$

$H_j := H_j - H_j^0 =: x_j$

$h_i^k := (H_k + H_k^0) - (H_i^0 + H_i) + \varepsilon_i^k$

$$\begin{aligned}
\boldsymbol{h} &= \boldsymbol{A}\boldsymbol{H} + \boldsymbol{\varepsilon} & \text{bzw. } \boldsymbol{l} &= \boldsymbol{A}\boldsymbol{x} + \boldsymbol{\varepsilon}\\
\boldsymbol{h} &= (h_1\ h_2\ \dots\ h_6)^t & \boldsymbol{l} &= (l_1\ l_2\ \dots\ l_6)^t\\
\boldsymbol{H} &= (H_1\ H_2\ H_3\ H_4)^t & \boldsymbol{x} &= (x_1\ x_2\ x_3\ x_4)^t\\
& & \boldsymbol{\varepsilon} &= (\varepsilon_1\ \varepsilon_2\ \dots\ \varepsilon_6)^t.
\end{aligned}$$

$n = 6 \quad u = 4$

$$\underset{6\times4}{\boldsymbol{A}} = \begin{pmatrix} -1 & +1 & & \\ -1 & & +1 & \\ -1 & & & +1 \\ & -1 & +1 & \\ & & +1 & -1 \\ & -1 & & +1 \end{pmatrix}$$

Wir bemerken noch, dass die Summe der Spalten von $\boldsymbol{A}$ gleich dem Nullvektor ist, d. h. die Spalten sind linear abhängig. Auf diese Tatsache wird in Abschnitt 4.1.3 näher eingegangen.

Beispiel 14

Lagenetz

Auf jedem der vier Punkte des Netzes wurde ein Richtungssatz beobachtet, der drei Richtungen r enthält. Ferner wurden die sechs möglichen Distanzen d gemessen.

Unbekannt sind die acht Koordinaten (X, Y) der vier Punkte und die vier Orientierungen O der Richtungssätze, die die Beziehung der Richtungsbeobachtungen zu der durch die Näherungskoordinaten vorgegebenen Nordrichtung – (x-Achse) des Koordinatensystems – herstellen, sowie Maßstabs- und Nullpunktfehler des Distanzmessers.

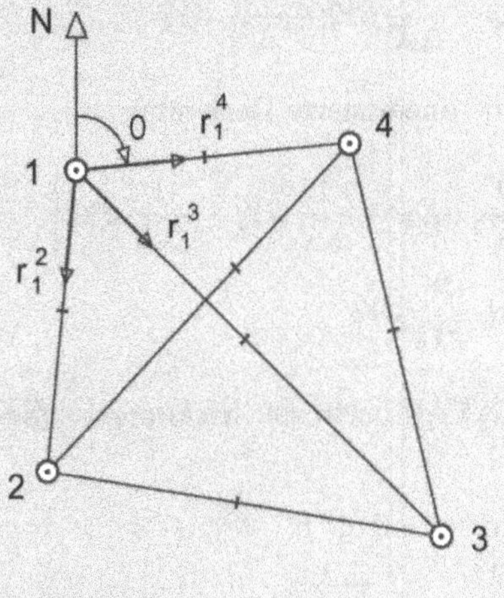

Abb. 4.2: Lagenetz

$$r_i^k = \arctan\frac{Y_k - Y_i}{X_k - X_i} - O_i + \varepsilon_i^k = f(X_i, X_k, Y_i, Y_k, O_i) + \varepsilon_i^k$$

$$d_i^k = \sqrt{(X_k - X_i)^2 + (Y_k - Y_i)^2} - A - d_i^k\, M + \varepsilon_i^k = f(X_i, X_k, Y_i, Y_k, A, M) + \varepsilon_i^k\ .$$

$r_i^k(d_i^k)$ ist die auf P_i gemessene Richtung (Strecke) nach P_k,
O_i ist die Orientierungsunbekannte des Richtungssatzes auf P_i,
A ist die Additionsunbekannte(Nullpunktfehler) des Entfernungsmesssers,
M ist die Maßstabsunbekannte des Entfernungsmessers.

Die Näherungskoordinaten X^0, Y^0 werden durch einfache Richtungs- oder Bogenschnittsberechnungen, evtl. auch durch Abgriff auf einer Kartierung gewonnen. Die Näherungsorientierungen O_i^0 werden durch den Vergleich der aus Näherungskoordinaten berechneten mit den beobachteten Richtungen bestimmt (Abriss). A^0 und M^0 werden in der Regel zu Null angenommen. Daraus folgen die Näherungswerte für Richtungen und Strecken.

$$(t_i^k)^0 = \arctan\frac{Y_k^0 - Y_i^0}{X_k^0 - X_i^0} \quad = f_t(\boldsymbol{x}^0) \text{ für Richtungen,}$$
$$(d_i^k)^0 = \sqrt{(X_k^0 - X_i^0)^2 + (Y_k^0 - Y_i^0)^2} = f_d(\boldsymbol{x}^0) \text{ für Distanzen.}$$

Das *Linearisieren von Richtungen* erfolgt, vgl. Kap. 3.2.2, indem von der Tangensbeziehung zwischen Richtung und Koordinatenunterschieden

$$t = \arctan\frac{\Delta Y}{\Delta X} \quad \text{bzw.} \quad \tan t = \frac{\Delta Y}{\Delta X}, \quad \Delta Y = Y_k - Y_i, \quad \Delta X = X_k - X_i,$$

das totale Differenzial

$$\frac{1}{\cos^2 t}\,dt = \frac{\Delta Y}{\Delta X^2}\,dX_i - \frac{\Delta Y}{\Delta X^2}\,dX_k - \frac{1}{\Delta X}\,dY_i + \frac{1}{\Delta X}\,dY_k$$

gebildet wird. Nach Umordnen erhält man die linearisierte Beziehung

$$t = t^0 + dt = t^0 + \cos^2 t\left[\frac{\Delta Y}{\Delta X^2}\,dX_i - \frac{\Delta Y}{\Delta X^2}\,dX_k - \frac{1}{\Delta X}\,dY_i + \frac{1}{\Delta X}\,dY_k\right]$$
$$t = t^0 + \frac{\partial t}{\partial X_i}\,dX_i + \frac{\partial t}{\partial X_k}\,dX_k + \frac{\partial t}{\partial Y_i}\,dY_i + \frac{\partial t}{\partial Y_k}\,dY_k$$

aus der man (mit $\cos t = \Delta X/d$ und $\sin t = \Delta Y/d$) leicht die *Richtungskoeffizienten* ablesen kann.

$$\frac{\partial t}{\partial X_i} = +\frac{\cos^2 t\Delta Y}{\Delta X^2} = +\frac{\sin t}{d}, \qquad \frac{\partial t}{\partial Y_i} = -\frac{\cos^2 t}{\Delta X} = -\frac{\cos t}{d},$$
$$\frac{\partial t}{\partial X_k} = -\frac{\cos^2 t\Delta Y}{\Delta X^2} = -\frac{\sin t}{d}, \qquad \frac{\partial t}{\partial Y_k} = +\frac{\cos^2 t}{\Delta X} = +\frac{\cos t}{d}.$$

Mit den Abkürzungen

$$a_i^k := -\frac{\sin(t_i^k)^0}{(d_i^k)^0} \quad \text{und} \quad b_i^k := +\frac{\cos(d_i^k)^0}{(d_i^k)^0} \tag{4.3}$$

werden die Richtungskoeffizienten eingesetzt. Daraus folgt mit Berücksichtigung der Orientierung die endgültige Form der linearisierten Richtungsgleichungen:

$$r_i^k = (t_i^k)^0 - (O_i^0 + o_i) - a_i^k x_i - b_i^k y_i + a_i^k x_k + b_i^k y_k + \varepsilon_i^k, \tag{4.4}$$

oder $l_i^k = -a_i^k x_i - b_i^k y_i + a_i^k x_k + b_i^k y_k - o_i + \varepsilon_i^k$, mit $l_i^k = r_i^k - (t_i^k)^0 + O_i^0$, $\quad l_i^k$: gekürzte Beobachtungen, und

$$\begin{pmatrix} X_i \\ Y_i \\ X_k \\ Y_k \\ O_i \end{pmatrix} = \begin{pmatrix} X_i^0 + x_i \\ Y_i^0 + y_i \\ X_k^0 + x_k \\ Y_k^0 + y_k \\ O_i^0 + o_i \end{pmatrix} ; \; x = (x_i \;\; y_i \;\; x_k \;\; y_k \;\; o_i)^t : \text{ gekürzter Unbekanntenvektor.}$$

Das *Linearisieren von Strecken* erfolgt auf demselben Wege. Von der Beziehung zwischen Strecke und Koordinatenunterschied

$$D = \sqrt{\Delta X^2 + \Delta Y^2} \quad \text{bzw.} \quad D^2 = \Delta X^2 + \Delta Y^2,$$

wird das totale Differenzial gebildet

$$2D\,dD = -2\Delta X\,dX_i + 2\Delta X\,dX_k - 2\Delta Y\,dY_i + 2\Delta Y\,dY_k,$$

$$dD = -\frac{\Delta X}{D}dX_i + \frac{\Delta X}{D}dX_k - \frac{\Delta Y}{D}dY_i + \frac{\Delta Y}{D}dY_k\,.$$

Nach Umordnen

$$D = D^0 + dD = D^0 + \frac{\partial D}{\partial X_i}dX_i + \frac{\partial D}{\partial Y_i}dY_i + \frac{\partial D}{\partial X_k}dX_k + \frac{\partial D}{\partial Y_k}dY_k$$

liest man die *Streckenkoeffizienten* (mit $\cos t = \Delta X/d$ und $\sin t = \Delta Y/d$) sogleich ab.

$$\frac{\partial D}{\partial X_i} = -\frac{\Delta X}{d} = -\cos t, \qquad \frac{\partial D}{\partial Y_i} = -\frac{\Delta Y}{d} = -\sin t,$$

$$\frac{\partial D}{\partial X_k} = +\frac{\Delta X}{d} = +\cos t, \qquad \frac{\partial D}{\partial Y_k} = +\frac{\Delta Y}{d} = +\sin t.$$

Mit den Abkürzungen

$$a_i^k := +\cos(t_i^k)^0 \quad \text{und} \quad b_i^k := +\sin(t_i^k)^0$$

werden die Streckenkoeffizienten eingesetzt. Daraus folgt die endgültige Form der linearisierten Streckengleichungen:

$$d_i^k = (d_i^k)^0 - (A^0 + a) - (d_i^k)^0(M^0 + m) - a_i^k x_i - b_i^k y_i + a_i^k x_k + b_i^k y_k + \varepsilon_i^k$$

$$l_i^k = -a_i^k x_i - b_i^k y_i + a_i^k x_k + b_i^k y_k - a - (d_i^k)^0 m + \varepsilon_i^k$$

mit $l_i^k := d_i^k - (d_i^k)^0 + A^0 + (d_i^k)^0 M^0$ gekürzte Beobachtung.

$$\begin{pmatrix} X_i \\ Y_i \\ X_k \\ Y_k \\ A \\ M \end{pmatrix} = \begin{pmatrix} X_i^0 + x_i \\ Y_i^0 + y_i \\ X_k^0 + x_k \\ Y_k^0 + y_k \\ A^0 + a \\ M^0 + m \end{pmatrix} ; \; x = (x_i \;\; y_i \;\; x_k \;\; y_k \;\; a \;\; m)^t : \text{ gekürzter Unbekanntenvektor.}$$

Abschließend seien die vollständigen Komponenten des funktionalen Modells, das auch hier die Standardform $\boldsymbol{l} = \boldsymbol{A}\boldsymbol{x} + \boldsymbol{\varepsilon}$ hat, angeschrieben.

$$\boldsymbol{x} = [x_1 \quad y_1 \quad x_2 \quad y_2 \quad x_3 \quad y_3 \quad x_4 \quad y_4 \quad o_1 \quad o_2 \quad o_3 \quad o_4 \quad a \quad m]^t$$

$$\underset{18\times 1}{\boldsymbol{l}} = \begin{bmatrix} l_1 := l_1^4 \\ l_2 := l_1^3 \\ l_3 := l_1^2 \\ l_4 := l_2^1 \\ l_5 := l_2^3 \\ l_6 := l_2^4 \\ l_7 := l_3^1 \\ l_8 := l_3^4 \\ l_9 := l_3^2 \\ l_{10} := l_4^1 \\ l_{11} := l_4^2 \\ l_{12} := l_4^3 \\ \hline l_{13} := l_1^2 \\ l_{14} := l_1^3 \\ l_{15} := l_1^4 \\ l_{16} := l_2^3 \\ l_{17} := l_2^4 \\ l_{18} := l_3^4 \end{bmatrix} ; \quad \underset{18\times 14}{\mathbf{A}} = \left[\begin{array}{cccccccccccccc}
-a_1^4 & -b_1^4 & & & & & +a_1^4 & +b_1^4 & -1 & & & & & \\
-a_1^3 & -b_1^3 & & & +a_1^3 & +b_1^3 & & & -1 & & & & & \\
-a_1^2 & -b_1^2 & +a_1^2 & +b_1^2 & & & & & -1 & & & & & \\
+a_2^1 & +b_2^1 & -a_2^1 & -b_2^1 & & & & & & -1 & & & & \\
 & & -a_2^3 & -b_2^3 & +a_2^3 & +b_2^3 & & & & -1 & & & & \\
 & & -a_2^4 & -b_2^4 & & & +a_2^4 & +b_2^4 & & -1 & & & & \\
+a_3^1 & +b_3^1 & & & -a_3^1 & -b_3^1 & & & & & -1 & & & \\
 & & & & -a_3^4 & -b_3^4 & +a_3^4 & +b_3^4 & & & -1 & & & \\
 & & +a_3^2 & +b_3^2 & -a_3^2 & -b_3^2 & & & & & -1 & & & \\
+a_4^1 & +b_4^1 & & & & & -a_4^1 & -b_4^1 & & & & -1 & & \\
 & & +a_4^2 & +b_4^2 & & & -a_4^2 & -b_4^2 & & & & -1 & & \\
 & & & & +a_4^3 & +b_4^3 & -a_4^3 & -b_4^3 & & & & -1 & & \\
\hline
-a_1^2 & -b_1^2 & +a_1^2 & +b_1^2 & & & & & & & & & -1 & -(d_1^2)^o \\
-a_1^3 & -b_1^3 & & & +a_1^3 & +b_1^3 & & & & & & & -1 & -(d_1^3)^o \\
-a_1^4 & -b_1^4 & & & & & +a_1^4 & -b_1^4 & & & & & -1 & -(d_1^4)^o \\
 & & -a_2^3 & -b_2^3 & +a_2^3 & +b_2^3 & & & & & & & -1 & -(d_2^3)^o \\
 & & -a_2^4 & -b_2^4 & & & +a_2^4 & +b_2^4 & & & & & -1 & -(d_2^4)^o \\
 & & & & -a_3^4 & -b_3^4 & +a_3^4 & +b_3^4 & & & & & -1 & -(d_3^4)^o
\end{array}\right]$$

Für die numerische Auswertung des Modells ist zu beachten, dass die Dimensionen so gewählt werden, dass kein Konflikt entsteht. In Gleichung (4.4) müssen z. B. entweder die Richtungen in Radiant eingeführt werden, oder die Richtungskoeffizienten durch Multiplikation mit $\rho = 200/\pi$ in Winkelmaß überführt werden. Auch in diesem Beispiel erweisen sich die Spalten als linear abhängig. Auf diese Problematik wird in Abschnitt 4.1.3 eingegangen.

Beispiel 15

Raumnetz

Die 3D-Koordinaten von Punkten seien in einem kartesischen Koordinatensystem zu bestimmen. Als Messungen mögen Horizontalwinkel α_i^{kj} (Winkel in der xy-Ebene), Vertikalwinkel β_i^k(Winkel in der Vertikalebene bezüglich des Horizonts) und Raumstrecken d_i^k vorliegen.

Als Unbekannte treten pro Punkt die drei Koordinaten x, y, z auf. Hinzu kommen noch Hilfsparameter, die in Abhängigkeit vom eingesetzten Messverfahren und von der Größe des Gebietes zu wählen sind, um systematischen Abweichungen Rechnung zu tragen. Bis auf die Orientierungsunbekannte, die bei Winkelmessungen nicht aufritt, sind die Hilfsparameter hier ähnlich wie im Beispiel 14, so dass darauf nicht erneut eingegangen werden soll. Ferner sei angenommen, dass für alle Punkte Näherungskoordinaten vorliegen.

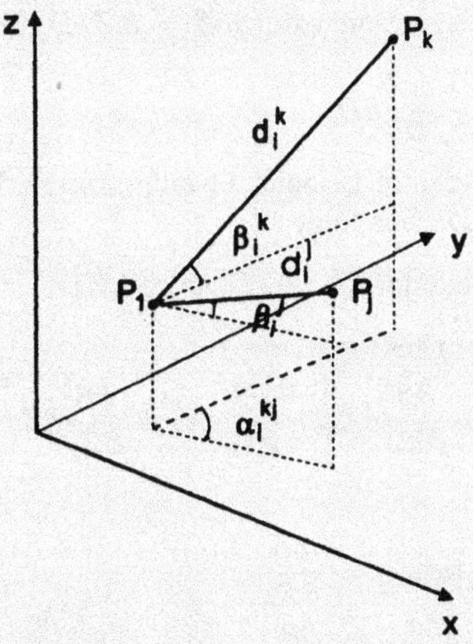

Abb. 4.3: Raumnetz

Die Horizontalwinkel sind von der z–Koordinate der Punkte unabhängig. man erhält folgende Beziehung zwischen Winkel und Positionen

$$\alpha_i^{kj} = arctan\frac{Y_j - Y_i}{X_j - X_i} - arctan\frac{Y_k - Y_i}{X_k - X_i} + \varepsilon_i^{kj}$$

Ein Vergleich mit Beispiel 14 zeigt, dass die dort erläuterte Linearisierung übernommen werden kann und mit den in (4.3) eingeführten Richtungskoeffizienten lediglich die Differenz der Richtungen $r_i^j - r_i^k$zu bilden ist.

$$\alpha_i^{kj} = (\alpha_i^{kj})^0 + (a_i^k - a_i^j)x_i + (b_i^k - b_i^j)y_i + a_i^j x_j + b_i^j y_j - a_i^k x_k - b_i^k y_k + \varepsilon_i^{kj}$$

Mit den Abkürzungen

$$a_i^{kj} = a_i^k - a_i^j \; und \; b_i^{kj} = b_i^k - b_i^j$$

nimmt die Beobachtungsgleichung die einfache Form

$$l_i^{kj} = a_i^{kj} x_i + b_i^{kj} y_i + a_i^j x_j + b_i^j y_j - a_i^k x_k - b_i^k y_k + \varepsilon_i^{kj}$$

an.

Für die Lineariseirung der Vertikalwinkel gehen wir wieder von der Tangensbeziehung aus.

$$\beta_i^k = arctan\frac{Z_k - Z_i}{\sqrt{(X_k - X_i)^2 + (Y_k - Y_i)^2}}$$

Mit $D = \sqrt{\Delta X^2 + \Delta Y^2}$ als Horizontalentfernung und $d = \sqrt{\Delta X^2 + \Delta Y^2 + \Delta Z^2}$ als Schrägentfernung erhält man durch Differenziation von $tan\beta = \Delta Z/D$ die linearisierte Form

$$\frac{1}{cos^2\beta}d\beta = \frac{1}{D}d(\Delta Z) - \frac{\Delta Z}{D^2}dD.$$

Hierin werden $cos\beta = \Delta Z/d$ eingesetzt sowie das in Beispiel 14 aufgetretene Diffenzial $dD = \Delta X d(\Delta X)/D + \Delta Y d(\Delta Y)/D$. Daraus folgt

$$d\beta = (\Delta X \Delta Z/Dd^2)d(\Delta X) + (\Delta Y \Delta Z/Dd^2)d(\Delta Y) + (D/d^2)d(\Delta Z)$$

und nach Umordnen der linearisierte Vertikalwinkel

$$\beta_i^k = (\beta_i^k)^0 + \frac{\partial\beta}{\partial X_i}dX_i + \frac{\partial\beta}{\partial Y_i}dY_i + \frac{\partial\beta}{\partial Z_i}dZ_i + \frac{\partial\beta}{\partial X_k}dX_k + \frac{\partial\beta}{\partial Y_k}dY_k + \frac{\partial\beta}{\partial Z_k}dZ_k$$

mit

$$\begin{aligned}
\frac{\partial\beta}{\partial X_i} &= -\frac{\Delta X \Delta Z}{Dd^2} = -\frac{\Delta X}{d^2}tan\beta = -\frac{\partial\beta}{\partial X_k} \\
\frac{\partial\beta}{\partial Y_i} &= -\frac{\Delta Y \Delta Z}{Dd^2} = -\frac{\Delta Y}{d^2}tan\beta = -\frac{\partial\beta}{\partial Y_k} \\
\frac{\partial\beta}{\partial Z_i} &= -\frac{D}{d^2} = -\frac{1}{d}cos\beta = -\frac{\partial\beta}{\partial Z_k}.
\end{aligned}$$

Setzt man

$$\begin{aligned}
a_i^k &= \frac{(X_k^0 - X_i^0)(Z_k^0 - Z_i^0)}{D^0(d^0)^2} \\
b_i^k &= \frac{(Y_k^0 - Y_i^0)(Z_k^0 - Z_i^0)}{D^0(d^0)^2} \\
c_i^k &= \frac{cos(\beta_i^k)^0}{d^0},
\end{aligned}$$

so erhält man die Beobachtungsgleichung

$$l_i^k = -a_i^k x_i - b_i^k y_i - c_i^k z_i + a_i^k x_k + b_i^k y_k + c_i^k z_k + \varepsilon_i^k.$$

Die Linearisierung der Schrägstrecke d_i^k erhält man durch Erweiterung der im Beispiel 14 abgeleiteten linearisierten Horizontalstrecke. Aus $d = \sqrt{\Delta X^2 + \Delta Y^2 + \Delta Z^2}$ folgt

$$dd = \frac{\Delta X}{d}d(\Delta X) + \frac{\Delta Y}{d}d(\Delta Y) + \frac{\Delta Z}{d}d(\Delta Z).$$

Mit den Abkürzungen

$$a_i^k = \frac{X_k^0 - X_i^0}{(d_i^k)^0}, \quad b_i^k = \frac{Y_k^0 - Y_i^0}{(d_i^k)^0}, \quad c_i^k = \frac{Z_k^0 - Z_i^0}{(d_i^k)^0}$$

kann auch hier auf die Standardform übergegangen werden:

$$l_i^k = -a_i^k x_i - b_i^k y_i - c_i^k z_i + a_i^k x_k + b_i^k y_k + c_i^k z_k + \varepsilon_i^k.$$

4.1.2 Stochastische Beziehungen

Die funktionalen Beziehungen zwischen $E(\boldsymbol{l})$ und den Modellparametern werden überlagert von dem Zufallsvektor $\boldsymbol{\varepsilon}$, der die Messabweichungen repräsentiert. Alle Annahmen über die statistischen Eigenschaften von $\boldsymbol{\varepsilon}$ werden als *stochastisches Modell* bezeichnet. Da vorausgesetzt wird, dass das funktionale Modell vollständig und richtig ist, gilt stets $E(\boldsymbol{\varepsilon}) = \mathbf{0}$. Schwieriger ist es, zutreffende a priori Annahmen über die VKM der BR zu treffen, die, wie in Kapitel 3 ausführlich dargestellt, durch

$$E(\boldsymbol{\varepsilon}) = \mathbf{0}, \;\; E(\boldsymbol{\varepsilon}\boldsymbol{\varepsilon}^t) = \boldsymbol{\Sigma} = \sigma_0^2 \boldsymbol{Q}, \;\; \boldsymbol{P} = \boldsymbol{Q}^{-1} \tag{4.5}$$

definiert ist.
Nur in Ausnahmefällen, nämlich dann, wenn der Vektor $\boldsymbol{l}$ das Ergebnis einer vorgeschalteten Schätzung oder allgemeiner einer Transformation ursprünglicher Beobachtungen ist (algebraische Korrelation), oder wenn die zufälligen Messabweichungen Erhaltensneigungen aufweisen (physikalische Korrelation), wird $\boldsymbol{\Sigma}$ eine voll besetzte Matrix sein. Einzelheiten darüber, wie in diesen Fällen die Kovarianzen zu berechnen bzw. zu schätzen sind, sind in den Abschnitten 3.2.1 und 3.3.3 behandelt worden.

In der überwiegenden Zahl der Fälle ist $\boldsymbol{\Sigma}$ eine Diagonalmatrix mit den a priori geschätzten Varianzen der Beobachtungen. Häufig können diese Varianzen als gleich groß angenommen werden, so dass sich $\boldsymbol{Q}$ zur Einheitsmatrix vereinfacht.
Im Zuge der Auswertung der Beobachtungen mit statistischen Verfahren wird die VKM $\boldsymbol{\Sigma}$ als Matrix fester, d.h. nichtstochastischer, Größen behandelt. Daraus folgt, dass die a priori Festlegung von $\boldsymbol{\Sigma}$ unabhängig von der auszuwertenden BR erfolgen sollte. Man muss daher auf andere Informationsquellen zurückgreifen, die oft vage sind, oder auf hypothetischen Annahmen beruhen. Als Informationen werden oft Erfahrungswerte aus früheren oder ähnlich gelagerten Messungen genutzt. Es werden auch theoretisch abgeleitete Fehlergesetze herangezogen, wie z. B.

- $\sigma_{\bar{x}}^2 = \sigma^2/n$, die Varianz eines Mittels gleichgenauer Beobachtungen ist um den Faktor $1/n$ kleiner als die Varianz der Einzelbeobachtungen.

- $\sigma_{\Delta h}^2 = \sigma_0^2 D$, die Varianz eines nivellierten Höhenunterschiedes Δh zwischen zwei Punkten, die D km voneinander entfernt sind, ist D-mal größer als die Varianz σ_0^2 für einen Kilometer Nivellementweg.

- $\sigma_{\Delta h}^2 = \sigma_0^2 D^2$, die Varianz eines trigonometrisch bestimmten Höhenunterschiedes mit einer Zielung über D km ist D^2-mal so groß wie die Varianz σ_0^2 für eine Zielung über einen Kilometer.

- $\sigma_d^2 = \sigma_A^2 + (cD)^2$, die Varianz einer elektromagnetisch gemessenen Strecke ist gleich der Summe aus einem entfernungsunabhängigen Term σ_A^2 und einem entfernungsabhängigen Term $(cD)^2$.

Die Bezugsvarianzen und Konstanten $(\sigma^2, \sigma_0^2, \sigma_A^2, c)$ dieser Gleichungen sind Erfahrungswerte, Ergebnisse von Testmessungen oder auch Firmenangaben, die für das benutzte Instrumentarium typisch sind. Kovarianzen bzw. Korrelationen werden erforderlichenfalls durch Vorgabe einer geeigneten Funktion nach Abschnitt 3.3.3 festgelegt. Die

Aufspaltung von $\boldsymbol{\Sigma} = \sigma_0^2\boldsymbol{Q}$ in das Produkt aus Varianzfaktor σ_0^2 und Kofaktorenmatrix $\boldsymbol{Q}$ erfolgt nach Gesichtspunkten der Zweckmäßigkeit. Man strebt dabei an, dass die Elemente von $\boldsymbol{Q}^{-1} = \boldsymbol{P}$ eine Größenordnung annehmen, die für die numerische Rechnung günstig ist, etwa $0,1 \leq p_i \leq 10$ für alle Gewichte. Oft wird σ_0^2 auch so festgelegt, dass eine vorhandene Gruppe von Beobachtungen gleicher Varianz das Gewicht $p = 1$ erhält. Wegen $\sigma_i^2 = \sigma_0^2 q_{ii}$ und $p_i = 1/q_{ii}$ folgt, dass σ_0^2 die a priori-Varianz von Beobachtungen ist, für die $p = 1$ gilt. Daraus leitet sich die Bezeichnung Gewichtseinheitsvarianz für σ_0^2 ab.
Wenn keine Verteilungsaussagen gemacht werden, wird das stochastische Modell durch (4.5) beschrieben.
Für die Schätzung nach der Maximum-Likelihood-Methode und für weitergehende statistische Analysen der Schätzergebnisse ist es erforderlich, Annahmen über die Verteilung der Beobachtungsabweichungen zu treffen. Wir werden in diesen Fällen ausnahmslos voraussetzen, dass die Beobachtungen normalverteilt sind und das stochastische Modell durch

$$\boldsymbol{l} \sim N(\boldsymbol{Ax}, \boldsymbol{\Sigma}) \text{ bzw. } \boldsymbol{\varepsilon} \sim N(\boldsymbol{0}, \boldsymbol{\Sigma})$$

ergänzen.

Im übrigen gelten die Ausführungen des Abschnittes 3.1.1.

4.1.3 Das Datumproblem

Dieser Abschnitt soll der ersten Einführung in das Problem des sogenannten *geodätischen Datums* dienen. Praktische Lösungsmöglichkeiten werden in den Abschnitten 4.3 und 4.4 behandelt. Singularitäten der VKM sollen hier außer Betracht bleiben.

Bei der Formulierung des funktionalen Modells tritt bei vielen praktischen Aufgaben das Problem auf, dass die Beobachtungen allein nicht ausreichen, die gewünschten Parameter zu bestimmen. Dies leuchtet sofort ein, wenn die Beispiele des Abschnittes 4.1.1 näher betrachtet werden. Im Beispiel 13 sind Höhenunterschiede beobachtet worden, und Höhen sollen berechnet werden. Es muss also noch Zusatzinformation eingeführt werden, die das Höhensystem festlegt.
Im Beispiel 14 wurden Richtungssätze und Strecken gemessen; gesucht sind aber die Koordinaten von 4 Punkten. Die Beobachtungen enthalten keinerlei Information über das Koordinatensystem. Auch hier sind Zusatzinformationen erforderlich, um ein Koordinatensystem einzuführen. In beiden Fällen ist also das funktionale Modell, so wie es formuliert wurde, unvollständig. Es muss um Angaben erweitert werden , die ein Referenzsystem festlegen, in dem die Parameter erklärt sind.

Diese Unvollständigkeit des funktionalen Modells schlägt sich in einem *Rangdefekt d* der Matrix $\boldsymbol{A}$ nieder. Die Koeffizientenmatrix $\boldsymbol{A}$ hat die Dimension $n \times u$ mit $u < n$. Ihr Rang r ist gleich der Anzahl der linear unabhängigen Spalten. Wir haben also den Defekt $d = u - r$. Der Rang von $\boldsymbol{A}$ kann in den meisten Fällen durch einfache geometrische Überlegungen gefunden werden. Es ist aber auch möglich, ihn zu berechnen. Für diesen Fall ist es zweckmäßig, eine Eigenwertzerlegung der $u \times u$-Matrix $\boldsymbol{A}^t\boldsymbol{A}$ vorzunehmen. Diese Matrix hat u Eigenwerte, von denen genau d den Wert 0 haben und $n - d = r$ einen positiven Wert annehmen.

Die geometrischen Überlegungen zur Bestimmung des Rangdefektes basieren auf folgenden Fragen: Was ist die minimale Anzahl von Vorgaben zur Festlegung eines Bezugssystems für die Modellparameter? Welche dieser notwendigen Vorgaben können den Beobachtungen entnommen werden?

Im Beispiel 13 sind die Beobachtungen nivellierte Höhenunterschiede. Diese beziehen sich auf eine Äquipotenzialfläche; aber es ist ihnen nicht zu entnehmen, um welche es sich handelt. Es reicht aber offensichtlich eine einzige Angabe aus, um diese Information einzuführen. Man kann beispielsweise die Höhe eines der vier Punkte als bekannt voraussetzen oder einfach festlegen. Diese Höhe ist dann keine zu schätzende Unbekannte mehr. Die Schätzung der anderen Höhen bezieht sich dann auf dieses *Datum*. Als Alternative könnte man eine „mittlere Niveaufläche" festlegen, die durch die Bedingung

$$\sum_{i=1}^{k} x_i = 0 \quad \text{oder} \quad \sum_{i=1}^{k} dx_i = 0$$

definiert wird, wobei x_i absolute Höhen und dx_i Zuschläge zu Näherungshöhen bedeuten sollen. Als Summationsgrenze k kann hier jeder Wert im Intervall $1 \leq k \leq u$ gewählt werden. Das funktionale Modell dieses Beispiels ist also um eine ***Datumsgleichung*** zu erweitern, die in der Form einer Bedingungsgleichung zwischen den Parametern formuliert werden kann.
Das vollständige funktionale Modell lautet damit

$$\boldsymbol{l} = \boldsymbol{A}\boldsymbol{x} + \boldsymbol{\varepsilon}$$

$$g = \boldsymbol{b}^t \boldsymbol{x}$$

Im ersten Fall ist g die Höhe des vorgegebenen i-ten Punktes, und $\boldsymbol{b} := \boldsymbol{e}_i$ ist der i-te Einheitsvektor. Im zweiten Fall gilt $g = 0$ und $\boldsymbol{b}^t$ enthält Einsen für die Punkte, die zum *mittleren* Datum beitragen und sonst Nullen.

Im Beispiel 14 muss ein Koordinatensystem eingeführt werden. Der Ursprung eines zwei-dimensionalen Koordinatensystems wird durch zwei Größen (t_x, t_y) festgelegt. Eine weitere Größe (r_z) legt die Orientierung der Achsen eines kartesischen Systems und eine vierte (m) den Maßstab fest. Es sind also genau vier Elemente erforderlich, um ein Datum einzuführen. In der folgenden Tabelle ist angegeben, welche für die Datumsfestlegung geeignete Information in den üblichen Beobachtungstypen enthalten ist. Diese Informationen beziehen sich auf natürliche Größen oder gewisse Konstanten, die häufig zur Grundlage von Referenzsystemen gemacht werden. Insbesondere sind dies die astronomische Nordrichtung, optische Weglängen, Lotrichtungen sowie Positionen in einem durch Satellitenbahnen definierten Koordinatensystem. Diese Informationen können benutzt werden, um (teilweise) das Referenzsystem festzulegen. Oft sind sie aber so unsicher bestimmt, dass es zweckmäßiger ist, ein davon unabhängiges System einzuführen, und sie durch Hilfsparameter im Modell zu absorbieren.

Beobachtungstyp	Datumsparameter Ursprung t_x	t_y	Orientierung r_z	Maßstab m
Horizontalwinkel	-	-	-	-
Richtungssätze	-	-	-	-
Distanzen	-	-	-	x
Azimut (Kreisel, astron.)	-	-	x	-
Positionsdifferenz (GPS, ISS)	-	-	x	x
Position (GPS, astron.)	x	x	x	x

Tab. 4.1: Beobachtungsarten und Datumsinformation

Zur Festlegung der $d \leq 4$ freien Datumsparameter können auch hier verschiedene Wege beschritten werden. Es können z. B., falls $d = 4$ ist, die Koordinaten von zwei Punkten oder von einem Punkt sowie eine Richtung und eine Strecke vorgegeben werden. Falls $d < 4$ gilt, verringert sich die Anzahl der Datumsparameter entsprechend.

Es kann aber auch ein „mittleres" Koordinatensystem eingeführt werden, das sich auf eine beliebige Anzahl $k > 2$ der Punkte stützt. Die Bedingungen

$$\sum_{i=1}^{k} x_i = 0 \quad \text{und} \quad \sum_{i=1}^{k} y_i = 0$$

legen dann den Koordinatenursprung fest und zwar so, dass der Schwerpunkt der k geschätzten Positionen mit den Koordinaten $X_i^0 + x_i$, $Y_i^0 + y_i$ mit dem Schwerpunkt der Näherungspositionen X_i^0, Y_i^0 derselben Punkte zur Deckung kommt. Eine „mittlere" Orientierung erhält man durch die Bedingungsgleichung

$$\sum_{i=1}^{k} (Y_i^0 x_i - X_i^0 y_i) = 0 \ ,$$

und der Maßstab des ausgeglichenen Netzes wird dem Maßstab des Netzes der Näherungspositionen angepasst, indem die Bedingung

$$\sum_{i=1}^{k} (X_i^0 x_i + Y_i^0 y_i) = 0$$

eingeführt wird. Die geometrische Interpretation dieses Datums lautet: Das Koordinatensystem, das zur Berechnung der Näherungskoordinaten X_i^0, Y_i^0 benutzt wurde, wird beibehalten. Das ausgeglichene Punktfeld wird so gelagert, dass Schwerpunkt, Orientierung und Maßstab des aus k Punkten gebildeten (Teil-)Netzes mit den entsprechenden Größen des Näherungs-(Teil-)Netzes übereinstimmen.

Die angegebenen Gleichungen zur Einführung eines Koordinatensystems können wieder zusammengefasst und zur Vervollständigung des funktionalen Modells allgemein formuliert werden:

$$\boldsymbol{l} = \boldsymbol{A}\boldsymbol{x} + \boldsymbol{\varepsilon}$$
$$\boldsymbol{g} = \boldsymbol{B}^t\boldsymbol{x} \ , \tag{4.6}$$

wobei $\boldsymbol{B}$ eine $u \times d$-Matrix ist, mit $d = n - r(\boldsymbol{A}) \leq 4$. Wenn im Beispiel 14 die Näherungskoordinaten der Punkte 2 und 4 zur Datumsfestlegung benutzt werden, also unverändert bleiben sollen, so erhält man:

$$\boldsymbol{g} = \begin{pmatrix} 0 \\ 0 \\ 0 \\ 0 \end{pmatrix} ; \quad \boldsymbol{B}^t = \begin{pmatrix} 0\,0\,1\,0\,0\,0\,0\,0 \\ 0\,0\,0\,1\,0\,0\,0\,0 \\ 0\,0\,0\,0\,0\,0\,1\,0 \\ 0\,0\,0\,0\,0\,0\,0\,1 \end{pmatrix} .$$

Soll hingegen ein mittleres Datum auf die Punkte 1, 3 und 4 gestützt werden, so enthält, bei unverändertem $\boldsymbol{g}$, die Matrix $\boldsymbol{B}^t$ folgende Koeffizienten:

$$\boldsymbol{B}^t = \begin{pmatrix} 1 & 0 & 0\,0 & 1 & 0 & 1 & 0 \\ 0 & 1 & 0\,0 & 0 & 1 & 0 & 1 \\ Y_1^0 & -X_1^0 & 0\,0 & Y_3^0 & -X_3^0 & Y_4^0 & -X_4^0 \\ X_1^0 & Y_1^0 & 0\,0 & X_3^0 & Y_3^0 & X_4^0 & Y_4^0 \end{pmatrix} .$$

Für die numerische Behandlung des Systems ist folgende Vorgehensweise günstig: Wenn das Datum durch Festlegung von genau d Parametern eingeführt wird, so werden die entsprechenden Spalten der Koeffizientenmatrix gestrichen. Die Matrix $\boldsymbol{A}$ ist danach von der Ordnung $n \times (u - d) = n \times r$ und der Vektor $\boldsymbol{x}$ enthält nur noch $u - d = r$ Unbekannte. Zusätzliche Bedingungsgleichungen treten nicht mehr auf.

Soll ein mittleres Datum, d. h. durch mehr als d Näherungsparameter, eingeführt werden, so müssen die entsprechenden Bedingungsgleichungen formuliert und zu den Beobachtungsgleichungen hinzugefügt werden. Zur Verbesserung der numerischen Stabilität des Gesamtsystems sollten sich die Näherungskoordinaten auf ein Referenzsystem beziehen, dessen Ursprung im Schwerpunkt des (Teil-)Netzes liegt, das aus den k Datumspunkten gebildet wird.
Wenn das Datum durch genau $d = u - r(\boldsymbol{A})$ Bedingungsgleichungen oder Anschlussstücke eingeführt wird, spricht man von einem *freien Netz*, das dadurch gekennzeichnet ist, dass kein äußerer Zwang auftritt. Je nach Art der Bedingungsgleichungen bzw. Anzahl der an der Datumsfestlegung beteiligten Punkte unterscheidet man zwischen freiem Netz mit *varianzfreier Rechenbasis*, wenn genau d Parameter festgehalten werden, und freiem Netz mit *Teilspur-* bzw. *Gesamtspurminimierung*, wenn das Datum über mehr als d ausgewählte bzw. alle Parameter eingeführt wird.

Ganz ähnlich ist die Situation bei der Positionsschätzung in dreidimensionalen Netzen. Zur Festlegung eines kartesischen Koordinatensystems stehen sieben Freiheitsgrade zur Verfügung. Durch drei Translationsparameter (t_x, t_y, t_z) wird über den Ursprung des Systems verfügt, drei Rotationsparameter (r_x, r_y, r_z) legen die Orientierung im Raum fest und ein Maßstabsparameter (m) bestimmt die Metrik. Auch hier können die Datumsgrößen (teilweise) den Beobachtungen entnommen werden. Wenn die Positionen beispielsweise durch GPS-Messungen ermittelt werden, beziehen sie sich auf den durch das GPS-Raumsegment realisierten Koordinatenrahmen, so dass dann über keine Freiheitsgrade mehr verfügt werden muss. Die den Beobachtungen innewohnende Datumsinformation kann wie bei Lagenetzen durch Zusatzparameter eliminiert werden, wenn das Referenzsystem unabhängig von den Beobachtungen festgelegt werden soll.

Die allgemeine Form der Datumsbedingungen $\boldsymbol{g} = \boldsymbol{B}^t \boldsymbol{x}$ nach (4.6) lautet für dreidimensionale Netze

$$\boldsymbol{B}^t = \begin{pmatrix} 1 & 0 & 0 & 1 & 0 & 0 & \ldots \\ 0 & 1 & 0 & 0 & 1 & 0 & \ldots \\ 0 & 0 & 1 & 0 & 0 & 1 & \ldots \\ 0 & Z_1^0 & -Y_1^0 & 0 & Z_2^0 & -Y_2^0 & \ldots \\ -Z_1^0 & 0 & X_1^0 & -Z_2^0 & 0 & X_2^0 & \ldots \\ Y_1^0 & -X_1^0 & 0 & Y_2^0 & -X_2^0 & 0 & \ldots \\ X_1^0 & Y_1^0 & Z_1^0 & X_2^0 & Y_2^0 & Z_2^0 & \ldots \end{pmatrix}, \qquad \boldsymbol{g} = \boldsymbol{0}$$

Soll das Bezugssystem durch genau $n - r(\boldsymbol{A}) \leq 7$ Stücke bestimmt werden, so wird für die Lage des Ursprungs ein Punkt benötigt. Die Orientierung im Raum erfordert Information über drei Punkte, und der Maßstab kann als Abstand von zwei Punkten festgelegt werden. Daraus folgt, dass z. B. die Koordinaten von zwei Punkten und eine Koordinate eines dritten Punktes zur Verfügung über das Datum ausreichen. Für die Wahl eines mittleren Datums bestehen dieselben Möglichkeiten wie bei Lagenetzen. Für jeden datumgebenden Punkt sind die drei zugeordneten Spalten der Matrix $\boldsymbol{B}$ zu bilden. Für alle nicht am Datum beteiligten Punkte werden Nullspalten angesetzt.

Bei vielen Aufgabenstellungen der Höhen- oder Positionsbestimmung geht es darum, ein vorhandenes Netz von Punkten zu erweitern, zu ergänzen oder zu verdichten. Es steht dann von vornherein fest, dass das Bezugssystem des vorhandenen Festpunktfeldes beibehalten werden soll. Dazu sind bei Höhennetzen Anschlussmessungen zu mindestens einem Festpunkt und bei Lagenetzen zu mindestens zwei Festpunkten notwendig. In der Regel wird man jedoch Messungen zu allen in der Nähe liegenden Punkten des vorhandenen Festpunktfeldes durchführen. Das funktionale Modell wird in diesem Fall so aufgestellt, dass der Unbekanntenvektor nur die Koordinaten bzw. Höhen der neu zu bestimmenden Punkte enthält. Entsprechend werden die Spalten der Designmatrix gebildet. Die Anschlusspunkte treten also nicht im funktionalen Modell auf. Eine Folge dieser Vorgehensweise ist, dass sich Spannungen des vorhandenen Netzes auf die Schätzung auswirken. Die durch die Messwerte definierte Geometrie wird durch den Anschlusszwang gestört. Es handelt sich daher nicht mehr um ein freies Netz. Die Varianzschätzungen geben dann nicht mehr nur die Messgenauigkeit wieder. Sie werden durch die Beobachtungsabweichungen und die Spannungen im Festpunktfeld bestimmt.

4.2 Schätzung der Modellparameter

Das in Abschnitt 4.1 aufgestellte mathematische Modell stellt im funktionalen Teil

$$\begin{aligned} &\boldsymbol{l} = \boldsymbol{A}\boldsymbol{x} + \boldsymbol{\varepsilon}, \quad E(\boldsymbol{l}) = \boldsymbol{A}\boldsymbol{x}, \quad \boldsymbol{\Sigma}_l = \sigma_0^2 \boldsymbol{Q}, \quad \boldsymbol{P} = \boldsymbol{Q}^{-1} \\ &(\boldsymbol{g} = \boldsymbol{B}^t \boldsymbol{x}) \end{aligned}$$

die linearen (linearisierten) Beziehungen zwischen Beobachtungen und Unbekannten her, und legt nötigenfalls das Referenzsystem (Datum) für die Parameter fest. Der stochastische Teil enthält die a priori Annahmen über Varianzen und Kovarianzen der Beobachtungen. Wir bezeichnen dieses mathematische Modell nach Abschnitt 4.1 als GAUSS-MARKOV-*Modell*(GMM). Bei den weiteren Überlegungen sei zunächst angenommen, dass das Datum durch die Art der Messaufgabe oder durch Anschluss an vorhandene Festpunkte gegeben ist und damit implizit in $\boldsymbol{l} = \boldsymbol{A}\boldsymbol{x} + \boldsymbol{\varepsilon}$ enthalten ist, so dass keine besonderen Datumsbedingungen auftreten. Wir setzen damit voraus, dass die $n \times u$-Designmatrix $\boldsymbol{A}$ den Rang $r(\boldsymbol{A}) = r = u$ besitzt und damit der Defekt $d = 0$ ist. Ferner sei die VKM $\boldsymbol{\Sigma}$ von vollem Rang, $r(\boldsymbol{\Sigma}) = n$.

Die in den nächsten Unterabschnitten behandelten Verfahren für die simultane Schätzung von u Parametern sind Verallgemeinerungen der in Abschnitt 3.1.3 ausführlich diskutierten Schätzmethoden.

4.2.1 Beste lineare unverzerrte Schätzung (BLU)

Gegeben sei das GMM in der allgemeinen Form

$$\boldsymbol{l} = \boldsymbol{A}\boldsymbol{x} + \boldsymbol{\varepsilon}, \quad E(\boldsymbol{l}) = \boldsymbol{A}\boldsymbol{x}, \quad \boldsymbol{\Sigma}_l = \sigma_0^2 \boldsymbol{Q}, \quad \boldsymbol{P} = \boldsymbol{Q}^{-1}.$$

Gesucht wird ein Schätzer für eine beliebige lineare Funktion $h = \boldsymbol{f}^t\boldsymbol{x}$ der Modellparameter, der (i) linear in den Beobachtungen ist, (ii) die Eigenschaft der Unverzerrtheit (Erwartungstreue) besitzt und (iii) unter allen linearen unverzerrten Schätzern minimale Varianz aufweist.

$$\begin{array}{ll} \text{(i)} & h = \boldsymbol{f}^t\boldsymbol{x} = \boldsymbol{c}^t\boldsymbol{l} \\ \text{(ii)} & E(h) = \boldsymbol{c}^t E(\boldsymbol{l}) = \boldsymbol{c}^t\boldsymbol{A}\boldsymbol{x} = \boldsymbol{f}^t\boldsymbol{x} \Rightarrow \boldsymbol{c}^t\boldsymbol{A} = \boldsymbol{f}^t \\ \text{(iii)} & \mathrm{Var}\,(h) = \boldsymbol{c}^t\boldsymbol{\Sigma}\boldsymbol{c} \Rightarrow \text{ Min.} \end{array}$$

Der Vektor $\mathbf{c}$, der diese Schätzung $\hat{h} = \boldsymbol{c}^t\boldsymbol{l}$ liefert, muss also der Bedingung $\mathbf{c}^t\mathbf{A} - \mathbf{f}^t = \mathbf{0}$ genügen und die quadratische Form $\boldsymbol{c}^t\boldsymbol{\Sigma}\boldsymbol{c}$ minimieren. Die Lösung dieser Minimierungsaufgabe mit Nebenbedingung erfolgt nach der LAGRANGE-Methode,

$$\begin{aligned} \mathcal{L} &= \boldsymbol{c}^t\boldsymbol{\Sigma}\boldsymbol{c} + 2\boldsymbol{\lambda}^t(\boldsymbol{A}^t\boldsymbol{c} - \boldsymbol{f}) && \Rightarrow \text{Min}\,(\boldsymbol{c}, \boldsymbol{\lambda}) \\ \frac{\partial \mathcal{L}}{\partial \boldsymbol{c}} &= 2\boldsymbol{\Sigma}\boldsymbol{c} + 2\boldsymbol{A}\boldsymbol{\lambda} && \Rightarrow \boldsymbol{\Sigma}\boldsymbol{c} + \boldsymbol{A}\boldsymbol{\lambda} = \mathbf{0}. \end{aligned}$$

Die zweite Gleichung ist die Bedingung $\boldsymbol{A}^t\boldsymbol{c} - \boldsymbol{f} = \boldsymbol{0}$

$$\begin{aligned} \boldsymbol{A}^t\boldsymbol{\Sigma}^{-1}\,\boldsymbol{\Sigma c} = -\boldsymbol{A}^t\boldsymbol{\Sigma}^{-1}\boldsymbol{A\lambda} \quad &\Rightarrow \boldsymbol{\lambda} = -(\boldsymbol{A}^t\boldsymbol{\Sigma}^{-1}\boldsymbol{A})^{-1}\boldsymbol{A}^t\boldsymbol{c} \\ &\Rightarrow \boldsymbol{\lambda} = -(\boldsymbol{A}^t\boldsymbol{\Sigma}^{-1}\boldsymbol{A})^{-1}\boldsymbol{f} \\ \boldsymbol{c} = -\boldsymbol{\Sigma}^{-1}\boldsymbol{A\lambda} \quad &\Rightarrow \boldsymbol{c} = \boldsymbol{\Sigma}^{-1}\boldsymbol{A}(\boldsymbol{A}^t\boldsymbol{\Sigma}^{-1}\boldsymbol{A})^{-1}\boldsymbol{f} \end{aligned} \tag{4.7}$$

$$\hat{h} = \boldsymbol{f}^t(\boldsymbol{A}^t\boldsymbol{\Sigma}^{-1}\boldsymbol{A})^{-1}\boldsymbol{A}^t\boldsymbol{\Sigma}^{-1}\boldsymbol{l}. \tag{4.8}$$

Wird $\boldsymbol{\Sigma} = \sigma_0^2\boldsymbol{Q}$ eingesetzt, so kürzt sich σ_0^2 heraus, und es folgt die endgültige Form des BLU-Schätzers

$$\hat{h} = \boldsymbol{f}^t(\boldsymbol{A}^t\boldsymbol{PA})^{-1}\boldsymbol{A}^t\boldsymbol{Pl} \quad \text{mit} \quad \boldsymbol{P} = \boldsymbol{Q}^{-1}\,. \tag{4.9}$$

Man kann nun für $\boldsymbol{f}$ der Reihe nach die Einheitsvektoren $\boldsymbol{e}_i$ einsetzen und erhält so Schätzwerte für die einzelnen Komponenten des Vektors $\boldsymbol{x}$, die zusammengefasst den Vektor der geschätzten Parameter ergeben

$$\begin{aligned} \hat{\boldsymbol{x}} &= (\boldsymbol{A}^t\boldsymbol{PA})^{-1}\boldsymbol{A}^t\boldsymbol{Pl} \\ \hat{\boldsymbol{x}} &= \boldsymbol{N}^{-1}\boldsymbol{A}^t\boldsymbol{Pl} \quad \text{mit} \quad \boldsymbol{N} = \boldsymbol{A}^t\boldsymbol{PA}\,. \end{aligned} \tag{4.10}$$

4.2.2 Die Methode der kleinsten Quadrate (MkQ)

Wir gehen wieder von dem GMM

$$\boldsymbol{l} = \boldsymbol{Ax} + \boldsymbol{\varepsilon}, \quad E(\boldsymbol{l}) = \boldsymbol{Ax}, \quad \boldsymbol{\Sigma}_l = \sigma_0^2\boldsymbol{Q}, \quad \boldsymbol{P} = \boldsymbol{Q}^{-1}$$

aus und fordern, dass die Schätzer $\hat{\boldsymbol{x}}$ der Parameter so gewählt werden sollen, dass der Vektor der Modellresiduen $\boldsymbol{v} = \boldsymbol{A\hat{x}} - \boldsymbol{l}$ minimal wird, oder, was gleichbedeutend ist, dass der Abstand zwischen den Vektoren $\boldsymbol{A\hat{x}}$ und $\boldsymbol{l}$ möglichst klein wird. Als Maß für den Abstand wählen wir eine geeignete Norm $||\boldsymbol{v}||$. Sind die Beobachtungen unabhängig und gleichgenau, so ist $||\boldsymbol{v}||$ die euklidische Norm

$$||\boldsymbol{v}|| = (\boldsymbol{v}^t\boldsymbol{v})^{1/2}\,.$$

Andernfalls müssen die Genauigkeitsverhältnisse, die in der VKM $\boldsymbol{\Sigma}$ zur Verfügung stehen, berücksichtigt werden. Dies geschieht dadurch, dass die durch $\boldsymbol{Q} = \boldsymbol{P}^{-1}$ gegebene Metrik eingeführt wird, unter der

$$||\boldsymbol{v}||_{\boldsymbol{P}} = (\boldsymbol{v}^t\boldsymbol{Pv})^{1/2}$$

der zu minimierende Abstand ist.

Wie GAUSS als erster gezeigt hat, führt die Minimierung der quadratischen Form $\boldsymbol{v}^t\boldsymbol{Pv}$ unter ganz allgemeinen Voraussetzungen zu Schätzungen $\hat{\boldsymbol{x}}$ mit minimaler Varianz.

$$\begin{aligned} \boldsymbol{v}^t\boldsymbol{Pv} \Rightarrow Min, &\qquad \boldsymbol{v} = \boldsymbol{A\hat{x}} - \boldsymbol{l} \\ d(\boldsymbol{v}^t\boldsymbol{Pv}) = 2\boldsymbol{v}^t\boldsymbol{P}d\boldsymbol{v}, &\qquad d\boldsymbol{v} = \boldsymbol{A}d\hat{\boldsymbol{x}} \\ \frac{d\boldsymbol{v}^t\boldsymbol{Pv}}{d\hat{\boldsymbol{x}}} = 2\boldsymbol{v}^t\boldsymbol{PA} &\qquad \Rightarrow \boldsymbol{A}^t\boldsymbol{Pv} = \boldsymbol{0}. \end{aligned} \tag{4.11}$$

Nach Einsetzen des Vektors $\boldsymbol{v}$ in die letzte Gleichung erhält man mit

$$\boldsymbol{A}^t\boldsymbol{P}\boldsymbol{A}\hat{\boldsymbol{x}} - \boldsymbol{A}^t\boldsymbol{P}\boldsymbol{l} = \boldsymbol{0}$$

die *Normalgleichungen* (NGL) der MkQ. Aus deren Auflösung folgt:

$$\hat{\boldsymbol{x}} = (\boldsymbol{A}^t\boldsymbol{P}\boldsymbol{A})^{-1}\boldsymbol{A}^t\boldsymbol{P}\boldsymbol{l}$$
$$\hat{\boldsymbol{x}} = \boldsymbol{N}^{-1}\boldsymbol{A}^t\boldsymbol{P}\boldsymbol{l} \quad \text{mit} \quad \boldsymbol{N} = \boldsymbol{A}^t\boldsymbol{P}\boldsymbol{A}\,.$$

Das GAUSS-MARKOV-*Theorem*, ein in der Statistik häufig benutzter Satz, besagt, dass im GAUSS-MARKOV-Modell die MkQ-Schätzung äquivalent zur BLU-Schätzung ist. Daraus folgt: wenn es einen besten *linearen* unverzerrten Schätzer gibt, so kann er durch Minimierung von $\boldsymbol{v}^t\boldsymbol{P}\boldsymbol{v}$ gewonnen werden.

Dieses oft falsch interpretierte Theorem sagt nichts darüber aus, ob es nicht eventuell *nichtlineare* oder *verzerrte* Schätzer für $\boldsymbol{x}$ gibt, die eine kleinere Varianz haben als der BLU-Schätzer!
Die MkQ-Schätzung kann folgendermaßen geometrisch gedeutet werden: der Schätzer $\hat{\boldsymbol{x}}$ wird so bestimmt, daß $||\boldsymbol{v}|| = min$ gilt; d. h. $\boldsymbol{v}$ muss orthogonal auf $\boldsymbol{A}$ stehen: $\boldsymbol{A}^t\boldsymbol{v} = \boldsymbol{0}$ bzw. $\boldsymbol{A}^t\boldsymbol{P}\boldsymbol{v} = \boldsymbol{0}$. Dies wird durch orthogonale Projektion von $\boldsymbol{l}$ auf $\boldsymbol{A}$ erreicht. In Abb. 4.4 wird diese Interpretation veranschaulicht.

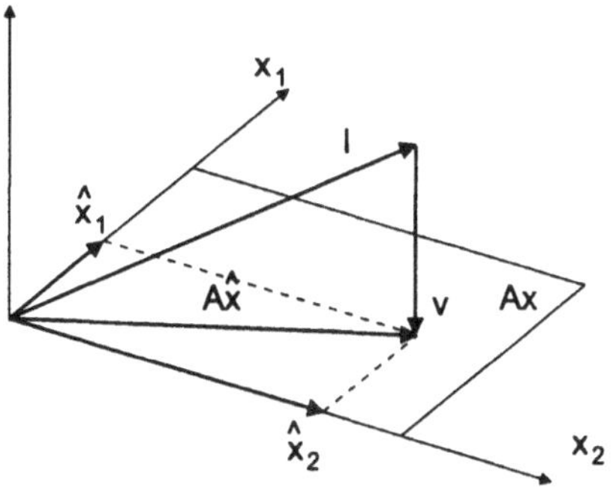

Abb. 4.4: Geometrische Deutung der MkQ-Schätzung

4.2.3 Die Maximum-Likelihood-Methode (MLM)

Die ML-Methode setzt die Kenntnis der Verteilung der BR voraus. Die Parameter des linearen Modells

$$\boldsymbol{l} = \boldsymbol{A}\boldsymbol{x} + \boldsymbol{\varepsilon}$$

werden so bestimmt, dass die Dichtefunktson der BR ihren Maximalwert annimmt. Das Verfahren wurde schon von GAUSS angewandt, um zu beweisen, dass für normalverteilte Beobachtungen das arithmetische Mittel der wahrscheinlichste Wert ist, bzw. umgekehrt, dass das Mittel genau dann der wahrscheinlichste Wert ist, wenn die Beobachtungen normalverteilt sind.

Es sei angenommen, dass die BR $\boldsymbol{l}$ einer n-dimensionalen Normalverteilung angehört mit

$$E(\boldsymbol{l}) = \boldsymbol{A}\boldsymbol{x}, \quad \boldsymbol{\Sigma}_l = E(\boldsymbol{\varepsilon}\boldsymbol{\varepsilon}^t) = \sigma_0^2\boldsymbol{Q} \ .$$

Nach (2.33) lautet die Dichtefunktion der BR

$$\varphi(\boldsymbol{l}) = \frac{\sqrt{\det \boldsymbol{\Sigma}^{-1}}}{\sqrt{2\pi}^n} \exp\left\{-\frac{1}{2}(\boldsymbol{l} - \boldsymbol{A}\boldsymbol{x})^t\boldsymbol{\Sigma}^{-1}(\boldsymbol{l} - \boldsymbol{A}\boldsymbol{x})\right\} \ .$$

Für den wahren Parameter $\boldsymbol{x}$ werden nun die Schätzungen $\hat{\boldsymbol{x}}$ so bestimmt, dass die Likelihood-Funktion $\varphi(\boldsymbol{l})$ ihr Maximum annimmt.
Da der Logarithmus eine monotone Funktion des Arguments ist, hat er seine Extrema an derselben Stelle wie das Argument. Zur Vereinfachung der Ableitung darf daher das Maximum der Funktion $\mathcal{L} = \ln \varphi(\boldsymbol{l})$ gesucht werden.

$$\begin{aligned}
\mathcal{L} &= \frac{1}{2}\ln\det\boldsymbol{\Sigma}^{-1} - \frac{n}{2}\ln 2\pi - \frac{1}{2}(\boldsymbol{l} - \boldsymbol{A}\boldsymbol{x})^t\boldsymbol{\Sigma}^{-1}(\boldsymbol{l} - \boldsymbol{A}\boldsymbol{x}) \\
\frac{\partial\mathcal{L}}{\partial\boldsymbol{x}} &= -\frac{1}{2}\frac{\partial}{\partial\boldsymbol{x}}\{\boldsymbol{l}^t\boldsymbol{\Sigma}^{-1}\boldsymbol{l} - 2\boldsymbol{l}^t\boldsymbol{\Sigma}^{-1}\boldsymbol{A}\boldsymbol{x} + \boldsymbol{x}^t\boldsymbol{A}^t\boldsymbol{\Sigma}^{-1}\boldsymbol{A}\boldsymbol{x}\} \\
&= -\frac{1}{2}\{-2\boldsymbol{l}^t\boldsymbol{\Sigma}^{-1}\boldsymbol{A} + 2\boldsymbol{x}^t\boldsymbol{A}^t\boldsymbol{\Sigma}^{-1}\boldsymbol{A}\}.
\end{aligned} \tag{4.12}$$

Es folgen

$$\boldsymbol{A}^t\boldsymbol{\Sigma}^{-1}\boldsymbol{A}\hat{\boldsymbol{x}} - \boldsymbol{A}^t\boldsymbol{\Sigma}^{-1}\boldsymbol{l} = \boldsymbol{0}$$

und wegen $\boldsymbol{\Sigma} = \sigma_0^2\boldsymbol{Q}$, $\boldsymbol{Q}^{-1} = \boldsymbol{P}$ die NGL

$$\boldsymbol{A}^t\boldsymbol{P}\boldsymbol{A}\hat{\boldsymbol{x}} - \boldsymbol{A}^t\boldsymbol{P}\boldsymbol{l} = \boldsymbol{0},$$

deren Lösung durch Inversion der NGL-Matrix $\boldsymbol{N} = \boldsymbol{A}^t\boldsymbol{P}\boldsymbol{A}$ gefunden wird:

$$\hat{\boldsymbol{x}} = (\boldsymbol{A}^t\boldsymbol{P}\boldsymbol{A})^{-1}\boldsymbol{A}^t\boldsymbol{P}\boldsymbol{l} = \boldsymbol{N}^{-1}\boldsymbol{A}^t\boldsymbol{P}\boldsymbol{l} \ .$$

Erfreulicherweise führen alle drei Schätzmethoden zu denselben NGL. Die statistischen Eigenschaften des Lösungsvektors $\hat{\boldsymbol{x}}$ hängen von den Annahmen über die BR ab. Unter sehr schwachen Voraussetzungen kann angenommen werden, dass $\hat{\boldsymbol{x}}$ asymptotisch normalverteilt ist mit

$$E(\hat{\boldsymbol{x}}) = \boldsymbol{x} \quad \text{und} \quad \boldsymbol{\Sigma}_{\hat{x}} = \sigma_0^2\boldsymbol{Q}_{\hat{x}} \ .$$

4.2.4 Varianzschätzungen

Als Schätzfunktionen für die Parameter des GMM erhält man unabhängig von der angewandten Methode

$$\hat{\boldsymbol{x}} = \boldsymbol{N}^{-1}\boldsymbol{A}^t\boldsymbol{P}\boldsymbol{l} \quad \text{mit} \quad \boldsymbol{N} = \boldsymbol{A}^t\boldsymbol{P}\boldsymbol{A} \ .$$

Im stochastischen Modell wird angenommen, dass

$$\boldsymbol{\Sigma}_l = E(\boldsymbol{\varepsilon}\boldsymbol{\varepsilon}^t) = \sigma_0^2\boldsymbol{Q}_l, \quad \boldsymbol{P} = \boldsymbol{Q}_l^{-1}$$

a priori bekannt ist. Mit dem Varianzen-Fortpflanzungsgesetz nach Abschnitt 2.4 folgt unmittelbar

$$\boldsymbol{\Sigma}_{\hat{x}} = \boldsymbol{N}^{-1}\,\boldsymbol{A}^t\boldsymbol{P}\boldsymbol{\Sigma}_l\boldsymbol{P}\boldsymbol{A}\boldsymbol{N}^{-1} = \sigma_0^2\boldsymbol{N}^{-1}\boldsymbol{A}^t\boldsymbol{P}\boldsymbol{Q}_l\boldsymbol{P}\boldsymbol{A}\boldsymbol{N}^{-1} = \sigma_0^2\,\boldsymbol{N}^{-1}\boldsymbol{N}\boldsymbol{N}^{-1}$$

$$\boldsymbol{\Sigma}_{\hat{x}} = \sigma_0^2\boldsymbol{N}^{-1} = \sigma_0^2\,\boldsymbol{Q}_{\hat{x}}\ .$$

Wenn die wahre Abweichung der Parameterschätzung $\varepsilon_x = \hat{\boldsymbol{x}} - \boldsymbol{x}$ eingeführt wird, so gilt nach Definition der Varianz:

$$E(\boldsymbol{\varepsilon}_x\boldsymbol{\varepsilon}_x^t) = \boldsymbol{\Sigma}_{\hat{x}} = \sigma_0^2\boldsymbol{Q}_{\hat{x}}\ .$$

Die Normalverteilung von $\hat{\boldsymbol{x}}$ hat damit die Dichte

$$\varphi(\hat{\boldsymbol{x}}) = \frac{\sqrt{\det\boldsymbol{\Sigma}_{\hat{x}}^{-1}}}{\sqrt{2\pi}^u}\exp\left\{-\frac{1}{2}(\hat{\boldsymbol{x}}-\boldsymbol{x})^t\boldsymbol{\Sigma}_{\hat{x}}^{-1}(\hat{\boldsymbol{x}}-\boldsymbol{x})\right\}\ . \tag{4.13}$$

Als nächstes soll ein Schätzer für den a priori Varianzfaktor σ_0^2 aus den Residuen (Verbesserungen) abgeleitet werden. Dazu wird vorausgesetzt, dass die BR normalverteilt ist, so dass die ML-Methode angewandt werden kann. Wir übernehmen die Likelihood-Funktion aus (4.12), deren Maximum nun bezüglich des Verteilungsparameters σ_0^2 bestimmt wird.

$$\mathcal{L} = -\frac{n}{2}\ln\sigma_0^2 + \frac{1}{2}\ln\det\boldsymbol{P} - \frac{n}{2}\ln 2\pi - \frac{1}{2\sigma_0^2}(\boldsymbol{l}-\boldsymbol{A}\boldsymbol{x})^t\boldsymbol{P}(\boldsymbol{l}-\boldsymbol{A}\boldsymbol{x}).$$

Die partielle Ableitung nach σ_0^2

$$\frac{\partial\mathcal{L}}{\partial\sigma_0^2} = -\frac{n}{2\sigma_0^2} + \frac{1}{2\sigma_0^4}(\boldsymbol{l}-\boldsymbol{A}\boldsymbol{x})^t\boldsymbol{P}(\boldsymbol{l}-\boldsymbol{A}\boldsymbol{x})$$

liefert die Gleichung

$$n\,s_0^2 = (\boldsymbol{l}-\boldsymbol{A}\boldsymbol{x})^t\boldsymbol{P}(\boldsymbol{l}-\boldsymbol{A}\boldsymbol{x}) = \boldsymbol{\varepsilon}^t\boldsymbol{P}\boldsymbol{\varepsilon}\ . \tag{4.14}$$

Da die auf der rechten Seite benötigten wahren Parameter $\boldsymbol{x}$ in der Regel nicht bekannt sind, kann der Schätzer in der angegebenen Form nur selten direkt angewandt werden.

Ein weiterer ML-Schätzer für die Varianz kann aus der Verteilung der geschätzten Parameter abgeleitet werden. Die Funktion (4.13) gibt die Wahrscheinlichkeitsdichte des Vektors $\hat{\boldsymbol{x}}$ an. Sie hängt von dem gesuchten Parameter σ_0^2 ab. Im Sinne des ML-Prinzips wird σ_0^2 so geschätzt, dass $\varphi(\hat{\boldsymbol{x}})$ maximal wird.

$$\mathcal{L} = \frac{1}{2}\ln\det\boldsymbol{\Sigma}_{\hat{x}}^{-1} - \frac{u}{2}\ln 2\pi - \frac{1}{2}(\hat{\boldsymbol{x}}-\boldsymbol{x})^t\boldsymbol{\Sigma}_{\hat{x}}^{-1}(\hat{\boldsymbol{x}}-\boldsymbol{x})\ .$$

Mit

$$\boldsymbol{\Sigma}_{\hat{x}} = \sigma_0^2\,\boldsymbol{Q}_{\hat{x}}\ \textit{und}\ \boldsymbol{Q}_{\hat{x}} = (\boldsymbol{A}^t\boldsymbol{P}\boldsymbol{A})^{-1} = \boldsymbol{N}^{-1} \qquad \text{folgt}$$

$$\mathcal{L} = \frac{u}{2}\ln\sigma_0^2 + \frac{1}{2}\ln\det\boldsymbol{N} - \frac{u}{2}\ln 2\pi - \frac{1}{2\sigma_0^2}(\hat{\boldsymbol{x}}-\boldsymbol{x})^t\boldsymbol{N}(\hat{\boldsymbol{x}}-\boldsymbol{x}).$$

Die partielle Ableitung nach σ_0^2 liefert hier

$$\frac{\partial \mathcal{L}}{\partial \sigma_0^2} = -\frac{u}{2\sigma_0^2} + \frac{1}{2\sigma_0^4}(\hat{\boldsymbol{x}} - \boldsymbol{x})^t \boldsymbol{N}(\hat{\boldsymbol{x}} - \boldsymbol{x}),$$

und schließlich die Schätzgleichung

$$u\, s_0^2 = (\hat{\boldsymbol{x}} - \boldsymbol{x})^t \boldsymbol{N}(\hat{\boldsymbol{x}} - \boldsymbol{x}) = \boldsymbol{\varepsilon}_x^t \boldsymbol{N} \boldsymbol{\varepsilon}_x \tag{4.15}$$

Auch diese Schätzfunktion ist für die unmittelbare Anwendung wenig geeignet, da $\boldsymbol{\varepsilon}_x$ in der Regel unbekannt ist.

Nach der Berechnung der Unbekannten $\hat{\boldsymbol{x}}$ stehen als Grundlage für die Varianzschätzungen meistens nur die Modellresiduen zur Verfügung

$$\boldsymbol{v} = \boldsymbol{A}\hat{\boldsymbol{x}} - \boldsymbol{l}\ .$$

Werden diese nun als Funktionen der wahren Fehler dargestellt:

$$\begin{aligned} \boldsymbol{v} &= \boldsymbol{A}(\boldsymbol{x} + \boldsymbol{\varepsilon}_x) - (\boldsymbol{A}\boldsymbol{x} + \boldsymbol{\varepsilon}) \\ \boldsymbol{v} &= \boldsymbol{A}\boldsymbol{\varepsilon}_x - \boldsymbol{\varepsilon} \\ \boldsymbol{\varepsilon} &= \boldsymbol{A}\boldsymbol{\varepsilon}_x - \boldsymbol{v}, \end{aligned}$$

und die quadratischen Formen gebildet

$$\begin{aligned} \boldsymbol{\varepsilon}^t \boldsymbol{P} \boldsymbol{\varepsilon} &= (\boldsymbol{A}\boldsymbol{\varepsilon}_x - \boldsymbol{v})^t \boldsymbol{P} (\boldsymbol{A}\boldsymbol{\varepsilon}_x - \boldsymbol{v}) \\ &= \boldsymbol{\varepsilon}_x^t \boldsymbol{A}^t \boldsymbol{P} \boldsymbol{A} \boldsymbol{\varepsilon}_x - 2\boldsymbol{\varepsilon}_x \boldsymbol{A}^t \boldsymbol{P} \boldsymbol{v} + \boldsymbol{v}^t \boldsymbol{P} \boldsymbol{v}, \end{aligned}$$

so folgt mit $\boldsymbol{N} = \boldsymbol{A}^t \boldsymbol{P} \boldsymbol{A}$ und $\boldsymbol{A}^t \boldsymbol{P} \boldsymbol{v} = \boldsymbol{0}$ nach (4.11)

$$\boldsymbol{\varepsilon}^t \boldsymbol{P} \boldsymbol{\varepsilon} = \boldsymbol{v}^t \boldsymbol{P} \boldsymbol{v} + \boldsymbol{\varepsilon}_x^t \boldsymbol{N} \boldsymbol{\varepsilon}_x.$$

In diese Gleichung werden nun die beiden ML-Schätzer (4.14) und (4.15) eingesetzt:

$$n\, s_0^2 = \boldsymbol{v}^t \boldsymbol{P} \boldsymbol{v} + u\, s_0^2\ ,$$

die die endgültige Schätzfunktion

$$s_0^2 = \boldsymbol{v}^t \boldsymbol{P} \boldsymbol{v} / (n - u)$$

liefern, die stets im GMM anwendbar ist. Wir stellen fest, dass für normalverteilte Beobachtungen s_0^2 der ML-Schätzer für σ_0^2 ist und zeigen noch, dass diese Schätzung erwartungstreu ist.

$$\begin{aligned} E(\boldsymbol{\varepsilon}^t \boldsymbol{P} \boldsymbol{\varepsilon}) &= E(\boldsymbol{v}^t \boldsymbol{P} \boldsymbol{v}) + E(\boldsymbol{\varepsilon}_x^t \boldsymbol{N} \boldsymbol{\varepsilon}_x) \\ \operatorname{sp} \boldsymbol{P} E(\boldsymbol{\varepsilon}\boldsymbol{\varepsilon}^t) &= E(\boldsymbol{v}^t \boldsymbol{P} \boldsymbol{v}) + \operatorname{sp} \boldsymbol{N} E(\boldsymbol{\varepsilon}_x \boldsymbol{\varepsilon}_x^t) \\ \sigma_0^2 \operatorname{sp} \boldsymbol{P}\boldsymbol{Q} &= E(\boldsymbol{v}^t \boldsymbol{P} \boldsymbol{v}) + \sigma_0^2 \operatorname{sp} \boldsymbol{N}\boldsymbol{N}^{-1} \\ E(\boldsymbol{v}^t \boldsymbol{P} \boldsymbol{v}) &= \sigma_0^2 (n - u)\ . \end{aligned}$$

Die a posteriori Schätzung $s_0^2 = \boldsymbol{v}^t\boldsymbol{P}\boldsymbol{v}/(n-u)$ für den Varianzfaktor gibt im Vergleich mit σ_0^2 an, wie gut das Modell mit der Wirklichkeit übereinstimmt und wie genau die ausgeglichenen Messungen tatsächlich sind. Wenn der Freiheitsgrad $f = n - u$ der Schätzung groß genug ist, ist dieser Wert der a priori Schätzung σ_0^2 vorzuziehen. Alle folgenden Varianzschätzungen beziehen sich deshalb auf s_0^2. Um den Unterschied zur a priori VKM $\boldsymbol{\Sigma}$ deutlich zu machen, wird die a posteriori VKM mit $\boldsymbol{S}$ bezeichnet: $\boldsymbol{S} = s_0^2\boldsymbol{Q}$.

Folgende VKM sind im Zusammenhang mit der Parameterschätzung im GMM von Interesse:

a) VKM des Unbekanntenvektors: $\boldsymbol{S}_{\hat{x}}$

$$\begin{aligned}
\hat{\boldsymbol{x}} &= \boldsymbol{N}^{-1}\boldsymbol{A}^t\boldsymbol{P}\boldsymbol{l}\\
\boldsymbol{S}_{\hat{x}} &= \boldsymbol{N}^{-1}\boldsymbol{A}^t\boldsymbol{P}\boldsymbol{S}\boldsymbol{P}\boldsymbol{A}\boldsymbol{N}^{-1}\\
&= s_0^2\boldsymbol{N}^{-1}\boldsymbol{A}^t\boldsymbol{P}\boldsymbol{Q}\boldsymbol{P}\boldsymbol{A}\boldsymbol{N}^{-1} = s_0^2\boldsymbol{N}^{-1}\boldsymbol{A}^t\boldsymbol{P}\boldsymbol{A}\boldsymbol{N}^{-1}\\
\boldsymbol{S}_{\hat{x}} &= s_0^2\boldsymbol{N}^{-1} = s_0^2\boldsymbol{Q}_{\hat{x}}, \quad \boldsymbol{Q}_{\hat{x}} = \boldsymbol{N}^{-1}
\end{aligned}$$

b) VKM der ausgeglichenen Beobachtung: $\boldsymbol{S}_{\hat{l}}$

$$\begin{aligned}
\boldsymbol{l} + \boldsymbol{v} = \hat{\boldsymbol{l}} &= \boldsymbol{A}\boldsymbol{x}\\
\boldsymbol{S}_{\hat{l}} &= \boldsymbol{A}\boldsymbol{S}_{\hat{x}}\boldsymbol{A}^t\\
\boldsymbol{S}_{\hat{l}} &= s_0^2\boldsymbol{A}\boldsymbol{N}^{-1}\boldsymbol{A}^t = s_0^2\boldsymbol{Q}_{\hat{l}}, \quad \boldsymbol{Q}_{\hat{l}} = \boldsymbol{A}\boldsymbol{N}^{-1}\boldsymbol{A}^t
\end{aligned}$$

c) VKM der Modellresiduen: $\boldsymbol{S}_v$

$$\begin{aligned}
\boldsymbol{v} &= \boldsymbol{A}\hat{\boldsymbol{x}} - \boldsymbol{l} = \boldsymbol{A}\boldsymbol{N}^{-1}\boldsymbol{A}^t\boldsymbol{P}\boldsymbol{l} - \boldsymbol{l}\\
&= (\boldsymbol{A}\boldsymbol{N}^{-1}\boldsymbol{A}^t\boldsymbol{P} - \boldsymbol{I})\boldsymbol{l}\\
\boldsymbol{S}_v &= (\boldsymbol{A}\boldsymbol{N}^{-1}\boldsymbol{A}^t\boldsymbol{P} - \boldsymbol{I})\boldsymbol{S}(\boldsymbol{A}\boldsymbol{N}^{-1}\boldsymbol{A}^t\boldsymbol{P} - \boldsymbol{I})^t\\
&= \boldsymbol{A}\boldsymbol{N}^{-1}\boldsymbol{A}^t\boldsymbol{P}\boldsymbol{S}\boldsymbol{P}\boldsymbol{A}\boldsymbol{N}^{-1}\boldsymbol{A}^t - 2\boldsymbol{A}\boldsymbol{N}^{-1}\boldsymbol{A}^t\boldsymbol{P}\boldsymbol{S} + \boldsymbol{S}\\
&= s_0^2(\boldsymbol{A}\boldsymbol{N}^{-1}\boldsymbol{A}^t\boldsymbol{P}\boldsymbol{Q}\boldsymbol{P}\boldsymbol{A}\boldsymbol{N}^{-1}\boldsymbol{A}^t - 2\boldsymbol{A}\boldsymbol{N}^{-1}\boldsymbol{A}^t\boldsymbol{P}\boldsymbol{Q} + \boldsymbol{Q})\\
\boldsymbol{S}_v &= s_0^2(\boldsymbol{Q} - \boldsymbol{A}\boldsymbol{N}^{-1}\boldsymbol{A}^t)\\
\boldsymbol{S}_v &= \boldsymbol{S} - \boldsymbol{S}_{\hat{l}} = s_0^2(\boldsymbol{Q} - \boldsymbol{Q}_{\hat{l}}) = s_0^2\boldsymbol{Q}_v, \quad \boldsymbol{Q}_v = \boldsymbol{Q} - \boldsymbol{A}\boldsymbol{N}^{-1}\boldsymbol{A}^t
\end{aligned}$$

d) VKM einer Funktion: $g = \boldsymbol{b}^t\hat{\boldsymbol{x}}$

$$s_g^2 = \boldsymbol{b}^t\boldsymbol{S}_{\hat{x}}\boldsymbol{b} = s_0^2\boldsymbol{b}^t\boldsymbol{Q}_{\hat{x}}\boldsymbol{b} = s_0^2 q_g$$

e) VKM eines Vektors linearer Funktionen: $\boldsymbol{g} = \boldsymbol{B}^t\hat{\boldsymbol{x}}$

$$\boldsymbol{S}_g = \boldsymbol{B}^t\boldsymbol{S}_{\hat{x}}\boldsymbol{B} = s_0^2\boldsymbol{B}^t\boldsymbol{Q}_{\hat{x}}\boldsymbol{B} = s_0^2\boldsymbol{Q}_g\,.$$

Diese und weitere Ergebnisse sind in der nachfolgenden Tabelle zusammengefasst. Sie enthält die Kofaktorenmatrizen, die nach Multiplikation mit σ_0^2 bzw. s_0^2 die Varianzen und Kovarianzen der an den Rändern angeschriebenen Zufallsvektoren ergeben, z. B.

$$\begin{aligned} \mathrm{Var}(\boldsymbol{v}) &= \boldsymbol{\Sigma}_v = \sigma_0^2 \boldsymbol{Q}_v, \quad \text{bzw. } \boldsymbol{S}_v = s_0^2 \boldsymbol{Q}_v, \quad \boldsymbol{Q}_v = \boldsymbol{P}^{-1} - \boldsymbol{A}\boldsymbol{N}^{-1}\boldsymbol{A}^t \\ \mathrm{Kov}(\hat{\boldsymbol{l}}, \boldsymbol{g}) &= \boldsymbol{\Sigma}_{\hat{l},g} = \sigma_0^2 \boldsymbol{Q}_{\hat{l},g}, \quad \text{bzw. } \boldsymbol{S}_{\hat{l},g} = s_0^2 \boldsymbol{Q}_{\hat{l},g}, \quad \boldsymbol{Q}_{\hat{l},g} = \boldsymbol{A}\boldsymbol{N}^{-1}\boldsymbol{B}\,. \end{aligned}$$

Zufallsvektor	$\boldsymbol{l}$	$\boldsymbol{v}$	$\hat{\boldsymbol{x}}$	$\hat{\boldsymbol{l}}$	$\boldsymbol{g} = \boldsymbol{B}^t\hat{\boldsymbol{x}}$
$\boldsymbol{l}$	$\boldsymbol{P}^{-1} = \boldsymbol{Q}_l$	$\boldsymbol{A}\boldsymbol{N}^{-1}\boldsymbol{A}^t - \boldsymbol{I}$	$\boldsymbol{A}\boldsymbol{N}^{-1}$	$\boldsymbol{A}\boldsymbol{N}^{-1}\boldsymbol{A}^t$	$\boldsymbol{A}\boldsymbol{N}^{-1}\boldsymbol{B}$
$\boldsymbol{v}$	$\boldsymbol{A}\boldsymbol{N}^{-1}\boldsymbol{A}^t - \boldsymbol{I}$	$\boldsymbol{P}^{-1} - \boldsymbol{A}\boldsymbol{N}^{-1}\boldsymbol{A}^t$	$\boldsymbol{0}$	$\boldsymbol{0}$	$\boldsymbol{0}$
$\hat{\boldsymbol{x}}$	$\boldsymbol{N}^{-1}\boldsymbol{A}^t$	$\boldsymbol{0}$	$\boldsymbol{N}^{-1}$	$\boldsymbol{N}^{-1}\boldsymbol{A}^t$	$\boldsymbol{N}^{-1}\boldsymbol{B}$
$\hat{\boldsymbol{l}} = \boldsymbol{l} + \boldsymbol{v}$	$\boldsymbol{A}\boldsymbol{N}^{-1}\boldsymbol{A}^t$	$\boldsymbol{0}$	$\boldsymbol{A}\boldsymbol{N}^{-1}$	$\boldsymbol{A}\boldsymbol{N}^{-1}\boldsymbol{A}^t$	$\boldsymbol{A}\boldsymbol{N}^{-1}\boldsymbol{B}$
$\boldsymbol{g} = \boldsymbol{B}^t\hat{\boldsymbol{x}}$	$\boldsymbol{B}^t\boldsymbol{N}^{-1}\boldsymbol{A}^t$	$\boldsymbol{0}$	$\boldsymbol{B}^t\boldsymbol{N}^{-1}$	$\boldsymbol{B}^t\boldsymbol{N}^{-1}\boldsymbol{A}^t$	$\boldsymbol{B}^t\boldsymbol{N}^{-1}\boldsymbol{B}$

Tab. 4.2: Kofaktorenmatrizen beobachteter und geschätzter Größen

4.2.5 Datumabhängige Parameterschätzung

Während bisher vorausgesetzt wurde, dass im GMM

$$\begin{gathered} \boldsymbol{l} = \boldsymbol{A}\boldsymbol{x} + \boldsymbol{\varepsilon}, \; E(\boldsymbol{l}) = \boldsymbol{A}\boldsymbol{x}, \; r(\boldsymbol{A}) = r = u \\ E(\boldsymbol{\varepsilon}) = \boldsymbol{0}, \; E(\boldsymbol{\varepsilon}\boldsymbol{\varepsilon}^t) = \boldsymbol{\Sigma} = \sigma_0^2 \boldsymbol{Q}, \; \boldsymbol{P} = \boldsymbol{Q}^{-1} \end{gathered}$$

die $n \times u$-Koeffizientenmatrix $\boldsymbol{A}$ den Rang $r(\boldsymbol{A}) = u$ und damit den Defekt $d = 0$ hat, dass also die Parameter $\boldsymbol{x}$ durch die Beobachtungen $\boldsymbol{l}$ eindeutig und vollständig bestimmbar sind, soll nun der Fall betrachtet werden, dass die Parameter erst nach der Einführung eines Referenzsystems (Datums) eindeutig definiert sind.

In Abschnitt 4.1.3 wurde gezeigt, dass es zweckmäßig ist, das Datum durch Bedingungsgleichungen (BGL) der Form

$$\boldsymbol{B}^t\boldsymbol{x} = \boldsymbol{g}$$

festzulegen. Und es wurden dort die für die beiden wichtigen Fälle, Höhennetz und Lagenetz, üblichen BGL formuliert. Wir wollen hier das Problem zunächst von der algebraischen Seite betrachten:

Wenn $\boldsymbol{A}$ den Defekt $d = u - r$ hat, so folgt daraus, dass das NGL-System

$$\boldsymbol{N}\hat{\boldsymbol{x}} - \boldsymbol{A}^t\boldsymbol{P}\boldsymbol{l} = \boldsymbol{0} \quad \text{mit} \quad \boldsymbol{N} = \boldsymbol{A}^t\boldsymbol{P}\boldsymbol{A}$$

nicht ohne weiteres lösbar ist, da $\boldsymbol{N}$ ebenfalls den Defekt d besitzt und deshalb wegen $\det \boldsymbol{N} = 0$ keine Inverse existiert. Wird nun das funktionale Modell durch Datumsbedingungen ergänzt, so entsteht das System

$$\begin{aligned} \boldsymbol{l} &= \boldsymbol{A}\boldsymbol{x} + \boldsymbol{\varepsilon}, \; \boldsymbol{\Sigma} \\ \boldsymbol{g} &= \boldsymbol{B}^t\boldsymbol{x} + \boldsymbol{0}. \end{aligned}$$

Da nur die Beobachtungen mit zufälligen Abweichungen behaftet sind, die Bedingungsgleichungen hingegen streng erfüllt werden müssen, haben wir hier, wie in Abschnitt 4.2.1, ein Minimumsproblem mit Nebenbedingungen zu lösen, um eine Schätzung im Sinne der MkQ zu erhalten. Die LAGRANGE-Funktion lautet

$$\mathcal{L} = \boldsymbol{v}^t \boldsymbol{P} \boldsymbol{v} + 2\boldsymbol{k}^t(\boldsymbol{B}^t \boldsymbol{x} - \boldsymbol{g}) \quad \Rightarrow \text{Min}(\boldsymbol{x}, \boldsymbol{k}).$$

Mit $\boldsymbol{v} = \boldsymbol{A}\hat{\boldsymbol{x}} - \boldsymbol{l}$ und $d\boldsymbol{v} = \boldsymbol{A}\, d\hat{\boldsymbol{x}}$
findet man sogleich die Ableitung

$$\frac{\partial \mathcal{L}}{\partial \hat{\boldsymbol{x}}} = 2\boldsymbol{v}^t \boldsymbol{P} \boldsymbol{A} + 2\boldsymbol{k}^t \boldsymbol{B}^t,$$

und damit das zu lösende Gleichungssystem

$$\begin{aligned} \boldsymbol{A}^t \boldsymbol{P}(\boldsymbol{A}\hat{\boldsymbol{x}} - \boldsymbol{l}) + \boldsymbol{B}\boldsymbol{k} &= \boldsymbol{0} \\ \boldsymbol{B}^t \hat{\boldsymbol{x}} - \boldsymbol{g} &= \boldsymbol{0}\,. \end{aligned}$$

Einfache Umordnung führt auf die endgültige Form des Normalgleichungssystems

$$\begin{aligned} \boldsymbol{N}\hat{\boldsymbol{x}} + \boldsymbol{B}\boldsymbol{k} - \boldsymbol{A}^t \boldsymbol{P}\boldsymbol{l} &= \boldsymbol{0} \\ \boldsymbol{B}^t \hat{\boldsymbol{x}} \qquad\qquad - \boldsymbol{g} &= \boldsymbol{0} \end{aligned}$$

oder

$$\begin{pmatrix} \boldsymbol{N} & \boldsymbol{B} \\ \boldsymbol{B}^t & \boldsymbol{0} \end{pmatrix} \begin{pmatrix} \hat{\boldsymbol{x}} \\ \boldsymbol{k} \end{pmatrix} - \begin{pmatrix} \boldsymbol{A}^t \boldsymbol{P}\boldsymbol{l} \\ \boldsymbol{g} \end{pmatrix} = \boldsymbol{0}\,.$$

Dieses lineare Gleichungssystem hat offensichtlich genau dann eine eindeutige Lösung

$$\begin{pmatrix} \hat{\boldsymbol{x}} \\ \boldsymbol{k} \end{pmatrix} = \begin{pmatrix} \boldsymbol{N} & \boldsymbol{B} \\ \boldsymbol{B}^t & \boldsymbol{0} \end{pmatrix}^{-1} \begin{pmatrix} \boldsymbol{A}^t \boldsymbol{P}\boldsymbol{l} \\ \boldsymbol{g} \end{pmatrix},$$

wenn die angegebene Inverse existiert. Die Existenz der Inversen setzt voraus, dass die *geränderte* Normalgleichungsmatrix

$$\begin{pmatrix} \boldsymbol{N} & \boldsymbol{B} \\ \boldsymbol{B}^t & \boldsymbol{0} \end{pmatrix} = \boldsymbol{N}_B$$

vollen Rang besitzt. Da die BGL lediglich das Datum festlegen aber sonst keinen Zwang auf das Modell ausüben sollen, sind genau $d = u - r$ BGL aufzustellen, die untereinander und von den Spalten von $\boldsymbol{N}$ linear unabhängig sein müssen. Unter diesen Voraussetzungen formulierte BGL sichern die Invertierbarkeit von $\boldsymbol{N}_B$.
Nun gibt es beliebig viele verschiedene $u \times d$-Matrizen $\boldsymbol{B}$, die diese Bedingungen erfüllen und damit zur Datumsdefinition in Frage kommen. Wir wollen jedoch nur solche BGL zulassen, die eine sinnvolle geometrische Interpretation ermöglichen. Das sind insbesondere alle BGL, die durch

$$\boldsymbol{A}\boldsymbol{B} = \boldsymbol{0} \Longrightarrow \boldsymbol{A}^t \boldsymbol{P}\boldsymbol{A}\boldsymbol{B} = \boldsymbol{N}\boldsymbol{B} = \boldsymbol{0}, \ \text{o}(\boldsymbol{B}) = u \times d$$

gekennzeichnet sind. Die Spalten von $\boldsymbol{B}$ bilden dabei eine Basis des orthogonalen Komplements bzw. Nullraums von $\boldsymbol{N}$. Außer durch geometrische Überlegungen, die in Abschnitt 4.2.1 behandelt wurden, können die Spalten von $\boldsymbol{B}$ als die unabhängigen Lösungen des homogenen Gleichungssystems $\boldsymbol{NB} = \boldsymbol{0}$ oder durch Eigenwertzerlegung von $\boldsymbol{N}$ berechnet werden:

$$(\boldsymbol{N} - \lambda_i \boldsymbol{I})\boldsymbol{s}_i = \boldsymbol{0}, \quad i = 1, 2, \ldots, u.$$

Im letzteren Fall setzt man $\boldsymbol{B}$ aus den d unabhängigen Eigenvektoren $\boldsymbol{s}_i$ des d-fachen Eigenwertes 0 zusammen. Da diese Vektoren orthogonal aufeinander stehen, müssen ihre Komponenten nur noch durch die Länge $||\boldsymbol{s}_i||$ dividiert werden, um ein orthonormales System von Basisvektoren im orthogonalen Komplement von $\boldsymbol{N}$ zu erzeugen. Alle weiteren Überlegungen werden besonders einfach, wenn die so definierte $u \times d$-Matrix $\boldsymbol{S} = (\boldsymbol{s}_1 \;\; \boldsymbol{s}_2 \;\; \ldots \;\; \boldsymbol{s}_d)$ mit den Eigenschaften

$$\boldsymbol{AS} = \boldsymbol{0} \Longrightarrow \boldsymbol{NS} = \boldsymbol{0}, \;\; \boldsymbol{S}^t \boldsymbol{S} = \boldsymbol{I}_d \tag{4.16}$$

zur Datumsfestlegung benutzt wird. Ein genauer Vergleich mit der in Abschnitt 4.1.3 eingeführten Matrix $\boldsymbol{B}$ zur Datumsdefinition des Lagenetzes zeigt, dass auch für diese Matrix $\boldsymbol{AB} = \boldsymbol{0}$, $\boldsymbol{NB} = \boldsymbol{0}$ gilt. Ferner erkennt man, dass die Spalten von $\boldsymbol{B}$ leicht orthogonalisiert werden können, indem man die Näherungskoordinaten auf den Schwerpunkt (X_S, Y_S) bezieht (p = Anzahl der Punkte):

$$X_S = \frac{\sum X^0}{p}, \qquad Y_S = \frac{\sum Y^0}{p}$$
$$\bar{X}_i^0 = X_i^0 - X_S \qquad \bar{Y}_i^0 = Y_i^0 - Y_S \,.$$

Eine nachfolgende Normierung der Matrix wird dadurch erreicht, dass jede Zeile durch ihre Norm $||\boldsymbol{b}_i|| = (\boldsymbol{b}_i^t \boldsymbol{b}_i)^{1/2}$ dividiert wird. Das Ergebnis ist auch hier eine orthonormale Basis des orthogonalen Komplements (Nullraum) von $\boldsymbol{N}$.

In Abschnitt 4.1.3 wurde auch der Fall behandelt, dass das Datum durch Festhalten von genau d Parametern oder „vermittelnd" durch einige oder auch alle Näherungsparameter festgelegt werden soll. Diese möglichen Vorgehensweisen lassen sich vereinheitlichen, wenn eine Zeigermatrix $\boldsymbol{Z}$ eingeführt wird, die eine Diagonalmatrix ist mit Einsen auf den Positionen, die mit Parametern korrespondieren, die an der Datumsfestlegung beteiligt sein sollen und Nullen auf allen anderen Positionen. Die allgemeinen Bedingungsgleichungen (Restriktionen) werden damit folgendermaßen gebildet:

$$\boldsymbol{R} := \boldsymbol{ZB} \quad \text{bzw.} \quad \boldsymbol{R} := \boldsymbol{ZS}, \tag{4.17}$$

wobei die Zeigermatrix $\boldsymbol{Z}$ mindestens d Einsen enthält und gleich der Einheitsmatrix ist, wenn alle Parameter am Datum beteiligt sind.

Es sei noch vermerkt, dass die so gewählten, geometrisch anschaulichen Restriktionen $\boldsymbol{R}^t \boldsymbol{x} = \boldsymbol{0}$ dazu führen, dass $\hat{\boldsymbol{x}}^t \; \boldsymbol{Z}\hat{\boldsymbol{x}} = min$ und zugleich $\mathrm{sp}\,\boldsymbol{Q}_{\hat{x}}\boldsymbol{Z} = min$ gilt. Die Länge des Vektors, der am Datum beteiligten Parameter und die zugehörige (Teil-)Spur der Kofaktorenmatrix nehmen also minimale Werte an. Man spricht daher auch von Schätzung mit Voll- bzw. Teilspurminimierung eines singulären Modells (freien Netzes).

Die mit $\boldsymbol{R}$ geränderte Normalgleichungsmatrix hat den Rang $u+d$ und ist daher invertierbar

$$\begin{pmatrix} \boldsymbol{N} & \boldsymbol{R} \\ \boldsymbol{R}^t & \boldsymbol{0} \end{pmatrix}^{-1} = \begin{pmatrix} \boldsymbol{Q}_{11} & \boldsymbol{Q}_{12} \\ \boldsymbol{Q}_{21} & \boldsymbol{Q}_{22} \end{pmatrix} .$$

Die gesuchten Blockmatrizen $\boldsymbol{Q}_{ij}$ erhält man durch Lösung der vier Gleichungen

$$\begin{aligned} \boldsymbol{N}\boldsymbol{Q}_{11} + \boldsymbol{R}\boldsymbol{Q}_{21} &= \boldsymbol{I}_u && \text{(a)} \\ \boldsymbol{N}\boldsymbol{Q}_{12} + \boldsymbol{R}\boldsymbol{Q}_{22} &= \boldsymbol{0} && \text{(b)} \\ \boldsymbol{R}^t\boldsymbol{Q}_{11} &= \boldsymbol{0} && \text{(c)} \\ \boldsymbol{R}^t\boldsymbol{Q}_{12} &= \boldsymbol{I}_d && \text{(d)} \end{aligned}$$

Wird (a) von links mit der orthonormalen Matrix $\boldsymbol{S}^t$ (4.16) multipliziert, so folgt

$$\boldsymbol{S}^t\boldsymbol{R}\boldsymbol{Q}_{21} = \boldsymbol{S}^t \Longrightarrow \boldsymbol{Q}_{21} = (\boldsymbol{S}^t\boldsymbol{R})^{-1}\boldsymbol{S}^t .$$

Wird mit (b) genauso verfahren, so erhält man:

$$\boldsymbol{S}^t\boldsymbol{R}\boldsymbol{Q}_{22} = \boldsymbol{0} \Longrightarrow \boldsymbol{Q}_{22} = \boldsymbol{0} .$$

Rechtsmultiplikation von $\boldsymbol{Q}_{21}$ mit $\boldsymbol{R}$ führt zu

$$\boldsymbol{Q}_{21}\boldsymbol{R} = (\boldsymbol{S}^t\boldsymbol{R})^{-1}\boldsymbol{S}^t\boldsymbol{R} = \boldsymbol{I}_d .$$

Der Vergleich mit (d) zeigt folgende Beziehung:

$$\boldsymbol{Q}_{21}\boldsymbol{R} = \boldsymbol{R}^t\boldsymbol{Q}_{12} \Longrightarrow \boldsymbol{Q}_{12} = \boldsymbol{Q}_{21}^t = \boldsymbol{S}(\boldsymbol{R}^t\boldsymbol{S})^{-1}.$$

Die Abhängigkeit der Lösungen von $\boldsymbol{S}$ kann leicht beseitigt werden. Aus (d) folgt nämlich:

$$\boldsymbol{R}\boldsymbol{R}^t\boldsymbol{Q}_{12} = \boldsymbol{R} .$$

Wegen $\boldsymbol{N}\boldsymbol{S} = \boldsymbol{0}$ kann diese Gleichung erweitert werden zu

$$(\boldsymbol{N} + \boldsymbol{R}\boldsymbol{R}^t)\boldsymbol{Q}_{12} = \boldsymbol{R} \Longrightarrow \boldsymbol{Q}_{12} = (\boldsymbol{N} + \boldsymbol{R}\boldsymbol{R}^t)^{-1}\boldsymbol{R} .$$

Eine entsprechende Erweiterung von Gleichung (a), die wegen (c) erlaubt ist, resultiert in

$$(\boldsymbol{N} + \boldsymbol{R}\boldsymbol{R}^t)\boldsymbol{Q}_{11} = \boldsymbol{I}_u - \boldsymbol{R}\boldsymbol{Q}_{21} \Longrightarrow \boldsymbol{Q}_{11} = (\boldsymbol{N} + \boldsymbol{R}\boldsymbol{R}^t)^{-1}(\boldsymbol{I}_u - \boldsymbol{R}\boldsymbol{Q}_{21}) ,$$

woraus nach einfachen Umformungen das Ergebnis folgt

$$\begin{aligned} \boldsymbol{Q}_{11} &= (\boldsymbol{N} + \boldsymbol{R}\boldsymbol{R}^t)^{-1}(\boldsymbol{I}_u - (\boldsymbol{N} + \boldsymbol{R}\boldsymbol{R}^t)\boldsymbol{Q}_{12}\boldsymbol{Q}_{21}) \\ \boldsymbol{Q}_{11} &= (\boldsymbol{N} + \boldsymbol{R}\boldsymbol{R}^t)^{-1} - \boldsymbol{Q}_{12}\boldsymbol{Q}_{21} . \end{aligned}$$

Rechnerisch etwas günstiger ist eine andere Darstellung von $\boldsymbol{Q}_{11}$, die man erhält, wenn (a) links mit $\boldsymbol{Q}_{11}$ multipliziert und dabei (c) berücksichtigt wird:

$$\begin{aligned} &\boldsymbol{Q}_{11}\boldsymbol{N}\boldsymbol{Q}_{11} = \boldsymbol{Q}_{11} \\ \Longrightarrow\ &\boldsymbol{Q}_{11} = [(\boldsymbol{N} + \boldsymbol{R}\boldsymbol{R}^t)^{-1} - \boldsymbol{Q}_{12}\boldsymbol{Q}_{21}]\boldsymbol{N}[(\boldsymbol{N} + \boldsymbol{R}\boldsymbol{R}^t)^{-1} - \boldsymbol{Q}_{12}\boldsymbol{Q}_{21}] . \end{aligned}$$

Nun folgt wegen $\boldsymbol{Q}_{22} = \boldsymbol{0}$ aus (b)

$$\boldsymbol{N}\boldsymbol{Q}_{12} = \boldsymbol{0}, \; \boldsymbol{Q}_{21}\boldsymbol{N} = \boldsymbol{0} \; ,$$

so dass man schließlich

$$\boldsymbol{Q}_{11} = (\boldsymbol{N} + \boldsymbol{R}\boldsymbol{R}^t)^{-1}\boldsymbol{N}(\boldsymbol{N} + \boldsymbol{R}\boldsymbol{R}^t)^{-1}$$

erhält.

Wir fassen das Ergebnis zusammen:
Wenn im GMM mit Rangdefekt d das Bezugssystem für die Parameter durch d Restriktionen der Form

$$\boldsymbol{R}^t\boldsymbol{x} = \boldsymbol{g}, \; \boldsymbol{Z}\boldsymbol{B} = \boldsymbol{R} \quad \text{bzw.} \quad \boldsymbol{Z}\boldsymbol{S} = \boldsymbol{R} \tag{4.18}$$

mit $\boldsymbol{Z}$ als Zeigermatrix eingeführt wird, so erhält man die Parameterschätzung, bezogen auf dieses Datum, aus

$$\begin{pmatrix} \hat{\boldsymbol{x}} \\ \boldsymbol{k} \end{pmatrix} = \begin{pmatrix} \boldsymbol{Q}_{11} & \boldsymbol{Q}_{12} \\ \boldsymbol{Q}_{21} & \boldsymbol{0} \end{pmatrix} \begin{pmatrix} \boldsymbol{A}^t\boldsymbol{P}\boldsymbol{l} \\ \boldsymbol{g} \end{pmatrix}$$

mit folgenden Ergebnissen

$$\hat{\boldsymbol{x}} = \boldsymbol{Q}_{11}\boldsymbol{A}^t\boldsymbol{P}\boldsymbol{l} + \boldsymbol{Q}_{12}\boldsymbol{g}$$

$$\boldsymbol{k} = \boldsymbol{Q}_{21}\boldsymbol{A}^t\boldsymbol{P}\boldsymbol{l} = (\boldsymbol{S}^t\boldsymbol{R})^{-1}\boldsymbol{S}^t\boldsymbol{A}^t\boldsymbol{P}\boldsymbol{L} = \boldsymbol{0}$$

$$\begin{aligned} \text{wobei} \quad \boldsymbol{Q}_{11} &= (\boldsymbol{N} + \boldsymbol{R}\boldsymbol{R}^t)^{-1}\boldsymbol{N}(\boldsymbol{N} + \boldsymbol{R}\boldsymbol{R}^t)^{-1} \\ \boldsymbol{Q}_{12} &= (\boldsymbol{N} + \boldsymbol{R}\boldsymbol{R}^t)^{-1}\boldsymbol{R} = \boldsymbol{Q}_{21}^t \; . \end{aligned}$$

Für die folgenden Ableitungen ist eine Beziehung wichtig, die man aus Gleichung (a) durch Rechtsmultiplikation mit $\boldsymbol{N}$ erhält: $\boldsymbol{N}\boldsymbol{Q}_{11}\boldsymbol{N} = \boldsymbol{N}$. Ferner ist zu beachten, dass das Matrizenprodukt $\boldsymbol{G} = \boldsymbol{A}\boldsymbol{Q}_{11}\boldsymbol{A}^t$ unabhängig von der speziellen Form von $\boldsymbol{Q}_{11}$, d.h. unabhängig von der Wahl des Datums ist. Damit erhält man folgende Varianzschätzungen:

$$\boldsymbol{v} = \boldsymbol{A}\hat{\boldsymbol{x}} - \boldsymbol{l} = \boldsymbol{A}\boldsymbol{Q}_{11}\boldsymbol{A}^t\boldsymbol{P}\boldsymbol{l} - \boldsymbol{l} = (\boldsymbol{A}\boldsymbol{Q}_{11}\boldsymbol{A}^t\boldsymbol{P} - \boldsymbol{I})\boldsymbol{l}$$

$$\begin{aligned} \boldsymbol{v}^t\boldsymbol{P}\boldsymbol{v} &= \boldsymbol{l}^t(\boldsymbol{P}\boldsymbol{A}\boldsymbol{Q}_{11}\boldsymbol{A}^t - \boldsymbol{I})\boldsymbol{P}(\boldsymbol{A}\boldsymbol{Q}_{11}\boldsymbol{A}^t\boldsymbol{P} - \boldsymbol{I})\boldsymbol{l} \\ &= \boldsymbol{l}^t(\boldsymbol{P} - \boldsymbol{P}\boldsymbol{A}\boldsymbol{Q}_{11}\boldsymbol{A}^t\boldsymbol{P})\boldsymbol{l} \end{aligned}$$

$$\boldsymbol{v}^t\boldsymbol{P}\boldsymbol{v} = \boldsymbol{l}^t\boldsymbol{P}\boldsymbol{l} - \hat{\boldsymbol{x}}^t\boldsymbol{N}\hat{\boldsymbol{x}}$$

$$s_0^2 = \frac{\boldsymbol{v}^t\boldsymbol{P}\boldsymbol{v}}{n - r(\boldsymbol{A})} \; .$$

$\boldsymbol{v}$, $\boldsymbol{v}^t\boldsymbol{P}\boldsymbol{v}$ und s_0^2 sind unabhängig von der Datumswahl. Die Redundanz (der Freiheitsgrad) des GMM ist durch $f = n - u + d = n - r$ gegeben. Die VKM der ausgeglichenen Parameter lautet

$$\begin{aligned} \boldsymbol{S}_{\hat{x}} &= s_0^2\boldsymbol{Q}_{\hat{x}} \\ \boldsymbol{Q}_{\hat{x}} &= \boldsymbol{Q}_{11}\boldsymbol{A}^t\boldsymbol{P}\boldsymbol{Q}\boldsymbol{P}\boldsymbol{A}\boldsymbol{Q}_{11} = \boldsymbol{Q}_{11}\boldsymbol{N}\boldsymbol{Q}_{11} \\ \boldsymbol{Q}_{\hat{x}} &= \boldsymbol{Q}_{11} . \end{aligned}$$

Sie hängt sehr stark von der Definition des Bezugssystems ab. Für die ausgeglichenen Beobachtungen $\boldsymbol{l}+\boldsymbol{v}=\hat{\boldsymbol{l}}=\boldsymbol{A}\hat{\boldsymbol{x}}=\boldsymbol{A}\boldsymbol{Q}_{11}\boldsymbol{A}^t\boldsymbol{P}\boldsymbol{l}$ findet man

$$\begin{aligned}
\boldsymbol{S}_{\hat{l}} &= s_0^2\,\boldsymbol{Q}_{\hat{l}}\\
\boldsymbol{Q}_{\hat{l}} &= \boldsymbol{A}\boldsymbol{Q}_{11}\boldsymbol{A}^t\boldsymbol{P}\boldsymbol{Q}\boldsymbol{P}\boldsymbol{A}\boldsymbol{Q}_{11}\boldsymbol{A}^t = \boldsymbol{A}\boldsymbol{Q}_{11}\boldsymbol{N}\boldsymbol{Q}_{11}\boldsymbol{A}^t\\
\boldsymbol{Q}_{\hat{l}} &= \boldsymbol{A}\boldsymbol{Q}_{11}\boldsymbol{A}^t\,.
\end{aligned}$$

Die ausgeglichenen Beobachtungen und ihre VKM sind vom Datum unabhängig.
Der Verbesserungsvektor $\boldsymbol{v}=\boldsymbol{A}\hat{\boldsymbol{x}}-\boldsymbol{l}=(\boldsymbol{A}\boldsymbol{Q}_{11}\boldsymbol{A}^t\boldsymbol{P}-\boldsymbol{I})\,\boldsymbol{l}$ besitzt folgende VKM

$$\begin{aligned}
\boldsymbol{S}_v &= s_0^2\,\boldsymbol{Q}_v\\
\boldsymbol{Q}_v &= (\boldsymbol{A}\boldsymbol{Q}_{11}\boldsymbol{A}^t\boldsymbol{P}-\boldsymbol{I})\boldsymbol{Q}(\boldsymbol{P}\boldsymbol{A}\boldsymbol{Q}_{11}\boldsymbol{A}^t-\boldsymbol{I})\\
\boldsymbol{Q}_v &= \boldsymbol{Q}-\boldsymbol{A}\boldsymbol{Q}_{11}\boldsymbol{A}^t\,.
\end{aligned}$$

Auch der Verbesserungsvektor und seine VKM werden von der Wahl des Datums nicht beeinflusst.
Schließlich erhält man für beliebige lineare Funktionen der Parameter $\boldsymbol{h}=\boldsymbol{F}\hat{\boldsymbol{x}}$

$$\begin{aligned}
\boldsymbol{S}_h &= s_0^2\,\boldsymbol{Q}_h\\
\boldsymbol{Q}_h &= \boldsymbol{F}\boldsymbol{Q}_{11}\boldsymbol{F}^t.
\end{aligned}$$

Die Beziehung dieser Größen zum gewählten Datum soll im nächsten Abschnitt behandelt werden.

4.2.6 Invariante Funktionen

Im vorhergehenden Abschnitt wurde gezeigt, dass in einem rangdefekten GMM der Parametervektor $\hat{\boldsymbol{x}}$ und seine Kofaktorenmatrix $\boldsymbol{Q}_{\hat{x}}$ davon abhängen, welches Referenzsystem eingeführt wird. Es wurde aber auch festgestellt, dass dies für den Vektor der ausgeglichenen Beobachtungen und für den Verbesserungsvektor nicht gilt. Diese Vektoren sind offensichtlich von der Datumswahl unbeeinflusst und in diesem Sinne invariante Größen des GMM.

Wir bezeichnen eine lineare Funktion $h=\boldsymbol{f}^t\boldsymbol{x}$ als invariant (schätzbar) im GMM, wenn der Schätzer $\hat{h}=\boldsymbol{f}^t\hat{\boldsymbol{x}}$ und die Varianz $s_{\hat{h}}^2=s_0^2\,\boldsymbol{f}^t\boldsymbol{Q}_{\hat{x}}\boldsymbol{f}$ für jede denkbare Datumswahl denselben Wert annehmen.

$$\begin{aligned}
\hat{h} &= \boldsymbol{f}^t\boldsymbol{Q}_{11}\boldsymbol{A}^t\boldsymbol{P}\boldsymbol{l}+\boldsymbol{f}^t\boldsymbol{Q}_{12}\boldsymbol{g}\\
s_{\hat{h}}^2 &= s_0^2\,\boldsymbol{f}^t\boldsymbol{Q}_{11}\boldsymbol{f}.
\end{aligned}\tag{4.19}$$

Die schon mehrfach benutzte Invarianz des Produktes $\boldsymbol{A}\boldsymbol{Q}_{11}\boldsymbol{A}^t$ in Bezug auf die Wahl der Restriktionsmatrix $\boldsymbol{R}$ führt auch hier zum Ziel. Wird nämlich vorausgesetzt, dass $\boldsymbol{f}^t$ eine Linearkombination der Zeilen von $\boldsymbol{A}$ ist: $\boldsymbol{f}^t=\boldsymbol{c}^t\,\boldsymbol{A}$, und wird diese Beziehung in (4.19) eingesetzt, so erhält man

$$\begin{aligned}
\hat{h} &= \boldsymbol{c}^t\boldsymbol{A}\boldsymbol{Q}_{11}\boldsymbol{A}^t\boldsymbol{P}\boldsymbol{l}+\boldsymbol{c}^t\boldsymbol{A}\boldsymbol{Q}_{12}\boldsymbol{g}\\
s_{\hat{h}}^2 &= s_0^2\,\boldsymbol{c}^t\boldsymbol{A}\boldsymbol{Q}_{11}\boldsymbol{A}^t\boldsymbol{c}\,.
\end{aligned}$$

Da $\boldsymbol{Q}_{12} = \boldsymbol{S}(\boldsymbol{R}^t\boldsymbol{S})^{-1}$ und $\boldsymbol{AS} = \boldsymbol{0}$ gilt, erkennt man sogleich, dass so gewählte Funktionen die gewünschte Eigenschaft besitzen. Ferner sieht man im Vergleich mit (4.9), dass $\hat{h}$ ein BLU-Schätzer von h ist.

Da der Rang der Matrix $\boldsymbol{A}$ gleich $r = u - d$ ist, gibt es genau r linear unabhängige Zeilen von $\boldsymbol{A}$. Somit ist auch die Anzahl der linear unabhängigen invarianten Funktionen $h_i = \boldsymbol{f}_i^t\boldsymbol{x}$ auf r begrenzt. Jede Linearkombination invarianter Funktionen ist wieder eine invariante Funktion. Als wichtige Beispiele für invariante Funktionen haben wir die Vektoren $\boldsymbol{v}$ und $\boldsymbol{l} + \boldsymbol{v}$ kennen gelernt.

4.3 Lineare Modelle

In diesem Kapitel sollen Aufgaben behandelt werden, bei denen die ursprünglichen Beziehungen zwischen Beobachtungen und Parametern linear sind, so dass das GMM ohne Linearisierung formuliert werden kann.

4.3.1 Höhen- und Schwerenetze

Bei einem *Nivellementsnetz* werden die ermittelten Höhenunterschiede als Beobachtungen aufgefasst. Wählt man nun als Unbekannte die absoluten Höhen der Verknüpfungspunkte, so lautet die Beobachtungsgleichung zwischen zwei Punkten P_i und P_k (vgl. Beispiel 13):

$$l_i^k + v_i^k = H_k - H_i \ .$$

Durch Einführung von Näherungswerten H_i^0 und H_k^0 folgt

$$l_i^k + H_i^0 - H_k^0 + v_i^k = h_k - h_i \ ,$$

wobei $H = H^0 + h$ gesetzt wurde. Für jede der n Beobachtungen wird eine Gleichung aufgestellt, und die Höhen aller u Punkte treten als Unbekannte auf. Zusammengefasst führt dies auf das funktionale Modell

$$\boldsymbol{l} + \boldsymbol{v} = \boldsymbol{A}\boldsymbol{x} \ ,$$

das zunächst noch unvollständig ist, da der Bezug zu einem Höhensystem fehlt. Soll das Netz *frei* ausgeglichen werden, so ist das funktionale Modell durch Hinzufügen einer BGL zu vervollständigen

$$g = \boldsymbol{b}^t\boldsymbol{x} \ .$$

Die genaue Form der BGL hängt von der Aufgabenstellung ab. Typische Beispiele sind:

(i) Das Höhensystem wird dadurch eingeführt, dass dem Punkt P_j die feste Höhe H_j gegeben wird. In diesem Fall wird $H_j^0 \equiv H_j$ gesetzt, so dass $h_j = g = 0$ gilt. Ferner ist $\boldsymbol{b}^t = \boldsymbol{e}_j^t$ (j-er Einheitsvektor). Man erhält bei geringerem Rechenaufwand dasselbe Ergebnis, wenn die Unbekannte h_j aus dem Parametervektor und die zugehörige Spalte aus der Designmatrix gestrichen werden.

(ii) Das Höhensystem wird über einige im Netz vorhandene Festpunkte eingeführt, ohne dass die Höhen dieser Punkte beibehalten werden sollen. Die vorliegenden Höhen werden als Näherungswerte eingeführt. Ihre im Unbekanntenvektor auftretenden Höhenzuschläge werden so bestimmt, dass sie in der Summe zu Null werden. Auch in diesem Fall gilt $g = 0$, und $\boldsymbol{b}$ ist ein Vektor mit Einsen auf den Positionen, die mit den Festpunkthöhen korrespondieren, und Nullen auf allen anderen Positionen.

(iii) Das Höhensystem wird über die Näherungshöhen durch die Forderung eingeführt, dass das Mittel der ausgeglichenen Höhen gleich dem Mittel der Näherungshöhen sein soll. Daraus folgt, dass $\sum H^0 = \sum H$ bzw. $\sum h = 0$ gelten muss. In diesem Fall gilt $g = 0$, $\boldsymbol{b}^t = \boldsymbol{e}^t$ (Summationsvektor). Diese Lösung führt zu einer minimalen Summe der Varianzen der ausgeglichenen Höhen.

Sollen die Höhen der neuen Punkte unter *Anschlusszwang* geschätzt werden, so wird das funktionale Modell reduziert, indem für die Festpunkte keine Unbekannten eingeführt werden. Die Spaltenzahl von $\boldsymbol{A}$ ist entsprechend verringert. Die Höhen der Neupunkte beziehen sich auf das durch die Festpunkte vorgegebene Referenzsystem.

Bei Nivellementsnetzen wird meistens angenommen, dass die beobachteten Höhenunterschiede unkorreliert sind. Die Varianz eines Höhenunterschiedes wird als proportional zur Anzahl der Instrumentenaufstellungen, die zu seiner Messung benötigt werden, angenommen. Bei gleichen Zielweiten kann diese Anzahl durch die Länge D des Nivellementsweges ersetzt werden. Daraus folgt für das Gewicht $p \sim D^{-1}$.

Das funktionale Modell der *trigonometrischen Höhenmessung* stimmt bei kleinräumigen Netzen mit dem eines Nivellementsnetzes überein. Hierbei wird die Beobachtung l_i^k nach der strengen Formel berechnet

$$l_i^k = D(1 + \frac{H}{R}) \cot \zeta + (1 - k) \frac{D^2}{2R \sin^2 \zeta} + i - t$$

mit D Horizontalstrecke zwischen P_i und P_k auf der Referenzfläche
H mittlere Meereshöhe der Punkte P_i und P_k, R Erdradius
ζ gemessene Zenitdistanz, k Refraktionskoeffizient
i, t Instrumentenhöhe und Zieltafelhöhe.

Wenn das Netz genügend Überbestimmungen besitzt, kann es sinnvoll sein, den üblicherweise mit $k = 0,13$ eingeführten Refraktionskoeffizienten mitzuschätzen. Die Beobachtungsgleichungen haben dann die Form

$$l_i^k + v_i^k = H_k - H_i + \frac{D^2}{2R\sin^2\zeta} k_j \ ,$$

bzw. mit den Näherungshöhen H_k^0 und H_i^0

$$l_i^k + H_i^0 - H_k^0 + v_i^k = h_k - h_i + \frac{D^2}{2R\sin^2\zeta} k_j \ .$$

Für das gesamte Netz kann ein gemeinsamer Koeffizient $k = k^0 + k'$ ($k^0 = 0,13$) geschätzt werden, oder wenn das Modell es zulässt, können auch für einzelne Beobachtungsgruppen unterschiedliche Koeffizienten k_j angesetzt werden. Die Gruppenbildung erfolgt dann nach zeitlichen oder räumlichen Gesichtspunkten. Bei großräumigen Netzen sind als weitere Hilfsunbekannte die Komponenten der Lotabweichungen zu berücksichtigen.

Als ursprüngliche, mit Messabweichungen behaftete Beobachtung tritt in der Höhenformel die Zenitdistanz auf. Die Anwendung des Varianzen-Fortpflanzungsgesetzes zeigt, dass sich ihre Varianz für $\zeta \approx 100\,\text{gon}$ mit dem Faktor D^2 auf den Höhenunterschied überträgt. Daher wird die Gewichtsfestsetzung in der Regel nach $p \sim D^{-2}$ vorgenommen. Obwohl diese Annahme hier problematischer als beim Nivellement ist, werden die Höhenunterschiede meist als unkorrelierte Beobachtungen in das Modell eingeführt. Das Datumproblem wird ebenso gelöst wie beim Nivellementsnetz.

Schwerenetze gleichen in ihrem Aufbau Nivellementsnetzen. Die Schweredifferenzen zwischen Netzpunkten werden mehrfach, oft mit verschiedenen Gravimetern gemessen. Als Beobachtung wird das Mittel aus allen Einzeldifferenzen in die Ausgleichung eingeführt. Die Beobachtungsgleichung hat die Form

$$l_i^k + v_i^k = P_k - P_i \ .$$

Die Genauigkeit der Beobachtungen ist weitgehend unabhängig vom Abstand der Punkte und vom Messwert, so dass im stochastischen Modell meist angenommen wird, dass alle Beobachtungen gleichgenau und unabhängig sind. Wenn bei der Mittelbildung aber unterschiedliche Anzahlen von Einzeldifferenzen auftreten oder wenn Gravimeter unterschiedlicher Genauigkeit eingesetzt wurden, wird dies bei der Gewichtfestsetzung berücksichtigt.

Das Schweresystem wird in der Regel durch einige Absolutstationen eingeführt, in denen mit speziellen Absolutgravimetern die Schwere selbst gemessen wird. Trotz höheren Messaufwandes sind zur Zeit die Absolutmessungen wesentlich ungenauer als die Differenzenmessungen. Zu den Gleichungen für die beobachteten Schweredifferenzen l_i^k kommen noch die der Absolutbetrachtungen

$$l_j + v_j = P_j \ ,$$

die allerdings, gemäß ihrer Genauigkeit, ein geringeres Gewicht erhalten müssen.

4.3.2 Richtungsmessungen und verwandte Verfahren

Richtungsbeobachtungen zu mehreren Zielen mit einem Theodoliten werden in der Regel in mehreren Sätzen mit Teilkreisverstellung durchgeführt. Schon während der Messung werden die Mittelwerte aus Lage I und Lage II gebildet und die Sätze so reduziert, dass das 1. Ziel die Richtung 0 erhält. In die nachfolgende Koordinatenschätzung könnte man die einzelnen Sätze, mit je einer eigenen Orientierungsunbekannten, als Beobachtungen einführen. Dies wird jedoch nicht getan. Vielmehr wird zunächst eine sogenannte *Stationsausgleichung* durchgeführt, deren Ergebnis, eine Richtung pro Ziel, in der Netzausgleichung weiterverarbeitet wird. Mehrere Gründe sprechen für dieses Vorgehen: Der Datenumfang wird erheblich reduziert. Die relativ einfache Stationsausgleichung kann parallel zur Messung durchgeführt werden und erleichtert das Aufspüren grober Fehler im Beobachtungsvektor. Außerdem liefert sie einen von den Netzspannungen unabhängigen Schätzwert für die Messgenauigkeit. Das stufenweise Vorgehen ist übersichtlicher. Es führt bei korrekter Vorgehensweise auf dasselbe Ergebnis wie eine Schätzung in einem Guss.

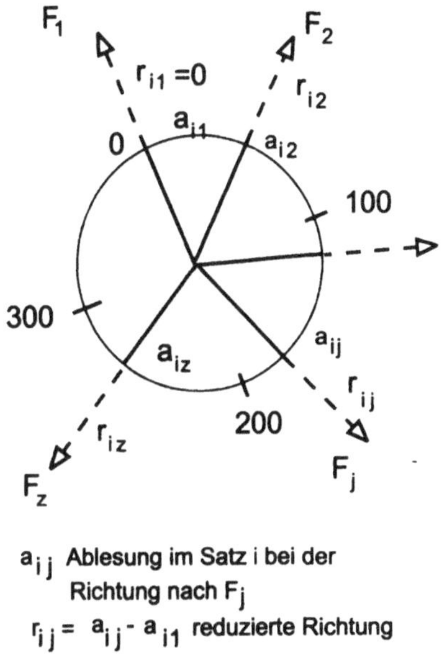

Abb. 4.5: Richtungssatz

Sind alle Richtungssätze vollständig, d. h. sind stets alle Zielungen durchgeführt worden, so besteht die Stationsausgleichung aus einer einfachen Mittelbildung der auf das erste Ziel reduzierten Sätze. Bei der Berechnung der empirischen Varianz ist zu beachten, dass die erste Richtung aller Sätze willkürlich zu Null gesetzt wurde. Die Differenzen d_{ij} der Einzelrichtungen gegenüber dem Mittel r_j enthalten daher eine systematische Komponente, die bei der Varianzschätzung zu berücksichtigen ist. Werden m Sätze mit je z Zielen beobachtet, so erhält man insgesamt $n = m \cdot z$ Beobachtungen. Als

Unbekannte treten z ausgeglichene Richtungen und $m-1$ Orientierungen auf, $u = m+z-1$. Der Freiheitsgrad f beträgt daher

$$f = m \cdot z - m - z + 1 = (m-1)(z-1) \ .$$

Wird mit d_{ij} die Differenz zwischen der j-ten Richtung r_{ij} im i-ten Satz und der j-ten gemittelten Richtung $r_j = \frac{1}{m}\sum_{i=1}^{m} r_{ij}$ bezeichnet, so erhält man die zugehörige Verbesserung zu

$$v_{ij} = d_{ij} - \frac{1}{z}\sum_{j=1}^{z} d_{ij}, \quad \begin{array}{l} j = 1, 2, \ldots, z, \\ i = 1, 2, \ldots, m, \end{array}$$

$$v_{ij} = d_{ij} - d_i \quad \text{mit} \quad d_i = \frac{1}{z}\sum_{j=1}^{z} d_{ij}$$

wobei d_i die mittlere Differenz des i-ten Satzes bedeutet. Zur Summe der Verbesserungsquadrate gelangt man mit

$$v_{ij}^2 = d_{ij}^2 + d_i^2 - 2d_i d_{ij}$$

und Summation zunächst über j

$$\sum_{j=1}^{z} v_{ij}^2 = \sum_j d_{ij}^2 + z d_i^2 - 2d_i \sum_j d_{ij} = \sum_j d_{ij}^2 - z d_i^2 \ ,$$

dann über i

$$\sum_{i=1}^{m}\sum_{j=1}^{z} v_{ij}^2 = \sum_i \sum_j d_{ij}^2 - z\sum_i d_i^2 = \sum_i \sum_j d_{ij}^2 - \frac{1}{z}\sum_i (\sum_j d_{ij})^2 \ .$$

Führt man schließlich Vektoren ein

$$\begin{aligned} \boldsymbol{v} &= (v_{11} \ \ v_{12} \ \ldots \ v_{mz})^t \\ \boldsymbol{d} &= (d_{11} \ \ d_{12} \ \ldots \ d_{mz})^t \\ \bar{\boldsymbol{d}} &= (d_1 \ \ d_2 \ \ldots \ d_m)^t \end{aligned}$$

so erhält man die etwas übersichtlichere Darstellung

$$\boldsymbol{v}^t\boldsymbol{v} = \boldsymbol{d}^t\boldsymbol{d} - z\bar{\boldsymbol{d}}^t\bar{\boldsymbol{d}} \ .$$

Mit dieser Quadratsumme kann nun die Standardabweichung einer in einem Satz gemessenen Richtung und für das Mittel aus m Sätzen geschätzt werden

$$s_r = \sqrt{\frac{\boldsymbol{v}^t\boldsymbol{v}}{(m-1)(z-1)}}, \quad s_R = \frac{s_r}{\sqrt{m}} = \sqrt{\frac{\boldsymbol{v}^t\boldsymbol{v}}{m(m-1)(z-1)}} \ .$$

Die gemittelten reduzierten Richtungen werden als unabhängige gleichgenaue „Beobachtungen" in die Koordinatenschätzung eingeführt. Dass diese Vorgehensweise korrekt ist, lässt sich mathematisch nachweisen, worauf hier jedoch verzichtet werden soll. Falls auf verschiedenen Netzpunkten unterschiedliche Anzahlen von Sätzen gemessen wurden, so ist dies bei der Gewichtsfestsetzung zu berücksichtigen. Aus $p \sim 1/s^2$ erhält man mit $s_R^2 = s_r^2/m$ die Stationsgewichte zu $p \sim m$.

Werden *unvollständige Richtungssätze* beobachtet, was in der Praxis möglichst vermieden wird, so erhöht sich der Aufwand für die Stationsausgleichung beträchtlich. Für jede Richtung ist dann eine Beobachtungsgleichung aufzustellen, die folgende einfache Struktur hat:

$$l_{ij} + v_{ij} = r_j - o_i \qquad \begin{array}{ll} i = 1, 2, \ldots, m & \text{Sätze} \\ j = 1, 2, \ldots, z & \text{Ziele,} \end{array}$$

wobei r_j die ausgeglichene Richtung zum j-ten Ziel und o_i die Orientierung des i-ten Satzes bedeutet.

Zusammengefasst ergibt sich daraus das Stichprobenmodell $\boldsymbol{l} + \boldsymbol{v} = \boldsymbol{A}\boldsymbol{x}$, dessen Koeffizientenmatrix $\boldsymbol{A}$ den Rangdefekt $d = 1$ hat. Man liest dies unmittelbar aus den Beobachtungsgleichungen ab, auf deren rechten Seiten stets zwei Unbekannte mit den Koeffizienten $+1$ und -1 stehen. Die Summe der Spalten von $\boldsymbol{A}$ ist daher offensichtlich Null. Es handelt sich hier um ein klassisches Datumproblem, das dadurch begründet ist, dass sich die Richtungsablesungen a_{ij} auf die jeweilige willkürliche Lage des Teilkreisnullstriches beziehen. Ein Referenzsystem für die Richtungen kann auf verschiedenen Wegen eingeführt werden, z. B. durch die Bedingungsgleichung

$$\sum o_i = 0 \quad \text{oder} \quad o_1 = -l_{11} \ ,$$

die als Bestandteil des funktionalen Modells aufzufassen ist und dann zu einer eindeutigen Lösung führt. Natürlich besteht dieses Datumproblem auch bei vollständigen Richtungssätzen. Wegen der Symmetrie des Modells kann dort das Problem durch die Reduzierung der Sätze auf die erste Richtung elegant beseitigt werden.

Die Berechnung der ausgeglichenen Richtungen aus unvollständigen Sätzen kann nicht mehr parallel zu den Messungen durchgeführt werden, da sie mit erheblichem Rechenaufwand verbunden ist. Ein weiterer Nachteil ist, dass zu den Richtungen eine vollbesetzte Kofaktorenmatrix $\boldsymbol{Q}_R$ gehört, deren Inverse bei einer strengen Koordinatenschätzung als Gewichtsmatrix des Richtungssatzes zu berücksichtigen ist.

Ein ähnlich einfaches Schätzproblem entsteht bei der *Additionskonstantenbestimmung* von elektronischen Distanzmessern (EDM) auf einer mehrfach unterteilten Prüfstrecke. Wenn die Strecke aus n Punkten besteht, deren Abstände gemeinsam mit der Additionskonstanten bestimmt werden sollen, so enthält das funktionale Modell $(n-1)$ unbekannte Strecken D_i und eine Additionsunbekannte A. Wird die Messung in allen Kombinationen durchgeführt, so entsteht folgendes System von $n(n-1)/2$ Beobachtungsgleichungen. Nach Einführung von Näherungswerten, z. B. $D_i^0 = l_i^{i+1}$ und $A^0 = 0$, erhält man die endgültige Form des Modells, dessen Designmatrix nur die Koeffizienten $+1$, -1 und 0 enthält. Als Gewichtsmatrix wird in der Regel die Einheitsmatrix benutzt.

Abb. 4.6: Prüfstrecke für Distanzmesser

$$
\begin{array}{l}
l_1^2 + v_1^2 = -A + D_1 \\
l_1^3 + v_1^3 = -A + D_1 + D_2 \\
\vdots \\
l_1^n + v_1^n = -A + D_1 + D_2 + \ldots + D_{n-1} \\
\text{-------------------------------} \\
l_2^3 + v_2^3 = -A \quad + D_2 \\
\vdots \\
l_2^n + v_2^n = -A \quad + D_2 \quad \ldots + D_{n-1} \\
\text{-------------------------------} \\
\vdots \\
l_{n-1}^n + v_{n-1}^n = -A \qquad \ldots + D_{n-1}
\end{array}
\tag{4.20}
$$

4.3.3 Polynommodelle

Bei Geräteuntersuchungen und anderen physikalischen Experimenten geht es oft darum, die Konstanten einer als Polynom modellierten Beziehung zu bestimmen. In vielen Fällen wird die Beziehung als linear postuliert, z. B. Bestimmung der Temperaturausdehnung eines Messbandes, Ermittlung von Additions- und Maßstabskonstanten eines optischen Entfernungsmessers oder Stand und Gang einer Uhr. In anderen Fällen wird ein komplizierter mathematischer oder physikalischer Zusammenhang durch ein Polynom mit einigen wenigen Gliedern approximiert. Bei der Regression werden statistische Beziehungen zwischen beobachteten Größen durch Polynome angenähert, z. B. zwischen Verkehrswert eines Grundstückes und seiner Größe, Lage, Bebaubarkeit, Erschließung, etc. In allgemeiner Form lautet die Beobachtungsgleichung

$$l_i + v_i = a_0 + a_1 t_{1i} + b_1 t_{2i} + \ldots + a_2 t_{1i}^2 + b_2 t_{2i}^2 + \ldots \; . \tag{4.21}$$

Hierbei sind $a_0, a_1, b_1 \ldots, a_2, \ldots$ die unbekannten Parameter und $t_1, t_2, \ldots$ Einflussgrößen (unabhängige Variable), die entweder fehlerfrei mitbeobachtet oder die für das Experiment gewählt werden.

Als Beispiel sei der Fall einer unabhängigen Variablen betrachtet. Die (gekürzten) Beobachtungen werden zweckmäßigerweise zunächst graphisch dargestellt. Die Verteilung der Punkte gibt einen ersten Anhalt, welchen Grad das Polynom haben muss. Wird eine *ausgleichende Gerade* angesetzt, so haben die Parameter a_0 und a_1 der Beobachtungsgleichungen

$$l_i + v_i = a_0 + a_1 t_i$$

folgende Bedeutung: a_0 ist der Abszissenabschnitt, d. h. der Wert der Funktion an der Stelle $t = 0$, und a_1 ist der Anstieg der Geraden, $a_1 = \tan\beta$. Häufig soll sich der Parameter a_0 auf einen Bezugswert $t = t_0 \neq 0$ beziehen. Dann erhält die Beobachtungsgleichung die leicht veränderte Form

$$l_i + v_i = a_0 + a_1(t_i - t_0) = a_0 + a_1\Delta t_i \; .$$

Die Designmatrix $\boldsymbol{A}$ und die Normalgleichungsmatrix $\boldsymbol{N}$ haben bei gleichgenauen unabhängigen Beobachtungen l_i die folgende Form

$$\boldsymbol{A} = \begin{pmatrix} 1 & \Delta t_1 \\ 1 & \Delta t_2 \\ \vdots & \vdots \\ 1 & \Delta t_n \end{pmatrix} ,$$

$$\boldsymbol{A}^t\boldsymbol{A} = \boldsymbol{N} = \begin{pmatrix} n & \Sigma\Delta t \\ \Sigma\Delta t & \Sigma\Delta t^2 \end{pmatrix} ,$$

und für die rechte Seite der NGL erhält man $\boldsymbol{A}^t\boldsymbol{l} = \begin{pmatrix} \Sigma l \\ \Sigma\Delta t \; l \end{pmatrix}$.

An den Koeffizienten erkennt man, dass sich das Gleichungssystem vereinfachen lässt, indem man durch die Wahl des Bezugssystems dafür sorgt, dass $\Sigma\Delta t = 0$ und $\Sigma l = 0$ gelten. Dazu sind $t_0 = \Sigma t/n$ und $l_0 = \Sigma l/n$ zu wählen. Der Punkt mit den Koordinaten t_0, l_0 ist der Schwerpunkt der Punktwolke mit den Koordinaten t_i, l_i. Wird der Ursprung des Koordinatensystems in diesen Punkt gelegt, so lauten die neuen Koordinaten $l'_i = l_i - l_0$ und $t'_i = t_i - t_0$, und das Modell geht über in $l'_i + v_i = a'_0 + a_1 t'_i$. Mit

$$\boldsymbol{N} = \begin{pmatrix} n & 0 \\ 0 & \Sigma t'^2 \end{pmatrix} , \quad \boldsymbol{N}^{-1} = \begin{pmatrix} 1/n & 0 \\ 0 & (\Sigma t'^2)^{-1} \end{pmatrix} ,$$

$$\boldsymbol{A}^t\boldsymbol{l} = \begin{pmatrix} 0 \\ \Sigma t'l' \end{pmatrix} \quad \text{und} \quad \hat{\boldsymbol{x}} = \boldsymbol{N}^{-1}\boldsymbol{A}^t\boldsymbol{l}$$

$$a'_0 = 0 \quad \text{und} \quad \hat{a}_1 = \frac{\Sigma t'l'}{\Sigma t'^2} \; .$$

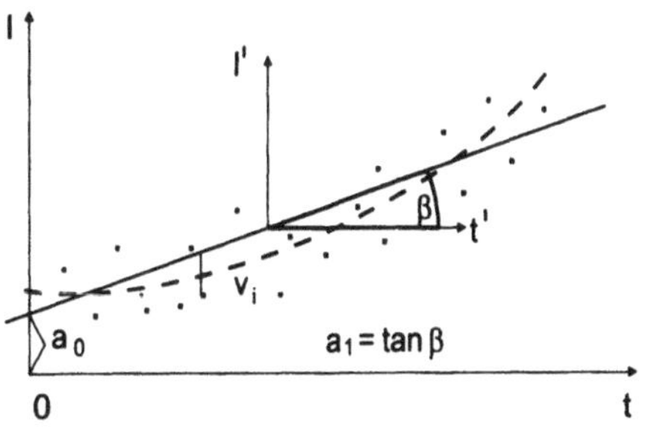

Abb. 4.7: Polynomausgleichung

Wir sehen, dass im Schwerpunktsystem a_0 verschwindet. Daraus folgt, dass die ausgleichende Gerade stets durch den Schwerpunkt geht. Der Parameter a_1, also der Anstieg der Geraden, ist von der Wahl des Koordinatenursprungs unabhängig.
Wenn die Verteilung der Messpunkte um die ausgleichende Gerade systematischen Charakter hat (vgl. Abbildung 4.7), wird man versuchen, durch Hinzunahme weiterer Polynomglieder eine bessere Anpassung des Modells an die Messwerte herbeizuführen:

$$l_i + v_i = a_0 + a_1 t_i + a_2 t_i^2 + \dots \; .$$

Wenn nicht physikalische Argumente für einen bestimmten Grad des Polynoms sprechen, so ist durch Versuchsrechnungen und statistische Tests eine Lösung herbeizuführen, bei der mit einer minimalen Anzahl von Polynomgliedern die funktionale Beziehung zwischen l und t so wiedergegeben wird, dass die Residuen v_i zufällig um das ausgleichende Polynom streuen. Bei Polynomen höheren Grades müssen die Spalten der Matrix $\boldsymbol{A}$ skaliert werden, um numerische Probleme bei der Inversion der Normalgleichungsmatrix zu vermeiden. Das Ziel dieser Maßnahme ist es, zu erreichen, dass alle Koeffizienten der $\boldsymbol{A}$-Matrix von gleicher Größenordnung sind. Dazu kann der Ursprung des Koordinatensystems in den Schwerpunkt verlegt und jede Spalte von $\boldsymbol{A}$ durch ihre Norm (Länge) oder eine geeignete Zehnerpotenz dividiert werden.

4.3.4 Periodische Funktionen

Viele Erscheinungen, die durch Messungen erfasst und durch ein funktionales Modell dargestellt werden sollen, zeigen ein zyklisches Verhalten. Beispiele sind systematische Kreisteilungsfehler, Phasenmessfehler, Kreiselschwingungen, Erdgezeiten und alle Messgrößen wie Temperatur, Luftdruck und Luftfeuchte, die täglichen und jahreszeitlichen Schwankungen unterworfen sind. Kennzeichnend für das periodische Verhalten ist, dass sich die Funktionswerte nach einem bestimmten Zuwachs des Arguments, nach der Periode T, wiederholen. Sei t die Einflussgröße, die fehlerfrei beobachtet bzw. festgelegt wird und $l_i = f(t_i) + \varepsilon_i$ eine Beobachtung der Funktion $f(t)$.
Mit

$$t_i^* = \frac{t_i \text{mod} T}{T} 2\pi$$

kann die beobachtete Funktion als Summe von Sinusfunktionen dargestellt werden

$$l_i + v_i = f(t_i) = a_0 + a_1 \sin(t_i^* + A_1) + a_2 \sin(2t_i^* + A_2) + \dots \; .$$

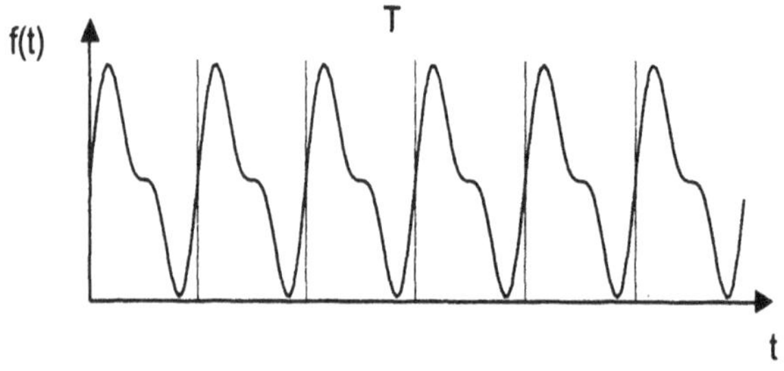

Abb. 4.8: Periodische Funktion

Hierbei sind $a_1, a_2, \ldots$ die Amplituden der Schwingungen und $A_1, A_2, \ldots$ ihre Phasen. Mit Hilfe des Additionstheorems $\sin(\alpha+\beta) = \sin\alpha\cos\beta + \cos\alpha\sin\beta$ kann die Funktion linear formuliert werden

$$\begin{aligned} l_i + v_i = a_0 &+ a_1 \sin t_i^* \cos A_1 \; + a_1 \cos t_i^* \sin A_1 \; + \\ &+ a_2 \sin 2t_i^* \cos A_2 + a_2 \cos 2t_i^* \sin A_2 + \ldots \; . \end{aligned}$$

Man führt nun Hilfsunbekannte ein

$$\begin{array}{ll} x_1 = a_1 \cos A_1, & y_1 = a_1 \sin A_1 \\ x_2 = a_2 \cos A_2, & y_2 = a_2 \sin A_2 \\ \vdots & \vdots \end{array}$$

aus denen nach der Parameterschätzung die ursprünglichen Parameter

$$a_j = \sqrt{x_j^2 + y_j^2}, \quad A_j = \arctan \frac{y_j}{x_j} \tag{4.22}$$

zurückgewonnen werden. Das mathematische Modell hat damit folgende endgültige Form

$$l_i + v_i = a_0 + x_1 \sin t_i^* + y_1 \cos t_i^* + x_2 \sin 2t_i^* + y_2 \cos 2t_i^* + \ldots$$

bzw. in der Matrixdarstellung

$$\begin{aligned} &\boldsymbol{l} + \boldsymbol{v} = \boldsymbol{A}\boldsymbol{x} \quad \text{mit} \quad \boldsymbol{l} = (l_1 \;\; l_2 \;\; \ldots \;\; l_n)^t, \quad \boldsymbol{v} = (v_1 \;\; v_2 \;\; \ldots \;\; v_n)^t \\ &\boldsymbol{x} = (a_0 \;\; x_1 \;\; y_1 \;\; x_2 \;\; y_2 \;\; \ldots \;\; x_{(u-1)/2} \;\; y_{(u-1)/2})^t \end{aligned}$$

und

$$\boldsymbol{A} = \begin{pmatrix} 1 & \sin t_1^* & \cos t_1^* & \sin 2t_1^* & \cos 2t_1^* & \cdots \\ 1 & \sin t_2^* & \cos t_2^* & \sin 2t_2^* & \cos 2t_2^* & \cdots \\ \vdots & & & & \vdots & \\ 1 & \sin t_n^* & \cos t_n^* & \sin 2t_n^* & \cos 2t_n^* & \cdots \end{pmatrix}.$$

Die Beobachtungen sind in der Regel als gleichgenau und unabhängig zu betrachten. Daraus folgt

$$\hat{\boldsymbol{x}} = (\boldsymbol{A}^t\boldsymbol{A})^{-1}\boldsymbol{A}^t\boldsymbol{l}, \quad s^2 = \frac{\boldsymbol{v}^t\boldsymbol{v}}{(n-u)} \; .$$

Die gesuchten Amplituden und Phasen sowie ihre Standardabweichungen erhält man schließlich aus

$$\hat{a}_j^2 = \hat{x}_j^2 + \hat{y}_j^2 \quad \text{und} \quad \tan \hat{A}_j = \frac{\hat{y}_j}{\hat{x}_j}.$$

Bezeichnet man mit $\boldsymbol{y} = (a_0 \;\; a_1 \;\; A_1 \;\; a_2 \;\; A_2 \;\; \ldots)^t$ den Vektor der interessierenden Parameter, so erhält man aus (4.22) mit

$$da_j = \frac{1}{a_j}(x_j dx_j + y_j dy_j), \quad dA_j = \frac{1}{a_j^2}(-y_j dx_j + x_j dy_j)$$

die Koeffizienten der linearen Transformation $\boldsymbol{dy} = \boldsymbol{B dx}$, nämlich

$$\boldsymbol{dy} = (da_0 \ \ da_1 \ \ dA_1 \ \ da_2 \ \ dA_2 \ \ \ldots)^t, \quad \boldsymbol{dx} = (da_0 \ \ dx_1 \ \ dy_1 \ \ dx_2 \ \ dy_2 \ \ \ldots)^t$$

$$\boldsymbol{B} = \begin{pmatrix} 1 & 0 & 0 & 0 & 0 & \ldots 0 \\ 0 & x_1/a_1 & y_1/a_1 & 0 & 0 & \\ 0 & -y_1/a_1^2 & x_1/a_1^2 & 0 & 0 & \\ 0 & 0 & 0 & x_2/a_2 & y_2/a_2 & \\ 0 & 0 & 0 & -y_2/a_2^2 & x_2/a_2^2 & \\ & & & & & \ddots \end{pmatrix}$$

und damit schließlich die Kofaktorenmatrix

$$\boldsymbol{Q}_{\hat{y}} = \boldsymbol{B Q}_{\hat{x}} \boldsymbol{B}^t = \boldsymbol{B}(\boldsymbol{A}^t \boldsymbol{A})^{-1} \boldsymbol{B}^t ,$$

deren Diagonalelemente zur Berechnung der Standardabweichung der geschätzten Amplituden und Phasen benötigt werden.

Der Rechenaufwand kann erheblich reduziert werden, wenn die Messanordnung so gewählt wird, dass die Messstellen t_i gleichen Abstand haben, in gerader Zahl auftreten und ein ganzes Vielfaches der Wellenlänge abdecken. In diesem Spezialfall ergibt sich wegen

$$\begin{aligned} \Sigma \sin kt_i^* \qquad\quad &= \Sigma \cos kt_i^* = 0 \quad \text{und} \\ \Sigma \sin kt_i^* \sin lt_i^* &= \Sigma \cos kt_i^* \cos lt_i^* = \Sigma \sin kt_i^* \cos lt_i^* = 0 \end{aligned}$$

eine diagonale Normalgleichungsmatrix.

4.4 Koordinatenschätzung in Lagenetzen

Die Bestimmung von Lagekoordinaten ist eines der wichtigsten Anwendungsgebiete der Parameterschätzung (Ausgleichungsrechnung) in der Geodäsie. Deshalb soll in den folgenden Abschnitten auf einige Besonderheiten eingegangen werden, die bei der praktischen Durchführung einer Lagenetzausgleichung eine Rolle spielen.

4.4.1 Das mathematische Modell

Wir wollen uns auf den Standardfall der Ausgleichung von Richtungs- und Streckenbeobachtungen beschränken. Aus Abschnitt 4.1.1 Beispiel 14 übernehmen wir die linearisierten Beobachtungsgleichungen:

- Gleichung der Richtungsbeobachtung r_i^k auf P_i nach P_k mit den Richtungskoeffizienten

$$a_i^k := -\frac{\sin(t_i^k)^0}{(d_i^k)^0} \quad \text{und} \quad b_i^k := +\frac{\cos(t_i^k)^0}{(d_i^k)^0}$$

in denen $(t_i^k)^0$ der genäherte Richtungswinkel und $(d_i^k)^0$ die genäherte Strecke ist (aus Näherungskoordinaten berechnet).

$$r_i^k = (t_i^k)^0 - (O_i^0 + o_i) - a_i^k x_i - b_i^k y_i + a_i^k x_k + b_i^k y_k + \varepsilon_i^k,$$
$$l_i^k = -a_i^k x_i - b_i^k y_i + a_i^k x_k + b_i^k y_k - o_i + \varepsilon_i^k, \text{ mit}$$
$$l_i^k := r_i^k - (t_i^k)^0 + O_i^0 \quad \text{als gekürzte Beobachtung.}$$

O_i^0 ist die genäherte Orientierungsunbekannte des Richtungssatzes auf P_i (vergl. Abb. 4.2).

- Gleichung der Streckenbeobachtung d_i^k auf P_i nach P_k mit den Streckenkoeffizienten:

$$a_i^k := +\cos(t_i^k)^0 \quad \text{und} \quad b_i^k := +\sin(t_i^k)^0$$
$$d_i^k = (d_i^k)^0 - (A^0 + a) - (d_i^k)^0(M^0 + m) - a_i^k x_i - b_i^k y_i + a_i^k x_k + b_i^k y_k + \varepsilon_i^k$$
$$l_i^k = -a_i^k x_i - b_i^k y_i + a_i^k x_k + b_i^k y_k - a - (d_i^k)^0 m + \varepsilon_i^k, \text{ mit}$$
$$l_i^k := d_i^k - (d_i^k)^0 + A^0 + (d_i^k)^0 M^0 \quad \text{als gekürzte Beobachtung.}$$

A ist die Additionsunbekannte und M der Maßstabskorrekturfaktor des benutzten Entfernungsmessers, mit Maßstab $1 + M$.

Diese Gleichungen bilden das GAUSS-MARKOV-Modell der Beobachtungsreihe

$$\boldsymbol{l} = \boldsymbol{A}\boldsymbol{x} + \boldsymbol{\varepsilon}, \ \boldsymbol{P} \, .$$

Für die Anordnung der Elemente des Modells soll folgende Vereinbarung gelten: Der Vektor $\boldsymbol{l}$ enthält zunächst, satzweise geordnet, die Richtungen und danach, geordnet nach benutzten Entfernungsmessern, die Strecken. Im Vektor $\boldsymbol{x}$ stehen zunächst die Koordinaten in der Reihenfolge x_i, y_i und am Ende die Orientierungsunbekannten, gefolgt von a und m in der Reihenfolge der Entfernungsmesser. Für die praktische Durchführung der Berechnungen ergibt sich bei einer Netzverdichtung bzw. -erweiterung eine etwas andere Vorgehensweise als bei einem freien Netz.

Wir sprechen von *Netzverdichtung*, wenn die Positionen von zwei oder mehr Punkten vorgegeben sind und beibehalten werden sollen. Durch diese Festpunkte wird dann das Koordinatensystem eingeführt, in dem die Positionen der Neupunkte bestimmt werden. Die Beobachtungsgleichungen enthalten nur die Koordinaten der Neupunkte und die Hilfsunbekannten. Eine Beobachtung zwischen zwei Neupunkten besitzt also vier Koordinatenunbekannte, zwischen einem Festpunkt und einem Neupunkt zwei Koordinatenunbekannte und zwischen zwei Festpunkten nur die Hilfsunbekannten.

Der einfachste Fall der Netzverdichtung ist die überbestimmte Einzelpunktschaltung durch Vorwärts- oder Rückwärtseinschneiden.

Beim *freien Netz* werden alle durch Beobachtungen verknüpften Punkte wie Neupunkte behandelt. Daraus folgt, dass jede Beobachtungsgleichung neben den Hilfsunbekannten genau vier unbekannte Koordinaten enthält. Das Referenzsystem muss durch externe

Vorgaben (das geodätische Datum) festgelegt werden. In den Abschnitten 4.1.3 und 4.2.5 ist dieses Problem mit seinen Lösungsmöglichkeiten ausführlich dargestellt. Die für die praktische Koordinatenschätzung geeignetste Vorgehensweise sei noch einmal kurz zusammengestellt. Das Datum wird durch die Näherungskoordinaten von k Neupunkten eingeführt, und zwar unter der Forderung, dass die Summe der Varianzen der $2k$ Koordinaten dieser Punkte ein Minimum annimmt. Enthält das Netz p Punkte, so kann $2 \leq k \leq p$ gewählt werden. Für $k = 2$ werden die Näherungskoordinaten der beiden ausgewählten Punkte beibehalten und die zugehörigen vier Varianzen nehmen den Wert Null an. Die datumgebenden Bedingungsgleichungen lauten

$$\boldsymbol{R}^t\boldsymbol{x} - \boldsymbol{g} = \boldsymbol{0} \quad \text{mit} \quad \boldsymbol{R} = \boldsymbol{Z}\boldsymbol{B} \,.$$

$\boldsymbol{B}$ wird aus der Matrix $\boldsymbol{B}_0$ abgeleitet

$$\boldsymbol{B}_0^t = \begin{pmatrix} 1 & 0 & 1 & 0 & \cdots & 1 & 0 \\ 0 & 1 & 0 & 1 & \cdots & 0 & 1 \\ Y_1^0 & -X_1^0 & Y_2^0 & -X_2^0 & \cdots & Y_p^0 & -X_p^0 \\ X_1^0 & Y_1^0 & X_2^0 & Y_2^0 & \cdots & X_p^0 & Y_p^0 \end{pmatrix},$$

indem die Näherungskoordinaten auf den Schwerpunkt bezogen werden,

$$\bar{X}_i^0 = X_i^0 - \frac{\Sigma X_i^0}{p}$$

$$\bar{Y}_i^0 = Y_i^0 - \frac{\Sigma Y_i^0}{p},$$

und anschließend eine Normierung der Zeilenvektoren durchgeführt wird, so dass $\boldsymbol{b}_j^t\boldsymbol{b}_j = 1$ gilt.
Die Matrix $\boldsymbol{Z}$ ist die Zeigermatrix. Sie entsteht aus der Einheitsmatrix, indem man an den Stellen die Einsen durch Nullen ersetzt, die mit Punkten korrespondieren, die nicht bei der Datumsfestlegung mitwirken sollen. Enthält das Modell Strecken, und sollen diese dem Netz den Maßstab geben, so ist die letzte Zeile von $\boldsymbol{B}_0^t$ bzw. $\boldsymbol{B}^t$ zu streichen.

Das Normalgleichungssystem nimmt folgende Form an

$$\begin{pmatrix} \boldsymbol{A}^t\boldsymbol{P}\boldsymbol{A} & \boldsymbol{R} \\ \boldsymbol{R}^t & \boldsymbol{0} \end{pmatrix} \begin{pmatrix} \hat{\boldsymbol{x}} \\ \boldsymbol{k} \end{pmatrix} - \begin{pmatrix} \boldsymbol{A}^t\boldsymbol{P}\boldsymbol{l} \\ \boldsymbol{g} \end{pmatrix} = \boldsymbol{0} \,.$$

Es hat vollen Rang und führt auf die Lösung

$$\hat{\boldsymbol{x}} = \boldsymbol{Q}_{11}\boldsymbol{A}^t\boldsymbol{P}\boldsymbol{l} + \boldsymbol{Q}_{12}\boldsymbol{g}$$

$$\boldsymbol{Q}_{11} = \boldsymbol{Q}_{\hat{x}} = (\boldsymbol{N} + \boldsymbol{R}\boldsymbol{R}^t)^{-1}\boldsymbol{N}(\boldsymbol{N} + \boldsymbol{R}\boldsymbol{R}^t)^{-1}$$

$$\boldsymbol{Q}_{12} = \boldsymbol{Q}_{21}^t = (\boldsymbol{N} + \boldsymbol{R}\boldsymbol{R}^t)^{-1}\boldsymbol{R}, \quad \boldsymbol{N} = \boldsymbol{A}^t\boldsymbol{P}\boldsymbol{A} \,.$$

4.4.2 Elimination von Hilfsunbekannten

Um Speicherplatz zu sparen und das Modell übersichtlicher zu machen, ist es bei großen Netzen zweckmäßig, die Hilfsunbekannten in einem ersten Rechenschritt zu eliminieren.

Bei kleineren Netzen und bei Punkteinschaltungen besteht dieser Zwang nicht, trotzdem wird auch hier in aller Regel die Elimination zumindest der Orientierungsunbekannten vorgenommen, um ein kompakteres mathematisches Modell zu erhalten. Es sei wie vorher angenommen, dass die zu eliminierenden Hilfsunbekannten am Ende des Parametervektors angeordnet sind. Es ergibt sich dann folgende Zerlegung des mathematischen Modells

$$\boldsymbol{l} = (\boldsymbol{A}_1 \boldsymbol{A}_2)\begin{pmatrix}\boldsymbol{x}\\ \boldsymbol{y}\end{pmatrix} + \boldsymbol{\varepsilon}$$

mit $\boldsymbol{x} = (x_1 \;\; x_2 \;\; \dots \;\; x_p)^t$ Koordinatenunbekannte

$\boldsymbol{y} = (y_1 \;\; y_2 \;\; \dots \;\; y_q)^t$ Hilfsparameter, $p + q = u$.

Für gleichgenaue (homogenisierte) Beobachtungen lauten die NGL

$$\begin{aligned} &\boldsymbol{N}_{11}\hat{\boldsymbol{x}} + \boldsymbol{N}_{12}\hat{\boldsymbol{y}} - \boldsymbol{A}_1^t\boldsymbol{l} = \boldsymbol{0}, \quad \boldsymbol{N}_{ij} = \boldsymbol{A}_i^t\boldsymbol{A}_j = \boldsymbol{N}_{ji}^t \\ &\boldsymbol{N}_{21}\hat{\boldsymbol{x}} + \boldsymbol{N}_{22}\hat{\boldsymbol{y}} - \boldsymbol{A}_2^t\boldsymbol{l} = \boldsymbol{0} . \end{aligned}$$

Unter der Voraussetzung, dass $\boldsymbol{N}_{22}^{-1}$ existiert, kann die zweite Gleichung links mit $\boldsymbol{N}_{12}\boldsymbol{N}_{22}^{-1}$ multipliziert

$$\boldsymbol{N}_{12}\boldsymbol{N}_{22}^{-1}\boldsymbol{N}_{21}\hat{\boldsymbol{x}} + \boldsymbol{N}_{12}\hat{\boldsymbol{y}} - \boldsymbol{N}_{12}\boldsymbol{N}_{22}^{-1}\boldsymbol{A}_2^t\boldsymbol{l} = \boldsymbol{0}$$

und von der ersten subtrahiert werden

$$(\boldsymbol{N}_{11} - \boldsymbol{N}_{12}\boldsymbol{N}_{22}^{-1}\boldsymbol{N}_{21})\hat{\boldsymbol{x}} - (\boldsymbol{A}_1^t - \boldsymbol{N}_{12}\boldsymbol{N}_{22}^{-1}\boldsymbol{A}_2^t)\boldsymbol{l} = \boldsymbol{0} . \tag{4.23}$$

Das reduzierte NGL-System enthält jetzt nur noch die interessierenden Parameter $\hat{\boldsymbol{x}}$. Für die praktische Durchführung der Schätzung ist die dargestellte Teilreduktion des NGL-Systems kaum von Vorteil, da nennenswerter Rechenaufwand und Speicherplatz nicht eingespart wird. Dies wird dadurch erzielt, dass unter Ausnutzung der speziellen Strukturen des Modells $\boldsymbol{A}\hat{\boldsymbol{x}} = \boldsymbol{v} + \boldsymbol{l}$ eine Modifikation bzw. Transformation durchgeführt wird, wonach beim Bilden der NGL sogleich das reduzierte System entsteht. Um dies zu zeigen, wird das reduzierte NGL-System zunächst umformuliert

$$\begin{aligned} (\boldsymbol{A}_1^t\boldsymbol{A}_1 - \boldsymbol{A}_1^t\boldsymbol{A}_2(\boldsymbol{A}_2^t\boldsymbol{A}_2)^{-1}\boldsymbol{A}_2^t\boldsymbol{A}_1)\hat{\boldsymbol{x}} - (\boldsymbol{A}_1^t - \boldsymbol{A}_1^t\boldsymbol{A}_2(\boldsymbol{A}_2^t\boldsymbol{A}_2)^{-1}\boldsymbol{A}_2^t)\boldsymbol{l} &= \boldsymbol{0} \\ \boldsymbol{A}_1^t(\boldsymbol{I} - \boldsymbol{A}_2(\boldsymbol{A}_2^t\boldsymbol{A}_2)^{-1}\boldsymbol{A}_2^t)\boldsymbol{A}_1\hat{\boldsymbol{x}} - \boldsymbol{A}_1^t(\boldsymbol{I} - \boldsymbol{A}_2(\boldsymbol{A}_2^t\boldsymbol{A}_2)^{-1}\boldsymbol{A}_2^t)\boldsymbol{l} &= \boldsymbol{0} . \end{aligned}$$

Die in Klammern stehende Matrix $(\boldsymbol{I} - \boldsymbol{A}_2(\boldsymbol{A}_2^t\boldsymbol{A}_2)^{-1}\boldsymbol{A}_2^t)$ ist symmetrisch und, wie man leicht zeigen kann, idempotent.

$$(\boldsymbol{I} - \boldsymbol{A}_2(\boldsymbol{A}_2^t\boldsymbol{A}_2)^{-1}\boldsymbol{A}_2^t)(\boldsymbol{I} - \boldsymbol{A}_2(\boldsymbol{A}_2^t\boldsymbol{A}_2)^{-1}\boldsymbol{A}_2^t) = \boldsymbol{I} - \boldsymbol{A}_2(\boldsymbol{A}_2^t\boldsymbol{A}_2)^{-1}\boldsymbol{A}_2^t .$$

Wird nun das Teilmodell $\boldsymbol{A}_1\hat{\boldsymbol{x}} = \boldsymbol{l} + \tilde{\boldsymbol{v}}$ mit dieser Matrix transformiert, so entsteht ein neues Modell

$$(\boldsymbol{I} - \boldsymbol{A}_2(\boldsymbol{A}_2^t\boldsymbol{A}_2)^{-1}\boldsymbol{A}_2^t)\boldsymbol{A}_1\hat{\boldsymbol{x}} = (\boldsymbol{I} - \boldsymbol{A}_2(\boldsymbol{A}_2^t\boldsymbol{A}_2)^{-1}\boldsymbol{A}_2^t)\boldsymbol{l} + \tilde{\boldsymbol{v}}$$

bzw.

$$\tilde{\boldsymbol{A}}_1\hat{\boldsymbol{x}} = \tilde{\boldsymbol{l}} + \tilde{\boldsymbol{v}},$$

dessen NGL mit dem reduzierten System (4.23) identisch sind.

$$\begin{aligned}\tilde{\boldsymbol{A}}_1^t\tilde{\boldsymbol{A}}_1 &= \boldsymbol{A}_1^t(\boldsymbol{I} - \boldsymbol{A}_2(\boldsymbol{A}_2^t\boldsymbol{A}_2)^{-1}\boldsymbol{A}_2^t)\boldsymbol{A}_1\\ \tilde{\boldsymbol{A}}_1^t\tilde{\boldsymbol{l}}_1 &= \boldsymbol{A}_1^t(\boldsymbol{I} - \boldsymbol{A}_2(\boldsymbol{A}_2^t\boldsymbol{A}_2)^{-1}\boldsymbol{A}_2^t)\boldsymbol{l}.\end{aligned}$$

Diese Transformation des Systems der Beobachtungsgleichungen ist dann von Vorteil, wenn die Transformationsmatrix, die auch *reduzierende Gewichtsmatrix* genannt wird, nicht explizit aufgestellt werden muss. Eine Bedingung dafür ist, dass $\boldsymbol{A}_2^t\boldsymbol{A}_2$ eine Diagonalmatrix ist, so dass die Inverse sofort angegeben werden kann. Dies tritt auf, wenn die Spalten von $\boldsymbol{A}_2$ orthogonal aufeinander stehen, was insbesondere dann gewährleistet ist, wenn in jeder Beobachtungsgleichung nur eine der zu eliminierenden Hilfsunbekannten steht und die Beobachtungen, wie oben vereinbart, geordnet sind. Die Transformationsmatrix nimmt dann folgende Struktur an

$$\begin{pmatrix}\boldsymbol{I}_1 & & & \\ & \boldsymbol{I}_2 & & \\ & & \ddots & \\ & & & \boldsymbol{I}_q\end{pmatrix} - \begin{pmatrix}\frac{\boldsymbol{a}_{21}\boldsymbol{a}_{21}^t}{\boldsymbol{a}_{21}^t\boldsymbol{a}_{21}} & & & \\ & \frac{\boldsymbol{a}_{22}\boldsymbol{a}_{22}^t}{\boldsymbol{a}_{22}^t\boldsymbol{a}_{22}} & & \\ & & \ddots & \\ & & & \frac{\boldsymbol{a}_{2q}\boldsymbol{a}_{2q}^t}{\boldsymbol{a}_{2q}^t\boldsymbol{a}_{2q}}\end{pmatrix}$$

wobei $\boldsymbol{a}_{2i}$ die von Null verschiedenen Elemente der i-ten Spalte von $\boldsymbol{A}_2$ enthält. Die Blockstruktur zeigt, dass die Transformation in q Einzeltransformationen zerfällt, die unabhängig voneinander sind und nur auf die Beobachtungsgleichungen wirken, in denen die gerade betrachtete Hilfsunbekannte auftritt. Eine weitere Vereinfachung bei der Durchführung der Transformation ergibt sich in dem Spezialfall, dass die von Null verschiedenen Koeffizienten der Hilfsunbekannten alle den Wert 1 haben. Dies ist insbesondere bei Orientierungsunbekannten und Additionskonstanten der Fall. Die Matrix $\boldsymbol{a}_{2i}\boldsymbol{a}_{2i}^t$ enthält dann nur Einsen und $\boldsymbol{a}_{2i}^t\boldsymbol{a}_{2i} = \nu_i$ ist die Anzahl der Gleichungen, in denen die Hilfsunbekannte y_i auftritt. Die Transformation

$$\bar{\boldsymbol{A}}_1 = (\boldsymbol{I}_i - \frac{1}{\nu_i}\boldsymbol{a}_{2i}\boldsymbol{a}_{2i}^t)\boldsymbol{A}_1$$

zur Elimination von y_1 erfolgt dann auf einfache Weise, indem man nur die ν_i Gleichungen betrachtet, in denen y_i vorkommt. Die Koeffizienten dieser Gleichungen werden spaltenweise aufaddiert und durch Division mit ν_i gemittelt. Diese mittleren Koeffizienten werden danach von den einzelnen Koeffizienten von $\boldsymbol{A}_1$ subtrahiert. Auf dieselbe Weise wird

$$\bar{\boldsymbol{l}} = (\boldsymbol{I}_i - \frac{1}{\nu_i}\boldsymbol{a}_{2i}\boldsymbol{a}_{2i}^t)\boldsymbol{l}$$

gebildet, d. h. von den betroffenen Beobachtungen wird die mittlere Beobachtung dieser Gruppe abgezogen. Betrachten wir z. B. den i-ten Richtungssatz, der aus den Beobachtungen $l_{i1}, l_{i2}, \ldots, l_{i\nu_i}$ besteht:

$$\begin{array}{ccccccccccccc}
a_{i11}\hat{x}_1 & + & a_{i12}\hat{x}_2 & + & \cdots & + & a_{i1p}\hat{x}_p & + & \hat{y}_i & - & l_{i1} & = & v_{i1} \\
a_{i21}\hat{x}_1 & + & a_{i22}\hat{x}_2 & + & \cdots & + & a_{i2p}\hat{x}_p & + & \hat{y}_i & - & l_{i2} & = & v_{i2} \\
\vdots & & & & & & & & & & & & \vdots \\
a_{i\nu_i1}\hat{x}_1 & + & a_{i\nu_i2}\hat{x}_2 & + & \cdots & + & a_{i\nu_ip}\hat{x}_p & + & \hat{y}_i & - & l_{i\nu_i} & = & v_{i\nu_i}.
\end{array}$$

Nach Elimination von $\hat{y}_i$ lauten die reduzierten Beobachtungsgleichungen:

$$\begin{array}{ccccccccccc}
\bar{a}_{i11}\hat{x}_1 & + & \bar{a}_{i12}\hat{x}_2 & + & \cdots & + & \bar{a}_{i1p}\hat{x}_p & - & \bar{l}_{i1} & = & v_{i1} \\
\bar{a}_{i21}\hat{x}_1 & + & \bar{a}_{i22}\hat{x}_2 & + & \cdots & + & \bar{a}_{i2p}\hat{x}_p & - & \bar{l}_{i2} & = & v_{i2} \\
\vdots & & & & & & & & & & \vdots \\
\bar{a}_{i\nu_i1}\hat{x}_1 & + & \bar{a}_{i\nu_i2}\hat{x}_2 & + & \cdots & + & \bar{a}_{i\nu_ip}\hat{x}_p & - & \bar{l}_{i\nu_i} & = & v_{i\nu_i}
\end{array}$$

mit $\quad \bar{a}_{ijk} = a_{ijk} - \frac{1}{\nu_i}\sum_{j=1}^{\nu_i} a_{ijk} \quad$ und $\quad \bar{l}_{ij} = l_{ij} - \frac{1}{\nu_i}\sum_{j=1}^{\nu_i} l_{ij}.$

Die Verbesserungen bleiben wegen $\boldsymbol{a}_i^t \boldsymbol{v} = 0$ von der Elimination unberührt. In derselben Weise werden nacheinander alle Orientierungs- und Additionsunbekannten eliminiert.

Eine Variante dieses Eliminationsverfahrens erhält man, indem man die Gruppe der Beobachtungsgleichungen, aus der die Hilfsunbekannte $\hat{y}_i$ eliminiert werden soll, um eine Summengleichung mit dem Gewicht $p_i = -1/\nu_i$ erweitert. Diese sogenannte SCHREIBERsche Gleichung führt ebenfalls direkt zum reduzierten NGL-System:

$$\begin{pmatrix} \boldsymbol{A}_1 \\ \boldsymbol{a}_{2i}^t \boldsymbol{A}_1 \end{pmatrix} \hat{\boldsymbol{x}} = \begin{pmatrix} \boldsymbol{l} \\ \boldsymbol{a}_{2i}^t \boldsymbol{l} \end{pmatrix} + \begin{pmatrix} \boldsymbol{v} \\ 0 \end{pmatrix}, \quad p_i = -\frac{1}{\nu_i}, \quad \boldsymbol{P} = \boldsymbol{I} \,,$$

wobei wieder vorausgesetzt wurde, dass der Koeffizientenvektor $\boldsymbol{a}_{2i}$, der zu der Hilfsunbekannten $\hat{y}_i$ gehört, nur Nullen und Einsen enthält und somit ein Summationsvektor ist, der genau auf die ν_i Gleichungen wirkt, die $\hat{y}_i$ enthalten. Die Bildung der NGL führt auf

$$(\boldsymbol{A}_1^t \boldsymbol{A}_1 - \frac{1}{\nu_i} \boldsymbol{A}_1^t \boldsymbol{a}_{2i} \boldsymbol{a}_{2i}^t \boldsymbol{A}_1)\hat{\boldsymbol{x}} - (\boldsymbol{A}_1^t - \frac{1}{\nu_i} \boldsymbol{A}_1^t \boldsymbol{a}_{2i} \boldsymbol{a}_{2i}^t)\boldsymbol{l} = \boldsymbol{0}$$

in Übereinstimmung mit dem früheren Ergebnis.

4.4.3 Genauigkeitsmaße in der Ebene

In Abschnitt 4.2.4 wurden die empirischen Varianz-Kovarianz-Matrizen des Parametervektors $\hat{\boldsymbol{x}}$ und verschiedener Funktionen von $\hat{\boldsymbol{x}}$ abgeleitet. Da diese im Allgemeinen recht großen Matrizen schwer zu überblicken und zu interpretieren sind, muss versucht werden, die wesentliche Information auf einfache Weise darzustellen. Zuerst muss jedoch vollständige Klarheit darüber gewonnen werden, worauf sich die Streuungsmaße beziehen. Wurde das GMM so formuliert, dass die Parameter durch die Beobachtungen vollständig bestimmbar sind, so geben die empirischen Streuungsmaße richtigerweise die aus den Messabweichungen herrührende Unsicherheit der Schätzwerte an.

In Abschnitt 4.1.3 wurde ausführlich dargelegt, dass bei den Standardproblemen der Geodäsie, der Bestimmung von Höhen- und Lagenetzen, die Beobachtungen allein nicht ausreichen, die Parameter zu bestimmen. Es ist zusätzlich durch Festlegung eines geodätischen Datums ein Referenzsystem zu definieren. Die VKM $\boldsymbol{S}_{\hat{x}} = s_0^2\boldsymbol{Q}_{\hat{x}}$ hängt dann in starkem Maße davon ab, wie das Datum gewählt wird. Wird das Koordinatensystem durch Vorgabe einiger Parameter eingeführt, z. B. bei einem freien Netz durch genau $d = n - r(\boldsymbol{A})$ Parameter oder bei einem angeschlossenen Netz durch die unveränderlichen Festpunkte, so beziehen sich alle Streuungsmaße auf diese fehlerfreien Datumsgrößen. Sie sind dann relative Genauigkeitsmaße, die stets mit Bezug auf das geodätische Datum beurteilt werden müssen. Wird das Datum über alle Näherungsparameter eingeführt, die Zeigermatrix $\boldsymbol{Z}$ nach (4.17) ist dann die Einheitsmatrix, so erhält man die sogenannte *innere VKM*, die ohne äußeren Zwang die Genauigkeitsverhältnisse angibt, die sich aus Messgenauigkeit und Netzkonfiguration ergeben.

Als *lokale* oder punktbezogene Genauigkeitsmaße in der Ebene werden häufig die mittlere Fehlerellipse oder der HELMERTsche Punktfehler benutzt. Wenn s_x und s_y die Standardabweichungen der Koordinaten $\hat{x}$ und $\hat{y}$ eines Punktes sind, so erhält man den *mittleren (*HELMERT*schen) Punktfehler* aus

$$s_p = \sqrt{s_x^2 + s_y^2} = s_0\sqrt{q_{xx} + q_{yy}}$$

wobei q_{xx} und q_{yy} die Diagonalelemente von $\boldsymbol{Q}_{\hat{x}}$ sind, die sich auf den betrachteten Punkt beziehen. Dieses recht einfach zu berechnende Fehlermaß ist jedoch nicht sehr aussagefähig, da die Kovarianz s_{xy} unberücksichtigt bleibt und keine Angabe über die Wahrscheinlichkeit möglich ist, mit der der wahre Punkt innerhalb des Kreises mit Radius s_p um die geschätzte Position liegt. Betrachtet man das Koordinatenpaar $\hat{x}, \hat{y}$ eines Punktes P als zweidimensionale normalverteilte Zufallsvariable im Sinne von Abschnitt 2.2.4, so kann man dort entnehmen, dass die Linien gleicher Wahrscheinlichkeitsdichte für die Punktlagen Ellipsen sind, die durch die quadratische Form

$$q = (\hat{\boldsymbol{x}} - \boldsymbol{x})^t \boldsymbol{\Sigma}_{\hat{x}}^{-1} (\hat{\boldsymbol{x}} - \boldsymbol{x}) = c$$

gegeben sind. Diese Ellipsen sind eindeutig durch ihre Halbachsen und ihre Orientierung beschreibbar. Wir erhalten die *mittlere Fehlerellipse*, wenn wir $c = 1$ wählen und $\boldsymbol{\Sigma}_{\hat{x}}$ durch $\boldsymbol{S}_{\hat{x}}$ ersetzen. Die Ellipse wird dann durch die Gleichung

$$(\hat{\boldsymbol{x}} - \boldsymbol{x})^t \boldsymbol{Q}_{\hat{x}}^{-1} (\hat{\boldsymbol{x}} - \boldsymbol{x}) = s_0^2$$

festgelegt. Ihr Achsensystem entspricht den Eigenachsen der Matrix $\boldsymbol{Q}_{\hat{x}}$ und kann folglich durch eine Eigenwertzerlegung dieser Matrix ermittelt werden. Aus der Eigenwertdarstellung

$$(\boldsymbol{Q}_{\hat{x}} - \lambda_i \boldsymbol{I})\boldsymbol{s}_i = \boldsymbol{0} \qquad i = 1, 2\,, \tag{4.24}$$

in der $\boldsymbol{Q}_{\hat{x}}$ die zum beobachteten Punkt P gehörende 2×2-Kofaktorenmatrix und λ_i ein Eigenwert ist sowie $\boldsymbol{s}_i$ die korrespondierende Eigenrichtung bedeutet, erhält man das charakteristische Polynom

$$\det\begin{pmatrix} q_{xx}-\lambda_i & q_{xy} \\ q_{yx} & q_{yy}-\lambda_i \end{pmatrix} = 0 = (q_{xx}-\lambda_i)(q_{yy}-\lambda_i) - q_{xy}^2 \,,$$

das die beiden Wurzeln

$$\begin{aligned} \lambda_1 &= (q_{xx}+q_{yy}+z)/2 \\ \lambda_2 &= (q_{xx}+q_{yy}-z)/2, \end{aligned} \qquad z^2 = (q_{xx}-q_{yy})^2 + 4q_{xy}^2$$

besitzt. Einsetzen in Gleichung (4.24) ergibt

$$\begin{aligned} (q_{xx}-\lambda_i)s_{i1} + q_{xy}s_{i2} &= 0 \\ q_{xy}s_{i1} + (q_{yy}-\lambda_i)s_{i2} &= 0, \end{aligned} \qquad i = 1,2$$

Dieses Gleichungssystem ist nach den Komponenten s_{i1}, s_{i2} der Eigenrichtungen aufzulösen. Da s_{i1} in x-Richtung und s_{i2} in y-Richtung des Koordinatensystems weist, gilt für die Eigenrichtungen α_i im Sinne des Richtungswinkels

$$\tan\alpha_i = \frac{s_{i2}}{s_{i1}} \,.$$

Es genügt also, den Quotienten $\tan\alpha_i$ aus den Gleichungen zu bestimmen, für den es zwei Lösungen gibt:

$$\begin{aligned} (q_{xx}-\lambda_i) + q_{xy}\tan\alpha_i = 0 &\Rightarrow \tan\alpha_i = -\frac{q_{xx}-\lambda_i}{q_{xy}} \,, \\ q_{xy} + (q_{yy}-\lambda_i)\tan\alpha_i = 0 &\Rightarrow \tan\alpha_i = -\frac{q_{xy}}{q_{yy}-\lambda_i} \,. \end{aligned} \tag{4.25}$$

Mit Hilfe der Beziehung

$$\tan 2\alpha = \frac{2\tan\alpha}{1-\tan^2\alpha}$$

kann eine von λ_i freie Darstellung für α gefunden werden. Aus den Gleichungen (4.25) folgen

$$\tan^2\alpha_i = \frac{q_{xx}-\lambda_i}{q_{xy}} \cdot \frac{q_{xy}}{q_{yy}-\lambda_i} = \frac{q_{xx}-\lambda_i}{q_{yy}-\lambda_i}$$

und $$1-\tan^2\alpha_i = \frac{q_{yy}-\lambda_i}{q_{yy}-\lambda_i} - \frac{q_{xx}-\lambda_i}{q_{yy}-\lambda_i} = \frac{q_{yy}-q_{xx}}{q_{yy}-\lambda_i}$$

somit $$\tan 2\alpha = \frac{2q_{xy}}{q_{yy}-\lambda_i} \Big/ \frac{q_{yy}-q_{xx}}{q_{yy}-\lambda_i} = \frac{2q_{xy}}{q_{yy}-q_{xx}}.$$

Da $\tan\alpha = \tan(\alpha+\pi)$ gilt und die Gleichung offensichtlich beide Eigenrichtungen darstellt, muss $\alpha_1 + 100\,\text{gon} = \alpha_2$ sein. Werden die Vorzeichen in Zähler und Nenner korrekt beachtet, so ergibt

$$\alpha_1 = \frac{1}{2}\arctan\frac{2q_{xy}}{q_{xx}-q_{yy}}$$

die Richtung der größeren Halbachse a_1 und $\alpha_2 = \alpha_1 + 100$ die Richtung der kleineren Halbachse a_2 der Fehlerellipse. Die Halbachsen selbst folgen aus

$$a_i = s_0\sqrt{\lambda_i}\ .$$

Die kanonische Gleichung der Ellipse lautet

$$\frac{\xi^2}{a_1^2} + \frac{\eta^2}{a_2^2} = 1\ .$$

Hierbei ist das ξ, η-System das um α_1 gegen das x, y-Koordinatensystem verdrehte Eigensystem der Ellipse. Zur Veranschaulichung der vorstehenden Ableitung sei noch einmal die Eigenwertzerlegung (4.24) von $\boldsymbol{Q}_{\hat{x}}$ betrachtet, die zusammenfassend als

$$\begin{aligned} &\boldsymbol{Q}_{\hat{x}}\boldsymbol{S} - \boldsymbol{S}\boldsymbol{\Lambda} = \boldsymbol{0} \\ &\boldsymbol{S}^t\boldsymbol{Q}_{\hat{x}}\boldsymbol{S} - \boldsymbol{\Lambda} = \boldsymbol{0}, \quad \boldsymbol{S}^t\boldsymbol{S} = \boldsymbol{S}\boldsymbol{S}^t = \boldsymbol{I} \end{aligned}$$

dargestellt werden kann, wobei die Orthogonalität der Eigenvektoren $\boldsymbol{s}_i$ berücksichtigt und ihre Normierung, $\boldsymbol{s}_i^t\boldsymbol{s}_i = 1$, angenommen wurde. Sei nun

$$\boldsymbol{S}^t\begin{pmatrix} x \\ y \end{pmatrix} = \begin{pmatrix} \xi \\ \eta \end{pmatrix} = \begin{pmatrix} x\cos\alpha_1 + y\sin\alpha_1 \\ -x\sin\alpha_1 + y\cos\alpha_1 \end{pmatrix}$$

die Transformation (Drehung) vom x, y-System in das ξ, η-System, so folgt für die Kofaktorenmatrix

$$\boldsymbol{Q}_{\xi\eta} = \boldsymbol{S}^t\boldsymbol{Q}_{xy}\boldsymbol{S} = \boldsymbol{S}^t\boldsymbol{Q}_{\hat{x}}\boldsymbol{S} = \boldsymbol{\Lambda}$$

bzw.

$$\begin{aligned} q_{\xi\xi} &= \boldsymbol{s}_1^t\boldsymbol{Q}_{\hat{x}}\boldsymbol{s}_1 = \lambda_1 \\ q_{\eta\eta} &= \boldsymbol{s}_2^t\boldsymbol{Q}_{\hat{x}}\boldsymbol{s}_2 = \lambda_2 \\ q_{\xi\eta} &= \boldsymbol{s}_1^t\boldsymbol{Q}_{\hat{x}}\boldsymbol{s}_2 = 0\ . \end{aligned}$$

Das Eigensystem von $\boldsymbol{Q}_{\hat{x}}$ ist dadurch gekennzeichnet, dass ξ die Richtung der maximalen Varianz (große Halbachse der Ellipse) und η die Richtung der minimalen Varianz der Punktlage (kleine Halbachse) angibt. Die Kovarianz zwischen ξ und η ist Null. Soll noch die Varianz der Punktlage in einer beliebigen Richtung t angegeben werden, so ist diese am einfachsten zu ermitteln, indem das Koordinatensystem um den Winkel t gedreht wird. Sei diese neue Achse mit $\bar{x}$ bezeichnet, so gilt:

$$\bar{x} = x\cos t + y\sin t\ ,$$

oder auf das ξ, η-System bezogen, mit $\varphi = t - \alpha_1$,

$$\bar{x} = \xi\cos\varphi + \eta\sin\varphi\ .$$

Für den Kofaktor $q_{\bar{x}\bar{x}}$ in Richtung t folgt somit nach den Regeln der Varianzen-Fortpflanzung

$$q_{\bar{x}\bar{x}} = q_{xx}\cos^2 t + 2q_{xy}\sin t\cos t + q_{yy}\sin^2 t, \quad \text{bzw.}$$
$$q_{\bar{x}\bar{x}} = q_{\xi\xi}\cos^2\varphi + q_{\eta\eta}\sin^2\varphi \ .$$

Die Gleichung

$$\bar{s}(t) = s_0\sqrt{q_{\bar{x}\bar{x}}(t)}$$

stellt die *Fußpunktkurve* der Ellipse dar.

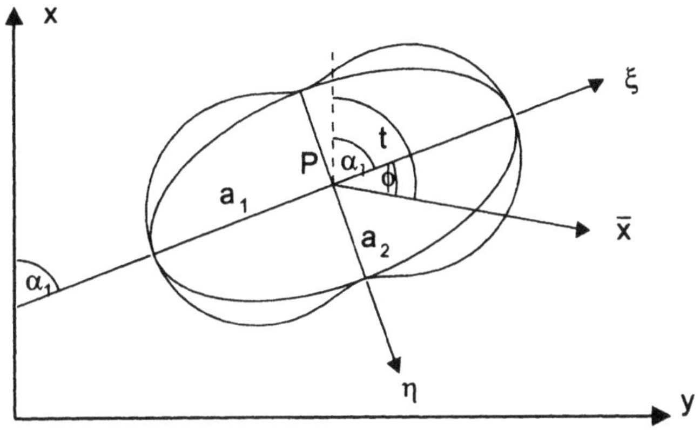

Abb. 4.9: Mittlere Fehlerellipse

Sie gibt die Standardabweichung der Punktlage in einer beliebigen Richtung t an.
Die mittlere Fehlerellipse als Linie gleicher Wahrscheinlichkeitsdichte für die wahre Punktlage hat zwei gravierende Mängel:
Die zugeordnete Wahrscheinlichkeit dafür, dass der Punkt innerhalb der Ellipse liegt, ist vom Freiheitsgrad $f = n - r(\boldsymbol{A})$ abhängig und in der Regel unbekannt. Sie nimmt für $f = \infty$ den Maximalwert 39,4% an.
Größe und Form der Ellipse hängen stark vom geodätischen Datum ab, wie die Abb. 4.10 bis 4.12 demonstrieren, die sich auf dieselbe BR beziehen und deshalb dieselbe Messungenauigkeit widerspiegeln.

Analog wird die *relative Fehlerellipse* berechnet, die ein ebenfalls vom Datum abhängendes Maß für die relative Genauigkeit zweier Punkte ist:

$$\left.\begin{array}{l} P_i : \boldsymbol{z}_i = (\hat{x}_i, \hat{y}_i)^t, \ \boldsymbol{Q}_{ii} \\ P_j : \boldsymbol{z}_j = (\hat{x}_j, \hat{y}_j)^t, \ \boldsymbol{Q}_{jj} \end{array}\right\} : \begin{pmatrix} \boldsymbol{Q}_{ii} & \boldsymbol{Q}_{ij} \\ \boldsymbol{Q}_{ji} & \boldsymbol{Q}_{jj} \end{pmatrix}$$
$$\boldsymbol{\Delta}_{ij} = \boldsymbol{z}_j - \boldsymbol{z}_i, \quad \boldsymbol{Q}_{\Delta_{ij}} = \boldsymbol{Q}_{ii} + \boldsymbol{Q}_{jj} - 2\boldsymbol{Q}_{ij}$$

Von der 2×2-Kofaktorenmatrix $\boldsymbol{Q}_{\Delta_{ij}}$ werden, genau wie oben beschrieben, die Eigenwerte und Eigenrichtungen bestimmt, aus denen die Elemente α'_1, a'_1, a'_2 der relativen Fehlerellipse berechnet werden.

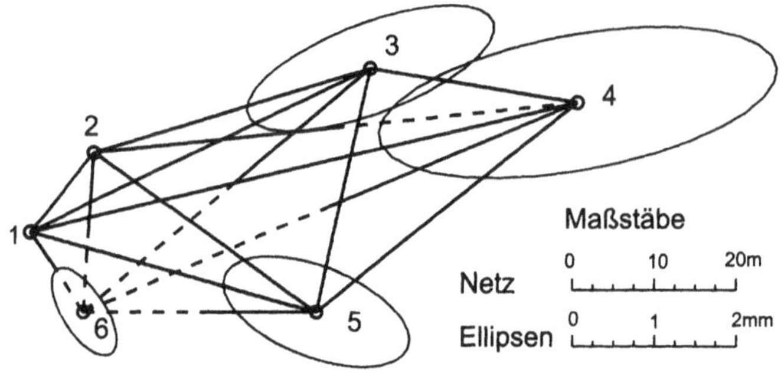

Abb. 4.10: Fehlerellipsen mit den Punkten 1 und 2 als fehlerfreie Datumspunkte

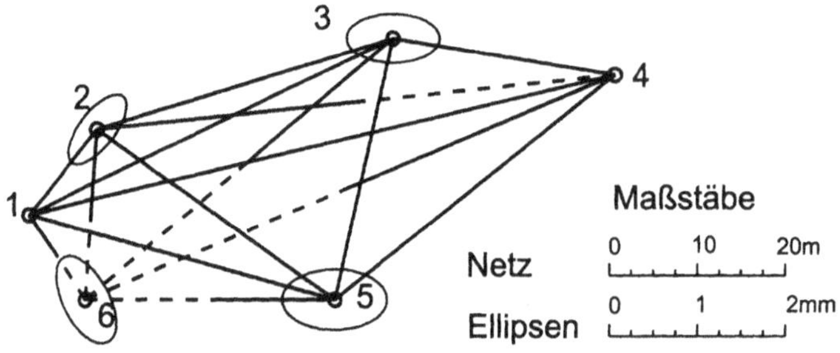

Abb. 4.11: Fehlerellipsen mit den Punkten 1 und 4 als fehlerfreie Datumspunkte

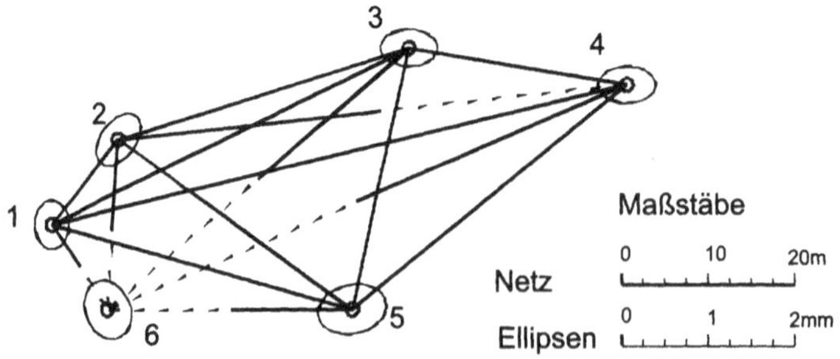

Abb. 4.12: Fehlerellipsen, wenn alle Punkte am Datum beteiligt sind

4.5 Positionsbestimmung mit GPS

Das Global Positioning System (GPS) ist ein weltweit nutzbares Satellitensystem zur Bestimmung von dreidimensionalen Positionen. Für seine umfassende Beschreibung und seine Nutzbarkeit sei auf die Spezialliteratur verwiesen. Hier wird nur soweit darauf eingegangen, wie es zum Verständnis der Datenmodellierung erforderlich ist.

Die Bahnen der Satelliten werden in einem geozentrischen kartesischen Koordinatensystem, dem World Geodetic System 1984 (WGS 84), beschrieben und laufend durch Kontrollstationen neu bestimmt. Durch Entfernungsmessungen zu den Satelliten erhält man daher Positionen in diesem Referenzsystem, die anschließend in das gewünschte Nutzersystem transformiert werden müssen. Dabei wird für genaue Positionen eine Aufspaltung in Lagekoordinaten und Höhen erforderlich, wobei letztere noch unter Berücksichtigung des lokalen Schwerepotenzials der Erde umzuformen sind, um sie an das Gebrauchshöhensystem anzupassen.

4.5.1 Entfernungsmessung zu den Satelliten

Den von den Satelliten ausgesendeten elektromagnetischen Wellen werden Informationen aufmoduliert, die es dem Empfänger ermöglichen, die momentane Position des Satelliten im WGS 84 zu berechnen. Da gleichzeitig die Laufzeit der Signale vom Satelliten zum Empfänger gemessen wird, kann die Distanz zum Satelliten berechnet werden. Jede geometrische Distanz d ist eine Funktion der drei unbekannten Koordinaten des Empfängers. Für einen räumlichen Bogenschnitt werden drei unabhängige Distanzen benötigt.

Die Linearisierung nach Beispiel 15 in Abschnitt 4.1.1 führt auf die Beobachtungsgleichung

$$d_i^k = (d_i^k)^0 + \frac{X_k - X_i^0}{(d_i^k)^0} x_i + \frac{Y_k - Y_i^0}{(d_i^k)^0} y_i + \frac{Z_k - Z_i^0}{(d_i^k)^0} z_i + \varepsilon_i^k$$

für die Position P_i mit den Näherungskoordinaten X_i^0, Y_i^0, Z_i^0, und der mit diesen Näherungen berechneten Näherungsstrecke $(d_i^k)^0$ zum Satelliten S_k mit den momentanen Koordinaten X_k, Y_k, Z_k.

Die Genauigkeit der berechneten Position hängt stark von der Verteilung der Satelliten über dem Horizont ab. Diese wird durch den sogenannten GDOP (Geometric Dilution of Precision) charakterisiert, der für jede Satellitenkonstellation berechnet werden kann und ein wichtiges Qualitätsmerkmal für die Positionsbestimmung darstellt.

4.5.2 Code-Messungen

Für die Messung der Laufzeit wird den von den Satelliten abgestrahlten elektromagnetischen Wellen ein Code aufgeprägt, der aus einer Pseudo Random Noise (PRN) Impulsfolge besteht. Im Empfänger wird die gleiche Impulsfolge erzeugt. Unter der Annahme, dass die Satelliten- und die Empfängeruhr perfekt synchronisiert sind und fehlerfrei gehen, erhält man durch Korrelation der PRN-Impulsfolgen die Signallaufzeit, die mit der Ausbreitungsgeschwindigkeit multipliziert die gesuchte Entfernung ergibt.

In der Realität treten dabei folgende Probleme auf:

- der leicht zu empfangene C/A-Code, der von fast allen einfachen Empfängern zur Entfernungsmessung genutzt wird, hat eine Länge von $1\,ms$ ($\sim 300\,km$). Da die Laufzeit der Signale aber etwa $67\,ms$ beträgt, ist das Ergebnis der Zeitmessung nicht eindeutig. Um dieses Problem zu lösen, müssen Näherungskoordinaten ($\pm 100\,km$) des Empfangsortes bekannt sein.
  Die Signale enthalten einen weiteren Code, den P-Code, der über eine Woche eindeutig ist. Mit diesem kann die Laufzeitmessung etwa zehnmal höher aufgelöst werden. Allerdings ist der erforderliche technische Aufwand auch wesentlich höher, so dass für P-Codemessungen ausgestattete Empfänger nur bei hohen Genauigkeitsforderungen eingesetzt werden.

- Die für die Laufzeitmessung eingesetzten Uhren müssen auf $10^{-9}\,s$ genau sein, wenn die Entfernungen besser als auf $1\,m$ bestimmt werden sollen. Die Atomuhren der Satelliten erreichen eine Kurzzeitgenauigkeit von $10^{-12}\,s$, die für Code-Messungen ausreicht. Die wesentlich einfacheren Empfängeruhren führen jedoch zu erheblichen Entfernungsfehlern, die eliminiert werden müssen. Unter der Annahme, dass die Zeitdifferenz zwischen Satelliten- und Empfängeruhr kurzzeitig konstant ist, wird sie als zusätzliche Unbekannte bei der Positionsbestimmung angesetzt. Die mit diesem Fehler behafteten Strecken werden als Pseudoentfernungen bezeichnet. Da sich dadurch die Anzahl der Unbekannten pro Standpunkt von drei auf vier erhöht, sind zur Positionsbestimmung mindestens vier Pseudoentfernungen erforderlich. Die Beobachtungsgleichung für Code-Messungen lautet:

$$E_i^k = (d_i^k)^0 + \frac{X_k - X_i^0}{(d_i^k)^0} x_i + \frac{Y_k - Y_i^0}{(d_i^k)^0} y_i + \frac{Z_k - Z_i^0}{(d_i^k)^0} z_i + u_i c + \varepsilon_i^k$$

  Für jede Station P_i tritt also als zusätzliche Unbekannte die Uhrendifferenz u_i auf, die sich aus dem Empfängeruhrfehler und der Abweichung der Satellitenuhr von der GPS-Systemzeit zusammensetzt. Sie wird mit der Lichtgeschwindigkeit c multipliziert und wirkt wie eine Additionskonstante bei der EDM, vgl. (4.20).

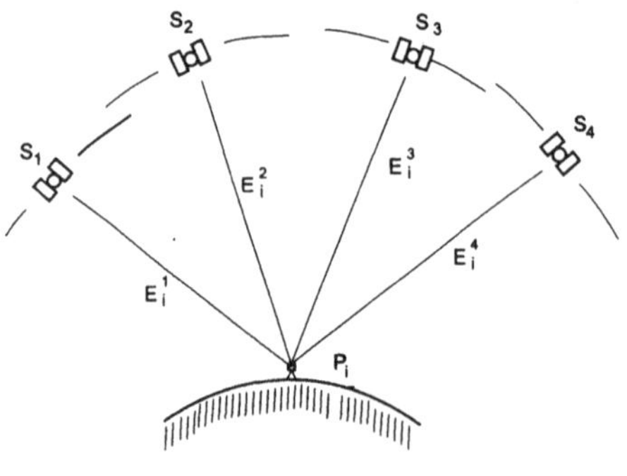

Abb. 4.13: Pseudoentfernungen von Station P_i zu vier Satelliten

4.5.3 Phasenmessungen

Die GPS-Satelliten erzeugen zwei Trägerwellen, denen die Codes und die Systeminformationen aufmoduliert werden. Diese besitzen die Wellenlängen $L1 = 19,05\,cm$ und $L2 = 24,44\,cm$. Zur präzisen Positionsbestimmung werden in sogenannten geodätischen Empfängern die Phase der empfangenen Trägerwelle $L1$ oder auch die Phasen von $L1$ und $L2$ gemessen und die nachfolgenden Nulldurchgänge der Wellen gezählt. Da die Phase, oder genauer die Phasendifferenz zwischen ankommender Welle und im Empfänger erzeugter Referenzschwingung, auf ein Tausendstel der Wellelänge aufgelöst werden kann, kann die Entfernung zum Satelliten mit Millimetergenauigkeit bestimmt werden. Die erreichbare Genauigkeit wird durch einige Faktoren begrenzt, die im Folgenden kurz erläutert werden:

- Genau wie bei der C/A-Codemessung wird die Anzahl der ganzen Wellenlängen zwischen Satellit und Empfänger benötigt. Diese als Mehrdeutigkeit bezeichnete Anzahl muss als zusätzliche Unbekannte in die Beobachtungsgleichung für die Pseudoentfernung aufgenommen werden. Allerdings tritt dadurch für jeden Satelliten ein zusätzlicher zu schätzender Parameter auf, für den es nur dann eine Lösung geben kann, wenn Wiederholungsmessungen bei veränderten Satellitenpositionen vorliegen, zwischen denen die Anzahl der Nulldurchgänge gezählt wurde. Es darf also zwischen den Messungen keine Unterbrechung des Signalempfangs auftreten.
  Da die Mehrdeutigkeit eine ganze Zahl ist, wird häufig nicht der im Schätzalgorithmus ermittelte Wert beibehalten, sondern es wird in einer gewissen Umgebung des Schätzwertes die Position mit ganzzahligen Werten berechnet und die Lösung mit der geringsten Varianz als richtig betrachtet. Darüberhinaus ist eine Reihe spezieller Methoden für die gemeinsame Auswertung der Phasen von $L1$ und $L2$ entwickelt worden, die die Mehrdeutigkeitsbestimmung verbessern und beschleunigen.
- Die Anforderungen an die Genauigkeit der Uhren sind wesentlich höher als bei Code-Messungen. Da für die Mehrdeutigkeitsbestimmung eine gewisse Beobachtungsdauer erforderlich ist, müssen auch die Uhrenfehler der Satelliten modelliert werden. Der größte Fehleranteil kann zwar durch ein Korrekturpolynom getilgt werden, dessen Konstanten, wie die Bahnparameter, permanent von den Kontrollstationen ermittelt und über die Satelliten an die Nutzer weitergegeben werden. Aber es verbleiben Restfehler, die im Auswertemodell berücksichtigt werden müssen.
- Die Ausbreitungsgeschwindigkeit der elektromagnetischen Wellen wird durch Ionosphäre und Troposphäre beeinflusst. Mit dem Höhenwinkel des Satelliten und dem Zustand der Atmosphäre ändert sich dieser Effekt. Zur Korrektur der gemessenen Entfernungen werden mathematische Modelle benutzt, die das Problem allerdings nur näherungsweise lösen. Um diesem Fehler entgegen zu wirken, sind spezielle Beobachtungs- und Auswerteverfahren entwickelt worden, auf die im nächsten Abschnitt eingegangen wird.
- Eine weitere Fehlerquelle, die die Genauigkeit der Entfernungsmessung beeinflussen kann, ist die Mehrwegausbreitung des Satellitensignals durch Reflexion an

Flächen und Objekten in der Nähe des Empfängers. Dieser Effekt, der mit der Satellitenkonstellation variiert, ist kaum zu modellieren. Er kann nur durch die Wahl guter Empfängerstandpunkte vermieden werden.

Als Beobachtungsgleichung für eine Phasendifferenz $\frac{\Delta\varphi}{2\pi}\lambda = e$ erhält man

$$e_i^k = d_i^k - n\lambda + (u_i - u_s - u_a)c + \varepsilon_i^k.$$

Hierin bedeuten d_i^k die geometrische Entfernung zwischen Satellit S_k und Empfänger P_i , n die Anzahl der ganzen Wellenlängen λ, c die Vakuumlichtgeschwindigkeit, u_i die Uhrdifferenz zwischen Satelliten- und Empfängeruhr, u_s die Differenz der Satellitenuhr zur GPS-Systemzeit und u_a die Laufzeitverzögerung der elektromagnetischen Wellen in der Atmosphäre.

4.5.4 Differenzbildungen

Wie eingangs erläutert, beziehen sich die mit GPS bestimmten Positionen auf das global festgelegte WGS 84. Die meisten Anwendungen sind aber lokaler Natur und erfordern den Anschluss an ein örtlich vorhandenes Referenzsystem. Dies ist stets möglich, wenn zwei oder mehr Empfänger gleichzeitig betrieben werden und die Differenzen der Pseudoentfernungen zu denselben Satelliten gebildet werden. Man erhält dann für Code-Messungen

$$\Delta E_{ij}^k = E_j^k - E_i^k = d_i^k - d_j^k + (u_j - u_i)c + \varepsilon_{ij}^k$$

und für Phasenmessungen

$$\Delta e_{ij}^k = e_j^k - e_i^k = d_i^k - d_j^k - (n_j - n_i)\lambda + (u_j - u_i)c + \varepsilon_{ij}^k.$$

Das Ergebnis der Auswertung sind die Koordinatendifferenzen $X_j - X_i$, $Y_j - Y_i$ und $Z_j - Z_i$ zwischen den beiden Empfängerpositionen P_j und P_i , die eine sogenannte Basislinie (Basisvektor) bilden. Der Punkt P_i hat bei diesem Verfahren entweder eine bekannte Position im örtlichen Referenzsystem (Basisstation), oder seine Näherungskoordinaten werden durch Code-Messungen ermittelt. Der besondere Vorteil dieser relativen Positionsbestimmung ist, dass wegen der Gleichzeitigkeit der Messungen durch die Differenzbildung alle Zeitfehler, die ihre Ursache im Satelliten haben, eliminiert werden, und dass die Einflüsse von Ionosphäre und Troposphäre auf die Ausbreitungsgeschwindigkeit getilgt werden, solange die Stationen nicht weiter als $30 - 50\,km$ voneinander entfernt sind. Der Aufbau von Festpunktfeldern erfolgt ebenfalls durch die Messung von Basislinien, wobei auf ausreichende Überbestimmung geachtet wird.
Diese Messmethode, die auch als differenzielles GPS (DGPS) bezeichnet wird, ist weiter entwickelt worden, so dass der Nutzer nur noch auf einer Station messen muss. Die Rolle der Basisstation übernimmt ein Netz permanent betriebener GPS-Empfänger, die auf präzise bekannten Punkten des Lagefestpunktfeldes installiert sind und deren Messergebnisse, bzw. Abweichungen der Pseudoentfernungen von den bekannten geometrischen Entfernungen zu den Satelliten, abgerufen werden können.

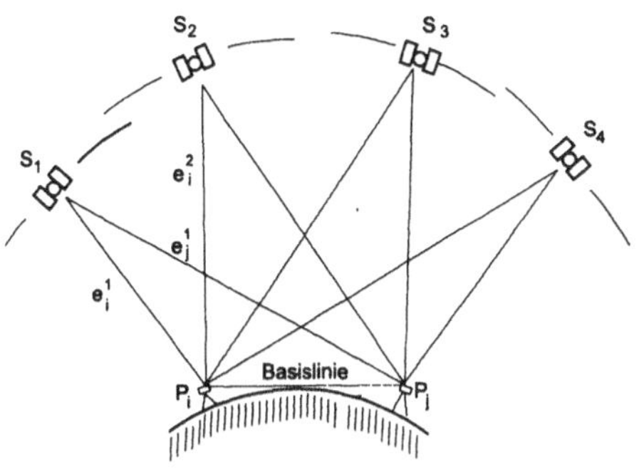

Abb. 4.14: Differenzielle Positionsbestimmung

Um die bei der beschriebenen Differenzbildung verbleibenden Uhrfehler der Empfänger zu eliminieren, können Entfernungsdifferenzen zwischen einem Empfänger P_i und zwei beobachteten Satelliten S_k und S_l gebildet werden. Man erhält dann

$$\nabla E_i^{kl} = E_i^l - E_i^k = d_i^l - d_i^k + (\nabla u)c + \varepsilon_i^{kl}$$

bzw.

$$\nabla e_i^{kl} = e_i^l - e_i^k = d_i^l - d_i^k - (\nabla n)\lambda + (\nabla u - \nabla u_a)c + \varepsilon_i^{kl}.$$

∇u enthält die Differenz der Satellitenuhrabweichungen und ∇u_a die Differenz der durch die Atmosphäre verursachten Laufzeitverzögerungen.

Die beiden Arten der Differenzbildung können kombiniert werden zu Doppeldifferenzen $\nabla\Delta E$ bzw. $\nabla\Delta e$ zwischen Empfängern und Satelliten, die nahezu frei von systematischen Abweichungen der Uhren und vom Einfluss der Atmosphäre sind. Auch zeitliche Differenzen zwischen Empfänger P_i und unterschiedlichen Positionen desselben Satelliten S_{k_q} und S_{k_p} sind möglich.

Die Pseudoentfernungen bzw. die gemessenen Phasen werden in der Regel als unabhängige Beobachtungen betrachtet, die dieselbe Varianz σ^2 besitzen oder mit Gewichten in Abhängigkeit vom Elevationswinkel des Satelliten versehen werden. Wenn zur Elimination systematischer Effekte Differenzen gebildet werden, ändert sich das stochastische Modell. Während die Varianzen einfacher Differenzen doppelt so groß sind wie die der Originalbeobachtungen, treten bei Doppeldifferenzen auch Kovarianzen auf. Und zwar ergibt sich für zwei Stationen und m Satelliten, wenn sich alle Differenzen auf denselben Referenzsatelliten beziehen, eine $(m-1) \times (m-1)$–Kovarianzmatrix mit den Varianzen $4\sigma^2$ auf der Diagonalen und den Kovarianzen $2\sigma^2$ zwischen allen Doppeldifferenzen.

4.6 Bedingungen zwischen den Parametern

Bei manchen Aufgabenstellungen, insbesondere in der geometrischen Messtechnik, müssen die Parameter a priori bekannten Bedingungen genügen. Im Rahmen der Messdatenauswertung ist dann zu prüfen, ob diese Bedingungen erfüllt sind.

Gegeben sei die BR $l = (l_1, l_2, \ldots, l_n)$ mit der VKM $\boldsymbol{\Sigma} = \sigma_0^2 \boldsymbol{Q}$, die bis auf unbekannte Messabweichungen als Funktion gesuchter Parameter $\boldsymbol{x}$ darstellbar ist: $l_i = f_i(\boldsymbol{x}) + \varepsilon_i$. Ferner seien mit $g_k(\boldsymbol{x}) = c_k$ m Bedingungen zwischen den u Parametern gegeben, die von den geschätzten Werten zu erfüllen sind.

Eine TAYLOR-Entwicklung liefert in bekannter Weise mit

$$a_{ij} = \frac{\partial f_i}{\partial x_j}, \quad i \in \{1, 2, \ldots, n\}, \quad j \in \{1, 2, \ldots, u\}$$

die Koeffizienten des linearisierten funktionalen Modells

$$\boldsymbol{l} = \boldsymbol{A}\boldsymbol{x} + \boldsymbol{\varepsilon} \,.$$

In derselben Weise werden die Bedingungsgleichungen linearisiert:

$$b_{kj} = \frac{\partial g_k}{\partial x_j}, \quad k \in \{1, 2, \ldots, m\}, \quad u \geq m$$

und mit

$$w_k = g_k(\boldsymbol{x}^0) - c_k, \quad \text{dem Widerspruch,}$$

in der Form

$$\boldsymbol{B}\boldsymbol{x} + \boldsymbol{w} = \boldsymbol{0}$$

dargestellt. Zusammen mit dem stochastischen Modell $E(\boldsymbol{\varepsilon}\boldsymbol{\varepsilon}^t) = \boldsymbol{\Sigma}$ folgt daraus das GMM mit Bedingungsgleichungen

$$\begin{aligned} \boldsymbol{A}\boldsymbol{x} &= \boldsymbol{l} - \boldsymbol{\varepsilon}, \quad \boldsymbol{P} = \boldsymbol{Q}^{-1} \\ \boldsymbol{B}\boldsymbol{x} + \boldsymbol{w} &= \boldsymbol{0}. \end{aligned}$$

Wir wollen annehmen, dass die Designmatrix den vollen Rang $r(\boldsymbol{A}) = u$ hat, und beachten, dass die Bedingungen hier nichts mit dem geodätischen Datum zu tun haben. Sollte $\boldsymbol{A}$ einen Rangdefekt d besitzen, so sind die d Datumsbedingungen zusätzlich einzuführen. Der Unterschied zwischen den Datumsbedingungen und den hier betrachteten Bedingungen ist grundlegend: Die Datumsbedingungen (4.18) $\boldsymbol{R}^t\boldsymbol{x} - \boldsymbol{g} = \boldsymbol{0}$ definieren den Lösungsraum als Unterraum des $\mathbb{R}^u$ für den Parametervektor $\boldsymbol{x}$. Die Zeilen von $\boldsymbol{R}^t$ sind komplementär zu den Zeilen von $\boldsymbol{A}$:

$$S(\boldsymbol{R}) \nsubseteq S(\boldsymbol{A}^t), \quad S(\boldsymbol{R}) \oplus S(\boldsymbol{A}^t) = \mathbb{R}^u.$$

Die Bedingungsgleichungen $\boldsymbol{B}\boldsymbol{x} + \boldsymbol{w} = \boldsymbol{0}$ schränken den Lösungsraum für $\boldsymbol{x}$ auf den $\mathbb{R}^{u-m}$ ein. Die Zeilen von $\boldsymbol{B}$ sind im Zeilenraum von $\boldsymbol{A}$ enthalten: $S(\boldsymbol{B}^t) \subset S(\boldsymbol{A}^t)$.
Die Modellparameter werden nach der MkQ geschätzt, wobei die Bedingungen berücksichtigt werden, indem die LAGRANGE-Funktion

$$\mathcal{L} = \boldsymbol{v}^t\boldsymbol{P}\boldsymbol{v} + 2\boldsymbol{\lambda}^t(\boldsymbol{B}\hat{\boldsymbol{x}} + \boldsymbol{w}) \Rightarrow \mathrm{Min}(\hat{\boldsymbol{x}}\boldsymbol{\lambda})$$

minimiert wird:

$$\frac{\partial \mathcal{L}}{\partial \boldsymbol{x}} = 2\boldsymbol{A}^t\boldsymbol{P}\boldsymbol{A}\hat{\boldsymbol{x}} - 2\boldsymbol{A}^t\boldsymbol{P}\boldsymbol{l} + 2\boldsymbol{B}^t\boldsymbol{\lambda}, \quad \boldsymbol{v} = \boldsymbol{A}\hat{\boldsymbol{x}} - \boldsymbol{l}$$

$$\begin{array}{llll} \boldsymbol{N}\hat{\boldsymbol{x}} & +\boldsymbol{B}^t\boldsymbol{\lambda} & -\boldsymbol{A}^t\boldsymbol{P}\boldsymbol{l} & = \boldsymbol{0}, \quad \boldsymbol{N} = \boldsymbol{A}^t\boldsymbol{P}\boldsymbol{A} \\ \boldsymbol{B}\hat{\boldsymbol{x}} & & +\boldsymbol{w} & = \boldsymbol{0}\,. \end{array}$$

Man erhält somit das Normalgleichungssystem

$$\begin{pmatrix} \boldsymbol{N} & \boldsymbol{B}^t \\ \boldsymbol{B} & \boldsymbol{0} \end{pmatrix} \begin{pmatrix} \hat{\boldsymbol{x}} \\ \boldsymbol{\lambda} \end{pmatrix} = \begin{pmatrix} \boldsymbol{A}^t\boldsymbol{P}\boldsymbol{l} \\ -\boldsymbol{w} \end{pmatrix},$$

dessen Lösung direkt angeschrieben werden kann, wenn die Voraussetzung berücksichtigt wird, dass $\boldsymbol{A}$ vollen Rang hat und damit die Existenz von $\boldsymbol{N}^{-1}$ gesichert ist.

$$\begin{pmatrix} \boldsymbol{N} & \boldsymbol{B}^t \\ \boldsymbol{B} & \boldsymbol{0} \end{pmatrix}^{-1} = \begin{pmatrix} \boldsymbol{Q}_{11} & \boldsymbol{Q}_{12} \\ \boldsymbol{Q}_{21} & \boldsymbol{Q}_{22} \end{pmatrix}$$

$$\begin{aligned}
\boldsymbol{Q}_{11} &= \boldsymbol{N}^{-1} - \boldsymbol{Q}_{12}(\boldsymbol{B}\boldsymbol{N}^{-1}\boldsymbol{B}^t)\boldsymbol{Q}_{21} &&= \boldsymbol{N}^{-1} + \boldsymbol{Q}_{12}\boldsymbol{Q}_{22}^{-1}\boldsymbol{Q}_{21} \\
\boldsymbol{Q}_{12} &= \boldsymbol{N}^{-1}\boldsymbol{B}^t(\boldsymbol{B}\boldsymbol{N}^{-1}\boldsymbol{B}^t)^{-1} &&= -\boldsymbol{N}^{-1}\boldsymbol{B}^t\boldsymbol{Q}_{22} \\
\boldsymbol{Q}_{21} &= (\boldsymbol{B}\boldsymbol{N}^{-1}\boldsymbol{B}^t)^{-1}\boldsymbol{B}\boldsymbol{N}^{-1} &&= -\boldsymbol{Q}_{22}\boldsymbol{B}\boldsymbol{N}^{-1} \\
\boldsymbol{Q}_{22} &= -(\boldsymbol{B}\boldsymbol{N}^{-1}\boldsymbol{B}^t)^{-1} &&= -(\boldsymbol{B}\boldsymbol{N}^{-1}\boldsymbol{B}^t)^{-1}
\end{aligned}$$

Diese Ausdrücke werden in

$$\begin{pmatrix} \hat{\boldsymbol{x}} \\ \boldsymbol{\lambda} \end{pmatrix} = \begin{pmatrix} \boldsymbol{Q}_{11} & \boldsymbol{Q}_{12} \\ \boldsymbol{Q}_{21} & \boldsymbol{Q}_{22} \end{pmatrix} \begin{pmatrix} \boldsymbol{A}^t\boldsymbol{P}\boldsymbol{l} \\ -\boldsymbol{w} \end{pmatrix}$$

eingesetzt und ergeben

$$\begin{aligned}
\hat{\boldsymbol{x}} &= \boldsymbol{Q}_{11}\boldsymbol{A}^t\boldsymbol{P}\boldsymbol{l} - \boldsymbol{Q}_{12}\boldsymbol{w} \\
\boldsymbol{\lambda} &= \boldsymbol{Q}_{21}\boldsymbol{A}^t\boldsymbol{P}\boldsymbol{l} - \boldsymbol{Q}_{22}\boldsymbol{w}.
\end{aligned}$$

Durch Einsetzen von $\boldsymbol{Q}_{11}$ kann der Parametervektor $\hat{\boldsymbol{x}}$ als

$$\hat{\boldsymbol{x}} = \boldsymbol{N}^{-1}\boldsymbol{A}^t\boldsymbol{P}\boldsymbol{l} - \boldsymbol{Q}_{12}\boldsymbol{Q}_{22}^{-1}\boldsymbol{Q}_{21}\boldsymbol{A}^t\boldsymbol{P}\boldsymbol{l} - \boldsymbol{Q}_{12}\boldsymbol{w}$$

dargestellt werden. Führt man nun den Vektor

$$\tilde{\boldsymbol{x}} = \boldsymbol{N}^{-1}\boldsymbol{A}^t\boldsymbol{P}\boldsymbol{l}$$

ein, der sich ohne die Bedingungsgleichungen im GMM ergibt und entwickelt die rechte Seite von $\hat{\boldsymbol{x}}$ weiter, so folgt

$$\begin{aligned}
\hat{\boldsymbol{x}} &= \tilde{\boldsymbol{x}} - \boldsymbol{N}^{-1}\boldsymbol{B}^t(\boldsymbol{B}\boldsymbol{N}^{-1}\boldsymbol{B}^t)^{-1}\boldsymbol{B}\boldsymbol{N}^{-1}\boldsymbol{A}^t\boldsymbol{P}\boldsymbol{l} - \boldsymbol{Q}_{12}\boldsymbol{w} \\
&= \tilde{\boldsymbol{x}} - \boldsymbol{Q}_{12}\boldsymbol{B}\tilde{\boldsymbol{x}} - \boldsymbol{Q}_{12}\boldsymbol{w}\,.
\end{aligned}$$

Diese Gleichung ermöglicht folgende zwei Interpretationen:

a)

$$\hat{\boldsymbol{x}} = (\boldsymbol{I} - \boldsymbol{Q}_{12}\boldsymbol{B})\tilde{\boldsymbol{x}} - \boldsymbol{Q}_{12}\boldsymbol{w} \tag{4.26}$$

Der bedingte Parameter $\hat{\boldsymbol{x}}$ ergibt sich durch Transformation (Projektion) des unbedingten Vektors $\tilde{\boldsymbol{x}}$ bis auf den von den Beobachtungen unabhängigen Vektor $\boldsymbol{Q}_{12}\boldsymbol{w}$. Die Transformationsmatrix $(\boldsymbol{I} - \boldsymbol{Q}_{12}\boldsymbol{B})$ ist idempotent. Daraus folgt $r(\boldsymbol{I} - \boldsymbol{Q}_{12}\boldsymbol{B}) = sp(\boldsymbol{I} - \boldsymbol{Q}_{12}\boldsymbol{B}) = sp\boldsymbol{I}_u - sp\boldsymbol{B}\boldsymbol{Q}_{12} = u - m$, somit ist die Transformation eine Abbildung $\mathbb{R}^u \rightarrow \mathbb{R}^{u-m}$.

b)

$$\hat{\boldsymbol{x}} = \tilde{\boldsymbol{x}} - \boldsymbol{Q}_{12}(\boldsymbol{B}\tilde{\boldsymbol{x}} + \boldsymbol{w}) = \tilde{\boldsymbol{x}} - \boldsymbol{Q}_{12}\boldsymbol{h} \ . \tag{4.27}$$

Wenn die unbedingten Parameter $\tilde{\boldsymbol{x}}$ in die Bedingungsgleichungen eingesetzt werden, so erhält man die rechte Seite $\boldsymbol{h} = \boldsymbol{B}\tilde{\boldsymbol{x}} + \boldsymbol{w}$, die mit $\boldsymbol{Q}_{12}$ multipliziert den Korrekturvektor $\boldsymbol{Q}_{12}\boldsymbol{h}$ ergibt. Dieser Korrekturvektor gibt genau den Einfluss der Bedingungsgleichungen auf die Parameterschätzung an. Man kann daher zunächst das GMM ohne Bedingungen bearbeiten und anschließend den Lösungsvektor $\tilde{\boldsymbol{x}}$ korrigieren.

Die Kofaktorenmatrix $\boldsymbol{Q}_{\hat{x}}$ der Parameter gewinnt man am einfachsten aus der Darstellung (4.26). Da $\boldsymbol{w}$ ein deterministischer Vektor ist, gilt

$$\boldsymbol{Q}_{\hat{x}} = (\boldsymbol{I} - \boldsymbol{Q}_{12}\boldsymbol{B})\boldsymbol{Q}_{\tilde{x}}(\boldsymbol{I} - \boldsymbol{Q}_{12}\boldsymbol{B})^t \ .$$

Mit $\boldsymbol{Q}_{\tilde{x}} = \boldsymbol{N}^{-1}$ für den unbedingten Parametervektor und

$$\boldsymbol{Q}_{12} = \boldsymbol{N}^{-1}\boldsymbol{B}^t(\boldsymbol{B}\boldsymbol{N}^{-1}\boldsymbol{B}^t)^{-1}$$

kann die rechte Seite entwickelt werden:

$$\begin{aligned}
\boldsymbol{Q}_{\hat{x}} &= (\boldsymbol{I} - \boldsymbol{Q}_{12}\boldsymbol{B})\boldsymbol{N}^{-1}(\boldsymbol{I} - \boldsymbol{B}^t\boldsymbol{Q}_{12}^t) \\
&= \boldsymbol{N}^{-1} - 2\boldsymbol{N}^{-1}\boldsymbol{B}^t(\boldsymbol{B}\boldsymbol{N}^{-1}\boldsymbol{B}^t)^{-1}\boldsymbol{B}\boldsymbol{N}^{-1} + \boldsymbol{Q}_{12}\boldsymbol{B}\boldsymbol{N}^{-1}\boldsymbol{B}^t\boldsymbol{Q}_{12}^t \\
\boldsymbol{Q}_{\hat{x}} &= \boldsymbol{N}^{-1} + \boldsymbol{Q}_{12}\boldsymbol{Q}_{22}^{-1}\boldsymbol{Q}_{21} = \boldsymbol{Q}_{11} \ .
\end{aligned}$$

Es ist zu beachten, dass die $u \times u$-Kofaktorenmatrix einen Rangdefekt besitzt, denn wegen $r(\boldsymbol{I} - \boldsymbol{Q}_{12}\boldsymbol{B}) = u - m$ gilt ebenfalls $r(\boldsymbol{Q}_{\hat{x}}) = u - m$.
Für die quadratische Form der Residuen $\boldsymbol{v}^t\boldsymbol{P}\boldsymbol{v}$ erhält man die folgende Darstellung

$$\begin{aligned}
\boldsymbol{v} &= \boldsymbol{A}\hat{\boldsymbol{x}} - \boldsymbol{l} \\
\boldsymbol{v}^t\boldsymbol{P}\boldsymbol{v} &= (\hat{\boldsymbol{x}}^t\boldsymbol{A}^t - \boldsymbol{l}^t)\boldsymbol{P}(\boldsymbol{A}\hat{\boldsymbol{x}} - \boldsymbol{l}) \\
&= \hat{\boldsymbol{x}}^t\boldsymbol{A}^t\boldsymbol{P}\boldsymbol{A}\hat{\boldsymbol{x}} - \hat{\boldsymbol{x}}^t\boldsymbol{A}^t\boldsymbol{P}\boldsymbol{l} - \boldsymbol{l}^t\boldsymbol{P}\boldsymbol{A}\hat{\boldsymbol{x}} + \boldsymbol{l}^t\boldsymbol{P}\boldsymbol{l} \\
&= \boldsymbol{l}^t\boldsymbol{P}\boldsymbol{l} - \boldsymbol{l}^t\boldsymbol{P}\boldsymbol{A}\hat{\boldsymbol{x}} + \hat{\boldsymbol{x}}^t(\boldsymbol{N}\hat{\boldsymbol{x}}^t - \boldsymbol{A}^t\boldsymbol{P}\boldsymbol{l}) \\
&= \boldsymbol{l}^t\boldsymbol{P}\boldsymbol{l} - \boldsymbol{l}^t\boldsymbol{P}\boldsymbol{A}\hat{\boldsymbol{x}} + \hat{\boldsymbol{x}}^t(-\boldsymbol{B}^t\boldsymbol{\lambda}) \\
\boldsymbol{v}^t\boldsymbol{P}\boldsymbol{v} &= \boldsymbol{l}^t\boldsymbol{P}\boldsymbol{l} - \boldsymbol{l}^t\boldsymbol{P}\boldsymbol{A}\hat{\boldsymbol{x}} + \boldsymbol{w}^t\boldsymbol{\lambda} \ .
\end{aligned}$$

Der Freiheitsgrad dieser quadratischen Form beträgt

$$f = n - u + m \ .$$

Gehen wir wieder von dem unbedingten Modell mit

$$\tilde{\boldsymbol{v}} = \boldsymbol{A}\tilde{\boldsymbol{x}} - \boldsymbol{l}, \quad \tilde{\boldsymbol{v}}^t\boldsymbol{P}\tilde{\boldsymbol{v}} = \boldsymbol{l}^t\boldsymbol{P}\boldsymbol{l} - \tilde{\boldsymbol{x}}^t\boldsymbol{N}\tilde{\boldsymbol{x}}$$

aus, so folgt mit (4.27)

$$\begin{aligned} \boldsymbol{v} &= \boldsymbol{A}(\tilde{\boldsymbol{x}} - \boldsymbol{Q}_{12}\boldsymbol{h}) - \boldsymbol{l}, \quad \boldsymbol{h} = \boldsymbol{B}\tilde{\boldsymbol{x}} + \boldsymbol{w} \\ \boldsymbol{v} &= \tilde{\boldsymbol{v}} - \boldsymbol{A}\boldsymbol{Q}_{12}\boldsymbol{h} \\ \boldsymbol{v}^t\boldsymbol{P}\boldsymbol{v} &= \tilde{\boldsymbol{v}}^t\boldsymbol{P}\tilde{\boldsymbol{v}} - 2\tilde{\boldsymbol{v}}^t\boldsymbol{P}\boldsymbol{A}\boldsymbol{Q}_{12}\boldsymbol{h} + \boldsymbol{h}^t\boldsymbol{Q}_{12}^t\boldsymbol{A}^t\boldsymbol{P}\boldsymbol{A}\boldsymbol{Q}_{12}\boldsymbol{h} \\ &= \tilde{\boldsymbol{v}}^t\boldsymbol{P}\tilde{\boldsymbol{v}} + \boldsymbol{h}^t\boldsymbol{Q}_{21}\boldsymbol{N}\boldsymbol{Q}_{12}\boldsymbol{h} = \tilde{\boldsymbol{v}}^t\boldsymbol{P}\tilde{\boldsymbol{v}} + \boldsymbol{h}^t(\boldsymbol{B}\boldsymbol{N}^{-1}\boldsymbol{B}^t)^{-1}\boldsymbol{h} \\ &= \tilde{\boldsymbol{v}}^t\boldsymbol{P}\tilde{\boldsymbol{v}} - \boldsymbol{h}^t\boldsymbol{Q}_{22}\boldsymbol{h}\,. \end{aligned}$$

Andererseits ist nach (4.27) $\boldsymbol{Q}_{12}\boldsymbol{h} = \tilde{\boldsymbol{x}} - \hat{\boldsymbol{x}}$, so dass auch

$$\boldsymbol{v}^t\boldsymbol{P}\boldsymbol{v} = \tilde{\boldsymbol{v}}^t\boldsymbol{P}\tilde{\boldsymbol{v}} + (\tilde{\boldsymbol{x}} - \hat{\boldsymbol{x}})^t\boldsymbol{N}(\tilde{\boldsymbol{x}} - \hat{\boldsymbol{x}})$$

gilt.

Die quadratische Form $\boldsymbol{v}^t\boldsymbol{P}\boldsymbol{v}$ des GMM mit Bedingungsgleichungen kann somit als Summe zweier quadratischer Formen dargestellt werden. Die eine, $\tilde{\boldsymbol{v}}\boldsymbol{P}\tilde{\boldsymbol{v}}$, gehört zu dem GMM ohne Bedingungen, während die andere den Einfluss der Bedingungen zum Ausdruck bringt. Die Formen sind stochastisch unabhängig voneinander!

4.7 Koordinatentransformation

Ein wichtiger Schritt im Zuge der Messdatenauswertung ist oft die Transformation der Ergebnisse in ein anderes Bezugssystem. Insbesondere wenn sich die Ergebnisse zunächst auf ein durch das Messsystem oder einen Sensor vorgegebenes Referenzsystem beziehen, ist dieser Schritt erforderlich. Beispiele für Ergebnisse, die transformiert werden müssen, sind Tischkoordinaten bei der Digitalisierung analoger Pläne, Bildkoordinaten in Photogrammetrie und Fernerkundung, globale WGS 84-Koordinaten bei der Satellitenpositionierung und objektbezogene Koordinaten bei Bauabsteckungen, CAD-Anwendungen und Punktverdichtungen.

4.7.1 Allgemeines Transformationsmodell

Unter der Annahme, dass eine exakte mathematische Darstellung der Beziehungen zwischen den Bezugssystemen nicht existiert oder nicht bekannt ist und dass die gemessenen bzw. geschätzten Koordinaten mit zufälligen Abweichungen behaftete sind, wird für die Transformation ein empirisches Modell aufgestellt. Die Modellparameter werden meist mit der Methode der kleinsten Quadrate geschätzt, wobei als Beobachtungen die Koordinaten von Punkten eingeführt werden, die in beiden Systemen bekannt sind. Die Anzahl und die räumliche Verteilung dieser Punkte (identische Punkte, Passpunkte) sind maßgeblich für die Genauigkeit der geschätzten Transformationsparameter und für die Güte der Transformation der übrigen Punkte, die anschließend mit diesen Parametern durchgeführt wird.

Seien mit $\boldsymbol{x}_i = (x_i\ y_i\ z_i)^t$ die Koordinaten der Punkte P_i im Startsystem (Ausgangssystem) bezeichnet, die transformiert werden sollen und mit $\boldsymbol{\xi}_i = (\xi_i\ \eta_i\ \zeta_i)^t$ die Koordinaten im Zielsystem. Ein allgemeiner Polynomansatz für die Transformation von P_i lautet

$$\boldsymbol{\xi}_i = \boldsymbol{k} + \boldsymbol{K}_1\boldsymbol{x}_i + \boldsymbol{K}_2\boldsymbol{x}_i^2 + \cdots \tag{4.28}$$

Der Vektor $\boldsymbol{x}^2 = (x^2\ xy\ xz\ y^2\ yz\ z^2)^t$ enthält die Terme zweiter Ordnung der Komponenten von $\boldsymbol{x}$, während $\boldsymbol{k}, \boldsymbol{K}_1$ und $\boldsymbol{K}_2$ die Transformationsparameter enthalten. Außer dem Polynommodell gibt es auch andere Modelle, die den speziellen Eigenschaften einer Abbildung gerecht werden, wie z. B. projektive Modelle.

Für ein ebenes Koordinatensystem erhält man aus dem Polynommodell (4.28) bei komponentenweiser Darstellung

$$\begin{aligned} \xi_i &= k_{10} + k_{11}x_i + k_{12}y_i + k_{13}x_i^2 + k_{14}x_iy_i + k_{15}y_i^2 + \cdots \\ \eta_i &= k_{20} + k_{21}x_i + k_{22}y_i + k_{23}x_i^2 + k_{24}x_iy_i + k_{25}y_i^2 + \cdots . \end{aligned} \tag{4.29}$$

Die Bestimmung des optimalen Polynomgrades ist nicht trivial, da das Verhalten des Modells zwischen den Passpunkten schwer abzuschätzen ist. Über die Glieder zweiter Ordnung wird man deshalb nur selten hinausgehen wollen. In der Praxis hat es sich sogar als zweckmäßig erwiesen, das Polynom schon nach den linearen Gliedern abzubrechen, da das Modell dann eine einfache geometrische Interpretation zulässt. Auch bei großen Transformationsgebieten reicht in der Regel ein linearer Ansatz aus, wenn man das Gebiet unterteilt und in den Teilgebieten verkettete lineare Transformationen durchführt.

In den folgenden Darstellungen wird angenommen, dass die Koordinaten der Passpunkte im Zielsystem stochastische Größen sind, während die Positionen im Startsystem so gut bestimmt wurden, dass diese Koordinaten als fehlerfrei betrachtet werden dürfen. Diese vereinfachende Annahme wird in der Praxis meist getroffen, obwohl sie oft fragwürdig ist. Im Abschnitt 5.5 wird an einem Beispiel gezeigt, wie bei der Transformation vorzugehen ist, wenn auch die Koordinaten im Startsystem als stochastische Größen betrachtet werden sollen.

Vor der Schätzung der Transformationsparameter ist es stets sinnvoll, die Koordinatensysteme näherungsweise zur Deckung zu bringen. Dazu kann man die Positionen auf den Schwerpunkt der Passpunkte beziehen und die Achsen ungefähr parallel ausrichten. Man vermeidet dadurch numerische Probleme und beschleunigt eventuell erforderliche Iterationen.

4.7.2 Ebene Ähnlichkeitstransformation

Bei der Ähnlichkeitstransformation (HELMERT-Transformation) wird angenommen, dass eine Nullpunktverschiebung, eine Drehung und eine Maßstabanpassung ausreichen, um die Bezugssysteme zur Deckung zu bringen. Im Ähnlichkeitsmodell bleiben also bis auf den Maßstab alle geometrischen Beziehungen zwischen den Punkten erhalten. Gleichung (4.28) geht dabei über in

$$\boldsymbol{\xi}_i = \boldsymbol{k} + \boldsymbol{K}\boldsymbol{x}_i = \boldsymbol{k} + \boldsymbol{D}\boldsymbol{M}\boldsymbol{x}_i \tag{4.30}$$

mit der Zerlegung der Matrix $\boldsymbol{K}$ in eine diagonale Maßstabmatrix $\boldsymbol{M}$ und eine Drehmatrix $\boldsymbol{D}$.

$$\boldsymbol{M} = \begin{pmatrix} m & 0 \\ 0 & m \end{pmatrix}, \quad \boldsymbol{D} = \begin{pmatrix} \cos\alpha & -\sin\alpha \\ \sin\alpha & \cos\alpha \end{pmatrix}.$$

Die Festlegung der Vorzeichen und der Drehrichtungen wurde nach den Konventionen der Geodäsie getroffen. Sie entspricht der Darstellung in Abbildung 4.15 für $\alpha = \beta$. Der Koeffizientenvergleich

$$\boldsymbol{K} = \begin{pmatrix} k_{11} & k_{12} \\ k_{21} & k_{22} \end{pmatrix} = \begin{pmatrix} m\cos\alpha & -m\sin\alpha \\ m\sin\alpha & m\cos\alpha \end{pmatrix}$$

zeigt die geometrische Bedeutung der linearen Polynomkoeffizienten in Gleichung (4.29). Der Vektor $\boldsymbol{k} = (k_{10}\ k_{20})^t$ enthält die Translation des Koordinatenursprungs, und es gilt $k_{11} = k_{22}$ sowie $k_{12} = -k_{21}$. Zur Bestimmung der vier Transformationsparameter reichen offensichtlich zwei identische Punkte aus. Ist ihre Anzahl größer, so erfolgt eine Schätzung nach der MkQ, zu deren mathematischem Modell jeder der p Passpunkte folgenden Beitrag liefert:

$$\begin{aligned} \xi_i &= k_{10} + k_{11}x_i - k_{21}y_i + \nu_i \\ \eta_i &= k_{20} + k_{11}y_i + k_{21}x_i + \mu_i. \end{aligned} \tag{4.31}$$

Der Vergleich mit dem linearen funktionalen Modell $\boldsymbol{l} = \boldsymbol{A}\boldsymbol{x} + \boldsymbol{\varepsilon}$ zeigt folgende Entsprechungen:

$$\begin{aligned} \boldsymbol{l} &= (\xi_1\ \eta_1\ \cdots\ \xi_i\ \eta_i\ \cdots\ \xi_p\ \eta_p)^t, \\ \boldsymbol{\varepsilon} &= (\nu_1\ \mu_1\ \cdots\ \nu_i\ \mu_i\ \cdots\ \nu_p\ \mu_p)^t, \\ \boldsymbol{x} &= (k_{10}\ k_{20}\ k_{11}\ k_{21}) \\ \boldsymbol{A}^t &= \begin{pmatrix} 1 & 0 & \cdots & 1 & 0 & \cdots & 1 & 0 \\ 0 & 1 & \cdots & 0 & 1 & \cdots & 0 & 1 \\ x_1 & y_1 & \cdots & x_i & y_i & \cdots & x_p & y_p \\ -y_1 & x_1 & \cdots & -y_i & x_i & \cdots & -y_p & x_p \end{pmatrix}. \end{aligned}$$

Wenn keine Informationen über die Varianzen und Kovarianzen der Koordinaten des Zielsystems zur Verfügung stehen, ist es nicht möglich, ein realistisches stochastisches Modell zu wählen. Es wird dann meist die Einheitsmatrix als Gewichtsmatrix eingesetzt, obwohl es klar ist, dass jedes Verfahren der Positionsbestimmung zu Korrelationen zwischen den Punktkoordinaten und meist auch zwischen den Punkten führt.

Die nach der Parameterschätzung in den identischen Punkten auftretenden Residuen

$$\boldsymbol{v} = \boldsymbol{A}\hat{\boldsymbol{x}} - \boldsymbol{l}$$

werden häufig als Klaffungen oder auch Restklaffungen bezeichnet. Die aus der quadratischen Form $\boldsymbol{v}^t\boldsymbol{P}\boldsymbol{v}$ berechnete empirische Standardabweichung

$$s = \left[\boldsymbol{v}^t\boldsymbol{P}\boldsymbol{v}/(2p-4)\right]^{1/2}$$

mit der Anzahl p der Passpunkte zeigt, ob das einfache Ähnlichkeitsmodell die Wirklichkeit mit ausreichender Genauigkeit approximiert.

4.7.3 Ebene Affintransformation

Das Modell der Affintransformation enthält für die beiden Koordinatenrichtungen eigene Maßstabfaktoren und Drehungen. Dadurch werden Längenverzerrungen und Abweichungen von der Rechtwinkeligkeit erfasst. Dieses Modell eignet sich besonders zur Transformation von Koordinaten, die durch Digitalisierung analoger Unterlagen entstanden sind, da es ungleichmäßigen Verzerrungen des Zeichen- oder Bildträgers und Unvollkommenheiten der Digitalisiereinrichtung Rechnung trägt. Ein weiteres wichtiges Einsatzgebiet ist die Deformationsanalyse. Als Zielsystem dienen hier die ein Objekt repräsentierenden Positionen im undeformierten Zustand, auf die die Punkte nach erfolgter Deformation und erneuter Bestimmung transformiert werden. Aus den Polynomkoeffizienten werden anschließend die Dehnungs- und Scherungsfaktoren abgeleitet, mit denen die Deformation beschrieben werden kann.

Die in Gleichung (4.30) eingeführten Matrizen $\boldsymbol{M}$ und $\boldsymbol{D}$ enthalten im affinen Modell folgende Größen:

$$\boldsymbol{M} = \begin{pmatrix} m_x & 0 \\ 0 & m_y \end{pmatrix}, \quad \boldsymbol{D} = \begin{pmatrix} \cos\alpha & -\sin\beta \\ \sin\alpha & \cos\beta \end{pmatrix}.$$

Für die Polynomkoeffizienten erhält man damit:

$$\boldsymbol{K} = \begin{pmatrix} k_{11} & k_{12} \\ k_{21} & k_{22} \end{pmatrix} = \begin{pmatrix} m_x \cos\alpha & -m_y \sin\beta \\ m_x \sin\alpha & m_y \cos\beta \end{pmatrix}.$$

In Abbildung 4.15 ist dargestellt, wie die Koordinatenachsen und die Drehwinkel gewählt wurden.

Die im Vektor $\boldsymbol{k}$ enthaltenen Translationen bringen auch hier die Nullpunkte der beiden Bezugssysteme zur Deckung. Drei nicht auf einer Geraden liegende Passpunkte sind zur

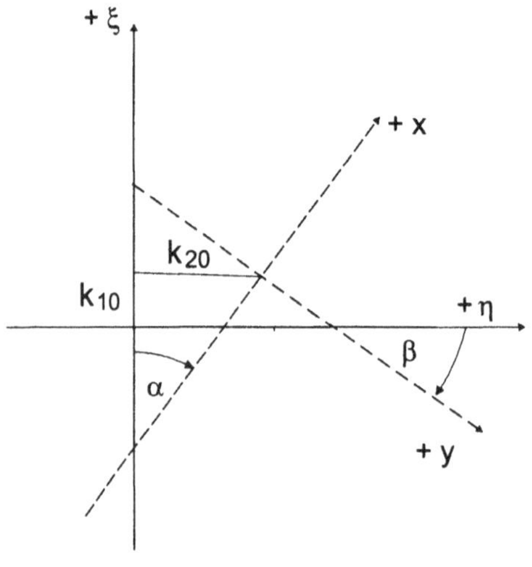

Abb. 4.15: Geodätisches Koordinatensystem

Berechnung der sechs Parameter erforderlich. Stehen mehr Passpunkte zur Verfügung, so werden die Parameter nach der MkQ geschätzt.

Der Beitrag des Passpunktes P_i zum funktionalen Modell lautet nach (4.31)

$$\begin{aligned} \xi_i &= k_{10} + k_{11}x_i - k_{12}y_i + \nu_i \\ \eta_i &= k_{20} + k_{21}x_i + k_{22}y_i + \mu_i . \end{aligned}$$

Daraus folgt für das Modell $\boldsymbol{l} = \boldsymbol{A}\boldsymbol{x} + \boldsymbol{\varepsilon}$ mit den Vektoren $\boldsymbol{l}$ und $\boldsymbol{\varepsilon}$ wie bei der Ähnlichkeitstransformation für

$$\boldsymbol{x} = (k_{10}\ k_{20}\ k_{11}\ k_{21}\ k_{12}\ k_{22})^t$$

$$\boldsymbol{A}^t = \begin{pmatrix} 1 & 0 & \cdots & 1 & 0 & \cdots & 1 & 0 \\ 0 & 1 & \cdots & 0 & 1 & \cdots & 0 & 1 \\ x_1 & 0 & \cdots & x_i & 0 & \cdots & x_p & 0 \\ 0 & x_1 & \cdots & 0 & x_i & \cdots & 0 & x_p \\ -y_1 & 0 & \cdots & -y_i & 0 & \cdots & -y_p & 0 \\ 0 & y_1 & \cdots & 0 & y_i & \cdots & 0 & y_p \end{pmatrix} .$$

Man erkennt leicht, dass das funktionale Modell keine Verknüpfungen zwischen den ξ- und η-Koordinaten enthält. Diese werden erst mit dem stochastischen Modell eingeführt, wenn Korrelationen zwischen den Koordinaten angesetzt werden. Das weitere Vorgehen erfolgt wie bei der Ähnlichkeitstransformation.

Da Maßstäbe und Drehungen leichter zu interpretieren sind als Polynomkoeffizienten, werden sie in der Regel aus den geschätzten Parametern berechnet.

$$\hat{m}_x = \sqrt{\hat{k}_{11}^2 + \hat{k}_{21}^2} , \quad \hat{m}_y = \sqrt{\hat{k}_{12}^2 + \hat{k}_{22}^2}$$

$$\hat{\alpha} = \arctan \frac{\hat{k}_{21}}{\hat{k}_{11}} , \quad \hat{\beta} = \arctan \frac{\hat{k}_{12}}{\hat{k}_{22}} .$$

Die Ermittlung der Varianzen dieser Größen erfolgt wie bei den Amplituden und Phasen in Abschnitt 4.3.4.

4.8 Räumliche Transformation

Die Transformation räumlicher Koordinaten hat in jüngster Zeit stark an Bedeutung gewonnen. Ihre Hauptanwendungsgebiete sind die Positionsbestimmung mit Satellitenverfahren und die Vermessung von Objekten im Nahbereich. Im ersten Fall müssen die im globalen kartesischen WGS 84-System ermittelten Positionen in geographische Koordinaten und Höhen bzw. in Landeskoordinaten umgewandelt werden. Im zweiten Fall werden Objekte von mehreren Standpunkten aus tachymetrisch oder photogrammetrisch erfasst bzw. gescannt. Anschließend werden die standpunktbezogenen Positionen in ein einheitliches Koordinatensystem transformiert.

Von Gleichung (4.30) ausgehend, gilt für den Punkt P_i

$$\boldsymbol{\xi}_i = \boldsymbol{k} + \boldsymbol{D}\boldsymbol{M}\boldsymbol{x}_i \tag{4.32}$$

mit dem Translationsvektor des Ursprungs des Koordinatensystems $\boldsymbol{k} = (k_{10}\ k_{20}\ k_{30})^t$, der Diagonalmatrix mit den drei Maßstäben $\boldsymbol{M} = diag(m_x\ m_y\ m_z)$ und der Drehmatrix

$$\boldsymbol{D}(\boldsymbol{\alpha}) = \boldsymbol{D}(\alpha_x, \alpha_y, \alpha_z) = \boldsymbol{D}(\alpha_z)\boldsymbol{D}(\alpha_y)\boldsymbol{D}(\alpha_x),$$

die als Produkt der orthogonalen Drehmatrizen darstellbar ist, die die Einzeldrehungen um die Koordinatenachsen beschreiben (vgl. Abb. 4.16).

$$\boldsymbol{D}(\alpha_x) = \begin{pmatrix} 1 & 0 & 0 \\ 0 & \cos\alpha_x & \sin\alpha_x \\ 0 & -\sin\alpha_x & \cos\alpha_x \end{pmatrix}, \quad \boldsymbol{D}(\alpha_y) = \begin{pmatrix} \cos\alpha_y & 0 & -\sin\alpha_y \\ 0 & 1 & 0 \\ \sin\alpha_y & 0 & \cos\alpha_y \end{pmatrix}, \quad \boldsymbol{D}(\alpha_z) = \begin{pmatrix} \cos\alpha_z & \sin\alpha_z & 0 \\ -\sin\alpha_z & \cos\alpha_z & 0 \\ 0 & 0 & 1 \end{pmatrix}$$

$$\boldsymbol{D}(\boldsymbol{\alpha}) = \begin{pmatrix} \cos\alpha_y\cos\alpha_z & \cos\alpha_x\sin\alpha_z + \sin\alpha_x\sin\alpha_y\cos\alpha_z & \sin\alpha_x\sin\alpha_z - \cos\alpha_x\sin\alpha_y\cos\alpha_z \\ -\cos\alpha_y\sin\alpha_z & \cos\alpha_x\cos\alpha_z - \sin\alpha_x\sin\alpha_y\sin\alpha_z & \sin\alpha_x\cos\alpha_z + \cos\alpha_x\sin\alpha_y\sin\alpha_z \\ \sin\alpha_y & -\sin\alpha_z\cos\alpha_y & \cos\alpha_x\cos\alpha_y \end{pmatrix}.$$

Für die Bestimmung der neun Parameter der räumlichen Transformation benötigt man drei nicht in einer Ebene liegende Passpunkte. Wenn die Koordinaten stochastischer Natur sind, ist es auch hier zweckmäßig, die Parameter auf der Grundlage einer größeren Anzahl gut im Raum verteilter identischer Punkte zu schätzen.

Während bei der ebenen Affintransformation die Nichtlinearität des Modells bezüglich der Drehungen und Maßstabsänderungen mit Hilfe der Polynomkoeffizienten beseitigt werden konnte (vgl. auch Abschnitt 4.3.4), ist dies hier nicht möglich. Der Unbekanntenvektor enthält die Komponenten $(k_{10}\ k_{20}\ k_{30}\ \alpha_x\ \ \alpha_y\ \alpha_z\ m_x\ m_y\ m_z)$, für die Näherungswerte beschafft werden müssen, um eine Linearisierung durchführen zu könnnen. Mit diesen Näherungswerten erhält man für (4.32), wenn die Glieder zweiter und höherer Ordnung vernachlässigt werden

$$\boldsymbol{\xi}_i - \boldsymbol{k}_0 - \boldsymbol{D}(\boldsymbol{\alpha}_0)\boldsymbol{M}_0\boldsymbol{x}_i = \boldsymbol{I}d\boldsymbol{k} + \boldsymbol{G}_i d\boldsymbol{\alpha} + \boldsymbol{H}_i d\boldsymbol{m}, \tag{4.33}$$

mit den an der Entwicklungsstelle zu berechnenden Matrizen

$$\boldsymbol{G}_i = \frac{\partial\boldsymbol{\xi}_i}{\partial\boldsymbol{\alpha}}, \quad \boldsymbol{H}_i = \frac{\partial\boldsymbol{\xi}_i}{\partial\boldsymbol{m}}.$$

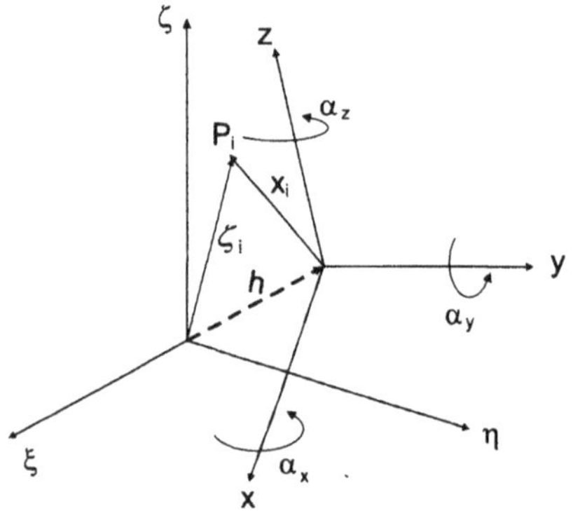

Abb. 4.16: Start- und Zielsystem der räumlichen Transformation

Damit ergibt sich für p identische Punkte die $3p \times 9$–Koeffizientenmatrix des funktionalen Modells $\boldsymbol{l} = \boldsymbol{A}\boldsymbol{x} + \boldsymbol{\varepsilon}$ zu

$$\boldsymbol{A} = \begin{pmatrix} \boldsymbol{I} & \boldsymbol{G}_1 & \boldsymbol{H}_1 \\ \boldsymbol{I} & \boldsymbol{G}_2 & \boldsymbol{H}_2 \\ \vdots & \vdots & \vdots \\ \boldsymbol{I} & \boldsymbol{G}_p & \boldsymbol{H}_p \end{pmatrix} .$$

Recht aufwändig ist die Berechnung guter Näherungswerte für die drei Drehwinkel. Bei manchen Problemen liegt es aber in der Natur der Sache, dass die Drehwinkel sehr klein sein müssen und nur geringe Maßstabsänderungen zu erwarten sind, so dass $\sin\alpha \approx \alpha$, $\cos\alpha \approx 1$ und $\alpha m \approx \alpha$ angenommen werden kann. Sehr häufig können auch gute Näherungswerte von vorausgegangenen Transformationen übernommen werden, so dass nur noch kleine Größen zu schätzen sind. Für die Gleichung (4.32) erhält man dann die lineare Form (4.33) mit

$$\boldsymbol{G}_i = \begin{pmatrix} 0 & -z_i & y_i \\ z_i & 0 & -x_i \\ -y_i & x_i & o \end{pmatrix} , \quad \boldsymbol{H}_i = \begin{pmatrix} x_i & 0 & 0 \\ 0 & y_i & 0 \\ 0 & 0 & z_i \end{pmatrix} .$$

Falls die Drehwinkel beliebige Werte annehmen können sollen, gelangt man am schnellsten zur Lösung, wenn die Schätzung iterativ durchgeführt wird. Für die Startlösung wählt man als Entwicklungsstelle für die Linearisierung $\boldsymbol{k}_0 = \boldsymbol{0}$, $\boldsymbol{\alpha}_0 = \boldsymbol{0}$ und $\boldsymbol{m}_0 = \boldsymbol{1}$. Nach jeder Lösung der Normalgleichungen werden die vorläufigen Parameter aktualisiert und als Entwicklungsstelle für die Neuberechnung von $\boldsymbol{G}_i$ und $\boldsymbol{H}_i$ benutzt. Das Verfahren konvergiert sehr schnell.

Wenn es ausreicht, $m_x = m_y = m_z$ anzunehmen, also mit nur einem Maßstabfaktor zu arbeiten, erhält man die räumliche Ähnlichkeitstransformation (HELMERT-Transformation).

Da die Koordinaten des Zielsystems als stochastische Größen aufgefasst werden, besitzen sie eine Varianz-Kovarianz-Matrix, die als stochastisches Modell für die Parameterschätzung einzuführen ist. Da es aber häufig an zuverlässigen Informationen über die Varianzen und Kovarianzen mangelt, wird als Gewichtsmatrix auch hier oft die Einheitsmatrix gewählt.

5 Parameterfreie Modelle

5.1 Das mathematische Modell

Während bei der Schätzung im GAUSS-MARKOV-Modell ein lineares parametrisches Modell formuliert wird, und unter der Forderung $\boldsymbol{v}^t\boldsymbol{P}\boldsymbol{v} \Longrightarrow Min$ Schätzwerte für die unbekannten Parameter berechnet werden, enthält das hier betrachtete Modell keine Parameter. Statt dessen werden Bedingungen zwischen den Beobachtungen formuliert, die erfüllt sein müssen, damit ein konsistentes System entsteht. Man spricht der Einfachheit halber auch vom Modell der bedingten Beobachtungen. Zur Erfüllung der Bedingungen werden für die ursprünglichen Beobachtungen Verbesserungen berechnet, wobei wiederum das Prinzip $\boldsymbol{v}^t\boldsymbol{P}\boldsymbol{v} \Longrightarrow Min$ angewandt wird. Die Verbesserungen v_i bzw. die sogenannten ausgeglichenen Beobachtungen $\hat{l}_i = l_i + v_i$ sind daher die zu schätzenden Größen. Die Anzahl der aufzustellenden Bedingungsgleichungen (BGL) ist gleich der Anzahl der überschüssigen Beobachtungen.

5.1.1 Lineare Bedingungsgleichungen

Die Beobachtungen l_i sind Realisierungen von Zufallsvariablen. Die ausgeglichenen Beobachtungen $\hat{l}_i = l_i + v_i$ müssen die Bedingungsgleichungen erfüllen. Wenn u Beobachtungen nötig sind, um das Problem eindeutig zu definieren, aber $n > u$ Messungen tatsächlich vorliegen, so müssen $f = n - u$ linear unabhängige BGL aufgestellt werden.

In vielen Fällen, wie in dem nachfolgenden Beispiel sofort ersichtlich, können die BGL durch einfache geometrische Überlegungen angegeben werden.

Beispiel 16

Winkelsumme im Dreieck

In einem ebenen Dreieck sind die drei Winkel $l_1 = \alpha$, $l_2 = \beta$ und $l_3 = \gamma$ gemessen worden. Zur Festlegung der Figur werden $u = 2$ Winkel benötigt, da der dritte durch die Beziehung $\alpha + \beta + \gamma - 200 = 0$ berechnet werden kann. Das Problem hat also $f = 1$ überschüssige Beobachtung. Damit das System der ausgeglichenen Beobachtungen widerspruchsfrei ist, muss die BGL $\hat{\alpha} + \hat{\beta} + \hat{\gamma} - 200 = 0$ erfüllt sein.

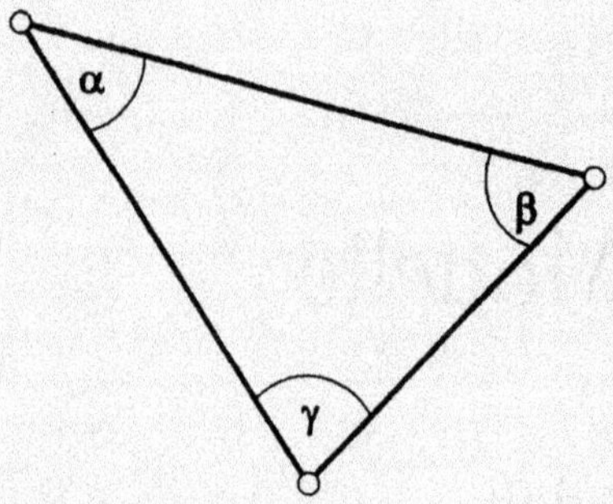

Abb. 5.1: Ebenes Dreieck

Beispiel 17

Nivellement

Ausgehend vom Festpunkt A sollen durch Nivellement die Höhen der Punkte B, C und D bestimmt werden.

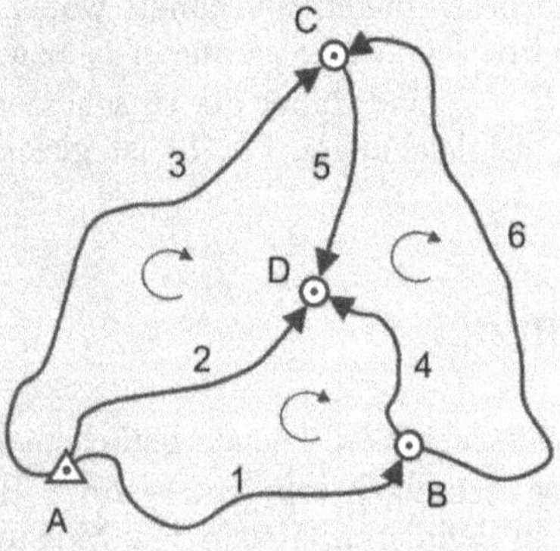

Abb. 5.2: Nivellementsschleifen

Offensichtlich werden dazu $u = 3$ Höhenunterschiede benötigt. Es liegen jedoch $n = 6$ Messungen vor. Daraus folgt, dass $n - u = f = 3$ unabhängige BGL aufgestellt werden müssen.

Mögliche BGL sind:

$$\begin{array}{llllllll} -\hat{l}_1 & +\hat{l}_2 & & -\hat{l}_4 & & & = & 0 \\ & -\hat{l}_2 & +\hat{l}_3 & & +\hat{l}_5 & & = & 0 \\ & & & +\hat{l}_4 & -\hat{l}_5 & -\hat{l}_6 & = & 0 \end{array}$$

oder

$$\begin{array}{llllllll} -\hat{l}_1 & & +\hat{l}_3 & & & -\hat{l}_6 & = & 0 \\ -\hat{l}_1 & +\hat{l}_2 & & & -\hat{l}_5 & -\hat{l}_6 & = & 0 \\ -\hat{l}_1 & & +\hat{l}_3 & -\hat{l}_4 & +\hat{l}_5 & & = & 0 \end{array}$$

Die Wahl der BGL ist beliebig, sofern nur $f = n - u$ linear unabhängige Gleichungen aufgestellt werden.

Wir lesen aus den Beispielen folgende allgemeine Form der linearen BGL ab:

$$\begin{aligned}
a_{11}\hat{l}_1 &+ a_{12}\hat{l}_2 + \cdots + a_{1n}\hat{l}_n + a_1 = 0\\
a_{21}\hat{l}_1 &+ a_{22}\hat{l}_2 + \cdots + a_{2n}\hat{l}_n + a_2 = 0\\
&\vdots \qquad\qquad\qquad\qquad\qquad\quad \vdots\\
a_{f1}\hat{l}_1 &+ a_{f2}\hat{l}_2 + \cdots + a_{fn}\hat{l}_n + a_f = 0
\end{aligned}$$

$$\boldsymbol{A}\hat{\boldsymbol{l}} + \boldsymbol{a} = \boldsymbol{0}$$

Sie werden in der Literatur meist als *ursprüngliche BGL* bezeichnet mit:

$$\boldsymbol{A} = \begin{pmatrix} a_{11} & a_{12} & \cdots & a_{1n} \\ a_{21} & a_{22} & \cdots & a_{2n} \\ \vdots & & & \\ a_{f1} & a_{f2} & \cdots & a_{fn} \end{pmatrix}, \quad \boldsymbol{a} = \begin{pmatrix} a_1 \\ a_2 \\ \vdots \\ a_f \end{pmatrix}, \quad \hat{\boldsymbol{l}} = \boldsymbol{l} + \boldsymbol{v} = \begin{pmatrix} l_1 + v_1 \\ l_2 + v_2 \\ \vdots \\ l_n + v_n \end{pmatrix}.$$

Nach Abspalten des *Widerspruchs*:

$$\boldsymbol{w} = \boldsymbol{A}\boldsymbol{l} + \boldsymbol{a}$$

folgen daraus *umgeformte BGL*:

$$\boldsymbol{A}\boldsymbol{v} + \boldsymbol{w} = \boldsymbol{0}\ , \tag{5.1}$$

die das funktionale Modell darstellen.

An den beiden eingeführten Beispielen wird die Umformung demonstriert.

Beispiel 16 **(Fortsetzung):** $n = 3,\ u = 2,\ f = 1$

$$\begin{aligned}
&\textbf{Ursprüngliche BGL:} && \hat{l}_1 + \hat{l}_2 + \hat{l}_3 - 200 = 0\\
&\textbf{Widerspruch:} && l_1 + l_2 + l_3 - 200 = w\\
&\textbf{Umgeformte BGL:} && v_1 + v_2 + v_3 + w = 0
\end{aligned}$$

Beispiel 17 **(Fortsetzung):** $n = 6,\ u = 3,\ f = 3$

$$\begin{aligned}
&\textbf{Ursprüngliche BGL:} && -\hat{l}_1 + \hat{l}_2 - \hat{l}_4 + 0 = 0\\
& && -\hat{l}_2 + \hat{l}_3 + \hat{l}_5 + 0 = 0\\
& && +\hat{l}_4 - \hat{l}_5 - \hat{l}_6 + 0 = 0\\
&\textbf{Widersprüche:} && -l_1 + l_2 - l_4 = w_1\\
& && -l_2 + l_3 + l_5 = w_2\\
& && +l_4 - l_5 - l_6 = w_3\\
&\textbf{Umgeformte BGL:} && -v_1 + v_2 - v_4 + w_1 = 0\\
& && -v_2 + v_3 + v_5 + w_2 = 0\\
& && +v_4 - v_5 - v_6 + w_3 = 0
\end{aligned}$$

Die Matrixdarstellung $\boldsymbol{A}\boldsymbol{v} + \boldsymbol{w} = \boldsymbol{0}$ der umgeformten Bedingungsgleichungen enthält in diesem Beispiel folgende Elemente:

$$\underset{3\times 6}{\boldsymbol{A}} = \begin{pmatrix} -1 & +1 & 0 & -1 & 0 & 0 \\ 0 & -1 & +1 & 0 & +1 & 0 \\ 0 & 0 & 0 & +1 & -1 & -1 \end{pmatrix} \qquad \begin{aligned} \boldsymbol{v} &= (v_1 \; v_2 \; v_3 \; v_4 \; v_5 \; v_6)^t \\ \boldsymbol{w} &= (w_1 \; w_2 \; w_3)^t \end{aligned}$$

Als ursprünglich lineare Bedingungen treten neben den *Schleifenbedingungen* in Höhennetzen vor allem *Winkelsummenbedingungen* bei der trigonometrischen Punktbestimmung auf. Jede geschlossene Figur, in der alle Winkel gemessen wurden, erfordert eine Summengleichung. Beispiele sind Dreiecke, n-Ecke, Ringpolygonzüge und Dreiecksketten. Wenn auf einer Station alle Winkel gemessen worden sind, muss eine *Horizontschlussbedingung* aufgestellt werden. Bei Messungen in allen Kombinationen, z. B. Winkelmessung und Prüfstreckenmessung (vergl. Abschnitt 4.3.2), entstehen ebenfalls lineare BGL zwischen den Beobachtungen.

5.1.2 Nichtlineare Bedingungsgleichungen

Bei komplexeren Aufgabenstellungen treten nichtlineare BGL auf, die nicht immer leicht zu erkennen sind und oft eine unhandliche Form haben. Dies macht das Verfahren der parameterfreien Schätzung dann ungeeignet für die automatisierte Berechnung durch EDV-Programme.
Die allgemeine Form der BGL lautet:

$$\begin{aligned} g_1(\hat{l}_1, \hat{l}_2, \ldots, \hat{l}_n) + a_1 &= 0 \\ g_2(\hat{l}_1, \hat{l}_2, \ldots, \hat{l}_n) + a_2 &= 0 \\ \vdots \qquad\qquad & \;\vdots \\ g_f(\hat{l}_1, \hat{l}_2, \ldots, \hat{l}_n) + a_f &= 0. \end{aligned}$$

Sie kann mit Vektoren kompakt als ursprüngliche BGL

$$\boldsymbol{g}(\hat{\boldsymbol{l}}) + \boldsymbol{a} = \boldsymbol{0}$$

formuliert werden.

Unter der Voraussetzung, dass die Funktionen in der Umgebung von $\boldsymbol{l}$ stetig differenzierbar sind und und dass die Verbesserungen v_j im differentiellen Sinne kleine Größen sind, kann eine TAYLOR-Entwicklung an der Stelle $\boldsymbol{l}$ durchgeführt werden, um die Gleichungen zu linearisieren. Für die i-te Gleichung erhält man:

$$g_i(l_1, l_2, \ldots, l_n) + \frac{\partial g_i}{\partial l_1} v_1 + \frac{\partial g_i}{\partial l_2} v_2 + \ldots + \frac{\partial g_i}{\partial l_n} v_n + \text{Gl.h.O.} + a_i = 0 \; .$$

Die Differenzialkoeffizienten

$$a_{ij} := \frac{\partial g_i}{\partial l_j} \quad i \in \{1, 2, \ldots, f\}, \quad j \in \{1, 2, \ldots, n\}$$

sind an der Stelle $\boldsymbol{l}$ zu berechnen.

Die Glieder höherer Ordnung werden vernachlässigt, und die bekannten Größen werden zum Widerspruch zusammengefasst. Daraus folgt für die i-te Bedingung

$$a_{i1}v_1 + a_{i2}v_2 + \ldots + a_{in}v_n + w_i = 0,$$
$$w_i = g_i(l_1, l_2, \ldots, l_n) + a_i \ .$$

Das funktionale Modell als System linearisierter Bedingungsgleichungen nimmt damit folgende allgemeine Form mit den umgeformten BGL und dem Widerspruch an.

$$\boldsymbol{Av} + \boldsymbol{w} = \boldsymbol{0},$$
$$\boldsymbol{w} = \boldsymbol{g}(\boldsymbol{l}) + \boldsymbol{a} \ .$$

Für die praktische Berechnung der Koeffizienten $a_{ij} = \partial g_i/\partial l_j$ sind in Abhängigkeit von der Form der BGL unterschiedliche Verfahren günstig:

(i) Bildung der partiellen Ableitungen mit anschließender numerischer Auswertung. Diese Vorgehensweise ist nur bei einfachen BGL vorteilhaft.

(ii) Numerische Differenziation

$$a_{ij} = \frac{1}{\Delta_j}[g_i(l_1, l_2, \ldots, l_j + \Delta_j, \ldots, l_n) - g_i(l_1, l_2, \ldots, l_j, \ldots, l_n)] \ ;$$

Dieser Weg ist für den Taschenrechner bei ausreichender Speicherzahl und zum Programmieren geeignet.

(iii) Differenziation entsprechend (i) oder (ii) nach Logarithmieren der BGL. Dieses Verfahren ist bei Handrechnung günstig, wenn die BGL komplizierte Form haben.

Beispiel 18

Diagonalenviereck

In einem Diagonalenviereck wurden die $n = 8$ möglichen Winkel beobachtet. Wie man leicht sieht, sind $u = 4$ Winkel zur eindeutigen Festlegung der Figur notwendig. Damit ist die Anzahl der BGL $f = 8 - 4 = 4$. Man kann sich durch Probieren überzeugen, dass nur drei linear unabhängige Winkelsummen gebildet werden können. Jede weitere ist stets als Linearkombination von drei anderen darstellbar.

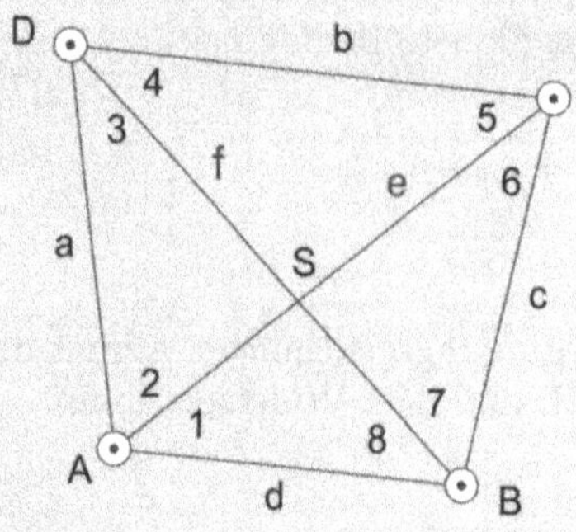

Abb. 5.3: Diagonalenviereck

Eine Wahl der Winkelsummenbedingung lautet:

$$
\begin{aligned}
&+\hat{l}_1 && +\hat{l}_6 +\hat{l}_7 +\hat{l}_8 -200 = 0\\
&+\hat{l}_2 +\hat{l}_3 +\hat{l}_4 +\hat{l}_5 && -200 = 0\\
&+\hat{l}_1 +\hat{l}_2 +\hat{l}_3 && +\hat{l}_8 -200 = 0.
\end{aligned}
$$

Die noch fehlende vierte Bedingung heißt *Seitenbedingung*. Sie stellt sicher, dass das Diagonalenviereck eindeutig ist, was die drei Winkelsummenbedingungen nicht gewährleisten, wie die folgende Abbildung demonstriert:

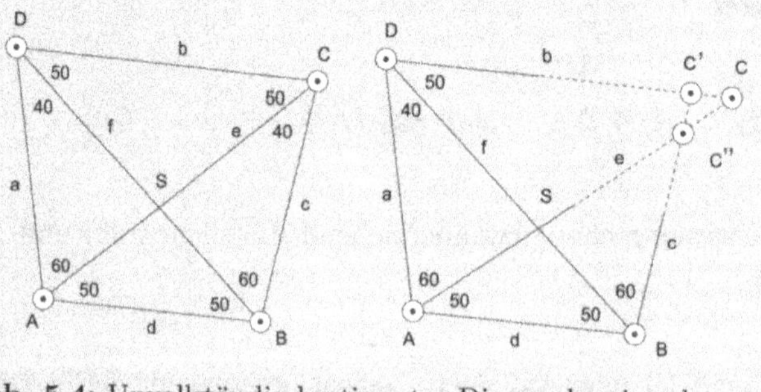

Abb. 5.4: Unvollständig bestimmtes Diagonalenviereck

Alle drei Winkelsummenbedingungen sind, wenn die eingetragenen Winkel eingesetzt werden, erfüllt. Werden von der Basis d beginnend die Winkel im Dreieck ABD abgetragen, so entsteht ein widerspruchsfreies Dreieck. Zur Konstruktion von C können anschließend drei Wege gewählt werden, die zu drei verschiedenen Punktlagen führen.

Im Diagonalenviereck können fünf verschiedene Seitenbedingungen formuliert werden, die auf Modellebene völlig gleichwertig sind. Davon ist eine auszuwählen. Das Bildungsprinzip besteht darin, dass mit Hilfe des Sinussatzes eine Seite über mehrere Dreiecke übertragen und auf sich selbst zurückgeführt wird, was widerspruchsfrei möglich sei muss. Die verwendeten Seiten gehen stets von einem Punkt (Zentralpunkt der Seitengleichung) aus. In dem Beispiel hat man die Wahl zwischen folgenden Gleichungen:

$$
\begin{aligned}
A:\ & \frac{a}{e}\cdot\frac{e}{d}\cdot\frac{d}{a} = \frac{\sin\hat{l}_5}{\sin(\hat{l}_3+\hat{l}_4)}\cdot\frac{\sin(\hat{l}_7+\hat{l}_8)}{\sin\hat{l}_6}\cdot\frac{\sin\hat{l}_3}{\sin\hat{l}_8} = 1\\
B:\ & \frac{d}{f}\cdot\frac{f}{c}\cdot\frac{c}{d} = \frac{\sin\hat{l}_3}{\sin(\hat{l}_1+\hat{l}_2)}\cdot\frac{\sin(\hat{l}_5+\hat{l}_6)}{\sin\hat{l}_4}\cdot\frac{\sin\hat{l}_1}{\sin\hat{l}_6} = 1\\
C:\ & \frac{b}{e}\cdot\frac{e}{c}\cdot\frac{c}{b} = \frac{\sin\hat{l}_2}{\sin(\hat{l}_3+\hat{l}_4)}\cdot\frac{\sin(\hat{l}_7+\hat{l}_8)}{\sin\hat{l}_1}\cdot\frac{\sin\hat{l}_4}{\sin\hat{l}_7} = 1\\
D:\ & \frac{b}{f}\cdot\frac{f}{a}\cdot\frac{a}{b} = \frac{\sin\hat{l}_7}{\sin(\hat{l}_5+\hat{l}_6)}\cdot\frac{\sin(\hat{l}_1+\hat{l}_2)}{\sin\hat{l}_8}\cdot\frac{\sin\hat{l}_5}{\sin\hat{l}_2} = 1\\
S:\ & \frac{\sin\hat{l}_5}{\sin\hat{l}_4}\cdot\frac{\sin\hat{l}_7}{\sin\hat{l}_6}\cdot\frac{\sin\hat{l}_1}{\sin\hat{l}_8}\cdot\frac{\sin\hat{l}_3}{\sin\hat{l}_2} = 1\,.
\end{aligned}
$$

Die rechentechnisch günstigste Gleichung erhält man, wenn als Zentralpunkt der Punkt gewählt wird, dem die größte Dreiecksfläche gegenüberliegt. Als Beispiel wird die Linearisierung von A durch Logarithmieren und Differenzieren durchgeführt. Mit der abgekürzten Schreibweise $\log\sin\hat{l}_i =: \mathrm{ls}\,\hat{l}_i$ ergeben sich folgende Arbeitsschritte:

(i) Logarithmieren

$$\mathrm{ls}\,\hat{l}_5 + \mathrm{ls}(\hat{l}_7+\hat{l}_8) + \mathrm{ls}\,\hat{l}_3 - \mathrm{ls}(\hat{l}_3+\hat{l}_4) - \mathrm{ls}\,\hat{l}_6 - \mathrm{ls}\,\hat{l}_8 - 0 = 0\,.$$

(ii) Differenzieren

$$
\begin{aligned}
&\mathrm{ls}\,\hat{l}_i = \mathrm{ls}(l_i+v_i) = \mathrm{ls}\,l_i + \frac{\partial \mathrm{ls}\,l_i}{\partial l_i}v_i + \text{Gl. h. O.}\\
&\frac{\partial \mathrm{ls}\,l_i}{\partial l_i} = \log e\frac{1}{\sin l_i}\cos l_i = \log e\cot l_i\\
&\mathrm{ls}\,\hat{l}_i = \mathrm{ls}\,l_i + \frac{\log e}{\rho}\cot l_i v_i,\quad \log e = 0{,}43429...,\quad \ln e = 1,\quad \rho = 200/\pi\,\mathrm{gon}\,.
\end{aligned}
$$

(iii) Bilden des Widerspruchs und Einsetzen der Differenziale

$$
\begin{aligned}
&w = \frac{\rho}{\log e}(\mathrm{ls}\,l_5 + \mathrm{ls}(l_7+l_8) + \mathrm{ls}\,l_3 - \mathrm{ls}(l_3+l_4) - \mathrm{ls}l_6 - \mathrm{ls}\,l_8)\\
&\cot l_5 v_5 + \cot(l_7+l_8)(v_7+v_8) + \cot l_3 v_3 - \cot(l_3+l_4)(v_3+v_4) -\\
&\cot l_6 v_6 - \cot l_8 v_8 + w = 0
\end{aligned}
$$

(iv) Umordnen zur endgültigen Form der linearisierten umgeformten BGL

$$
\begin{aligned}
&(\cot l_3 - \cot(l_3+l_4))v_3 - \cot(l_3+l_4)v_4 + \cot l_5 v_5 - \cot l_6 v_6\\
&+\cot(l_7+l_8)v_7 + (\cot(l_7+l_8) - \cot l_8)v_8 + w = 0
\end{aligned}
$$

Seitenbedingungen treten in trigonometrischen Netzen für jeden ganz im Inneren liegenden Punkt und für jede Kreuzung von zwei Richtungen auf.

Der Maßstab eines trigonometrischen Netzes wird durch eine Strecke festgelegt. Jede weitere Strecke erfordert eine *Streckenbedingung.* In Trilaterationsnetzen treten nur Streckenbedingungen auf, die meist schwer aufzufinden und zu formulieren sind.

Wenn in einem geschlossenen oder beidseitig angeschlossenen Polygonzug alle Winkel und Strecken gemessen werden, so liegen bekanntlich drei überschüssige Beobachtungen vor, für die drei BGL aufzustellen sind.
Es gibt eine Winkelsummenbedingung für die Winkelsumme im n-Eck bzw. für die Differenz der Anschlussrichtungen und zwei *Polygon-* bzw. *Koordinatenbedingungen,* die sicherstellen, dass bei der Berechnung mit den ausgeglichenen Beobachtungen der Zug exakt auf dem Sollpunkt schließt. Für ein Ringpolygon mit Anfangspunkt A lauten diese beiden Bedingungen:

$$\begin{aligned} x_A = x_{A'} &: \sum (s + v_s)\cos(t + v_t) = 0 \\ y_A = y_{A'} &: \sum (s + v_s)\sin(t + v_t) = 0 \ . \end{aligned}$$

Neben den bisher angesprochenen *netzeigenen Bedingungen,* bei denen nur die beobachteten Größen in den Gleichungen auftreten, sind bei der Netzverdichtung und bei angeschlossenen Netzen noch *netzfremde Bedingungen* zu berücksichtigen. Nach den Ausführungen in Kapitel 4 ist die Problematik des geodätischen Datums bekannt, das bei der Einführung eines Koordinatensystems auftritt. Der Datumsdefekt d, der dort ausführlich behandelt wurde, gibt die Anzahl von Größen an, die festgelegt werden müssen und die nicht überschritten werden darf, wenn kein Zwang auf das Netz ausgeübt werden soll. Wenn ein Netz über mehr als d gemeinsame Stücke an ein vorhandenes Netz angeschlossen wird, so muss für jedes über d hinausgehende Stück eine BGL eingeführt werden. Für ein trigonometrisches Netz gilt z. B. $d = 4$. Daraus folgt, dass zwei gemeinsame Punkte des vorhandenen und des beobachteten Netzes noch keinen Zwang ausüben. Jeder weitere gemeinsame Punkt erfordert zwei *Anschlussbedingungen,* die als Polygon- oder Koordinatenbedingungen formuliert werden können.

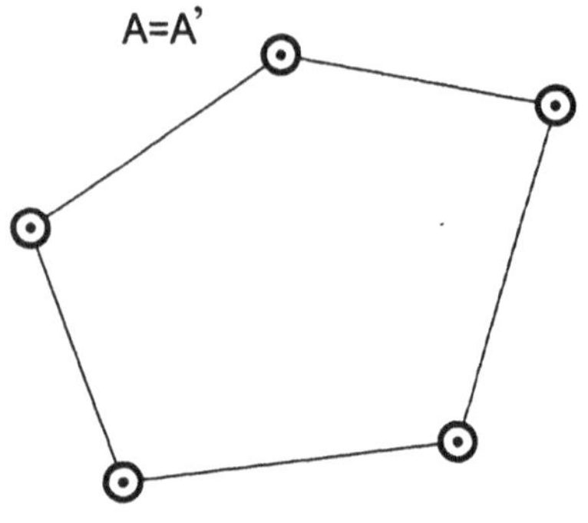

Abb. 5.5: Ringpolygon

5.1.3 Das stochastische Modell

Das stochastische Modell beschreibt die statistischen Eigenschaften der Beobachtungen. Für Schätzungen nach der MkQ wird die VKM benötigt, die für bedingte Beobachtungen nach denselben Grundsätzen wie im GMM (s. Abschnitt 4.1.2) a priori geschätzt werden muss.

$$\boldsymbol{\Sigma} = \sigma_0^2 \boldsymbol{Q}, \quad \boldsymbol{Q}^{-1} = \boldsymbol{P} \tag{5.2}$$

In den meisten Fällen wird angenommen, dass $\boldsymbol{\Sigma}$ eine Diagonalmatrix ist, so dass die Gewichtsmatrix $\boldsymbol{P}$ besonders leicht zu berechnen ist.

5.2 Schätzungen im parameterfreien Modell

5.2.1 Ausgeglichene Beobachtungen

Die Schätzung beginnt mit der Aufstellung der ursprünglichen Bedingungsgleichungen, die in der allgemeinen Form des Modells der bedingten Beobachtungen

$$\boldsymbol{g}(\boldsymbol{l} + \boldsymbol{v}) + \boldsymbol{a} = \boldsymbol{0}, \quad \boldsymbol{P}$$

mit den unbekannten Verbesserungen v_i dargestellt werden können. Die Gleichungen werden nach einem der angegebenen Verfahren linearisiert:

$$\boldsymbol{g}(\boldsymbol{l}) + \frac{\partial \boldsymbol{g}}{\partial \boldsymbol{l}} \boldsymbol{v} + \boldsymbol{a} = \boldsymbol{0} \, .$$

Mit dem Widerspruch

$$\boldsymbol{w} = \boldsymbol{g}(\boldsymbol{l}) + \boldsymbol{a}$$

lauten die umgeformten BGL

$$\boldsymbol{A}\boldsymbol{v} + \boldsymbol{w} = \boldsymbol{0}, \quad \boldsymbol{P} \quad \text{mit} \quad a_{ij} = \frac{\partial g_i(\boldsymbol{l})}{\partial l_j} \, .$$

Sind die ursprünglichen Bedingungsgleichungen linear

$$\boldsymbol{A}(\boldsymbol{l} + \boldsymbol{v}) + \boldsymbol{a} = \boldsymbol{0} \, ,$$

so können der Widerspruch

$$\boldsymbol{w} = \boldsymbol{A}\boldsymbol{l} + \boldsymbol{a}$$

und damit die umgeformte BGL

$$\boldsymbol{A}\boldsymbol{v} + \boldsymbol{w} = \boldsymbol{0}, \quad \boldsymbol{P}$$

sofort aufgestellt werden.

Gesucht werden die sogenannten ausgeglichenen Beobachtungen $\hat{\boldsymbol{l}} = \boldsymbol{l} + \boldsymbol{v}$, die alle BGL erfüllen und zugleich $\boldsymbol{v}^t \boldsymbol{P} \boldsymbol{v}$ zum Minimum machen. Es wird also die Methode der kleinsten Quadrate angewandt, die hier auf ein Minimumproblem mit Nebenbedingungen führt.

$$\mathcal{L} = \boldsymbol{v}^t \boldsymbol{P} \boldsymbol{v} - 2\boldsymbol{k}^t(\boldsymbol{A}\boldsymbol{v} + \boldsymbol{w}) \Longrightarrow \text{Min}(\boldsymbol{v}, \boldsymbol{k})$$

In der LAGRANGE-Funktion $\mathcal{L}$ treten die Verbesserungen v_j und die Hilfsgrößen k_i auf, die als *Korrelaten* bezeichnet werden. Das Minimum wird auf dem üblichen Weg durch Nullsetzen der Ableitungen von $\mathcal{L}$ nach $\boldsymbol{v}$ und $\boldsymbol{k}$ gefunden.

$$\frac{\partial \mathcal{L}}{\partial \boldsymbol{v}} = 2\boldsymbol{P}\boldsymbol{v} - 2\boldsymbol{A}^t\boldsymbol{k} \Longrightarrow \boldsymbol{P}\boldsymbol{v} = \boldsymbol{A}^t\boldsymbol{k} \ ,$$

$$\frac{\partial \mathcal{L}}{\partial \boldsymbol{k}} = 2\boldsymbol{A}\boldsymbol{v} + 2\boldsymbol{w} \quad \Longrightarrow \boldsymbol{A}\boldsymbol{v} = -\boldsymbol{w} \ .$$

Aus der ersten Gleichung bildet man die sogenannte *Korrelatengleichung*

$$\boldsymbol{v} = \boldsymbol{P}^{-1}\boldsymbol{A}^t\boldsymbol{k} \ , \tag{5.3}$$

aus der in Verbindung mit der zweiten Gleichung die Normalgleichung folgt, die zunächst nach $\boldsymbol{k}$ aufgelöst wird. Einsetzen von $\boldsymbol{k}$ in die Korrelatengleichung liefert schließlich die Verbesserungen.

$$\begin{aligned} \boldsymbol{A}\boldsymbol{P}^{-1}\boldsymbol{A}^t\boldsymbol{k} &= -\boldsymbol{w} \\ \boldsymbol{M}\boldsymbol{k} &= -\boldsymbol{w}, \quad \boldsymbol{M} = \boldsymbol{A}\boldsymbol{P}^{-1}\boldsymbol{A}^t \end{aligned} \tag{5.4}$$

$$\begin{aligned} \boldsymbol{k} &= -\boldsymbol{M}^{-1}\boldsymbol{w} \\ \boldsymbol{v} &= -\boldsymbol{P}^{-1}\boldsymbol{A}^t\boldsymbol{M}^{-1}\boldsymbol{w} \ . \end{aligned} \tag{5.5}$$

Die Kofaktorenmatrix der Verbesserungen kann durch Anwendung des Varianzen-Fortpflanzungsgesetzes berechnet werden. Aus

$$\boldsymbol{w} = \boldsymbol{g}(\boldsymbol{l}) + \boldsymbol{a} \quad \text{bzw.} \quad \boldsymbol{w} = \boldsymbol{A}\boldsymbol{l} + \boldsymbol{a}$$

folgt bei Berücksichtigung, dass $\boldsymbol{a}$ ein Vektor von Konstanten ist, zunächst

$$\boldsymbol{Q}_w = \boldsymbol{A}\boldsymbol{Q}_l\boldsymbol{A}^t = \boldsymbol{M}$$

und damit schließlich

$$\boldsymbol{Q}_v = \boldsymbol{P}^{-1}\boldsymbol{A}^t\boldsymbol{M}^{-1}\boldsymbol{A}\boldsymbol{P}^{-1} \ .$$

Nach derselben Methode wird die Kofaktorenmatrix der ausgeglichenen Beobachtungen gebildet.

$$\begin{aligned} \hat{\boldsymbol{l}} &= \boldsymbol{l} + \boldsymbol{v} = \boldsymbol{l} - \boldsymbol{P}^{-1}\boldsymbol{A}^t\boldsymbol{M}^{-1}(\boldsymbol{A}\boldsymbol{l} + \boldsymbol{a}) \\ &= (\boldsymbol{I} - \boldsymbol{P}^{-1}\boldsymbol{A}^t\boldsymbol{M}^{-1}\boldsymbol{A})\boldsymbol{l} - \boldsymbol{P}^{-1}\boldsymbol{A}^t\boldsymbol{M}^{-1}\boldsymbol{a} \\ \boldsymbol{Q}_{\hat{l}} &= (\boldsymbol{I} - \boldsymbol{P}^{-1}\boldsymbol{A}^t\boldsymbol{M}^{-1}\boldsymbol{A})\boldsymbol{Q}_l(\boldsymbol{I} - \boldsymbol{A}^t\boldsymbol{M}^{-1}\boldsymbol{A}\boldsymbol{P}^{-1}) \\ &= \boldsymbol{Q}_l - 2\boldsymbol{P}^{-1}\boldsymbol{A}^t\boldsymbol{M}^{-1}\boldsymbol{A}\boldsymbol{P}^{-1} + \boldsymbol{P}^{-1}\boldsymbol{A}^t\boldsymbol{M}^{-1}\boldsymbol{M}\boldsymbol{M}^{-1}\boldsymbol{A}\boldsymbol{P}^{-1} \\ \boldsymbol{Q}_{\hat{l}} &= \boldsymbol{Q}_l - \boldsymbol{P}^{-1}\boldsymbol{A}^t\boldsymbol{M}^{-1}\boldsymbol{A}\boldsymbol{P}^{-1} = \boldsymbol{Q}_l - \boldsymbol{Q}_v \ . \end{aligned}$$

5.2.2 Genauigkeitsschätzung und Funktionen

Die Gewichtseinheitsvarianz (Varianzfaktor) der Beobachtungen folgt wie vorher aus

$$s_o^2 = \frac{\boldsymbol{v}^t \boldsymbol{P} \boldsymbol{v}}{f}, \quad \text{mit} \quad f = \text{Freiheitsgrad} \; = \; \text{Anzahl der BGL} \; .$$

Mit (5.3) wird

$$\boldsymbol{v}^t \boldsymbol{P} \boldsymbol{v} = \boldsymbol{k}^t \boldsymbol{A} \boldsymbol{P}^{-1} \boldsymbol{P} \boldsymbol{P}^{-1} \boldsymbol{A}^t \boldsymbol{k} = \boldsymbol{k}^t \boldsymbol{A} \boldsymbol{P}^{-1} \boldsymbol{A}^t \boldsymbol{k}$$
$$\boldsymbol{v}^t \boldsymbol{P} \boldsymbol{v} = \boldsymbol{k}^t \boldsymbol{M} \boldsymbol{k}$$

gebildet. Eine weitere Vereinfachung folgt, wenn die Normalgleichung (5.4) eingesetzt wird.

$$\boldsymbol{v}^t \boldsymbol{P} \boldsymbol{v} = -\boldsymbol{k}^t \boldsymbol{w} = \boldsymbol{w}^t \boldsymbol{M}^{-1} \boldsymbol{w} \; . \tag{5.6}$$

Zur Kontrolle der Berechnung sollte $\boldsymbol{v}^t \boldsymbol{P} \boldsymbol{v}$ stets sowohl direkt aus dem Verbesserungsvektor als auch aus der Gleichung (5.6) berechnet werden. Mit der Schätzung s_0^2 kann die a posteriori VKM von $\boldsymbol{v}$ und $\hat{\boldsymbol{l}} = \boldsymbol{l} + \boldsymbol{v}$ sofort angegeben werden:

$$\boldsymbol{S}_v = s_0^2 \boldsymbol{Q}_v = s_0^2 \boldsymbol{P}^{-1} \boldsymbol{A}^t \boldsymbol{M}^{-1} \boldsymbol{A} \boldsymbol{P}^{-1} \; ,$$
$$\boldsymbol{S}_{\hat{l}} = s_0^2 \boldsymbol{Q}_{\hat{l}} = s_0^2 (\boldsymbol{P}^{-1} - \boldsymbol{P}^{-1} \boldsymbol{A}^t \boldsymbol{M}^{-1} \boldsymbol{A} \boldsymbol{P}^{-1}) \; .$$

Da in der Regel die eigentlich interessierenden Größen, z. B. Koordinaten oder Höhen, aus den ausgeglichenen Beobachtungen berechnet werden müssen, ist die Varianzen-Fortpflanzung bei bedingten Beobachtungen von besonderem Interesse. Seien $g_i(\boldsymbol{l})$ und $g_k(\boldsymbol{l})$ zwei lineare bzw. linearisierte Funktionen

$$g_i = g_i^0 + g_{i1}\hat{l}_1 + g_{i2}\hat{l}_2 + \ldots + g_{in}\hat{l}_n = g_i^0 + \boldsymbol{g}_i^t \hat{\boldsymbol{l}} \; ,$$
$$g_k = g_k^0 + g_{k1}\hat{l}_1 + g_{k2}\hat{l}_2 + \ldots + g_{kn}\hat{l}_n = g_k^0 + \boldsymbol{g}_k^t \hat{\boldsymbol{l}} \; ,$$

so erhält man die Kofaktoren

$$q_{ii} = \boldsymbol{g}_i^t \boldsymbol{Q}_{\hat{l}} \boldsymbol{g}_i ; \quad q_{kk} = \boldsymbol{g}_k^t \boldsymbol{Q}_{\hat{l}} \boldsymbol{g}_k \; ,$$
$$q_{ik} = \boldsymbol{g}_i^t \boldsymbol{Q}_{\hat{l}} \boldsymbol{g}_k = \boldsymbol{g}_k^t \boldsymbol{Q}_{\hat{l}} \boldsymbol{g}_i = q_{ki} \; .$$

Nun steht bei größeren Modellen in der Regel die Matrix $\boldsymbol{Q}_{\hat{l}}$ gar nicht, oder nur als Diagonalmatrix zur Verfügung. Sollen trotzdem die Kofaktoren der Funktionen streng berechnet werden, so empfiehlt sich folgender Weg:

$$q_{ii} = \boldsymbol{g}_i^t (\boldsymbol{P}^{-1} - \boldsymbol{P}^{-1} \boldsymbol{A}^t \boldsymbol{M}^{-1} \boldsymbol{A} \boldsymbol{P}^{-1}) \boldsymbol{g}_i$$
$$= \boldsymbol{g}_i^t \boldsymbol{P}^{-1} \boldsymbol{g}_i - \boldsymbol{g}_i^t \boldsymbol{P}^{-1} \boldsymbol{A}^t \boldsymbol{M}^{-1} \boldsymbol{A} \boldsymbol{P}^{-1} \boldsymbol{g}_i \; ,$$

und entsprechend

$$q_{ik} = \boldsymbol{g}_i^t \boldsymbol{P}^{-1} \boldsymbol{g}_k - \boldsymbol{g}_i^t \boldsymbol{P}^{-1} \boldsymbol{A}^t \boldsymbol{M}^{-1} \boldsymbol{A} \boldsymbol{P}^{-1} \boldsymbol{g}_k \; .$$

Werden nun die Übergangskoeffizienten

$$\begin{aligned} \boldsymbol{r}_i &:= -\boldsymbol{M}^{-1}\boldsymbol{A}\boldsymbol{P}^{-1}\boldsymbol{g}_i \ , \\ \boldsymbol{r}_k &:= -\boldsymbol{M}^{-1}\boldsymbol{A}\boldsymbol{P}^{-1}\boldsymbol{g}_k \end{aligned}$$

eingeführt, so ist folgende Umformung möglich:

$$\begin{aligned} q_{ii} &= \boldsymbol{g}_i^t\boldsymbol{P}^{-1}\boldsymbol{g}_i + \boldsymbol{g}_i^t\boldsymbol{P}^{-1}\boldsymbol{A}^t\boldsymbol{r}_i \ , \\ q_{ik} &= \boldsymbol{g}_i^t\boldsymbol{P}^{-1}\boldsymbol{g}_k + \boldsymbol{g}_i^t\boldsymbol{P}^{-1}\boldsymbol{A}^t\boldsymbol{r}_k \ . \end{aligned}$$

Durch einfache Erweiterung der Rechenoperationen, die zur Bestimmung der NGL $\boldsymbol{M}$ und der Korrelaten $\boldsymbol{k}$ erforderlich sind, können die Kofaktoren berechnet werden.

Für die Funktionen kann dies unmittelbar aus dem FALKschen Schema abgelesen werden:

	$\boldsymbol{P}^{-1}$	$\boldsymbol{A}^t$	$\boldsymbol{G}^t$
$\boldsymbol{A}$	$\boldsymbol{A}\boldsymbol{P}^{-1}$	$\boldsymbol{M}$	$\boldsymbol{A}\boldsymbol{P}^{-1}\boldsymbol{G}^t = \begin{pmatrix} \boldsymbol{A}\boldsymbol{P}^{-1}\boldsymbol{g}_i \\ \boldsymbol{A}\boldsymbol{P}^{-1}\boldsymbol{g}_k \end{pmatrix}$
$\boldsymbol{G} = \begin{pmatrix} \boldsymbol{g}_i^t \\ \boldsymbol{g}_k^t \end{pmatrix}$	$\boldsymbol{G}\boldsymbol{P}^{-1}$	$\boldsymbol{G}\boldsymbol{P}^{-1}\boldsymbol{A}^t$	$\boldsymbol{G}\boldsymbol{P}^{-1}\boldsymbol{G}^t = \begin{pmatrix} \boldsymbol{g}_i^t\boldsymbol{P}^{-1}\boldsymbol{g}_i & \boldsymbol{g}_i^t\boldsymbol{P}^{-1}\boldsymbol{g}_k \\ \boldsymbol{g}_k^t\boldsymbol{P}^{-1}\boldsymbol{g}_i & \boldsymbol{g}_k^t\boldsymbol{P}^{-1}\boldsymbol{g}_k \end{pmatrix}$

Wenn der Algorithmus zur Berechnung von $\boldsymbol{k}$ nach (5.5) um die rechten Seiten $\boldsymbol{A}\boldsymbol{P}^{-1}\boldsymbol{g}_i$ und $\boldsymbol{A}\boldsymbol{P}^{-1}\boldsymbol{g}_k$ erweitert wird, folgt unmittelbar

$$\begin{aligned} \boldsymbol{r}_i &= -\boldsymbol{M}^{-1}\boldsymbol{A}\boldsymbol{P}^{-1}\boldsymbol{g}_i \ , \\ \boldsymbol{r}_k &= -\boldsymbol{M}^{-1}\boldsymbol{A}\boldsymbol{P}^{-1}\boldsymbol{g}_k \ . \end{aligned}$$

In derselben Weise, in der die Kontrollformel (5.6) berechnet wird, erhält man

$$\boldsymbol{g}_i^t\boldsymbol{P}^{-1}\boldsymbol{A}^t\boldsymbol{M}^{-1}\boldsymbol{A}\boldsymbol{P}^{-1}\boldsymbol{g}_k = \boldsymbol{g}_i^t\boldsymbol{P}^{-1}\boldsymbol{A}^t\boldsymbol{r}_k$$

und damit alle Elemente der Kofaktorenmatrix.

5.3 Vergleich des parametrischen mit dem parameterfreien Modell

Beide Modelle (Kapitel 4 und Kapitel 5) dienen zur Schätzung der ausgeglichenen Beobachtungen unter der Forderung $\boldsymbol{v}^t\boldsymbol{P}\boldsymbol{v} \Longrightarrow Min$ und führen daher zu identischen Ergebnissen. Die Äquivalenz der Modelle lässt sich leicht zeigen. Dazu wird das GAUSS-MARKOV-Modell (GMM)

$$\boldsymbol{l} = \boldsymbol{A}\boldsymbol{x} + \boldsymbol{\varepsilon}, \quad \boldsymbol{P}$$

zerlegt in

$$\begin{aligned} \boldsymbol{l}_1 &= \boldsymbol{A}_1\boldsymbol{x} + \boldsymbol{\varepsilon}_1, \\ \boldsymbol{l}_2 &= \boldsymbol{A}_2\boldsymbol{x} + \boldsymbol{\varepsilon}_2 \end{aligned} \quad \boldsymbol{P},$$

und zwar so, dass das 1. System genau u linear unabhängige Gleichungen für die u Parameter $\boldsymbol{x}$ enthält. Daraus folgt, dass $\boldsymbol{A}_1$ quadratisch und invertierbar ist. Es existiert also die Lösung

$$\tilde{\boldsymbol{x}} = \boldsymbol{A}_1^{-1}(\boldsymbol{l}_1 - \boldsymbol{\varepsilon}_1),$$

die in die zweite Gleichung eingesetzt werden kann,

$$\boldsymbol{l}_2 = \boldsymbol{A}_2\boldsymbol{A}_1^{-1}(\boldsymbol{l}_1 - \boldsymbol{\varepsilon}_1) + \boldsymbol{\varepsilon}_2 \ .$$

Nach Umformung erhält man daraus das unterbestimmte System

$$\boldsymbol{l}_2 - \boldsymbol{\varepsilon}_2 - \boldsymbol{A}_2\boldsymbol{A}_1^{-1}(\boldsymbol{l}_1 - \boldsymbol{\varepsilon}_1) = \boldsymbol{0} \ .$$

Wenn für $\boldsymbol{\varepsilon}$ der Schätzwert $-\boldsymbol{v}$ eingesetzt und die Gleichung umgeordnet wird,

$$(\boldsymbol{A}_2\boldsymbol{A}_1^{-1} \vdots - \boldsymbol{I})(\boldsymbol{l} + \boldsymbol{v}) = \boldsymbol{0} \ ,$$

erkennt man die Struktur der umgeformten Bedingungsgleichungen (5.1)

$$\boldsymbol{B}\boldsymbol{v} + \boldsymbol{w} = \boldsymbol{0}, \quad \boldsymbol{P}$$

mit

$$\boldsymbol{B} = (\boldsymbol{A}_2\boldsymbol{A}_1^{-1} \vdots - \boldsymbol{I}) \quad \text{und} \quad \boldsymbol{w} = \boldsymbol{B}\boldsymbol{l},$$

in denen $\boldsymbol{v}$ unter der Bedingung $\boldsymbol{v}^t\boldsymbol{P}\boldsymbol{v} \Longrightarrow Min$ berechnet wird. Wir beobachten schließlich noch, dass $\boldsymbol{B}\boldsymbol{A} = \boldsymbol{0}$ gilt.

Zusammenstellung von Unterschieden der Modelle:

a) Allgemein

- Die Anzahl der BGL ist meist geringer als die Anzahl der Unbekannten. Daher ist bei bedingten Beobachtungen ein kleineres Normalgleichungssystem zu lösen.
- Nach der Wahl der Unbekannten erfolgt das Aufstellen der VGL meist schematisch durch ein EDV-Programm, BGL müssen dagegen häufig individuell gesucht und formuliert werden, lassen dadurch aber sehr viel Freiheit.
- Die Widersprüche lassen erkennen, ob Modell und Beobachtungen zusammenpassen. Sie enthalten Hinweise auf grobe Fehler. Im GMM besteht diese wirksame Qualitätskontrolle nicht.
- Das System der VGL muss spaltenregulär sein. Das BGL-System muss zeilenregulär sein.

- Multiplikation einer VGL mit einer Konstanten ändert das Gewicht der Beobachtung. Bei einer BGL bleibt eine Multiplikation ohne Einfluss.

b) Punktbestimmungen

- Das GMM liefert direkt die Koordinaten, während sie bei bedingten Beobachtungen nachträglich berechnet werden müssen.
- Die Genauigkeitsmaße mittlerer Punktfehler und Fehlerellipse können im GMM leicht, bei parameterfreien Modellen nur über komplizierte, nichtlineare Funktionen bestimmt werden.
- Die Parameterschätzung erfordert die Einführung eines Referenzsystems für die Parameter, während dieses bei parameterfreien Modellen offen bleiben kann.
- In der Regel müssen alle VGL linearisiert werden, während die Mehrzahl der BGL von vornherein linear ist.

Die leichtere Programmierbarkeit hat eine fast vollständige Konzentration auf die Parameterschätzung im GMM bewirkt. Die Schätzung in parameterfreien Modellen, die beim Aufbau der Landesnetze eine große Rolle gespielt hat, wird heute nur noch in Ausnahmefällen benutzt, z. B. wenn man auf Handrechnung angewiesen ist und daher die Größe des NGL-Systems eine Rolle spielt oder wenn eine geringere Anzahl leicht formulierbarer Bedingungen auftritt.

5.4 Bedingungsgleichungen mit Unbekannten

Ein Sonderfall bedingter Beobachtungen liegt vor, wenn die BGL zusätzliche Parameter enthalten. Dies ist zum Beispiel der Fall, wenn die in Abschnitt 4.3.2 dargestellte Aufgabe der Konstantenbestimmung eines Distanzmessers durch ein System von Bedingungsgleichungen modelliert werden soll, was wegen der einfachen Struktur durchaus zweckmäßig ist. Gegeben sei die BR $l = (l_1, l_2, \dots, l_n)$ mit der a priori VKM $\boldsymbol{\Sigma} = \sigma_0^2 \boldsymbol{Q}$, $\boldsymbol{Q}^{-1} = \boldsymbol{P}$. Zwischen den Beobachtungen mögen r funktionale Beziehungen

$$g_i(\boldsymbol{l} + \boldsymbol{v}, \boldsymbol{x}) + a_i = 0, \quad i \in 1, 2, \dots, r$$

bestehen. Unter der Forderung $\boldsymbol{v}^t \boldsymbol{P} \boldsymbol{v} \Longrightarrow Min$ sollen die ausgeglichenen Beobachtungen $l_j + v_j$, $j = 1, 2, \dots, n$ und die Parameter x_k, $k = 1, 2, \dots, u$ geschätzt werden. Durch eine TAYLOR-Entwicklung an der Stelle $(\boldsymbol{l}, \boldsymbol{x}^0)$ werden die Gleichungen g_i linearisiert. Mit

$$\frac{\partial g_i}{\partial l_j} =: a_{ij}, \quad \frac{\partial g_i}{\partial x_k} =: b_{ik},$$

$$g_i(\boldsymbol{l}, \boldsymbol{x}^0) + a_i = w_i$$

folgt

$$\begin{array}{ll} a_{11}v_1 + a_{12}v_2 + ... + a_{1n}v_n + b_{11}x_1 + ... + b_{1u}x_u + w_1 = & 0 \\ a_{21}v_1 + a_{22}v_2 + ... + a_{2n}v_n + b_{21}x_1 + ... + b_{2u}x_u + w_2 = & 0 \\ \vdots & \vdots \\ a_{r1}v_1 + a_{r2}v_2 + ... + a_{rn}v_n + b_{r1}x_1 + ... + b_{ru}x_u + w_r = & 0 \end{array}$$

oder in Matrixschreibweise

$$\underset{r\times n}{\boldsymbol{A}}\,\boldsymbol{v} + \underset{r\times u}{\boldsymbol{B}}\,\boldsymbol{x} + \boldsymbol{w} = \boldsymbol{0}, \quad \boldsymbol{P}\,.$$

Die LAGRANGE-Funktion für dieses Problem

$$\mathcal{L} = \boldsymbol{v}^t\boldsymbol{P}\boldsymbol{v} - 2\boldsymbol{k}^t(\boldsymbol{A}\boldsymbol{v} + \boldsymbol{B}\boldsymbol{x} + \boldsymbol{w})$$

wird nach dem üblichen Verfahren minimiert.

$$\begin{aligned} \frac{\partial\mathcal{L}}{\partial\boldsymbol{v}} &\Longrightarrow \boldsymbol{P}\boldsymbol{v} - \boldsymbol{A}^t\boldsymbol{k} = \boldsymbol{0} \Longrightarrow \boldsymbol{v} = \boldsymbol{P}^{-1}\boldsymbol{A}^t\boldsymbol{k} \\ \frac{\partial\mathcal{L}}{\partial\boldsymbol{x}} &\Longrightarrow \boldsymbol{B}^t\boldsymbol{k} = \boldsymbol{0}\,; \\ \frac{\partial\mathcal{L}}{\partial\boldsymbol{k}} &\Longrightarrow \boldsymbol{A}\boldsymbol{v} + \boldsymbol{B}\boldsymbol{x} + \boldsymbol{w} = \boldsymbol{0} \end{aligned}$$

Wird die erste Gleichung in die dritte eingesetzt, so folgt das NGL-System

$$\left.\begin{array}{l} \boldsymbol{M}\boldsymbol{k} + \boldsymbol{B}\hat{\boldsymbol{x}} + \boldsymbol{w} = \boldsymbol{0} \\ \boldsymbol{B}^t\boldsymbol{k} + \boldsymbol{0}\hat{\boldsymbol{x}} + \boldsymbol{0} = \boldsymbol{0} \end{array}\right., \quad \text{mit} \quad \boldsymbol{M} = \boldsymbol{A}\boldsymbol{P}^{-1}\boldsymbol{A}^t,$$

das in Blockmatrixform geschrieben werden kann

$$\begin{pmatrix} \boldsymbol{M} & \boldsymbol{B} \\ \boldsymbol{B}^t & \boldsymbol{0} \end{pmatrix} \begin{pmatrix} \boldsymbol{k} \\ \hat{\boldsymbol{x}} \end{pmatrix} + \begin{pmatrix} \boldsymbol{w} \\ \boldsymbol{0} \end{pmatrix} = \boldsymbol{0}$$

und die Lösung

$$\begin{pmatrix} \boldsymbol{k} \\ \hat{\boldsymbol{x}} \end{pmatrix} = -\begin{pmatrix} \boldsymbol{M} & \boldsymbol{B} \\ \boldsymbol{B}^t & \boldsymbol{0} \end{pmatrix}^{-1} \begin{pmatrix} \boldsymbol{w} \\ \boldsymbol{0} \end{pmatrix} = \begin{pmatrix} \boldsymbol{Q}_{11} & \boldsymbol{Q}_{12} \\ \boldsymbol{Q}_{21} & \boldsymbol{Q}_{22} \end{pmatrix} \begin{pmatrix} \boldsymbol{w} \\ \boldsymbol{0} \end{pmatrix}$$

besitzt. Die Blockmatrizen $\boldsymbol{Q}_{ij}$ der Inversen der NGL erhält man aus der Identität

$$\begin{pmatrix} \boldsymbol{M} & \boldsymbol{B} \\ \boldsymbol{B}^t & \boldsymbol{0} \end{pmatrix} \begin{pmatrix} \boldsymbol{Q}_{11} & \boldsymbol{Q}_{12} \\ \boldsymbol{Q}_{21} & \boldsymbol{Q}_{22} \end{pmatrix} = \begin{pmatrix} \boldsymbol{I}_r & \\ & \boldsymbol{I}_u \end{pmatrix},$$

die nach Ausmultiplizieren folgende Gleichungen liefert:

$$\begin{array}{lrcl} (1) & \boldsymbol{M}\boldsymbol{Q}_{11} + \boldsymbol{B}\boldsymbol{Q}_{21} &=& \boldsymbol{I}_r \Longrightarrow \boldsymbol{Q}_{11}\boldsymbol{M}\boldsymbol{Q}_{11} = \boldsymbol{Q}_{11} \\ (2) & \boldsymbol{M}\boldsymbol{Q}_{12} + \boldsymbol{B}\boldsymbol{Q}_{22} &=& \boldsymbol{0} \\ (3) & \boldsymbol{B}^t\boldsymbol{Q}_{11} &=& \boldsymbol{0} \\ (4) & \boldsymbol{B}^t\boldsymbol{Q}_{12} &=& \boldsymbol{I}_u \end{array} \qquad (5.7)$$

In einem sinnvoll formulierten Modell ist $\boldsymbol{M}$ regulär und besitzt die Inverse $\boldsymbol{M}^{-1}$. Ferner kann $\boldsymbol{B}^t$ als zeilenregulär vorausgesetzt werden, so dass die folgenden Operationen zulässig sind:

$$
\begin{aligned}
(1) &\Longrightarrow \boldsymbol{Q}_{11} + \boldsymbol{M}^{-1}\boldsymbol{B}\boldsymbol{Q}_{21} = \boldsymbol{M}^{-1}, \\
(2) &\Longrightarrow \boldsymbol{Q}_{12} + \boldsymbol{M}^{-1}\boldsymbol{B}\boldsymbol{Q}_{22} = \boldsymbol{0}.
\end{aligned}
$$

Wird die zweite Gleichung von links mit $\boldsymbol{B}^t$ multipliziert und dann mit (5.7),(4) verglichen, so folgt

$$
\begin{aligned}
\boldsymbol{B}^t\boldsymbol{Q}_{12} &= -\boldsymbol{B}^t\boldsymbol{M}^{-1}\boldsymbol{B}\boldsymbol{Q}_{22} = \boldsymbol{I}_u \\
\Longrightarrow \quad \boldsymbol{Q}_{22} &= -(\boldsymbol{B}^t\boldsymbol{M}^{-1}\boldsymbol{B})^{-1} \\
\Longrightarrow \quad \boldsymbol{Q}_{12} &= \boldsymbol{M}^{-1}\boldsymbol{B}(\boldsymbol{B}^t\boldsymbol{M}^{-1}\boldsymbol{B})^{-1} = \boldsymbol{Q}_{21}^t, \\
\Longrightarrow \quad \boldsymbol{Q}_{11} &= \boldsymbol{M}^{-1} - \boldsymbol{M}^{-1}\boldsymbol{B}(\boldsymbol{B}^t\boldsymbol{M}^{-1}\boldsymbol{B})^{-1}\boldsymbol{B}^t\boldsymbol{M}^{-1} \\
&= (\boldsymbol{I}_r - \boldsymbol{Q}_{12}\boldsymbol{B}^t)\boldsymbol{M}^{-1}.
\end{aligned}
$$

Die Lösungen lauten damit

$$
\begin{aligned}
\hat{\boldsymbol{x}} &= -\boldsymbol{Q}_{21}\boldsymbol{w} \\
\boldsymbol{k} &= -\boldsymbol{Q}_{11}\boldsymbol{w} \Longrightarrow \boldsymbol{v} = -\boldsymbol{P}^{-1}\boldsymbol{A}^t\boldsymbol{Q}_{11}\boldsymbol{w}\ .
\end{aligned}
$$

Als Kontrollformel für $\boldsymbol{v}^t\boldsymbol{P}\boldsymbol{v}$ erhält man

$$
\begin{aligned}
\boldsymbol{v}^t\boldsymbol{P}\boldsymbol{v} &= \boldsymbol{k}^t\boldsymbol{A}\boldsymbol{P}^{-1}\boldsymbol{A}^t\boldsymbol{k} = \boldsymbol{k}^t\boldsymbol{M}\boldsymbol{k} \\
&= -\boldsymbol{k}^t\boldsymbol{M}\boldsymbol{Q}_{11}\boldsymbol{w} \Longrightarrow \quad \text{mit (1) und} \quad \boldsymbol{B}^t\boldsymbol{k} = \boldsymbol{0} \\
\boldsymbol{v}^t\boldsymbol{P}\boldsymbol{v} &= -\boldsymbol{k}^t(\boldsymbol{I} - \boldsymbol{B}\boldsymbol{Q}_{21})\boldsymbol{w} = -\boldsymbol{k}^t\boldsymbol{w}\ .
\end{aligned}
$$

Mit dem Freiheitsgrad $f = r - u$ wird der Varianzschätzer

$$
s_0^2 = \frac{\boldsymbol{v}^t\boldsymbol{P}\boldsymbol{v}}{f} \tag{5.8}
$$

berechnet. Die Kofaktorenmatrizen der ausgeglichenen Beobachtungen $\hat{\boldsymbol{l}} = \boldsymbol{l} + \boldsymbol{v}$ und der Parameter $\hat{\boldsymbol{x}}$ nehmen folgende Form an:

$$
\begin{aligned}
\hat{\boldsymbol{l}} &= \boldsymbol{l} - \boldsymbol{P}^{-1}\boldsymbol{A}^t\boldsymbol{Q}_{11}\boldsymbol{w} = \boldsymbol{l} - \boldsymbol{P}^{-1}\boldsymbol{A}^t\boldsymbol{Q}_{11}(\boldsymbol{A}\boldsymbol{l} + \boldsymbol{c}_1) \\
&= (\boldsymbol{I} - \boldsymbol{P}^{-1}\boldsymbol{A}^t\boldsymbol{Q}_{11}\boldsymbol{A})\boldsymbol{l} + \boldsymbol{c}_2 \\
\boldsymbol{Q}_{\hat{l}} &= (\boldsymbol{I} - \boldsymbol{P}^{-1}\boldsymbol{A}^t\boldsymbol{Q}_{11}\boldsymbol{A})\boldsymbol{P}^{-1}(\boldsymbol{I} - \boldsymbol{A}^t\boldsymbol{Q}_{11}\boldsymbol{A}\boldsymbol{P}^{-1}) \\
\boldsymbol{Q}_{\hat{l}} &= \boldsymbol{P}^{-1} - \boldsymbol{P}^{-1}\boldsymbol{A}^t\boldsymbol{Q}_{11}\boldsymbol{A}\boldsymbol{P}^{-1} \\
&= \boldsymbol{P}^{-1}(\boldsymbol{P} - \boldsymbol{A}^t\boldsymbol{Q}_{11}\boldsymbol{A})\boldsymbol{P}^{-1} \\
\hat{\boldsymbol{x}} &= -\boldsymbol{Q}_{21}\boldsymbol{w} = -\boldsymbol{Q}_{21}(\boldsymbol{A}\boldsymbol{l} + \boldsymbol{c}) \\
\boldsymbol{Q}_{\hat{x}} &= \boldsymbol{Q}_{21}\boldsymbol{A}\boldsymbol{P}^{-1}\boldsymbol{A}^t\boldsymbol{Q}_{12} \\
&= (\boldsymbol{B}^t\boldsymbol{M}^{-1}\boldsymbol{B})^{-1}\boldsymbol{B}^t\boldsymbol{M}^{-1}\boldsymbol{M}\boldsymbol{M}^{-1}\boldsymbol{B}(\boldsymbol{B}^t\boldsymbol{M}^{-1}\boldsymbol{B})^{-1} \\
\boldsymbol{Q}_{\hat{x}} &= (\boldsymbol{B}^t\boldsymbol{M}^{-1}\boldsymbol{B})^{-1} = -\boldsymbol{Q}_{22}\ .
\end{aligned}
$$

Nach der Multiplikation mit dem Varianzfaktor (5.8) liefern die Kofaktoren die a posteriori Varianzen der geschätzten Größen.

6 Verallgemeinerte Modelle

6.1 Stochastische Parameter

Das in Kapitel 4 ausführlich behandelte GAUSS-MARKOV-Modell (GMM)

$$\boldsymbol{l} = \boldsymbol{A}\boldsymbol{x} + \boldsymbol{\varepsilon}, \; \boldsymbol{\Sigma} = E(\boldsymbol{\varepsilon}\boldsymbol{\varepsilon}^t), \; E(\boldsymbol{l}) = \boldsymbol{A}\boldsymbol{x}$$

wurde zur Schätzung der festen Parameter $\boldsymbol{x}$ aus den stochastischen Beobachtungen $\boldsymbol{l}$ entwickelt. Nun soll angenommen werden, dass $\boldsymbol{x}$ die Realisierung eines stochastischen Vektors ist, mit $E(\boldsymbol{X}) = \boldsymbol{\xi}$ und $\mathrm{Var}\,(\boldsymbol{X}) = \boldsymbol{\Sigma}_x$. Daraus folgt für den Beobachtungsvektor das stochastische Modell

$$\boldsymbol{\Sigma}_l = \boldsymbol{\Sigma} + \boldsymbol{A}\boldsymbol{\Sigma}_x\boldsymbol{A}^t, \; \boldsymbol{\Sigma}_{lx} = \boldsymbol{A}\boldsymbol{\Sigma}_x.$$

Das mit diesen Annahmen formulierte mathematische Modell

$$\boldsymbol{l} = \boldsymbol{A}\boldsymbol{x} + \boldsymbol{\varepsilon}, \quad \boldsymbol{\Sigma}_l, \; \boldsymbol{\Sigma}_{lx}, \quad E(\boldsymbol{X}) = \boldsymbol{\xi}, \quad E(\boldsymbol{l}|\boldsymbol{x}) = \boldsymbol{A}\boldsymbol{x}$$

wird als (lineares) *Regressionsmodell* bezeichnet, und die Schätzung der stochastischen Parameter $\boldsymbol{x}$ heißt *lineare Regression*, gelegentlich auch Vorhersage (Prädiktion) der Parameter.

6.1.1 Beste lineare unverzerrte Schätzung

Es sei vorausgesetzt, dass alle Matrizen des Regressionsmodells vollen Rang besitzen, so dass die auftretenden Inversen existieren. Ist dies nicht gesichert, so müssen geeignete g-Inverse eingeführt werden. Der Vorgehensweise in Abschnitt 4.2.1 folgend, soll eine lineare Funktion h der Parameter unter den Forderungen Unverzerrtheit und minimale Varianz geschätzt werden.

$$\begin{aligned} h &= \boldsymbol{f}^t\boldsymbol{x} = \boldsymbol{c}^t\boldsymbol{l} + a, \quad a \text{ unbekannte Konstante} \\ E(h|\boldsymbol{x}) &= E(\boldsymbol{f}^t\boldsymbol{x}) = E(\boldsymbol{c}^t\boldsymbol{l}) + a = \boldsymbol{c}^t E(\boldsymbol{l}|\boldsymbol{x}) + a \\ E(h) &= \boldsymbol{f}^t\boldsymbol{\xi} = \boldsymbol{c}^t\boldsymbol{A}\boldsymbol{\xi} + a \Longrightarrow (\boldsymbol{f}^t - \boldsymbol{c}^t\boldsymbol{A})\boldsymbol{\xi} - a = 0 \end{aligned}$$

Der bedingte Erwartungswert $E(h|\boldsymbol{x})$ bezieht sich auf die bei den Beobachtungen aktuelle Realisierung $\boldsymbol{x}$ des Zufallsvektors $\boldsymbol{X}$, während sich $E(h)$ auf die Zufallsvariable selbst bezieht, d. h. auf das Mittel aller denkbaren Werte, die sie annehmen kann.

Da $\boldsymbol{x}$ und $\boldsymbol{l}$ Realisierungen von Zufallsvektoren sind, lautet die zu minimierende Schätzvarianz

$$\begin{aligned} \mathrm{Var}\,(h) &= \mathrm{Var}\,(\boldsymbol{f}^t\boldsymbol{x} - \boldsymbol{c}^t\boldsymbol{l} - a) = \mathrm{Var}\,(\boldsymbol{f}^t\boldsymbol{x} - \boldsymbol{c}^t\boldsymbol{l}) \\ &= \boldsymbol{c}^t\boldsymbol{\Sigma}_l\boldsymbol{c} + \boldsymbol{f}^t\boldsymbol{\Sigma}_x\boldsymbol{f} - 2\boldsymbol{c}^t\boldsymbol{\Sigma}_{lx}\boldsymbol{f}\;. \end{aligned}$$

Damit wird die LAGRANGE-Funktion $\mathcal{L}$ gebildet, deren Ableitungen im Minimum verschwinden

$$\mathcal{L} = \boldsymbol{c}^t\boldsymbol{\Sigma}_l\boldsymbol{c} + \boldsymbol{f}^t\boldsymbol{\Sigma}_x\boldsymbol{f} - 2\boldsymbol{c}^t\boldsymbol{\Sigma}_{lx}\boldsymbol{f} + 2\lambda(\boldsymbol{f}^t\boldsymbol{\xi} - \boldsymbol{c}^t\boldsymbol{A}\boldsymbol{\xi} - a)$$

$$\frac{\partial\mathcal{L}}{\partial\boldsymbol{c}} = 2\boldsymbol{\Sigma}_l\boldsymbol{c} - 2\boldsymbol{\Sigma}_{lx}\boldsymbol{f} - 2\lambda\boldsymbol{A}\boldsymbol{\xi}, \quad \frac{\partial\mathcal{L}}{\partial a} = -2\lambda.$$

Die Lösungen für $\boldsymbol{c}$ und a werden aus den Gleichungen

$$\boldsymbol{\Sigma}_l\boldsymbol{c} - \boldsymbol{\Sigma}_{lx}\boldsymbol{f} - \lambda\boldsymbol{A}\boldsymbol{\xi} = \boldsymbol{0}, \ \lambda = 0,$$
$$(\boldsymbol{f}^t - \boldsymbol{c}^t\boldsymbol{A})\boldsymbol{\xi} - a = 0$$

gewonnen. Sie lauten

$$\boldsymbol{c} = \boldsymbol{\Sigma}_l^{-1}\boldsymbol{\Sigma}_{lx}\boldsymbol{f} = (\boldsymbol{\Sigma} + \boldsymbol{A}\boldsymbol{\Sigma}_x\boldsymbol{A}^t)^{-1}\boldsymbol{A}\boldsymbol{\Sigma}_x\boldsymbol{f},$$
$$a = (\boldsymbol{f}^t - \boldsymbol{c}^t\boldsymbol{A})\boldsymbol{\xi} = \boldsymbol{f}^t(\boldsymbol{I} - \boldsymbol{\Sigma}_{xl}\boldsymbol{\Sigma}_l^{-1}\boldsymbol{A})\boldsymbol{\xi} \ .$$

Für den Schätzer der Funktion folgt damit

$$\hat{h} = \boldsymbol{f}^t\boldsymbol{\Sigma}_x\boldsymbol{A}^t(\boldsymbol{\Sigma} + \boldsymbol{A}\boldsymbol{\Sigma}_x\boldsymbol{A}^t)^{-1}\boldsymbol{l} + \boldsymbol{f}^t(\boldsymbol{I} - \boldsymbol{\Sigma}_{xl}\boldsymbol{\Sigma}_l^{-1}\boldsymbol{A})\boldsymbol{\xi}$$

und für seine Varianz

$$\mathrm{Var}\,(\hat{h}) = \boldsymbol{f}^t\boldsymbol{\Sigma}_x\boldsymbol{A}^t\boldsymbol{\Sigma}_l^{-1}\boldsymbol{A}\boldsymbol{\Sigma}_x\boldsymbol{f} \ .$$

Falls der Vektor $\hat{\boldsymbol{x}}$ geschätzt werden soll, erhält man seine Komponenten $\hat{x}_i$, wenn $\boldsymbol{f} := \boldsymbol{e}_i$ gesetzt wird. Ganz entsprechend wird die zugehörige Schätzvarianz berechnet. Fasst man die Komponenten zusammen, so folgt

$$\hat{\boldsymbol{x}} = \boldsymbol{\xi} + \boldsymbol{\Sigma}_x\boldsymbol{A}^t\boldsymbol{\Sigma}_l^{-1}(\boldsymbol{l} - \boldsymbol{A}\boldsymbol{\xi})$$
$$\mathrm{Var}\,(\hat{\boldsymbol{x}}) = \boldsymbol{\Sigma}_x\boldsymbol{A}^t\boldsymbol{\Sigma}_l^{-1}\boldsymbol{A}\boldsymbol{\Sigma}_x$$
$$\mathrm{Var}\,(\hat{\boldsymbol{x}}-\boldsymbol{x}) = \mathrm{Var}\,(\boldsymbol{x}) - \mathrm{Var}\,(\hat{\boldsymbol{x}}) = \boldsymbol{\Sigma}_x(\boldsymbol{I} - \boldsymbol{A}^t\boldsymbol{\Sigma}_l^{-1}\boldsymbol{A}\boldsymbol{\Sigma}_x) \ .$$

Die absolute Varianz $\mathrm{Var}\,(\hat{\boldsymbol{x}})$ bezieht sich auf den Zufallsvektor $\boldsymbol{X}$ d. h. auf die Streuung um $E(\boldsymbol{X})$, während $\mathrm{Var}\,(\hat{\boldsymbol{x}} - \boldsymbol{x})$ für die vorliegende Beobachtungsreihe $\boldsymbol{l}$ gilt und daher meist die interessierende Matrix ist.

Die Anwendung der Formeln ist auf die Ausnahmefälle beschränkt, bei denen $\boldsymbol{\xi}$ und $\boldsymbol{\Sigma}_x$ bekannt sind. Sie vereinfachen sich, wenn $\boldsymbol{x}$ ein Fehlerterm mit $E(\boldsymbol{X}) = \boldsymbol{0}$ ist. Man erhält dann

$$\hat{\boldsymbol{x}} = \boldsymbol{\Sigma}_x\boldsymbol{A}^t\boldsymbol{\Sigma}_l^{-1}\boldsymbol{l} \ .$$

Die Varianzschätzungen bleiben natürlich unverändert.

In den meisten Fällen wird keine a priori Information über $\boldsymbol{x}$ zur Verfügung stehen. Man muss dann die stochastischen Parameter im Regressionsmodell genau so schätzen wie feste Parameter im GMM. Das heißt, die in Abschnitt 4.2.1 entwickelten Formeln (4.7 bis 4.10)

$$\boldsymbol{c} = \boldsymbol{\Sigma}^{-1}\boldsymbol{A}(\boldsymbol{A}^t\boldsymbol{\Sigma}^{-1}\boldsymbol{A})^{-1}\boldsymbol{f} \quad \text{mit} \quad a = 0$$
$$\hat{h} = \boldsymbol{f}^t(\boldsymbol{A}^t\boldsymbol{\Sigma}^{-1}\boldsymbol{A})^{-1}\boldsymbol{A}^t\boldsymbol{\Sigma}^{-1}\boldsymbol{l}, \quad \sigma^2_{\hat{h}} = \boldsymbol{f}^t(\boldsymbol{A}^t\boldsymbol{\Sigma}^{-1}\boldsymbol{A})^{-1}\boldsymbol{f}$$
$$\hat{\boldsymbol{x}} = (\boldsymbol{A}^t\boldsymbol{\Sigma}^{-1}\boldsymbol{A})^{-1}\boldsymbol{A}^t\boldsymbol{\Sigma}^{-1}\boldsymbol{l}, \quad \boldsymbol{\Sigma}_{\hat{x}} = (\boldsymbol{A}^t\boldsymbol{\Sigma}^{-1}\boldsymbol{A})^{-1}$$

werden angewandt.

6.1.2 Pseudobeobachtungen

Es gibt zahlreiche Schätzaufgaben, bei denen aus früheren Messungen ein Schätzwert $\tilde{\boldsymbol{x}}$, $\boldsymbol{\Sigma}_{\tilde{x}}$ für den Parametervektor vorliegt. Das lineare Modell besteht dann aus zwei Gruppen von Gleichungen:

$$\begin{aligned} \boldsymbol{l} &= \boldsymbol{A}\boldsymbol{x} + \boldsymbol{\varepsilon}, \quad & E(\boldsymbol{\varepsilon}\boldsymbol{\varepsilon}^t) &= \sigma_0^2 \boldsymbol{Q}_\varepsilon, \quad & \boldsymbol{Q}_\varepsilon^{-1} &= \boldsymbol{P}_\varepsilon \\ \tilde{\boldsymbol{x}} &= \boldsymbol{x} + \boldsymbol{v}, \quad & E(\boldsymbol{v}\boldsymbol{v}^t) &= \sigma_0^2 \boldsymbol{Q}_v, \quad & \boldsymbol{Q}_v^{-1} &= \boldsymbol{P}_v \ , \end{aligned} \tag{6.1}$$

aus denen nach der MkQ der endgültige Schätzwert $\hat{\boldsymbol{x}}$ für den Parametervektor berechnet wird.
Mit

$$\tilde{\boldsymbol{l}} = \begin{pmatrix} \boldsymbol{l} \\ \tilde{\boldsymbol{x}} \end{pmatrix}, \quad \tilde{\boldsymbol{A}} = \begin{pmatrix} \boldsymbol{A} \\ \boldsymbol{I} \end{pmatrix}, \quad \tilde{\boldsymbol{P}} = \begin{pmatrix} \boldsymbol{P}_\varepsilon & \boldsymbol{0} \\ \boldsymbol{0} & \boldsymbol{P}_v \end{pmatrix}$$

erhält man die Normalgleichungen

$$\begin{aligned} &\tilde{\boldsymbol{A}}^t \tilde{\boldsymbol{P}} \tilde{\boldsymbol{A}} \hat{\boldsymbol{x}} - \tilde{\boldsymbol{A}} \tilde{\boldsymbol{P}} \tilde{\boldsymbol{l}} = \boldsymbol{0} \qquad \text{bzw.} \\ &(\boldsymbol{A}^t \boldsymbol{P}_\varepsilon \boldsymbol{A} + \boldsymbol{P}_v)\hat{\boldsymbol{x}} - (\boldsymbol{A}^t \boldsymbol{P}_\varepsilon \boldsymbol{l} + \boldsymbol{P}_v \tilde{\boldsymbol{x}}) = \boldsymbol{0} \end{aligned} \tag{6.2}$$

und damit schließlich

$$\begin{aligned} \hat{\boldsymbol{x}} &= (\boldsymbol{A}^t \boldsymbol{P}_\varepsilon \boldsymbol{A} + \boldsymbol{P}_v)^{-1} (\boldsymbol{A}^t \boldsymbol{P}_\varepsilon \boldsymbol{l} + \boldsymbol{P}_v \tilde{\boldsymbol{x}}) \\ \operatorname{Var}(\hat{\boldsymbol{x}}) &= \sigma_0^2 (\boldsymbol{A}^t \boldsymbol{P}_\varepsilon \boldsymbol{A} + \boldsymbol{P}_v)^{-1}. \end{aligned}$$

Die bekannten Schätzwerte $\tilde{\boldsymbol{x}}$ können also wie zusätzliche Beobachtungen (Pseudobeobachtungen) behandelt werden. Etwas problematisch an dieser Vorgehensweise ist die Behandlung der a priori Varianz-Kovarianz-Matrizen. Es wird nämlich vorausgesetzt, dass σ_0^2 ein bekannter, beiden Beobachtungsgruppen gemeinsamer Varianzfaktor ist. In der Praxis wird jedoch für $\tilde{\boldsymbol{x}}$ eine Schätzung $\tilde{s}_0^2 \boldsymbol{Q}_v$ zur Verfügung stehen. Bei strenger Berücksichtigung dieser Tatsache ergibt sich eine Verkleinerung des Freiheitsgrades für die Schätzung des gemeinsamen Varianzfaktors s_0^2, die jedoch nur bei einer geringen Anzahl von Beobachtungen ins Gewicht fällt.

6.1.3 Stochastische Restriktionen

Auch wenn $E(\boldsymbol{X}) = \boldsymbol{\xi}$ in aller Regel unbekannt ist, so gibt es doch eine Vielzahl praktischer Aufgaben, bei denen a priori Informationen über die zu schätzenden Zufallsparameter zur Verfügung stehen. Es sei angenommen, dass diese, eventuell nach Linearisierung, auf die Form stochastischer Restriktionen

$$\boldsymbol{g} = \boldsymbol{B}\boldsymbol{x} + \boldsymbol{\mu}, \quad \boldsymbol{\mu} \sim (\boldsymbol{0}, \boldsymbol{\Sigma}_\mu)$$

gebracht worden sind. $\boldsymbol{g}, \boldsymbol{B}$ und $\boldsymbol{\Sigma}_\mu$ werden als bekannt angenommen und $\boldsymbol{\mu}$ habe den Erwartungswert Null. Der einfachste und wohl häufigste Fall solcher Vorinformationen liegt vor, wenn für $\boldsymbol{x}$ aus früheren Schätzungen mit anderen Beobachtungen schon eine Lösung $\hat{\boldsymbol{x}}$ und die zugehörige VKM bekannt sind. Man setzt dann

$$\boldsymbol{g} := \hat{\boldsymbol{x}}, \ \boldsymbol{B} := \boldsymbol{I}, \ \boldsymbol{\Sigma}_\mu := \boldsymbol{\Sigma}_{\hat{x}}$$

und erhält ein zu (6.1) äquivalentes Modell.

Aber auch Vorinformationen, die auf langjähriger Erfahrung beruhen, z. B. bei der Größe der Refraktionskoeffizienten oder dem Betrag einer Deformation unter bestimmten Bedingungen, können auf diese Weise modelliert werden.

Das vollständige mathematische Modell lautet

$$\begin{aligned} \boldsymbol{l} &= \boldsymbol{A}\boldsymbol{x} + \boldsymbol{\varepsilon}, \ \boldsymbol{\Sigma}_\varepsilon \\ &\qquad\qquad \boldsymbol{\Sigma}_{\varepsilon\mu} = \boldsymbol{0} \\ \boldsymbol{g} &= \boldsymbol{B}\boldsymbol{x} + \boldsymbol{\mu}, \ \boldsymbol{\Sigma}_\mu \ . \end{aligned}$$

Das Verschwinden der Kovarianzmatrix $\boldsymbol{\Sigma}_{\varepsilon\mu}$ ist keine Voraussetzung für das Schätzverfahren, in der Praxis aber eine realistische Annahme.

Der MkQ-Schätzer für den Parametervektor lässt sich sofort nach Abschnitt 4.2.2 angeben. Wenn die folgenden Beziehungen eingeführt werden,

$$\begin{pmatrix} \boldsymbol{l} \\ \boldsymbol{g} \end{pmatrix} = \begin{pmatrix} \boldsymbol{A} \\ \boldsymbol{B} \end{pmatrix} \boldsymbol{x} + \begin{pmatrix} \boldsymbol{\varepsilon} \\ \boldsymbol{\mu} \end{pmatrix}, \quad \begin{pmatrix} \boldsymbol{\Sigma}_\varepsilon & \boldsymbol{0} \\ \boldsymbol{0} & \boldsymbol{\Sigma}_\mu \end{pmatrix} = \sigma_0^2 \begin{pmatrix} \boldsymbol{Q}_\varepsilon & \boldsymbol{0} \\ \boldsymbol{0} & \boldsymbol{Q}_\mu \end{pmatrix}$$

$$\boldsymbol{d} = \boldsymbol{C}\boldsymbol{x} + \boldsymbol{\nu}, \quad \boldsymbol{\Sigma} = \sigma_0^2 \boldsymbol{Q}, \quad \boldsymbol{Q}^{-1} = \boldsymbol{P} = \begin{pmatrix} \boldsymbol{P}_\varepsilon & \boldsymbol{0} \\ \boldsymbol{0} & \boldsymbol{P}_\mu \end{pmatrix}$$

folgen für $r(\boldsymbol{C}) = u$

$$\begin{aligned} \hat{\boldsymbol{x}} &= (\boldsymbol{C}^t\boldsymbol{P}\boldsymbol{C})^{-1}\boldsymbol{C}^t\boldsymbol{P}\boldsymbol{d} = (\boldsymbol{A}^t\boldsymbol{P}_\varepsilon\boldsymbol{A} + \boldsymbol{B}^t\boldsymbol{P}_\mu\boldsymbol{B})^{-1}(\boldsymbol{A}^t\boldsymbol{P}_\varepsilon\boldsymbol{l} + \boldsymbol{B}^t\boldsymbol{P}_\mu\boldsymbol{g}) \\ \boldsymbol{Q}_{\hat{x}} &= (\boldsymbol{A}^t\boldsymbol{P}_\varepsilon\boldsymbol{A} + \boldsymbol{B}^t\boldsymbol{P}_\mu\boldsymbol{B})^{-1} \ . \end{aligned}$$

Die Schätzung des Varianzfaktors sollte allein aus den Residuen $\boldsymbol{v} = \boldsymbol{A}\hat{\boldsymbol{x}} - \boldsymbol{l}$ erfolgen. Dazu wird die quadratische Form $\boldsymbol{v}^t\boldsymbol{P}_\varepsilon\boldsymbol{v}$ gebildet und durch den Freiheitsgrad $f = \mathrm{Sp}\,(\mathbf{P}_{\boldsymbol{\varepsilon}}\mathbf{Q}_{\boldsymbol{\nu}})$ dividiert.

$$\begin{aligned} \boldsymbol{Q}_v &= \boldsymbol{Q}_\varepsilon - \boldsymbol{A}(\boldsymbol{C}^t\boldsymbol{P}\boldsymbol{C})^{-1}\boldsymbol{A}^t \\ \mathrm{Sp}\,(\boldsymbol{P}_\varepsilon\boldsymbol{Q}_v) &= \mathrm{Sp}\,(\boldsymbol{I}_n - \boldsymbol{A}^t\boldsymbol{P}_\varepsilon\boldsymbol{A}(\boldsymbol{C}^t\boldsymbol{P}\boldsymbol{C})^{-1}) = f \\ f &= n - \mathrm{Sp}\,(\boldsymbol{A}^t\boldsymbol{P}_\varepsilon\boldsymbol{A}\boldsymbol{Q}_{\hat{x}}) \\ s_0^2 &= \boldsymbol{v}^t\boldsymbol{P}_\varepsilon\boldsymbol{v}/f \ . \end{aligned}$$

Wenn als Restriktionsmatrix $\boldsymbol{B}$ die Einheitsmatrix auftritt, so erhält man dieselbe Lösung wie in Abschnitt 6.1.2.

6.1.4 Allgemeine Formulierung des Schätzproblems

Es soll nun angenommen werden, dass eine Beobachtungsreihe $\boldsymbol{l}$

$$l_j, \ j = 1, 2, \ldots, n, \ \boldsymbol{\Sigma}_l = \sigma_0^2\boldsymbol{Q}_l, \ \boldsymbol{Q}_l^{-1} = \boldsymbol{P}_l, \ E(\boldsymbol{l}) = \boldsymbol{\lambda}$$

und erwartungstreue Schätzwerte (Quasibeobachtungen) der Parameter $\boldsymbol{x}$

$$x_k, \ k = 1, 2, \ldots, u, \ \boldsymbol{\Sigma}_x = \sigma_0^2\boldsymbol{Q}_x, \ \boldsymbol{Q}_x^{-1} = \boldsymbol{P}_x, \ E(\boldsymbol{x}) = \boldsymbol{\xi}$$

vorliegen, die über nichtlineare Beziehungen

$$g_i(\boldsymbol{\lambda}, \boldsymbol{\xi}) + a_i = 0, \; i = 1, 2, \ldots, r \tag{6.3}$$

miteinander verknüpft sind. Im Sinne der Methode der kleinsten Quadrate sollen Schätzwerte für $\boldsymbol{\lambda}$ und $\boldsymbol{\xi}$, nämlich

$$\hat{\boldsymbol{l}} = \boldsymbol{l} + \boldsymbol{v} \quad \text{und} \quad \hat{\boldsymbol{x}} = \boldsymbol{x} + \boldsymbol{w}$$

durch Minimierung der Zielfunktion mit Bedingung

$$q = \boldsymbol{v}^t \boldsymbol{P}_l \boldsymbol{v} + \boldsymbol{w}^t \boldsymbol{P}_x \boldsymbol{w} \,|\, \boldsymbol{g}(\hat{\boldsymbol{l}}, \hat{\boldsymbol{x}}) + \boldsymbol{a} = \boldsymbol{0}$$

abgeleitet werden.

Die Linearisierung des funktionalen Modells (6.3) an der Stelle $\boldsymbol{l}$ und $\boldsymbol{x}$ ergibt

$$g_i(\hat{\boldsymbol{l}}, \hat{\boldsymbol{x}}) = g_i(\boldsymbol{l}, \boldsymbol{x}) + \left(\frac{\partial g_i}{\partial \boldsymbol{l}}\right)^t_{l,x} \boldsymbol{v} + \left(\frac{\partial g_i}{\partial \boldsymbol{x}}\right)^t_{l,x} \boldsymbol{w} + \text{Gl.h.O.}$$

Mit dem Widerspruch

$$y_i = g_i(\boldsymbol{l}, \boldsymbol{x}) + a_i$$

und den Koeffizienten

$$\left(\frac{\partial g_i}{\partial l_j}\right)_{l,x} = a_{ij} \quad \text{und} \quad \left(\frac{\partial g_i}{\partial x_k}\right)_{l,x} = b_{ik}$$

folgt unter Vernachlässigung der Glieder höherer Ordnung das umgeformte (lineare) Modell

$$\boldsymbol{A}\boldsymbol{v} + \boldsymbol{B}\boldsymbol{w} + \boldsymbol{y} = \boldsymbol{0}, \; \boldsymbol{P}_l, \boldsymbol{P}_x, \tag{6.4}$$

in dem $\boldsymbol{v}$ und $\boldsymbol{w}$ die nach der MkQ zu schätzenden Vektoren sind.

Dieses Modell stellt eine sehr allgemeine Formulierung der Schätzaufgabe dar. Alle bisher behandelten Modelle können durch spezielle Annahmen als Sonderfälle dieses Modells dargestellt werden. Wenn $\boldsymbol{x}$ ein deterministischer Vektor ist – $\boldsymbol{P}_x$ tritt dann nicht auf – folgt das in Abschnitt 5.4 behandelte Modell. Ohne die Matrix $\boldsymbol{B}$ handelt es sich um das Modell bedingter Beobachtungen und ohne $\boldsymbol{A}$ um das GAUSS-MARKOV-Modell.

Die Zielfunktion der MkQ lautet für das Modell (6.4)

$$\mathcal{L} = \boldsymbol{v}^t \boldsymbol{P}_l \boldsymbol{v} + \boldsymbol{w}^t \boldsymbol{P}_x \boldsymbol{w} - 2\boldsymbol{k}^t(\boldsymbol{A}\boldsymbol{v} + \boldsymbol{B}\boldsymbol{w} + \boldsymbol{y})$$

und besitzt die Ableitungen

$$\frac{\partial \mathcal{L}}{\partial \boldsymbol{v}} = 2\boldsymbol{P}_l \boldsymbol{v} - 2\boldsymbol{A}^t \boldsymbol{k}, \quad \frac{\partial \mathcal{L}}{\partial \boldsymbol{w}} = 2\boldsymbol{P}_x \boldsymbol{w} - 2\boldsymbol{B}^t \boldsymbol{k}. \tag{6.5}$$

Die Modellgleichung (6.4) führt gemeinsam mit den Null gesetzten Ableitungen (6.5) auf das Gleichungssystem

$$\begin{aligned} \boldsymbol{P}_l\boldsymbol{v} \qquad\quad -\boldsymbol{A}^t\boldsymbol{k} \quad &= \boldsymbol{0} \\ \boldsymbol{P}_x\boldsymbol{w} - \boldsymbol{B}^t\boldsymbol{k} \quad &= \boldsymbol{0} \\ \boldsymbol{A}\boldsymbol{v} + \boldsymbol{B}\boldsymbol{w} \qquad +\boldsymbol{y} &= \boldsymbol{0} \end{aligned} \tag{6.6}$$

das in Blockmatrixform geschrieben, folgende Gestalt annimmt:

$$\begin{pmatrix} \boldsymbol{P}_l & \boldsymbol{0} & -\boldsymbol{A}^t \\ \boldsymbol{0} & \boldsymbol{P}_x & -\boldsymbol{B}^t \\ \boldsymbol{A} & \boldsymbol{B} & \boldsymbol{0} \end{pmatrix} \begin{pmatrix} \boldsymbol{v} \\ \boldsymbol{w} \\ \boldsymbol{k} \end{pmatrix} + \begin{pmatrix} \boldsymbol{0} \\ \boldsymbol{0} \\ \boldsymbol{y} \end{pmatrix} = \boldsymbol{0} \,. \tag{6.7}$$

Wenn $\boldsymbol{P}_l$ und $\boldsymbol{P}_x$ reguläre Matrizen sind, kann das Gleichungssystem (6.7) mit einem pivotisierten Inversionsalgorithmus direkt gelöst werden. Diese Vorgehensweise ist wegen der Dimension $(n+u+r) \times (n+u+r)$ der zu invertierenden Matrix im Allgemeinen jedoch unzweckmäßig. Die folgenden Umformungen des Modells führen zu einer wesentlichen Reduktion des Rechenaufwandes.

Zunächst wird die erste Gleichung von (6.6) von links mit $\boldsymbol{A}\boldsymbol{P}_l^{-1}$ multipliziert und in die dritte eingesetzt,

$$\begin{aligned} \boldsymbol{A}\boldsymbol{v} - \boldsymbol{M}\boldsymbol{k} = \boldsymbol{0}, \ \boldsymbol{M} = \boldsymbol{A}\boldsymbol{P}_l^{-1}\boldsymbol{A}^t \\ \boldsymbol{M}\boldsymbol{k} + \boldsymbol{B}\boldsymbol{w} + \boldsymbol{y} = \boldsymbol{0} \,. \end{aligned} \tag{6.8}$$

Aus (6.8) folgt nun mit

$$\boldsymbol{k} + \boldsymbol{M}^{-1}\boldsymbol{B}\boldsymbol{w} + \boldsymbol{M}^{-1}\boldsymbol{y} = \boldsymbol{0}$$

eine Zwischenlösung, die in die mittlere Gleichung von (6.6) eingesetzt wird

$$\boldsymbol{P}_x\boldsymbol{w} + \boldsymbol{B}^t\boldsymbol{M}^{-1}\boldsymbol{B}\boldsymbol{w} + \boldsymbol{B}^t\boldsymbol{M}^{-1}\boldsymbol{y} = \boldsymbol{0} \,.$$

Zur Bestimmung von $\boldsymbol{k}$ erhält man zunächst aus (6.6)

$$\boldsymbol{w} = \boldsymbol{P}_x^{-1}\boldsymbol{B}^t\boldsymbol{k} \tag{6.9}$$

und nach Einsetzen dieses Ausdrucks in (6.8)

$$\boldsymbol{M}\boldsymbol{k} + \boldsymbol{N}\boldsymbol{k} + \boldsymbol{y} = \boldsymbol{0}, \quad \boldsymbol{N} = \boldsymbol{B}\boldsymbol{P}_x^{-1}\boldsymbol{B}^t$$

schließlich die Lösung

$$\boldsymbol{k} = -(\boldsymbol{M}+\boldsymbol{N})^{-1}\boldsymbol{y} = (\boldsymbol{A}\boldsymbol{P}_l^{-1}\boldsymbol{A}^t + \boldsymbol{B}\boldsymbol{P}_x^{-1}\boldsymbol{B}^t)^{-1}\boldsymbol{y} \,. \tag{6.10}$$

Der Verbesserungsvektor für die Beobachtungen wird aus der ersten Zeile von (6.6) abgeleitet

$$\boldsymbol{v} = \boldsymbol{P}_l^{-1}\boldsymbol{A}^t\boldsymbol{k} = -\boldsymbol{P}_l^{-1}\boldsymbol{A}^t(\boldsymbol{M}+\boldsymbol{N})^{-1}\boldsymbol{y} \,. \tag{6.11}$$

Mit (6.9) und (6.11) stehen damit zwei kompakte Gleichungen zur Berechnung von $\boldsymbol{v}$ und $\boldsymbol{w}$ zur Verfügung.

Es sei wie bisher angenommen, dass $\boldsymbol{l}$ und $\boldsymbol{x}$ unkorreliert sind. Aus der linearisierten Modellgleichung (6.4) folgt dann nach dem Varianzen-Fortpflanzungsgesetz

$$\boldsymbol{Q}_y = \boldsymbol{A}\boldsymbol{Q}_l\boldsymbol{A}^t + \boldsymbol{B}\boldsymbol{Q}_x\boldsymbol{B}^t = \boldsymbol{M} + \boldsymbol{N}$$

und für $\boldsymbol{k}$ ergibt sich sogleich wegen (6.10)

$$\boldsymbol{Q}_k = (\boldsymbol{M} + \boldsymbol{N})^{-1} \,. \tag{6.12}$$

Mit diesem Ergebnis können die Kofaktorenmatrizen für $\boldsymbol{v}$ und $\boldsymbol{w}$ leicht angegeben werden

$$\boldsymbol{Q}_v = \boldsymbol{P}_l^{-1}\boldsymbol{A}^t(\boldsymbol{M} + \boldsymbol{N})^{-1}\boldsymbol{A}\boldsymbol{P}_l^{-1} = \boldsymbol{P}_l^{-1}\boldsymbol{A}^t\boldsymbol{Q}_k\boldsymbol{A}\boldsymbol{P}_l^{-1} \tag{6.13}$$

$$\boldsymbol{Q}_w = \boldsymbol{P}_x^{-1}\boldsymbol{B}^t(\boldsymbol{M} + \boldsymbol{N})^{-1}\boldsymbol{B}\boldsymbol{P}_x^{-1} = \boldsymbol{P}_x^{-1}\boldsymbol{B}^t\boldsymbol{Q}_k\boldsymbol{B}\boldsymbol{P}_x^{-1} \,. \tag{6.14}$$

Schließlich erhält man für $\hat{\boldsymbol{l}} = \boldsymbol{l} + \boldsymbol{v}$ unter Berücksichtigung von (6.11)

$$\begin{aligned}
\hat{\boldsymbol{l}} &= \boldsymbol{l} - \boldsymbol{P}_l^{-1}\boldsymbol{A}^t\boldsymbol{Q}_k\boldsymbol{y} \\
\mathrm{d}\hat{\boldsymbol{l}} &= \mathrm{d}\boldsymbol{l} - \boldsymbol{P}_l^{-1}\boldsymbol{A}^t\boldsymbol{Q}_k(\boldsymbol{A}\mathrm{d}\boldsymbol{l} + \boldsymbol{B}\mathrm{d}\boldsymbol{x}) \\
\boldsymbol{Q}_{\hat{l}} &= (\boldsymbol{I} - \boldsymbol{P}_l^{-1}\boldsymbol{A}^t\boldsymbol{Q}_k\boldsymbol{A})\boldsymbol{Q}_l(\boldsymbol{I} - \boldsymbol{P}_l^{-1}\boldsymbol{A}^t\boldsymbol{Q}_k\boldsymbol{A})^t + \boldsymbol{P}_l^{-1}\boldsymbol{A}^t\boldsymbol{Q}_k\boldsymbol{B}\boldsymbol{Q}_x\boldsymbol{B}^t\boldsymbol{Q}_k\boldsymbol{A}\boldsymbol{P}_l^{-1} \\
\boldsymbol{Q}_{\hat{l}} &= \boldsymbol{Q}_l - \boldsymbol{P}_l^{-1}\boldsymbol{A}^t\boldsymbol{Q}_k\boldsymbol{A}\boldsymbol{P}_l^{-1} = \boldsymbol{Q}_l - \boldsymbol{Q}_v \,.
\end{aligned}$$

Ganz entsprechend gewinnt man die Kofaktorenmatrix der ausgeglichenen Parameter $\hat{\boldsymbol{x}} = \boldsymbol{x} + \boldsymbol{w}$,

$$\begin{aligned}
\hat{\boldsymbol{x}} &= \boldsymbol{x} + \boldsymbol{P}_x^{-1}\boldsymbol{B}^t\boldsymbol{k} = \boldsymbol{x} - \boldsymbol{P}_x^{-1}\boldsymbol{B}^t\boldsymbol{Q}_k\boldsymbol{y} \\
\mathrm{d}\hat{\boldsymbol{x}} &= \mathrm{d}\boldsymbol{x} - \boldsymbol{P}_x^{-1}\boldsymbol{B}^t\boldsymbol{Q}_k(\boldsymbol{A}\mathrm{d}\boldsymbol{l} + \boldsymbol{B}\mathrm{d}\boldsymbol{x}) \\
\boldsymbol{Q}_{\hat{x}} &= (\boldsymbol{I} - \boldsymbol{P}_x^{-1}\boldsymbol{B}^t\boldsymbol{Q}_k\boldsymbol{B})\boldsymbol{Q}_x(\boldsymbol{I} - \boldsymbol{P}_x^{-1}\boldsymbol{B}^t\boldsymbol{Q}_k\boldsymbol{B})^t + \boldsymbol{P}_x^{-1}\boldsymbol{B}^t\boldsymbol{Q}_k\boldsymbol{A}\boldsymbol{Q}_l\boldsymbol{A}^t\boldsymbol{Q}_k\boldsymbol{B}\boldsymbol{P}_x^{-1} \\
\boldsymbol{Q}_{\hat{x}} &= \boldsymbol{Q}_x - \boldsymbol{P}_x^{-1}\boldsymbol{B}^t\boldsymbol{Q}_k\boldsymbol{B}\boldsymbol{P}_x^{-1} = \boldsymbol{Q}_x - \boldsymbol{Q}_w \,.
\end{aligned}$$

Der Varianzfaktor wird aus den Residuen $\boldsymbol{v}$ und $\boldsymbol{w}$ geschätzt

$$s_0^2 = \frac{\boldsymbol{v}^t\boldsymbol{P}_l\boldsymbol{v} + \boldsymbol{w}^t\boldsymbol{P}_x\boldsymbol{w}}{f} \,.$$

Nach Definition ist der Freiheitsgrad der quadratischen Form die Spur des Produktes aus Formmatrix $\boldsymbol{P}$ und Kofaktorenmatrix $\boldsymbol{Q}$ der Residuen. Hier gilt

$$\boldsymbol{P} = \begin{pmatrix} \boldsymbol{P}_l & \boldsymbol{0} \\ \boldsymbol{0} & \boldsymbol{P}_x \end{pmatrix}, \quad \boldsymbol{Q} = \begin{pmatrix} \boldsymbol{Q}_v & \boldsymbol{Q}_{vw} \\ \boldsymbol{Q}_{wv} & \boldsymbol{Q}_w \end{pmatrix} \,.$$

Mit $\boldsymbol{Q}_v$ und $\boldsymbol{Q}_w$ nach (6.13) bzw. (6.12) sowie

$$\boldsymbol{Q}_{vw} = \boldsymbol{P}_l^{-1}\boldsymbol{A}^t\boldsymbol{Q}_k\boldsymbol{B}\boldsymbol{P}_x^{-1}, \quad \boldsymbol{Q}_{wv} = \boldsymbol{P}_x^{-1}\boldsymbol{B}^t\boldsymbol{Q}_k\boldsymbol{A}\boldsymbol{P}_l^{-1}$$

und $\boldsymbol{Q}_k$ nach (6.12) erhält man

$$f = \mathrm{Sp}\begin{pmatrix} \boldsymbol{A}^t\boldsymbol{Q}_k\boldsymbol{A}\boldsymbol{Q}_l & \boldsymbol{A}^t\boldsymbol{Q}_k\boldsymbol{B}\boldsymbol{Q}_x \\ \boldsymbol{B}^t\boldsymbol{Q}_k\boldsymbol{A}\boldsymbol{Q}_l & \boldsymbol{B}^t\boldsymbol{Q}_k\boldsymbol{B}\boldsymbol{Q}_x \end{pmatrix}$$

$$f = \mathrm{Sp}\,(\boldsymbol{Q}_k\boldsymbol{M}) + \mathrm{sp}\,(\boldsymbol{Q}_k\boldsymbol{N}) = \mathrm{sp}\,(\boldsymbol{Q}_k\boldsymbol{Q}_k^{-1}) = r \,.$$

Dieser Freiheitsgrad gilt, wenn das stochastische Modell $\boldsymbol{\Sigma}_l, \boldsymbol{\Sigma}_x$ bekannt ist und ein gemeinsamer Varianzfaktor σ_0^2 eingeführt wird. Stehen nur Schätzungen für $\boldsymbol{\Sigma}_l$ bzw. $\boldsymbol{\Sigma}_x$ zur Verfügung, so gilt das am Ende des Abschnitts 6.1.2 gesagte.

6.2 Gemischtes Modell und räumliche Prozesse

Ausgehend vom GAUSS-MARKOV-Modell

$$\boldsymbol{l} = \boldsymbol{A}\boldsymbol{x} + \boldsymbol{\varepsilon},\ E(\boldsymbol{l}) = \boldsymbol{A}\boldsymbol{x},\ E(\boldsymbol{\varepsilon}\boldsymbol{\varepsilon}^t) = \boldsymbol{\Sigma} = \sigma_0^2 \boldsymbol{Q}\ ,$$

soll nun angenommen werden, dass der Vektor der wahren Abweichungen $\boldsymbol{\varepsilon}$ zerlegbar ist und zwar in einen Anteil, der als Linearkombinationen $\boldsymbol{B\delta}$ der Komponenten eines Zufallsvektors $\boldsymbol{\delta}$ darstellbar ist, und einen zweiten, der aus identisch verteilten Messabweichungen $\boldsymbol{\mu}$ besteht, wobei $\boldsymbol{B}$ eine bekannte $m \times n$ Koeffizientenmatrix sei:

$$\begin{aligned} \boldsymbol{\varepsilon} = \boldsymbol{B\delta} + \boldsymbol{\mu}, \quad & E(\boldsymbol{\delta}) = \boldsymbol{0}, \quad E(\boldsymbol{\delta}\boldsymbol{\delta}^t) = \boldsymbol{\Sigma}_\delta = \sigma_0^2 \boldsymbol{Q}_\delta \\ & E(\boldsymbol{\mu}) = \boldsymbol{0}, \quad E(\boldsymbol{\mu}\boldsymbol{\mu}^t) = \boldsymbol{\Sigma}_\mu = \sigma_0^2 \boldsymbol{Q}_\mu \\ & E(\delta_i \mu_j) = 0\ \forall i, j\ . \end{aligned}$$

Daraus folgt das gemischte Modell

$$\begin{aligned} \boldsymbol{l} = \boldsymbol{Ax} + \boldsymbol{B\delta} + \boldsymbol{\mu}, \quad & E(\boldsymbol{l}) = \boldsymbol{Ax},\ E(\boldsymbol{l}|\boldsymbol{\delta}) = \boldsymbol{Ax} + \boldsymbol{B\delta} \\ & \boldsymbol{\Sigma}_l = \boldsymbol{B}\boldsymbol{\Sigma}_\delta\boldsymbol{B}^t + \boldsymbol{\Sigma}_\mu = \sigma_0^2 \boldsymbol{Q}_l \\ & \boldsymbol{\Sigma}_{l\delta} = \boldsymbol{B}\boldsymbol{\Sigma}_\delta = \sigma_0^2 \boldsymbol{B}\boldsymbol{Q}_\delta \end{aligned} \tag{6.15}$$

mit den festen Parametern $\boldsymbol{x}$ und den stochastischen Parametern $\boldsymbol{\delta}$. Die $n \times u$-Matrix $\boldsymbol{A}$ und die $n \times m$-Matrix $\boldsymbol{B}$ werden als spaltenregulär mit $r(\boldsymbol{A}) = u$, $r(\boldsymbol{B}) = m$ vorausgesetzt. Ist diese Bedingung nicht erfüllt, so müssen in den Schätzfunktionen, die nachfolgend entwickelt werden, die inversen Matrizen durch geeignete g-Inverse ersetzt werden.

Die Zerlegung des Fehlervektors ist durch die Annahme motiviert, dass die zufällige Messabweichung $\boldsymbol{\mu}$, die weißes Rauschen darstellt, von der Fehlerkomponente $\boldsymbol{B\delta}$, die alle Modellunvollkommenheiten auffängt, trennbar ist. Die Messabweichung $\boldsymbol{\mu}$ kann somit dem Messprozess bzw. dem Instrument zugeschrieben werden. Sie kann als interne Abweichung bezeichnet werden, und zwar in dem Sinn, dass sie durch die begrenzte Erfassbarkeit des Messwertes $\boldsymbol{l}$ erzeugt wird. Die Fehlerkomponente $\boldsymbol{B\delta}$ beschreibt dagegen die natürlichen, nicht modellierten (stochastischen) Schwankungen der Messgröße um den modellierten festen Anteil $\boldsymbol{Ax}$. Diese können z. B. durch variable meteorologische Bedingungen, unbekannte örtliche Variation des beobachteten Phänomens oder durch dem Messobjekt innewohnende Eigenschaften hervorgerufen werden. Dabei wird vorausgesetzt, dass diese Schwankungen stochastisch sind mit $E(\boldsymbol{\delta}) = \boldsymbol{0}$ und bekannter VKM $\boldsymbol{\Sigma} = \boldsymbol{B}\boldsymbol{\Sigma}_\delta\boldsymbol{B}^t$.

Eine wichtige Anwendung findet dieses Modell bei der Beschreibung räumlicher Phänomene wie dem Schwere- und dem Magnetfeld der Erde, dem Geländerelief oder der

Größe und den Eigenschaften von Lagerstätten. Diese Phänomene sind zwar deterministischer Natur und damit bei genügender Beobachtungsdichte vollständig beschreibbar. Aus wirtschaftlichen Gründen bleibt die Zahl der Beobachtungen aber stets beschränkt, und es hat sich als sehr wirksam erwiesen, das Modell eines räumlichen stochastischen Prozesses (Zufallsfeld) zur Beschreibung solcher Phänomene zu verwenden. Es wird dabei angenommen, dass der stochastische Prozess

$$Z(p) = \{Z(p_1), Z(p_2), \ldots\},\ p_i \in D$$

an allen Stellen p_i des betrachteten Gebietes D existiert und stetig ist. Das Gebiet D kann eine Linie, eine Fläche oder ein Körper sein. Für gewisse Stellen p_j liegen Messungen vor

$$z(p) = \{z(p_1), z(p_2), \ldots, z(p_n)\},\ p_j \in D\ , \tag{6.16}$$

die als Realisationen der dort vorhandenen Zufallsvariablen $Z(p_j)$ aufgefasst werden. Um von diesen Messwerten auf den räumlichen Prozess schließen zu können, werden weitere Annahmen eingeführt, die die Grundlage verschiedener Modelle bilden:

Eine Zufallsfunktion $Z(p)$ ist *stationär* (homogen), wenn die Verteilungen aller Zufallsvariablen $Z(p_i)$ endliche Dimension haben und translationsinvariant sind. Es gelten dann folgende Wahrscheinlichkeitsbeziehungen:

$$\begin{aligned}&P(Z(p_1) \leq z_1, Z(p_2) \leq z_2, \ldots) = \\ &P(Z(p_1+h) \leq z_1, Z(p_2+h) \leq z_2, \ldots) \quad \forall i = 1, 2, \ldots \in \mathbb{N},\ p_i, p_i + h \in D\ .\end{aligned}$$

Daraus folgt, dass alle eindimensionalen Randverteilungen $P(Z(p_i) \leq z)$ identisch sein müssen und damit

$$\begin{aligned}E(Z(p_i)) &= \xi,\ \forall p_i \in D \\ \mathrm{Kov}\,(Z(p_i), Z(p_j)) &= \sigma(p_i - p_j) = \sigma_{ij},\ \forall p_i, p_j \in D \\ \mathrm{Var}\,(Z(p_i) - Z(p_j)) &= 2(\sigma^2 - \sigma_{ij}),\ \forall p_i, p_j \in D \\ \text{mit } \sigma^2 = Kov(Z(p_i), Z(p_i)) &= \mathrm{Var}\,(Z(p_i)),\ \forall p_i \in D\end{aligned}$$

gelten muss. Wir sehen vor allem, dass die Kovarianz zwischen zwei Zufallsvariablen $Z(p_i)$, $Z(p_j)$ nur eine Funktion des Vektors $p_i - p_j = h_{ij}$ ist.

Eine Zufallsfunktion $Z(p_i)$, $p_i \in D$ heißt *schwach stationär* (2. Ordnung stationär), wenn alle Momente 2. Ordnung existieren und translationsinvariant sind. Daraus folgt

$$\begin{aligned}E(Z(p_i)) &= \xi,\ E(Z^2(p_i)) < \infty\ \forall p_i \in D \\ \mathrm{Kov}\,(Z(p_i), Z(p_j)) &= \sigma(p_i - p_j) = \sigma_{ij},\ \forall p_i, p_j \in D \\ E(Z(p_i) - Z(p_j)) &= 0,\ \mathrm{Var}\,(Z(p_i)) = \sigma^2, \forall p_i, p_j \in D \\ \mathrm{Var}\,(Z(p_i) - Z(p_j)) &= 2(\sigma^2 - \sigma_{ij}),\ \forall p_i, p_j \in D.\end{aligned}$$

Es ist leicht abzulesen, dass stationäre Prozesse auch schwach stationär sind.

Eine Zufallsfunktion heißt *isotrop*, wenn die Kovarianz zwischen den Zufallsvariablen nur vom Abstand der betrachteten Punkte abhängt.

$$\mathrm{Kov}\,(Z(p_i), Z(p_j)) = \sigma(|p_i - p_j|) = \sigma_{ij},\ \forall p_i, p_j \in D.$$

Eine Zufallsfunktion erfüllt die *intrinsische Hypothese* (intrinsisch stationär), wenn

$$\begin{aligned} E(Z(p_i + h) - Z(p_i)) &= 0, \ \forall p_i, p_i + h \in D \\ \mathrm{Var}\,(Z(p_i + h) - Z(p_i)) &= 2\gamma(h), \ \forall p_i, p_i + h \in D \end{aligned} \tag{6.17}$$

gilt. Diese Eigenschaft kann auch als schwache Stationarität der Differenzen zweier Zufallsvariablen auf D bezeichnet werden. Für schwach stationäre Zufallsprozesse folgt aus

$$\mathrm{Var}\,(Z(p_i + h) - Z(p_i)) = 2(\sigma^2 - \sigma_h) = 2\gamma(h), \tag{6.18}$$

dass die *Kovarianzfunktion* σ_h und das *Semivariogramm* $\gamma(h)$ zwei äquivalente Mittel zur Darstellung der stochastischen Eigenschaften einer Zufallsfunktion sind.

Die Modellierung deterministischer räumlicher Phänomene als Zufallsprozesse ist aus Sicht der Wahrscheinlichkeitstheorie, wie erläutert, schwer begründbar. Hinzu kommt, dass die Schätzungen sich auf je *eine* Realisierung einer Stichprobe der, als überall in D existierend angenommenen, Zufallsvariablen $Z(p)$ stützen. Es stehen also keine Wiederholungsmessungen einer Zufallsgröße zur Verfügung, sondern je *eine* Beobachtung *verschiedener* Zufallsvariablen. Um in dieser Situation die Momente schätzen zu können, muss angenommen werden, dass Wiederholungen des Experiments (je eine Beobachtung der Zufallsvariablen anderer Stichproben $Z(p_j)$) im Mittel zu denselben Ergebnissen führen. Diese Annahme kann als verallgemeinerte *Ergodizität* betrachtet werden. Bei der Zeitreihenanalyse erlaubt es der Ergodensatz, dass die Mittelbildung von Wiederholungsmessungen derselben Zufallsvariablen durch Mittelbildung von je einer Realisierung verschiedener Zufallsvariabler ersetzt werden darf. Schwach stationäre Zeitreihen sind ergodisch.

Trotz dieser grundlegenden Schwächen und einschränkenden Annahmen führt die dargestellte Modellierung in der Praxis zu guten Ergebnissen.

6.2.1 Schätzungen im gemischten Modell

Zur Schätzung der deterministischen Komponente des gemischten Modells werden die stochastischen Anteile wieder zu $\boldsymbol{\varepsilon} = \boldsymbol{B\delta} + \boldsymbol{\mu}$ zusammengefasst. Es entsteht dadurch ein gewöhnliches GMM, in dem nach Abschnitt 4.2.1 lineare Funktionen der festen Parameter unter den Kriterien Unverzerrtheit und minimale Varianz geschätzt werden.

$$\begin{aligned} &h = \boldsymbol{f}^t\boldsymbol{x} = \boldsymbol{c}^t\boldsymbol{l}, \qquad \boldsymbol{f}^t = \boldsymbol{c}^t\boldsymbol{A}, \qquad \sigma_h^2 = \boldsymbol{c}^t\boldsymbol{\Sigma}_l\boldsymbol{c} \\ &\hat{h} = \boldsymbol{f}^t(\boldsymbol{A}^t\boldsymbol{P}_l\boldsymbol{A})^{-1}\boldsymbol{A}^t\boldsymbol{P}_l\boldsymbol{l}, \quad \boldsymbol{P}_l = \boldsymbol{Q}_l^{-1}, \quad \boldsymbol{Q}_l = \boldsymbol{B}\boldsymbol{Q}_\delta\boldsymbol{B}^t + \boldsymbol{Q}_\mu \,. \end{aligned}$$

Für den Parametervektor $\boldsymbol{x}$ liest man daraus den Schätzer

$$\hat{\boldsymbol{x}} = (\boldsymbol{A}^t\boldsymbol{P}_l\boldsymbol{A})^{-1}\boldsymbol{A}^t\boldsymbol{P}_l\boldsymbol{l} \tag{6.19}$$

ab. Seine VKM ist durch

$$\mathrm{Var}\,(\hat{\boldsymbol{x}}) = \mathrm{Var}\,(\hat{\boldsymbol{x}} - \boldsymbol{x}) = \boldsymbol{\Sigma}_{\hat{x}} = \sigma_0^2(\boldsymbol{A}^t\boldsymbol{P}_l\boldsymbol{A})^{-1} \tag{6.20}$$

gegeben.

Die Schätzung der stochastischen Parameter erfolgt den Ableitungen des Abschnitts 6.1.1 entsprechend. Falls $\boldsymbol{x}$ bekannt ist, erhält man wegen $E(\boldsymbol{\delta}) = \boldsymbol{0}$ unmittelbar aus $\boldsymbol{l} - \boldsymbol{A}\boldsymbol{x} = \boldsymbol{B}\boldsymbol{\delta} + \boldsymbol{\mu}$ den besten unverzerrten Schätzer (Prädiktor)

$$\hat{\boldsymbol{\delta}} = \boldsymbol{Q}_\delta \boldsymbol{B}^t \boldsymbol{P}_l (\boldsymbol{l} - \boldsymbol{A}\boldsymbol{x}) = \boldsymbol{\Sigma}_\delta \boldsymbol{B}^t \boldsymbol{\Sigma}_l^{-1} (\boldsymbol{l} - \boldsymbol{A}\boldsymbol{x})$$

sowie die Varianz um den Erwartungswert $E(\boldsymbol{\delta}) = \boldsymbol{0}$ und die Realisierung $\boldsymbol{\delta}$:

$$\mathrm{Var}\,(\hat{\boldsymbol{\delta}}) = \boldsymbol{\Sigma}_\delta \boldsymbol{B}^t \boldsymbol{\Sigma}_l^{-1} \boldsymbol{B} \boldsymbol{\Sigma}_\delta = \boldsymbol{\Sigma}_{\hat{\delta}} \;,$$

$$\mathrm{Var}\,(\hat{\boldsymbol{\delta}} - \boldsymbol{\delta}) = \boldsymbol{\Sigma}_\delta (\boldsymbol{I} - \boldsymbol{B}^t \boldsymbol{\Sigma}_l^{-1} \boldsymbol{B} \boldsymbol{\Sigma}_\delta) \;.$$

Nun wird in aller Regel der Vektor $\boldsymbol{x}$ unbekannt sein, so dass sowohl für $\boldsymbol{x}$ als auch für $\boldsymbol{\delta}$ ein Schätzer benötigt wird. Dazu sei zunächst wieder der allgemeinere Fall einer linearen Funktion der Unbekannten betrachtet

$$h = \boldsymbol{f}^t \boldsymbol{x} + \boldsymbol{g}^t \boldsymbol{\delta} \;,$$

die bis auf eine unbekannte Konstante a durch eine Linearkombination der Beobachtungen erwartungstreu und mit minimaler Varianz geschätzt werden soll,

$$\hat{h} = a + \boldsymbol{c}^t \boldsymbol{l} \;.$$

Die Erwartungstreue ist dabei für einen gegebenen Vektor $\boldsymbol{l}$ zu fordern, d.h. es wird der bedingte Erwartungswert $E(h|\boldsymbol{l})$ betrachtet und nicht der allgemeine Erwartungswert $E(h) = \boldsymbol{f}^t \boldsymbol{x}$, der dem über alle denkbaren Realisationen von $\boldsymbol{l}$ gemittelten (integrierten) Wert entspricht,

$$\begin{aligned} E(h|\boldsymbol{l}) &= \boldsymbol{f}^t \boldsymbol{x} + \boldsymbol{g}^t E(\boldsymbol{\delta}|\boldsymbol{l}) \\ &= \boldsymbol{f}^t \boldsymbol{x} + \boldsymbol{g}^t \boldsymbol{\Sigma}_\delta \boldsymbol{B}^t \boldsymbol{\Sigma}_l^{-1} (\boldsymbol{l} - \boldsymbol{A}\boldsymbol{x}) \\ &= (\boldsymbol{f}^t - \boldsymbol{g}^t \boldsymbol{\Sigma}_\delta \boldsymbol{B}^t \boldsymbol{\Sigma}_l^{-1} \boldsymbol{A}) \boldsymbol{x} + \boldsymbol{g}^t \boldsymbol{\Sigma}_\delta \boldsymbol{B}^t \boldsymbol{\Sigma}_l^{-1} \boldsymbol{l} \;. \end{aligned}$$

Den Schätzer $\hat{h}$ für $E(h|\boldsymbol{l})$ mit minimaler Varianz erhält man, wenn man für $\boldsymbol{x}$ den bereits abgeleiteten optimalen Schätzer $\hat{\boldsymbol{x}}$ einsetzt. Statt diese Behauptung zu beweisen, wird weiter unten gezeigt, dass das Ergebnis mit dem MkQ-Schätzer identisch ist.

$$\begin{aligned} \hat{h} &= \left[(\boldsymbol{f}^t - \boldsymbol{g}^t \boldsymbol{\Sigma}_\delta \boldsymbol{B}^t \boldsymbol{\Sigma}_l^{-1} \boldsymbol{A})(\boldsymbol{A}^t \boldsymbol{P}_l \boldsymbol{A})^{-1} \boldsymbol{A}^t \boldsymbol{P}_l + \boldsymbol{g}^t \boldsymbol{\Sigma}_\delta \boldsymbol{B}^t \boldsymbol{\Sigma}_l^{-1} \right] \boldsymbol{l} \\ &= \left[\boldsymbol{f}^t (\boldsymbol{A}^t \boldsymbol{P}_l \boldsymbol{A})^{-1} \boldsymbol{A}^t \boldsymbol{P}_l + \boldsymbol{g}^t \boldsymbol{\Sigma}_\delta \boldsymbol{B}^t \boldsymbol{\Sigma}_l^{-1} (\boldsymbol{I} - \boldsymbol{A}(\boldsymbol{A}^t \boldsymbol{P}_l \boldsymbol{A})^{-1} \boldsymbol{A}^t \boldsymbol{P}_l) \right] \boldsymbol{l} \;. \end{aligned}$$

Der Darstellung des gesuchten Schätzers entnimmt man unmittelbar den Vektor $\boldsymbol{c}$ und $a = 0$. Ferner ist zu erkennen, dass der beste lineare unverzerrte Schätzer für den festen Parameter mit (6.19) übereinstimmt. Als neuen, ebenfalls besten unverzerrten Schätzer (Prädiktor) für die Zufallsparameter liest man den Ausdruck

$$\hat{\boldsymbol{\delta}} = \boldsymbol{\Sigma}_\delta \boldsymbol{B}^t \boldsymbol{\Sigma}_l^{-1} (\boldsymbol{l} - \boldsymbol{A}\hat{\boldsymbol{x}})$$

ab. Damit ergibt sich der Schätzer für h in der einfachen Form

$$\hat{h} = \boldsymbol{f}^t \hat{\boldsymbol{x}} + \boldsymbol{g}^t \hat{\boldsymbol{\delta}} \;,$$

dessen VKM

$$\boldsymbol{\Sigma}_{\hat{h}} = \boldsymbol{f}^t\boldsymbol{\Sigma}_{\hat{x}}\boldsymbol{f} + \boldsymbol{g}^t\boldsymbol{\Sigma}_{\hat{\delta}-\delta}\boldsymbol{g} + 2\boldsymbol{f}^t\boldsymbol{\Sigma}_{\hat{x}(\hat{\delta}-\delta)}\boldsymbol{g}$$

lautet. Wobei für $\boldsymbol{\Sigma}_{\hat{x}}$ die Darstellung (6.20) und für die VKM des Prädiktors um seinen Erwartungswert

$$\boldsymbol{\Sigma}_{\hat{\delta}-\delta} = \sigma_0^2\boldsymbol{Q}_\delta - \sigma_0^2\boldsymbol{Q}_\delta\boldsymbol{B}^t\boldsymbol{P}_l(\boldsymbol{I} - \boldsymbol{A}(\boldsymbol{A}^t\boldsymbol{P}_l\boldsymbol{A})^{-1}\boldsymbol{A}^t\boldsymbol{P}_l)\boldsymbol{B}\boldsymbol{Q}_\delta$$

einzusetzen ist. Die Schätzer $\hat{\boldsymbol{x}}$ und $\hat{\boldsymbol{\delta}}$ sind unkorreliert, d.h. $\boldsymbol{\Sigma}_{\hat{x}\hat{\delta}} = \boldsymbol{0}$, nicht jedoch $\hat{\boldsymbol{x}}$ und $\boldsymbol{\delta}$. Das Varianzen-Fortpflanzungsgesetz liefert für die lineare Funktion $(\hat{\boldsymbol{x}}^t\ \boldsymbol{\delta}^t)^t$ des Zufallsvektors $(\boldsymbol{l}^t\ \boldsymbol{\delta}^t)^t$

$$\begin{pmatrix}\hat{\boldsymbol{x}}\\ \boldsymbol{\delta}\end{pmatrix} = \begin{pmatrix}(\boldsymbol{A}^t\boldsymbol{P}_l\boldsymbol{A})^{-1}\boldsymbol{A}^t\boldsymbol{P}_l & \boldsymbol{0}\\ \boldsymbol{0} & \boldsymbol{I}\end{pmatrix}\begin{pmatrix}\boldsymbol{l}\\ \boldsymbol{\delta}\end{pmatrix}; \quad \boldsymbol{\Sigma} = \begin{pmatrix}\boldsymbol{\Sigma}_l & \boldsymbol{\Sigma}_{l\delta}\\ \boldsymbol{\Sigma}_{\delta l} & \boldsymbol{\Sigma}_\delta\end{pmatrix}$$

die VKM

$$\boldsymbol{\Sigma}_{\hat{x}\delta} = \sigma_0^2\begin{pmatrix}(\boldsymbol{A}^t\boldsymbol{P}_l\boldsymbol{A})^{-1} & (\boldsymbol{A}^t\boldsymbol{P}_l\boldsymbol{A})^{-1}\boldsymbol{A}^t\boldsymbol{P}_l\boldsymbol{Q}_{l\delta}\\ \boldsymbol{Q}_{\delta l}\boldsymbol{P}_l\boldsymbol{A}(\boldsymbol{A}^t\boldsymbol{P}_l\boldsymbol{A})^{-1} & \boldsymbol{Q}_\delta\end{pmatrix}.$$

Daraus liest man für die gesuchte Kovarianz ab

$$\boldsymbol{\Sigma}_{(\hat{x}-x)(\hat{\delta}-\delta)} = \boldsymbol{\Sigma}_{\hat{x}(\hat{\delta}-\delta)} = -\boldsymbol{\Sigma}_{\hat{x}\delta} = -\sigma_0^2(\boldsymbol{A}^t\boldsymbol{P}_l\boldsymbol{A})^{-1}\boldsymbol{A}^t\boldsymbol{P}_l\boldsymbol{Q}_{l\delta}.$$

Die dargestellten Schätzer werden bestätigt, wenn zu ihrer Ableitung die MkQ benutzt wird. Dazu werden dem gemischten Modell die Zufallsparameter als Pseudobeobachtungen hinzugefügt.

$$\begin{aligned}\boldsymbol{A}\boldsymbol{x} + \boldsymbol{B}\boldsymbol{\delta} &= \boldsymbol{l} + \boldsymbol{v}, \quad \boldsymbol{\Sigma} = \boldsymbol{\Sigma}_\mu = \sigma_0^2\boldsymbol{Q}_\mu, \quad \boldsymbol{\Sigma}_{\mu\delta} = \boldsymbol{0}\\ \boldsymbol{I}\boldsymbol{\delta} &= \boldsymbol{0} + \boldsymbol{w}, \quad \boldsymbol{\Sigma} = \boldsymbol{\Sigma}_\delta = \sigma_0^2\boldsymbol{Q}_\delta.\end{aligned}$$

Mit

$$\tilde{\boldsymbol{A}} := \begin{pmatrix}\boldsymbol{A} & \boldsymbol{B}\\ \boldsymbol{0} & \boldsymbol{I}\end{pmatrix}, \ \tilde{\boldsymbol{x}} := \begin{pmatrix}\boldsymbol{x}\\ \boldsymbol{\delta}\end{pmatrix}, \ \tilde{\boldsymbol{l}} := \begin{pmatrix}\boldsymbol{l}\\ \boldsymbol{0}\end{pmatrix}, \ \tilde{\boldsymbol{v}} := \begin{pmatrix}\boldsymbol{v}\\ \boldsymbol{w}\end{pmatrix}, \ \tilde{\boldsymbol{P}} = \begin{pmatrix}\boldsymbol{P}_\mu & \boldsymbol{0}\\ \boldsymbol{0} & \boldsymbol{P}_\delta\end{pmatrix}$$

kann auf die Form des gewöhnlichen linearen Modells übergegangen werden

$$\tilde{\boldsymbol{A}}\tilde{\boldsymbol{x}} = \tilde{\boldsymbol{l}} + \tilde{\boldsymbol{v}}, \ \tilde{\boldsymbol{P}},$$

in dem $\tilde{\boldsymbol{x}}$ unter der MkQ-Forderung

$$q = \tilde{\boldsymbol{v}}^t\tilde{\boldsymbol{P}}\tilde{\boldsymbol{v}} = \boldsymbol{v}^t\boldsymbol{P}_\mu\boldsymbol{v} + \boldsymbol{w}^t\boldsymbol{P}_\delta\boldsymbol{w} \Longrightarrow Min$$

abgeleitet wird. Mit

$$d\tilde{\boldsymbol{v}} = \begin{pmatrix}d\boldsymbol{v}\\ d\boldsymbol{w}\end{pmatrix} = \begin{pmatrix}\boldsymbol{A}d\boldsymbol{x} + \boldsymbol{B}d\boldsymbol{\delta}\\ \boldsymbol{I}d\boldsymbol{\delta}\end{pmatrix}$$

folgen die Normalgleichungen

$$\begin{pmatrix}\boldsymbol{A}^t\boldsymbol{P}_\mu\boldsymbol{A} & \boldsymbol{A}^t\boldsymbol{P}_\mu\boldsymbol{B}\\ \boldsymbol{B}^t\boldsymbol{P}_\mu\boldsymbol{A} & \boldsymbol{B}^t\boldsymbol{P}_\mu\boldsymbol{B} + \boldsymbol{P}_\delta\end{pmatrix}\begin{pmatrix}\hat{\boldsymbol{x}}\\ \hat{\boldsymbol{\delta}}\end{pmatrix} = \begin{pmatrix}\boldsymbol{A}^t\boldsymbol{P}_\mu\boldsymbol{l}\\ \boldsymbol{B}^t\boldsymbol{P}_\mu\boldsymbol{l}\end{pmatrix}, \tag{6.21}$$

deren Lösungen $\hat{\boldsymbol{x}}$ und $\hat{\boldsymbol{\delta}}$ mit den bereits abgeleiteten besten linearen unverzerrten Schätzern identisch sind, wie man leicht durch Einsetzen in die NGL (6.21) zeigen kann.

6.2.2 Kollokation

Das mit (6.15) eingeführte gemischte Modell

$$\begin{aligned} \boldsymbol{l} = \boldsymbol{Ax} + \boldsymbol{B\delta} + \boldsymbol{\mu},\ E(\boldsymbol{\delta\delta}^t) = \boldsymbol{\Sigma}_\delta,\ E(\boldsymbol{\mu\mu}^t) = \boldsymbol{\Sigma}_\mu,\ E(\delta_i\mu_j) = 0 \\ E(\boldsymbol{l}) = \boldsymbol{Ax},\ E(\boldsymbol{l}|\boldsymbol{\delta}) = \boldsymbol{Ax} + \boldsymbol{B\delta} \end{aligned}$$

bildet nach geringfügiger Umformulierung und Neuinterpretation die Grundlage für das als Kollokation bezeichnete Schätzverfahren. Es wird dabei angenommen, dass ein in einem Gebiet überall vorhandenes Phänomen, der als $\boldsymbol{l} = \boldsymbol{Ax} + \boldsymbol{B\delta}$ modellierte stochastische Prozess, in diskreten Punkten beobachtet wurde, und dass diese Beobachtungen zu filtern und darüber hinaus Beobachtungen an beliebigen weiteren Punkten vorherzusagen (prädizieren) sind. Typische Anwendungsgebiete sind die Beschreibung des Erdschwerefeldes, der Bahn von Satelliten, von Deformationen im Orts- und Zeitbereich sowie Interpolationsaufgaben verschiedenster Art.

Die Beobachtungen $\boldsymbol{l}$ enthalten einen zu schätzenden deterministischen Anteil, der durch $\boldsymbol{Ax}$ approximiert und als *Trend* bezeichnet wird, einen stochastischen Anteil $\boldsymbol{B\delta} =: \boldsymbol{\delta}$ mit Erwartungswert Null, der *Signal* heißt und den *Rauschanteil* $\boldsymbol{\mu}$. Es wird vorausgesetzt, dass $\boldsymbol{\Sigma}_\delta$ und $\boldsymbol{\Sigma}_\mu$ bekannt sind mit $\boldsymbol{\Sigma}_{\delta\mu} = \boldsymbol{0}$ und damit $\boldsymbol{\Sigma}_l = \boldsymbol{\Sigma}_\delta + \boldsymbol{\Sigma}_\mu$ ebenfalls a priori zur Verfügung steht. Das mathematische Modell der Kollokation lautet somit

$$\begin{aligned} \boldsymbol{l} = \boldsymbol{Ax} + \boldsymbol{\delta} + \boldsymbol{\mu},\ E(\boldsymbol{l}) = \boldsymbol{Ax},\ E(\boldsymbol{\delta}) = \boldsymbol{0},\ E(\boldsymbol{\mu}) = \boldsymbol{0} \\ \boldsymbol{\Sigma}_\delta = s_0^2\boldsymbol{Q}_\delta,\ \boldsymbol{\Sigma}_\mu = \sigma_0^2\boldsymbol{Q}_\mu,\ \boldsymbol{\Sigma}_{\delta\mu} = \boldsymbol{0}\ . \end{aligned} \tag{6.22}$$

Es beschreibt das beobachtete Phänomen im gesamten Definitionsgebiet. Die a priori VKM $\boldsymbol{\Sigma}_\delta$ wird nach den in Abschnitt 3.3.4 erläuterten Grundsätzen geschätzt, wobei in der Regel angenommen wird, dass das Signal stationär und bei räumlichen Problemen auch isotrop ist. Die im Vektor $\boldsymbol{\mu}$ zusammengefassten Messabweichungen werden meist als weißes Rauschen vorausgesetzt.

Die Schätzung des Signals $\boldsymbol{\delta}$ aus den Beobachtungen wird als *Vorhersage* oder *Prädiktion* bezeichnet, während die Schätzung der ausgeglichenen Beobachtungen $\hat{\boldsymbol{l}} = \boldsymbol{A\hat{x}} + \hat{\boldsymbol{\delta}}$ den Namen *Filterung* trägt. Die Schätzformeln können unmittelbar aus Abschnitt 6.2.1 übernommen werden.

$$\begin{aligned} \hat{\boldsymbol{x}} &= (\boldsymbol{A}^t\boldsymbol{P}_l\boldsymbol{A})^{-1}\boldsymbol{A}^t\boldsymbol{P}_l\boldsymbol{l},\ \boldsymbol{P}_l = \boldsymbol{Q}_l^{-1},\ \boldsymbol{\Sigma}_l = \boldsymbol{\Sigma}_\delta + \boldsymbol{\Sigma}_\mu = \sigma_0^2\boldsymbol{Q}_l \\ \boldsymbol{\Sigma}_{\hat{x}} &= \sigma_0^2(\boldsymbol{A}^t\boldsymbol{P}_l\boldsymbol{A})^{-1} = \sigma_0^2\boldsymbol{Q}_{\hat{x}} \end{aligned}$$

$$\begin{aligned} \hat{\boldsymbol{\delta}} &= \boldsymbol{Q}_\delta\boldsymbol{P}_l(\boldsymbol{l} - \boldsymbol{A\hat{x}}) \\ \boldsymbol{\Sigma}_{\hat{\delta}} &= \sigma_0^2\boldsymbol{Q}_\delta\boldsymbol{P}_l(\boldsymbol{I} - \boldsymbol{A}\boldsymbol{Q}_{\hat{x}}\boldsymbol{A}^t\boldsymbol{P}_l)\boldsymbol{Q}_\delta, \end{aligned} \tag{6.23}$$

$$\begin{aligned} \boldsymbol{\Sigma}_{\hat{\delta}-\delta} &= \sigma_0^2\boldsymbol{Q}_\delta - \sigma_0^2\boldsymbol{Q}_\delta\boldsymbol{P}_l(\boldsymbol{I} - \boldsymbol{A}\boldsymbol{Q}_{\hat{x}}\boldsymbol{A}^t\boldsymbol{P}_l)\boldsymbol{Q}_\delta \\ \boldsymbol{\Sigma}_{\hat{x}\hat{\delta}} &= \boldsymbol{0},\ \boldsymbol{\Sigma}_{\hat{x}(\hat{\delta}-\delta)} = -\sigma_0^2\boldsymbol{Q}_{\hat{x}}\boldsymbol{A}\boldsymbol{P}_l\boldsymbol{Q}_\delta. \end{aligned}$$

Die VKM $\boldsymbol{\Sigma}_{\hat{\delta}}$ gibt die Streuung des geschätzten Signals um den Erwartungswert $E(\boldsymbol{\delta}) = \mathbf{0}$ an, während $\boldsymbol{\Sigma}_{\hat{\delta}-\delta}$ die eigentlich interessierende Streuung um das vorhandene Signal $\boldsymbol{\delta}$ beschreibt.

Für die gefilterten Beobachtungen erhält man

$$\begin{aligned}
\hat{\boldsymbol{l}} &= \boldsymbol{A}\hat{\boldsymbol{x}} + \hat{\boldsymbol{\delta}} = (\boldsymbol{Q}_\delta + (\boldsymbol{I} - \boldsymbol{Q}_\delta \boldsymbol{P}_l)\boldsymbol{A}\boldsymbol{Q}_{\hat{x}}\boldsymbol{A}^t)\boldsymbol{P}_l \boldsymbol{l} \\
\boldsymbol{\Sigma}_{\hat{l}} &= \boldsymbol{A}\boldsymbol{\Sigma}_{\hat{x}}\boldsymbol{A}^t + \boldsymbol{\Sigma}_{\hat{\delta}-\delta} + \boldsymbol{A}\boldsymbol{\Sigma}_{\hat{x}(\hat{\delta}-\delta)} + \boldsymbol{\Sigma}_{(\hat{\delta}-\delta)\hat{x}}\boldsymbol{A}^t \\
&= \sigma_0^2\{\boldsymbol{A}\boldsymbol{Q}_{\hat{x}}\boldsymbol{A}^t + \boldsymbol{Q}_\delta - \boldsymbol{Q}_\delta\boldsymbol{P}_l\boldsymbol{Q}_\delta + \boldsymbol{Q}_\delta\boldsymbol{P}_l\boldsymbol{A}\boldsymbol{Q}_{\hat{x}}\boldsymbol{A}^t\boldsymbol{P}_l\boldsymbol{Q}_\delta - \\
&\quad -\boldsymbol{A}\boldsymbol{Q}_{\hat{x}}\boldsymbol{A}^t\boldsymbol{P}_l\boldsymbol{Q}_\delta - \boldsymbol{Q}_\delta\boldsymbol{P}_l\boldsymbol{A}\boldsymbol{Q}_{\hat{x}}\boldsymbol{A}^t\}
\end{aligned}$$

$$\boldsymbol{\Sigma}_{\hat{l}} = \sigma_0^2\{\boldsymbol{A}\boldsymbol{Q}_{\hat{x}}\boldsymbol{A}^t(\boldsymbol{I} - \boldsymbol{P}_l\boldsymbol{Q}_\delta) + \boldsymbol{Q}_\delta(\boldsymbol{I} - \boldsymbol{P}_l(\boldsymbol{Q}_\delta - \boldsymbol{A}\boldsymbol{Q}_{\hat{x}}\boldsymbol{A}^t(\boldsymbol{P}_l\boldsymbol{Q}_\delta - \boldsymbol{I})))\} \tag{6.24}$$

oder unter Berücksichtigung von $\boldsymbol{Q}_l = \boldsymbol{Q}_\delta + \boldsymbol{Q}_\mu$

$$\begin{aligned}
\hat{\boldsymbol{l}} &= (\boldsymbol{Q}_\delta + \boldsymbol{Q}_\mu\boldsymbol{P}_l\boldsymbol{A}\boldsymbol{Q}_{\hat{x}}\boldsymbol{A}^t)\boldsymbol{P}_l\boldsymbol{l} = \boldsymbol{A}\hat{\boldsymbol{x}} + \boldsymbol{Q}_\delta\boldsymbol{P}_l(\boldsymbol{l} - \boldsymbol{A}\hat{\boldsymbol{x}}) \\
\boldsymbol{\Sigma}_{\hat{l}} &= \sigma_0^2\{\boldsymbol{Q}_\delta + \boldsymbol{Q}_\mu\boldsymbol{P}_l\boldsymbol{A}\boldsymbol{Q}_{\hat{x}}\boldsymbol{A}^t\}\boldsymbol{P}_l\boldsymbol{Q}_\mu \ .
\end{aligned}$$

Für den Verbesserungsvektor berechnet man den Ausdruck

$$\boldsymbol{v} = \hat{\boldsymbol{l}} - \boldsymbol{l} = -\boldsymbol{Q}_\mu(\boldsymbol{I} - \boldsymbol{P}_l\boldsymbol{A}\boldsymbol{Q}_{\hat{x}}\boldsymbol{A}^t)\boldsymbol{P}_l\boldsymbol{l} = \boldsymbol{Q}_\mu\boldsymbol{P}_l(\boldsymbol{A}\hat{\boldsymbol{x}} - \boldsymbol{l}) \ ,$$

mit dem das Rauschen geschätzt wird. Den Varianzfaktor leitet man aus der minimierten quadratischen Form ab,

$$q = \boldsymbol{v}^t\boldsymbol{Q}_\mu^{-1}\boldsymbol{v} + \hat{\boldsymbol{\delta}}^t\boldsymbol{Q}_\delta^{-1}\hat{\boldsymbol{\delta}} = (\hat{\boldsymbol{\delta}} - \boldsymbol{v})^t\boldsymbol{P}_l(\hat{\boldsymbol{\delta}} - \boldsymbol{v}) \ ,$$

die durch den Freiheitsgrad $n - u$ zu dividieren ist

$$s_0^2 = q/(n-u) \ .$$

Alle bisher behandelten Größen beziehen sich auf die Messpunkte im betrachteten Gebiet. Primäres Ziel ist es hingegen meist, Beobachtungen an anderen Stellen vorauszusagen. Dies ist wegen der als bekannt vorausgesetzten stochastischen Eigenschaften des Signals ohne Weiteres möglich. Man benötigt dazu lediglich die Matrix $\boldsymbol{\Sigma}_{\delta\delta_p}$, die alle Kovarianzen des Signals zwischen den beobachteten und den zu prädizierenden Punkten enthält.

$$E\{(\boldsymbol{\delta}^t \ \boldsymbol{\delta}_p^t)^t(\boldsymbol{\delta}^t \ \boldsymbol{\delta}_p^t)\} = \begin{pmatrix} \boldsymbol{\Sigma}_\delta & \boldsymbol{\Sigma}_{\delta\delta_p} \\ \boldsymbol{\Sigma}_{\delta_p\delta} & \boldsymbol{\Sigma}_{\delta_p} \end{pmatrix} = \sigma_0^2 \begin{pmatrix} \boldsymbol{Q}_\delta & \boldsymbol{Q}_{\delta\delta_p} \\ \boldsymbol{Q}_{\delta_p\delta} & \boldsymbol{Q}_{\delta_p} \end{pmatrix} .$$

Sei $\boldsymbol{A}_p$ die Modellmatrix für die zu prädizierenden Punkte, $\boldsymbol{\delta}_p$ das Signal in diesen Punkten und $\boldsymbol{\Sigma}_{\delta_p\delta} = \boldsymbol{\Sigma}_{\delta\delta_p}^t$ die Signal-Kovarianz-Matrix. Für die deterministische Modellkomponente lautet dann der prädizierte Wert

$$\boldsymbol{A}_p\hat{\boldsymbol{x}} = \boldsymbol{A}_p\boldsymbol{Q}_{\hat{x}}\boldsymbol{A}^t\boldsymbol{P}\boldsymbol{l}$$

und für das Signal erhält man

$$\hat{\boldsymbol{\delta}}_p = \boldsymbol{Q}_{\delta_p\delta}\boldsymbol{P}_l(\boldsymbol{l} - \boldsymbol{A}\hat{\boldsymbol{x}}) \ .$$

Zusammengefasst folgt daraus die prädizierte Beobachtung

$$\hat{\boldsymbol{l}}_p = \boldsymbol{A}_p\hat{\boldsymbol{x}} + \hat{\boldsymbol{\delta}}_p \; .$$

Die VKM der prädizierten Größen erhält man durch Einsetzen der entsprechenden Matrizen in die Gleichungen (6.23) und (6.24)

$$\boldsymbol{\Sigma}_{\hat{\delta}_p} = \sigma_0^2(\boldsymbol{Q}_{\delta_p} - \boldsymbol{Q}_{\delta_p\delta}\boldsymbol{P}_l(\boldsymbol{I} - \boldsymbol{A}\boldsymbol{Q}_{\hat{x}}\boldsymbol{A}^t\boldsymbol{P})\boldsymbol{Q}_{\delta\delta_p})$$

$$\boldsymbol{\Sigma}_{\hat{l}_p} = \sigma_0^2\{\boldsymbol{Q}_{\delta_p} + \boldsymbol{A}_p\boldsymbol{Q}_{\hat{x}}\boldsymbol{A}_p^t(\boldsymbol{I} - \boldsymbol{P}_l\boldsymbol{Q}_{\delta\delta_p}) - \boldsymbol{Q}_{\delta_p\delta}\boldsymbol{P}_l(\boldsymbol{Q}_{\delta\delta_p} - \boldsymbol{A}_p\boldsymbol{Q}_{\hat{x}}\boldsymbol{A}_p^t(\boldsymbol{P}_l\boldsymbol{Q}_{\delta\delta_p} - \boldsymbol{I}))\} \; .$$

Die prädizierten Größen sind Vorhersagen im Sinne der MkQ, daraus folgt nach dem GAUSS-MARKOV-Theorem, dass sie minimale Varianz unter allen linearen unverzerrten Prädiktoren besitzen. Wie die Formeln zeigen, spielen die Kovarianzen zwischen den Signalen die entscheidende Rolle bei der Prädiktion. Ihre a priori Schätzungen müssen daher auf eine genügend große Anzahl von Beobachtungen gestützt oder aus gut fundierten stochastischen Modellen abgeleitet werden, vgl. Abschnitt 3.3.4. Die Schätzung der Kovarianzen aus Beobachtungen führt allerdings nur dann zu unverzerrten Ergebnissen, wenn die deterministische Modellkomponente $\boldsymbol{Ax}$ in (6.22) bekannt ist, z. B. als $\boldsymbol{x} = \boldsymbol{0}$. Dies wird jedoch die Ausnahme sein. In der Regel muß $\boldsymbol{x}$ aus den Beobachtungen geschätzt werden. Auch für diese Schätzung müssen bereits Annahmen über die Varianz-Kovarianz-Matrix $\boldsymbol{\Sigma}_l$ getroffen werden. Die Residuen $\boldsymbol{r} = \boldsymbol{A}\hat{\boldsymbol{x}} - \boldsymbol{l}$, die dann zur Verfügung stehen, sind zwar durchaus eine gute Näherung für das stochastische Signal, sie erfüllen jedoch, siehe (4.11), die Bedingung $\boldsymbol{A}^t\boldsymbol{P}_l\boldsymbol{r} = \boldsymbol{0}$, die dazu führt, dass aus Residuen geschätzte Kovarianzen algebraische und stochastische Abhängigkeiten vermischen.

Erfahrungsgemäß tendieren aus Residuen geschätzte Korrelationen stärker zu negativen Werten als dies bei beobachteten Signalen der Fall ist, und die Verzerrung ist für benachbarte Werte meist geringer als für entfernte. Wenn der Freiheitsgrad $f = n - u$ ausreichend groß ist, wird sich der systematische Fehler der Signalprädiktion in akzeptablen Grenzen halten. Aber man muss sich bewusst sein, dass die Schätzvarianz in aller Regel zu klein ausfällt und daher eine zu hohe Genauigkeit vortäuscht.

6.2.3 Krigen

Krigen ist ein Verfahren der Geostatistik, das vorwiegend bei der Prospektion zur Vorhersage der Eigenschaften von Lagerstätten eingesetzt wird. Dazu wird die Lagerstätte in Abbaueinheiten (Blöcke) unterteilt. Aufschlüsse durch Bohrungen oder Schürfungen liefern punktuelle Informationen über die Lagerstätte. Durch Krigen wird auf die Eigenschaften und damit die Abbauwürdigkeit der einzelnen Blöcke (B_i) geschlossen. Neben diesem ursprünglichen Einsatzgebiet für das Krigen, das von dem südafrikanischen Bergbauingenieur D. KRIGE entwickelt wurde, gibt es heute vielfältige Aufgaben bei räumlichen Analysen, die durch Krigen gelöst werden.

Grundlage der Modellbildung ist die Annahme eines räumlichen stochastischen Prozesses (Zufallsfeld)

$$Z(p_i), \; p_i \in D,$$

der überall in D erklärt ist. Die Aufschlüsse (Daten) $z = \{z(p_1), z(p_2), \ldots, z(p_n)\}$ sind nach (6.16) Realisierungen der Zufallsvariablen $Z(p_i)$. Die Modellierung erfolgt so, dass gestützt auf z Vorhersagen über den Prozess an nicht beobachteten Stellen $p_k \in D$ gemacht werden können (Punktkrigen). Ferner wird der Wert von Funktionen K

$$K(B) = \int_B Z(p)dp/|B|, \quad |B| = \int_B dp$$

prädiziert, die als Mittelwerte des Prozesses über Blöcke $B_i \in D$ definiert sind (Blockkrigen).

Der Prozess wird vergleichbar mit (6.22) durch das Modell

$$Z(p_i) = f(p_i; \boldsymbol{x}) + \delta(p_i) \tag{6.25}$$

beschrieben. Der Term $f(p_i; \boldsymbol{x})$ modelliert den deterministischen Anteil des Prozesses, der von der Position p_i und gewissen Parametern $\boldsymbol{x}$ abhängt. Er wird in der Regel als glatt angenommen und meist durch ein Polynom in den Koordinaten der Positionen p_i approximiert. Dieser strukturelle Anteil wird durch den stochastischen Anteil des Prozesses $\delta(p_i)$ überlagert, für den $E(\delta) = 0$ angenommen wird. In der Geostatistik wird die durch die Daten $z(p_i)$ repräsentierte Variable $Z(p_i)$ als *regionalisierte Variable* bezeichnet.
Nach Linearisierung gemäß

$$a_{ij} = \frac{\partial f(p_i; \boldsymbol{x})}{\partial x_j}, \quad \begin{array}{l} i = 1, 2, \ldots, n \\ j = 1, 2, \ldots, m \end{array} \tag{6.26}$$

lautet die strukturelle Komponente des Modells

$$f(p_i; \boldsymbol{x}) = \boldsymbol{A}(p_i)\boldsymbol{x} + \text{Gl.h.O.} \tag{6.27}$$

Wird der Mittelwert des Prozesses für einen Block B modelliert, so erhält man anstelle von (6.25)

$$Z(B) = f(B; \boldsymbol{x}) + \delta(B)\ .$$

Daraus folgt mit

$$f(B; x_j) = \int_B \frac{\partial f}{\partial x_j}(u)du/|B| = b_j$$

die lineare Form

$$f(B; \boldsymbol{x}) = \boldsymbol{b}^t\boldsymbol{x} + \text{Gl.h.O.}$$

Die stochastische Modellkomponente für den Block wird entsprechend gebildet

$$\delta(B) = \int_B \delta(u)du/|B|,$$

wobei $|B|$ jeweils das Blockvolumen ist.

Im Folgenden soll nur das Punktkrigen behandelt werden. Für das Blockrigen sei auf Spezialliteratur der Geostatistik verwiesen.

Mit (6.27) folgt für das Beobachtungsmodell in völliger Übereinstimmung mit (6.22)

$$\boldsymbol{z}(p) = \boldsymbol{A}(p)\boldsymbol{x} + \boldsymbol{\delta}(p) + \boldsymbol{\mu}, \quad p \in D \tag{6.28}$$

bzw. vereinfacht geschrieben

$$\boldsymbol{z} = \boldsymbol{A}\boldsymbol{x} + \boldsymbol{\delta} + \boldsymbol{\mu} \, .$$

Die praktische Anwendung von (6.28) erfordert Annahmen über die stochastischen Eigenschaften von $Z(p)$. Diese werden in der Geostatistik durch das (*Semi-*) *Variogramm* beschrieben, das unter der Voraussetzung der intrinsischen Hypothese (6.17) aus den Daten geschätzt werden kann. Nach (6.18) folgt für die Schätzung $g(h)$ des wahren Semivariogramms $\gamma(h)$

$$g(h) = \frac{1}{2n(h)} \sum_{i=1}^{n(h)} (z(p_i + h) - z(p_i))^2 \, . \tag{6.29}$$

Falls das Zufallsfeld isotrop ist, werden die Messpunktabstände h in Klassen k_j eingeteilt, z. B. $k_j = (j-1)d < h \leq jd$, $j = 1, 2, \ldots, m$. Für jede Klasse wird sodann der Wert $g(h_j)$ nach (6.29) mit der Anzahl $n(h_j)$ der Werte in der Klasse berechnet und dem Abstand $h_j = \frac{1}{2}(2j-1)d$ zugeordnet.

Ist das Zufallsfeld nicht isotrop, so werden die Punktabstände zunächst in Richtungsklassen, z. B. Nord-Süd, Ost-West, evtl. auch in vier oder mehr Klassen eingeteilt. Anschließend wird für jede Hauptrichtung ein Semivariogramm nach der oben beschriebenen Vorgehensweise berechnet.

In aller Regel wird sodann das experimentelle Semivariogramm graphisch dargestellt und durch eine Funktion approximiert, der die für die weitere Bearbeitung benötigten Werte $g(h)$ entnommen werden.

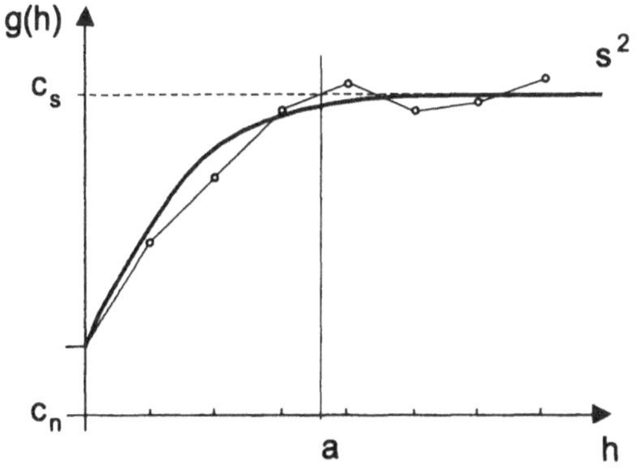

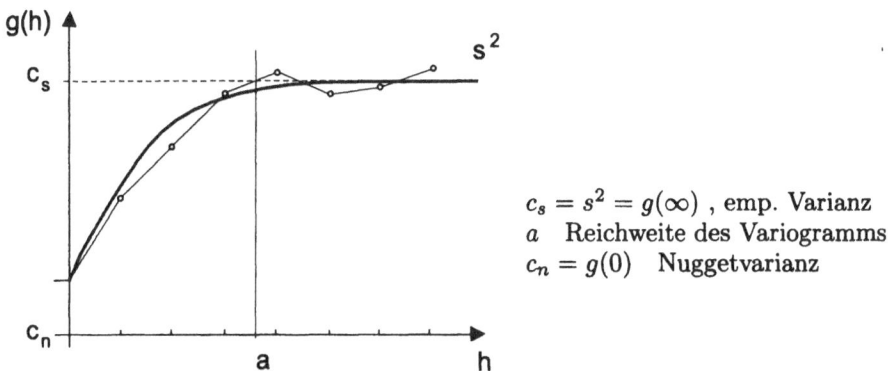

$c_s = s^2 = g(\infty)$, emp. Varianz
a Reichweite des Variogramms
$c_n = g(0)$ Nuggetvarianz

Abb. 6.1: Empirisches Variogramm mit angepasster Funktion

Das empirische Variogramm, vgl. Abb. 6.1, wird charakterisiert durch den *Schwellenwert* (Sill) c_s, die Reichweite der Korrelation a und den *Nuggeteffekt* c_n. Theoretisch müsste $\gamma(h)$ für $h \to 0$ den Wert Null annehmen. In der Praxis zeigt sich jedoch, dass $g(h)$ für kleine Abstände einem Wert c_n zustrebt. Dieser kann mit lokaler Varibilität der Lagerstätte und mit Messunsicherheiten bei der Entnahme und Analyse von Proben begründet werden. Da in der Praxis sehr kleine Abstände h nicht vorkommen, wird c_n durch lineare Extrapolation festgelegt.

In Abschnitt 3.4.4 wurde darauf hingewiesen, dass bei empirischen Autokovarianzen bzw. Autokorrelationsfunktionen (Abb. 3.9) sichergestellt werden muss, dass die gebildete VKM $\mathbf{\Sigma}$ positiv definit ist. Eine ähnliche Bedingung muss das empirische Variogramm erfüllen, wenn es zu einem intrinsisch stationären Prozess gehören soll. Nur wenn

$$\boldsymbol{a}^t \mathbf{\Sigma} \boldsymbol{a} > 0 \;\; \forall \boldsymbol{a} \in \mathbb{R}^n, \quad (\sigma_{ij}) = \mathbf{\Sigma}$$

gilt, d. h. wenn $\mathbf{\Sigma}$ positiv definit ist, kann $\mathbf{\Sigma}$ die Autokovarianzmatrix eines stationären Prozesses sein. Und nur wenn

$$\boldsymbol{a}^t \mathbf{\Gamma} \boldsymbol{a} \leq 0 \;\; \forall \boldsymbol{a} \in \mathbb{R}^n | \boldsymbol{e}^t \boldsymbol{a} = 0, \quad (\gamma_{ij}) = \mathbf{\Gamma}$$

gilt, d. h. wenn $\mathbf{\Gamma}$, $\gamma_{ij} = \frac{1}{2}(\mathrm{Var}\,[z(p_i) - z(p_j)])$, bedingt negativ definit ist, kann $\mathbf{\Gamma}$ das Semivariogramm eines intrinsisch stationären Prozesses darstellen.
In der Praxis haben sich einige Variogrammmodelle bewährt, die diese Eigenschaft sichern. Einfache Modelle sind:

$$\begin{aligned}
\gamma(h) &= c|h| \text{ lineares Modell,} \\
\gamma(h) &= k|h|^r, 0 < r < 2 \text{ Potenzmodell,} \\
\gamma(h) &= 3y \log|h| \text{ Logmodell,} \\
\gamma(h) &= c(1 - \exp(-|h|/a)) \text{ exponentielles Modell,} \\
\gamma(h) &= k(1 - \exp(-|h|^2/b^2)) \text{ GAUSSsches Modell.}
\end{aligned}$$

Ferner gibt es zusammengesetzte Modelle, wie z. B. das sphärische Modell

$$\begin{aligned}
\gamma(h) &= A\left(\frac{3}{2}\frac{|h|}{b} - \frac{|h|^3}{2b^2}\right) \quad &\text{für} \quad h \leq b, \\
\gamma(h) &= A &\text{für} \quad h > b.
\end{aligned}$$

Die Anpassung eines Modells an die empirischen Werte $g(h)$ erfolgt meist mit der MkQ. Das Ergebnis ist die Basis für alle weiteren Auswertungen. Diese haben optimale Vorhersagen für nicht beobachtete Zufallsvariable zum Ziel. Die Optimalität wird dabei im Sinne der besten linearen unverzerrten Schätzung (BLU) definiert, siehe Abschnitt 3.1.3.

Im einfachsten Fall wird angenommen, dass die strukturelle Komponente $\boldsymbol{A}(p)\boldsymbol{x}$ des Modells (6.28) eine bekannte Konstante ist:

$$\boldsymbol{A}(p)\boldsymbol{x} = \boldsymbol{e}\kappa \quad \forall p \in D, \;\kappa \text{ bekannt.}$$

Die Vorhersage des Wertes $z(p_0)$ der Zufallsvariablen $Z(p_0)$ für eine nicht beobachtete Position p_0 heißt dann *einfaches Krigen*. Dazu wird der lineare Ansatz

$$\hat{z}_{p_0} = (1 - \boldsymbol{e}^t \boldsymbol{\lambda})\kappa + \boldsymbol{\lambda}^t \boldsymbol{z}(p) \;,$$

gemacht, der wegen

$$E(\hat{z}_{p_0}) = \kappa - \boldsymbol{e}^t\boldsymbol{\lambda}\kappa + \boldsymbol{\lambda}^t\boldsymbol{e}\kappa = \kappa$$

für alle $\boldsymbol{\lambda} \in \mathbb{R}^n$ unverzerrt ist. Der Vektor $\boldsymbol{\lambda}$ der unbekannten *Wichtungsfaktoren* wird so bestimmt, dass die Prädiktionsvarianz σ_ε^2 minimal wird. Mit der vereinfachten Schreibweise $z_{p_0} =: z_0$ und $z(p) =: z$ gilt für den Prädiktionsfehler

$$\begin{aligned}\varepsilon &= \hat{z}_o - z_0 = \kappa - \boldsymbol{e}^t\boldsymbol{\lambda}\kappa + \boldsymbol{\lambda}^t(\boldsymbol{e}\kappa + \boldsymbol{\delta}) - (\kappa + \delta_0)\\ \varepsilon &= \boldsymbol{\lambda}^t\boldsymbol{\delta} - \delta_0\ .\end{aligned}$$

Daraus folgt für die Varianz

$$\begin{aligned}\sigma_\varepsilon^2 &= \mathrm{Var}\,(\boldsymbol{\lambda}^t\boldsymbol{\delta}) + \mathrm{Var}\,(\delta_0) - 2\mathrm{Kov}\,(\boldsymbol{\lambda}^t\boldsymbol{\delta}, \delta_0)\\ \sigma_\varepsilon^2 &= \boldsymbol{\lambda}^t\boldsymbol{\Sigma}\boldsymbol{\lambda} + \sigma^2 - 2\boldsymbol{\lambda}^t\boldsymbol{\sigma}_{0i},\ \boldsymbol{\Sigma} = (\sigma_{ij}).\end{aligned} \tag{6.30}$$

Zur Bestimmung des Minimums wird die Ableitung von σ_ε^2 nach $\boldsymbol{\lambda}$ gleich Null gesetzt.

$$\boldsymbol{\Sigma}\boldsymbol{\lambda} - \boldsymbol{\sigma}_{0i} = \boldsymbol{0} \Longrightarrow \boldsymbol{\lambda} = \boldsymbol{\Sigma}^{-1}\boldsymbol{\sigma}_{0i}.$$

Wird diese Lösung in (6.30) eingesetzt, so erhält man die Krigevarianz

$$\begin{aligned}\sigma_k^2 &= \boldsymbol{\sigma}_{0i}^t\boldsymbol{\Sigma}^{-1}\boldsymbol{\sigma}_{0i} + \sigma^2 - 2\boldsymbol{\sigma}_{0i}^t\boldsymbol{\Sigma}^{-1}\boldsymbol{\sigma}_{0i}\\ &= \sigma^2 - \boldsymbol{\lambda}^t\boldsymbol{\sigma}_{0i} = (1 - \boldsymbol{e}^t\boldsymbol{\lambda})\sigma^2 + \boldsymbol{\lambda}^t\boldsymbol{\gamma}_{0i}\end{aligned}$$

mit σ^2 als Varianz des stochastischen Prozesses, und γ_{0i} den Werten des Semivariogramms für die Distanzen $|p_0 - p_i|$.

Wird die Punktvorhersage bei unbekanntem aber als konstant angenommenem Mittelwert des Prozesses durchgeführt, so heißt dies *normales Krigen*. Der lineare Ansatz für den Wert der Zufallsvariablen $Z(p_0)$ lautet

$$z_0 = \boldsymbol{\lambda}^t\boldsymbol{z},\ \ \boldsymbol{z} = \boldsymbol{e}\kappa + \boldsymbol{\delta} + \boldsymbol{\mu}\ .$$

Die Forderung der Erwartungstreue führt zu folgender Bedingung für den Vektor $\boldsymbol{\lambda}$ der Gewichtsfaktoren:

$$E(z_0) = \boldsymbol{\lambda}^t E(\boldsymbol{z}) = \boldsymbol{\lambda}^t\boldsymbol{e}\kappa \Longrightarrow \boldsymbol{\lambda}^t\boldsymbol{e} = 1.$$

Die Prädiktionsvarianz

$$\begin{aligned}\sigma_\varepsilon^2 &= E(\hat{z}_0 - z_0)^2 = \mathrm{Var}\,(\boldsymbol{\lambda}^t\boldsymbol{z}) + \mathrm{Var}\,(z_0) - 2\mathrm{Kov}\,(\boldsymbol{\lambda}^t\boldsymbol{z}, z_0)\\ \sigma_\varepsilon^2 &= \boldsymbol{\lambda}^t\boldsymbol{\Sigma}\boldsymbol{\lambda} + \sigma^2 - 2\boldsymbol{\lambda}^t\boldsymbol{\sigma}_{0i}\end{aligned}$$

kann mit $\gamma_{ij} = \sigma^2 - \sigma_{ij}$ und $(\gamma_{ij}) = \boldsymbol{\Gamma}$ unter Berücksichtigung von $\boldsymbol{\lambda}^t\boldsymbol{e} = 1$ umgeformt werden in

$$\sigma_\varepsilon^2 = 2\boldsymbol{\lambda}^t\boldsymbol{\gamma}_{0i} - \boldsymbol{\lambda}^t\boldsymbol{\Gamma}\boldsymbol{\lambda}\ . \tag{6.31}$$

Die Minimierung dieser Varianz unter der Bedingung $\boldsymbol{\lambda}^t\boldsymbol{e} = 1$ erfolgt nach der LAGRANGE-Methode.

$$\mathcal{L} = 2\boldsymbol{\lambda}^t\boldsymbol{\gamma}_{0i} - \boldsymbol{\lambda}^t\boldsymbol{\Gamma}\boldsymbol{\lambda} - 2k(\boldsymbol{\lambda}^t\boldsymbol{e} - 1).$$

Durch Nullsetzen der Ableitungen dieser Funktion nach $\boldsymbol{\lambda}$ und k erhält man das sog. *Krigesystem.*

Mit $b = (\boldsymbol{e}^t\boldsymbol{\Gamma}^{-1}\boldsymbol{e})^{-1}$ lautet die Lösung

$$\begin{aligned}\boldsymbol{\lambda} &= \boldsymbol{\Gamma}^{-1}(\boldsymbol{I} - b\boldsymbol{e}\boldsymbol{e}^t\boldsymbol{\Gamma}^{-1})\boldsymbol{\gamma}_{0i} + b\boldsymbol{\Gamma}^{-1}\boldsymbol{e}\\ k &= -b(1 - \boldsymbol{e}^t\boldsymbol{\Gamma}^{-1}\boldsymbol{\gamma}_{0i})\ .\end{aligned} \tag{6.32}$$

Die Prädiktionsvarianz (6.31) wird durch Einsetzen der Lösung (6.32) für $\boldsymbol{\lambda}$ zur *Krigevarianz*

$$\begin{aligned}\sigma_k^2 &= \boldsymbol{\gamma}_{0i}^t\boldsymbol{\Gamma}^{-1}\boldsymbol{\gamma}_{0i} - (1 - \boldsymbol{e}^t\boldsymbol{\Gamma}^{-1}\boldsymbol{\gamma}_{0i})^2 b\\ &= \boldsymbol{\lambda}^t\boldsymbol{\gamma}_{0i} + k,\end{aligned} \tag{6.33}$$

die die Genauigkeit des prädizierten Wertes $z_0 = \boldsymbol{\lambda}^t\boldsymbol{z}$ charakterisiert.

Wenn der deterministische Anteil des Modells (6.28) nicht als konstant bzw. bekannt angenommen werden kann, ist die intrinsische Hypothese verletzt, auf der die beschriebenen Krigeverfahren aufbauen. Insbesondere ist es dann nicht mehr möglich, das Semivariogramm nach (6.29) zu schätzen. Folgende Verallgemeinerung des Schätzverfahrens, die als *universelles Krigen* bezeichnet wird, führt in diesem Fall zu einer Lösung. Unter der Annahme, dass das Semivariogramm verfügbar ist, werden im Modell $\boldsymbol{z} = \boldsymbol{A}\boldsymbol{x} + \boldsymbol{\delta}\boldsymbol{\mu}$, die Strukturparameter $\boldsymbol{x}$ und der Funktionswert z_0 an der Stelle $p_0 \in D$ simultan geschätzt. Die Koeffizientenmatrix $\boldsymbol{A}$ wird nach (6.26) aufgebaut, und es wird angenommen, dass der Wert der Zufallsvariablen in p_0 durch

$$z_0 = \boldsymbol{a}_0^t\boldsymbol{x} + \delta_0 \tag{6.34}$$

darstellbar ist, wobei $\boldsymbol{a}_0^t$ ein Vektor mit Koeffizienten ist, die nach (6.26) für die Position p_0 gebildet werden. Die Prädiktion erfolgt wieder nach dem Prinzip der besten linearen unverzerrten Schätzung. Dazu wird der lineare Ansatz

$$z_0 = \boldsymbol{\lambda}^t\boldsymbol{z} = \boldsymbol{\lambda}^t\boldsymbol{A}\boldsymbol{x} + \boldsymbol{\lambda}^t\boldsymbol{\delta} \tag{6.35}$$

gemacht. Um Erwartungstreue des Schätzers zu gewährleisten, muss

$$\begin{gathered}E(\boldsymbol{\lambda}^t\boldsymbol{A}\boldsymbol{x} + \boldsymbol{\lambda}^t\boldsymbol{\delta}) = E(\boldsymbol{a}_0^t\boldsymbol{x} + \delta_0), \quad E(\boldsymbol{\delta}) = \boldsymbol{0}\\ \boldsymbol{\lambda}^t\boldsymbol{A}\boldsymbol{x} = \boldsymbol{a}_0^t\boldsymbol{x} \quad \text{bzw.} \quad (\boldsymbol{\lambda}^t\boldsymbol{A} - \boldsymbol{a}_0^t)\boldsymbol{x} = 0\end{gathered} \tag{6.36}$$

gelten. Da die letzte Gleichung von (6.36) für alle $\boldsymbol{x} \in R^m$ erfüllt sein muss, folgt die Bedingungsgleichung

$$(\boldsymbol{\lambda}^t\boldsymbol{A} - \boldsymbol{a}_0^t) = \boldsymbol{0}\ . \tag{6.37}$$

Für den Prädiktionsfehler $\varepsilon = \boldsymbol{\lambda}^t(\boldsymbol{A}\boldsymbol{x}+\boldsymbol{\delta})-(\boldsymbol{a}_0^t\boldsymbol{x}-\delta_0)$ erhält man unter Berücksichtigung von (6.37)

$$\varepsilon = \boldsymbol{\lambda}^t\boldsymbol{\delta} - \delta_0.$$

Der Erwartungswert des Fehlerquadrates liefert die zu minimierende Varianz:

$$\begin{aligned}\varepsilon^2 &= \boldsymbol{\lambda}^t\boldsymbol{\delta}\boldsymbol{\delta}^t\boldsymbol{\lambda} - 2\boldsymbol{\lambda}^t\boldsymbol{\delta}\delta_0 + \delta_0^2\\ \sigma_\varepsilon^2 = E(\varepsilon^2) &= \boldsymbol{\lambda}^t E(\boldsymbol{\delta}\boldsymbol{\delta}^t)\boldsymbol{\lambda} - 2\boldsymbol{\lambda}^t E(\boldsymbol{\delta}\delta_0) + E(\delta_0^2)\\ \sigma_\varepsilon^2 &= \boldsymbol{\lambda}^t\boldsymbol{\Sigma}\boldsymbol{\lambda} - 2\boldsymbol{\lambda}^t\boldsymbol{\sigma}_{0i} + \sigma^2\ . \end{aligned}\tag{6.38}$$

Unter der Voraussetzung, dass das Trendmodell $\boldsymbol{a}_i^t\boldsymbol{x}$ ein von $p_i \in D$ unabhängiges Glied enthält, was zu einer Spalte mit Einsen in der Matrix $\boldsymbol{A}$ führt, impliziert (6.37) die Beziehung $\boldsymbol{\lambda}^t\boldsymbol{e} = 1$. Die Varianz (6.38) kann dann wegen $\boldsymbol{\Gamma} = -\boldsymbol{\Sigma} + \boldsymbol{\sigma}^2\boldsymbol{e}\boldsymbol{e}^t$ und $\gamma_{0i} = -\boldsymbol{\sigma}_{0i} + \sigma^2\boldsymbol{e}$ durch das Semivariogramm ausgedrückt werden

$$\sigma_\varepsilon^2 = -\boldsymbol{\lambda}^t\boldsymbol{\Gamma}\boldsymbol{\lambda} + 2\boldsymbol{\lambda}^t\gamma_{0i}. \tag{6.39}$$

Die Varianzminimierung unter der Bedingung (6.37) erfolgt nach der LAGRANGE-Methode

$$\begin{aligned}\mathcal{L} &= -\boldsymbol{\lambda}^t\boldsymbol{\Gamma}\boldsymbol{\lambda} + 2\boldsymbol{\lambda}^t\gamma_{0i} - 2\boldsymbol{\beta}^t(\boldsymbol{A}^t\boldsymbol{\lambda} - \boldsymbol{a}_0),\\ \frac{\partial\mathcal{L}}{\partial\boldsymbol{\lambda}} &= -2\boldsymbol{\Gamma}\boldsymbol{\lambda} + 2\gamma_{0i} - 2\boldsymbol{A}\boldsymbol{\beta}\ .\end{aligned}$$

Nullsetzen der Ableitung führt mit (6.37) auf das Gleichungssystem das mit $\boldsymbol{B} = (\boldsymbol{A}^t\boldsymbol{\Gamma}^{-1}\boldsymbol{A})^{-1}$ folgende Lösung besitzt

$$\begin{aligned}\boldsymbol{\lambda} &= \boldsymbol{\Gamma}^{-1}(\boldsymbol{I} - \boldsymbol{A}\boldsymbol{B}\boldsymbol{A}^t\boldsymbol{\Gamma}^{-1})\gamma_{0i} + \boldsymbol{\Gamma}^{-1}\boldsymbol{A}\boldsymbol{B}\boldsymbol{a}_0 \qquad (6.40)\\ \boldsymbol{\beta} &= -\boldsymbol{B}(\boldsymbol{a}_0 - \boldsymbol{A}^t\boldsymbol{\Gamma}^{-1}\gamma_{0i})\ .\end{aligned}$$

Diese Lösung wird in (6.39) eingesetzt und liefert die Krigevarianz

$$\begin{aligned}\sigma_k^2 &= \gamma_{0i}^t\boldsymbol{\Gamma}^{-1}\gamma_{0i} - (\boldsymbol{a}_0^t - \gamma_{0i}^t\boldsymbol{\Gamma}^{-1}\boldsymbol{A})\boldsymbol{B}(\boldsymbol{a}_0^t - \gamma_{0i}{}^t\boldsymbol{\Gamma}^{-1}\boldsymbol{A})^t \qquad (6.41)\\ &= \gamma_{0i}^t\boldsymbol{\Gamma}^{-1}\gamma_{0i} - \boldsymbol{\beta}^t\boldsymbol{A}^t\boldsymbol{\Gamma}^{-1}\boldsymbol{A}\boldsymbol{\beta}\ .\end{aligned}$$

Diese Lösung, wie auch die Gleichungen (6.33, 6.34), sind nur dann gültig, wenn der Zufallsprozess intrinsisch stationär und die Bedingung $\boldsymbol{e}^t\boldsymbol{\lambda} = 1$ erfüllt ist. Ist der Prozess lediglich schwach stationär, so erhält man eine Lösung durch Minimierung von σ_ε^2 in der Darstellung (6.38). Diese hat dieselbe Struktur wie (6.40, 6.41) nur dass $\boldsymbol{\Sigma}$ und σ_{ij} an die Stelle von $\boldsymbol{\Gamma}$ und γ_{ij} treten. Die Bedingung $\boldsymbol{e}^t\boldsymbol{\lambda} - 1 = 0$ ist dann nicht erforderlich.

$$\begin{aligned}\boldsymbol{\lambda} &= \boldsymbol{\Sigma}^{-1}(\boldsymbol{I} - \boldsymbol{A}\boldsymbol{C}\boldsymbol{A}^t\boldsymbol{\Sigma}^{-1})\boldsymbol{\sigma}_{0i} + \boldsymbol{\Sigma}^{-1}\boldsymbol{A}\boldsymbol{C}\boldsymbol{a}_0,\ \boldsymbol{C} = (\boldsymbol{A}^t\boldsymbol{\Sigma}^{-1}\boldsymbol{A})^{-1}\\ \boldsymbol{\beta} &= -\boldsymbol{C}(\boldsymbol{a}_0 - \boldsymbol{A}^t\boldsymbol{\Sigma}^{-1}\boldsymbol{\sigma}_{0i})\\ \boldsymbol{\lambda} &= \boldsymbol{\Sigma}^{-1}(\sigma_{0i} - \boldsymbol{A}\boldsymbol{\beta})\\ \sigma_k^2 &= \sigma^2 - \boldsymbol{\sigma}_{0i}^t\boldsymbol{\Sigma}^{-1}\boldsymbol{\sigma}_{0i} + (\boldsymbol{a}_0^t - \boldsymbol{\sigma}_{0i}^t\boldsymbol{\Sigma}^{-1}\boldsymbol{A})C(\boldsymbol{a}_0^t - \boldsymbol{\sigma}_{0i}^t\boldsymbol{\Sigma}^{-1}\boldsymbol{A})^t\\ &= \boldsymbol{\sigma}_{0i}^t\boldsymbol{\Sigma}^{-1}\boldsymbol{\sigma}_{0i} - \boldsymbol{\beta}^t\boldsymbol{C}^{-1}\boldsymbol{\beta}.\end{aligned}$$

Da das Modell (6.28) bzw. (6.35) mit einem nicht konstanten Trend $\boldsymbol{A}\boldsymbol{x}$, der in der Geostatistik als *Drift* bezeichnet wird, weder stationär noch intrinsisch ist, können aus den Messwerten $z = \{z(p_1), z(p_2), \ldots\}$ nicht unmittelbar die Kovarianzen oder

Variogrammwerte geschätzt werden. Dasselbe Problem tritt auch bei der Kollokation und bei gemischten Modellen auf. Wenn keine zuverlässigen a priori Informationen über die stochastischen Eigenschaften von $\boldsymbol{\delta}$ verfügbar sind, wird man in der Praxis ein zweistufiges Vorgehen wählen. Zunächst werden $\boldsymbol{\delta}$ bzw. $\boldsymbol{B\delta}$ und $\boldsymbol{\mu}$ als stochastische Variable mit Erwartung Null zu $\boldsymbol{\nu}$ zusammengefasst und aus $\boldsymbol{z} = \boldsymbol{Ax} + \boldsymbol{\nu}$ wird z. B. nach der MkQ eine Schätzung $\hat{\boldsymbol{x}}$ für $\boldsymbol{x}$ berechnet. Mit (6.29) werden sodann aus den Residuen $\boldsymbol{z} - \boldsymbol{A}\hat{\boldsymbol{x}}$ Schätzwerte für σ_{ij} bzw. γ_{ij} gewonnen. Dieses Vorgehen ist mit den am Ende von Abschnitt 6.2.2 erläuterten Problemen behaftet.

Kollokation und Krigen liegt dasselbe Modell eines räumlichen stochastischen Prozesses zugrunde und bei beiden Verfahren wird die Methode der besten linearen unverzerrten (BLU) Schätzung eingesetzt. Dies führt für stationäre (homogene) Prozesse zu äquivalenten Ergebnissen. Numerische Unterschiede ergeben sich aus der Schätzung der Kovarianzen einerseits und der Variogramme andererseits, so dass die Varianz-Variogramm-Beziehung (6.18) für empirische Werte nicht exakt erfüllt ist. Krigen hat gegenüber der Kollokation den Vorteil, dass empirische Variogramme stabiler sind als Kovarianzen, da durch die Differenzbildung der Messwerte konstante Systematiken eliminiert werden. Ferner muss der Prozess lediglich intrinsisch stationär sein, während bei der Kollokation schwache Stationarität vorausgesetzt werden muss. Allerdings liefert das Krigen keine Schätzwerte für die Driftparameter $\boldsymbol{x}$, die in einem weiteren Rechengang zu ermitteln wären, während sie bei der Kollokation enthalten sind.

6.3 Stufenweise Schätzungen

Nach einer Auswertung der Beobachtungen im GMM tritt gelegentlich der Fall auf, dass das Ergebnis der Schätzung nicht ganz befriedigt. Es wird dann häufig versucht, durch Erweiterung des Parametervektors oder ergänzende Beobachtungen eine Verbesserung zu erzielen, wobei der zusätzliche Rechenaufwand gering gehalten werden soll. Die hierfür geeigneten Methoden können auch benutzt werden, um als grob fehlerhaft erkannte Messungen oder insignifikante Parameter nachträglich zu eliminieren und Echtzeitschätzungen durchzuführen.

6.3.1 Erweiterung des Parametervektors

Bei vielen Schätzaufgaben treten neben den interessierenden Parametern Hilfsunbekannte auf, die Unvollkommenheiten des mathematischen Modell des beobachteten Phänomens auffangen sollen. Meist handelt es sich um Instrumentenparameter (Konstante, Maßstab, Kennlinie), meteorologische Größen (Refraktion, Brechungsindex), Magnetfeldeinflüsse oder schwerefeldbezogene Unbekannte (Lotabweichungen, Geoidhöhen). Es ist oft nicht von vorne herein klar, welche Parameter signifikant schätzbar sind und wie stark sie örtlich und zeitlich variieren. Es werden dann Diagnoseschätzungen mit unterschiedlichen Sätzen von Hilfsparametern durchgeführt, mit dem Ziel, das den Beobachtungen best angepasste Modell zu finden.

Es soll nun die Situation für zwei aufeinander folgende Schätzungen betrachtet werden, wobei angenommen wird, dass die erste Schätzung (1. Stufe) bereits durchgeführt wurde und in einer 2. Stufe zusätzliche Parameter berücksichtigt werden sollen.

GMM der 1. Stufe:

$$\boldsymbol{A}_1\boldsymbol{x}_1 = \boldsymbol{l} + \boldsymbol{\varepsilon},\ E(\boldsymbol{l}) = \boldsymbol{A}_1\boldsymbol{x}_1,\ \boldsymbol{\Sigma} = \sigma_0^2\boldsymbol{Q},\ o(\boldsymbol{A}_1) = n \times u_1 \ .$$

Unter der Annahme $r(\boldsymbol{A}_1) = u_1$, gelten nach Kapitel 4 folgende Schätzer

$$\begin{aligned}
\hat{\boldsymbol{x}}_1 &= \boldsymbol{N}_{11}^{-1}\boldsymbol{A}_1^t\boldsymbol{P}\boldsymbol{l}, \quad \boldsymbol{N}_{11} = \boldsymbol{A}_1^t\boldsymbol{P}\boldsymbol{A}_1, \quad \boldsymbol{P} = \boldsymbol{Q}^{-1}\\
\boldsymbol{v}_1 &= \boldsymbol{A}_1\hat{\boldsymbol{x}}_1 - \boldsymbol{l} = (\boldsymbol{A}_1\boldsymbol{N}_{11}^{-1}\boldsymbol{A}_1^t\boldsymbol{P} - \boldsymbol{I})\boldsymbol{l}\\
q_1 &= \boldsymbol{v}_1^t\boldsymbol{P}\boldsymbol{v}_1 = \boldsymbol{l}^t(\boldsymbol{P} - \boldsymbol{P}\boldsymbol{A}_1\boldsymbol{N}_{11}^{-1}\boldsymbol{A}_1^t\boldsymbol{P})\boldsymbol{l}\\
E(q_1) &= \sigma_0^2(\operatorname{sp}\boldsymbol{P}\boldsymbol{Q} - \operatorname{sp}\boldsymbol{N}_{11}^{-1}\boldsymbol{N}_{11}) = \sigma_0^2(n - u_1) \ .
\end{aligned}$$

Der Erwartungswert von q_1 gilt unter der Hypothese, dass die Verbesserungen v_i frei von systematischen Abweichungen sind, d. h. dass das Modell der 1. Stufe vollständig und richtig ist.

GMM der 2. Stufe mit $\boldsymbol{x}^t = (\boldsymbol{x}_1^t\ \boldsymbol{x}_2^t)$:

$$\begin{aligned}
&(\boldsymbol{A}_1 \vdots \boldsymbol{A}_2)\begin{pmatrix}\boldsymbol{x}_1\\ \boldsymbol{x}_2\end{pmatrix} = \boldsymbol{l} + \boldsymbol{\varepsilon}, \quad E(\boldsymbol{l}) = \boldsymbol{A}_1\boldsymbol{x}_1 + \boldsymbol{A}_2\boldsymbol{x}_2, \quad \boldsymbol{\Sigma} = \sigma_0^2\boldsymbol{Q}\\
&\boldsymbol{A}\boldsymbol{x} = \boldsymbol{l} + \boldsymbol{\varepsilon},\ \mathrm{o}(\boldsymbol{A}_2) = n \times u_2,\ u_1 + u_2 = u,\ r(\boldsymbol{A}) = u \ .
\end{aligned}$$

Es wird vorausgesetzt, dass die u_2 zusätzlichen Parameter keine Singularität der Modellmatrix $(\boldsymbol{A}_1 \vdots \boldsymbol{A}_2)$ hervorrufen. Der Schätzer der 2. Stufe lautet dann

$$\begin{aligned}
\hat{\boldsymbol{x}} &= \boldsymbol{N}^{-1}\boldsymbol{A}^t\boldsymbol{P}\boldsymbol{l}, \quad \boldsymbol{A} = (\boldsymbol{A}_1 \vdots \boldsymbol{A}_2), \quad \boldsymbol{N} = \boldsymbol{A}^t\boldsymbol{P}\boldsymbol{A},\\
\boldsymbol{v} &= \boldsymbol{A}\hat{\boldsymbol{x}} - \boldsymbol{l} = (\boldsymbol{A}\boldsymbol{N}^{-1}\boldsymbol{A}^t\boldsymbol{P} - \boldsymbol{I})\boldsymbol{l}\\
q &= \boldsymbol{v}^t\boldsymbol{P}\boldsymbol{v} = \boldsymbol{l}^t(\boldsymbol{P} - \boldsymbol{P}\boldsymbol{A}\boldsymbol{N}^{-1}\boldsymbol{A}^t\boldsymbol{P})\boldsymbol{l}\\
E(q) &= \sigma_0^2(n - u_1 - u_2) = \sigma_0^2(n - u) \ .
\end{aligned}$$

Der Erwartungswert von q setzt voraus, dass das Modell der 2. Stufe vollständig und richtig ist. Der Übergang von den Schätzern der 1. Stufe zu denen der 2. Stufe wird mit Hilfe folgender Matrixbeziehungen vollzogen:

$$\begin{aligned}
\boldsymbol{N} &= \begin{pmatrix}\boldsymbol{N}_{11} & \boldsymbol{N}_{12}\\ \boldsymbol{N}_{21} & \boldsymbol{N}_{22}\end{pmatrix} \quad \text{mit} \quad \boldsymbol{N}_{ij} = \boldsymbol{A}_i^t\boldsymbol{P}\boldsymbol{A}_j\\
\boldsymbol{N}^{-1} &= \begin{pmatrix}\boldsymbol{N}_{11}^{-1} + \boldsymbol{L}\boldsymbol{M}\boldsymbol{L}^t & -\boldsymbol{L}\\ -\boldsymbol{L}^t & \boldsymbol{M}^{-1}\end{pmatrix} \quad \text{mit} \quad \begin{aligned}\boldsymbol{M} &= \boldsymbol{N}_{22} - \boldsymbol{N}_{21}\boldsymbol{N}_{11}^{-1}\boldsymbol{N}_{12}\\ \boldsymbol{L} &= \boldsymbol{N}_{11}^{-1}\boldsymbol{N}_{12}\boldsymbol{M}^{-1}\end{aligned}
\end{aligned}$$

$$\boldsymbol{N}^{-1} = \begin{pmatrix}\boldsymbol{N}_{11} & \boldsymbol{0}\\ \boldsymbol{0} & \boldsymbol{0}\end{pmatrix} + \begin{pmatrix}\boldsymbol{L}\boldsymbol{M}\boldsymbol{L}^t & -\boldsymbol{L}\\ -\boldsymbol{L}^t & \boldsymbol{M}^{-1}\end{pmatrix} = \boldsymbol{S}_1 + \boldsymbol{S}_2 \ .$$

Die Hilfsmatrizen haben folgende Eigenschaften:

$$\begin{aligned} \boldsymbol{N}\boldsymbol{S}_1\boldsymbol{N} &= \boldsymbol{N} - \begin{pmatrix} \boldsymbol{0} & \boldsymbol{0} \\ \boldsymbol{0} & \boldsymbol{M} \end{pmatrix}, & \boldsymbol{N}\boldsymbol{S}_2\boldsymbol{N} &= \begin{pmatrix} \boldsymbol{0} & \boldsymbol{0} \\ \boldsymbol{0} & \boldsymbol{M} \end{pmatrix} \\ \boldsymbol{S}_1\boldsymbol{N}\boldsymbol{S}_1 &= \boldsymbol{S}_1, & \boldsymbol{S}_2\boldsymbol{N}\boldsymbol{S}_2 &= \boldsymbol{S}_2 \ . \end{aligned}$$

Es zeigt sich, dass $\boldsymbol{N}$ eine g-Inverse von $\boldsymbol{S}_1$ und $\boldsymbol{S}_2$ ist.
Die Lösung der 2. Stufe lässt sich damit aufspalten:

$$\hat{\boldsymbol{x}} = (\boldsymbol{S}_1 + \boldsymbol{S}_2)\boldsymbol{A}^t\boldsymbol{P}\boldsymbol{l} = \boldsymbol{S}_1\boldsymbol{A}^t\boldsymbol{P}\boldsymbol{l} + \boldsymbol{S}_2\boldsymbol{A}^t\boldsymbol{P}\boldsymbol{l} = \begin{pmatrix} \hat{\boldsymbol{x}}_1 \\ \boldsymbol{0} \end{pmatrix} + \begin{pmatrix} \Delta\hat{\boldsymbol{x}}_1 \\ \hat{\boldsymbol{x}}_2 \end{pmatrix}$$

$$\begin{aligned} \Delta\hat{\boldsymbol{x}}_1 &= \boldsymbol{L}\boldsymbol{M}\boldsymbol{L}^t\boldsymbol{A}_1^t\boldsymbol{P}\boldsymbol{l} - \boldsymbol{L}\boldsymbol{A}_2^t\boldsymbol{P}\boldsymbol{l} \\ \hat{\boldsymbol{x}}_2 &= -\boldsymbol{L}^t\boldsymbol{A}_1^t\boldsymbol{P}\boldsymbol{l} + \boldsymbol{M}^{-1}\boldsymbol{A}_2^t\boldsymbol{P}\boldsymbol{l} \\ -\boldsymbol{L}\boldsymbol{M}\hat{\boldsymbol{x}}_2 &= \boldsymbol{L}\boldsymbol{M}\boldsymbol{L}^t\boldsymbol{A}_1^t\boldsymbol{P}\boldsymbol{l} - \boldsymbol{L}\boldsymbol{A}_2^t\boldsymbol{P}\boldsymbol{l} = \Delta\hat{\boldsymbol{x}}_1 \ . \end{aligned} \tag{6.42}$$

Mit den Verbesserungen $\boldsymbol{v}_1$ der 1. Stufe findet man schließlich mit

$$\hat{\boldsymbol{x}}_2 = -\boldsymbol{M}^{-1}\boldsymbol{A}_2^t\boldsymbol{P}\boldsymbol{v}_1, \quad \Delta\hat{\boldsymbol{x}}_1 = -\boldsymbol{L}\boldsymbol{M}\hat{\boldsymbol{x}}_2$$

sehr einfache Gleichungen zur Berechnung der Parameter der 2. Stufe. Für den Verbesserungsvektor schreibt man zweckmäßig

$$\boldsymbol{v} = \boldsymbol{A}\hat{\boldsymbol{x}} - \boldsymbol{l} = \boldsymbol{v}_1 - \Delta\boldsymbol{v} \ .$$

Wird nun $\Delta\boldsymbol{v}$ als Differenz $\boldsymbol{v}_1 - \boldsymbol{v}$ gebildet, so findet man sogleich

$$\Delta\boldsymbol{v} = (\boldsymbol{A}_1\boldsymbol{N}_{11}^{-1}\boldsymbol{A}_1^t\boldsymbol{P} - \boldsymbol{I})\boldsymbol{A}_2\hat{\boldsymbol{x}}_2$$

und für die quadratische Form

$$\begin{aligned} \Delta q = \Delta\boldsymbol{v}^t\boldsymbol{P}\Delta\boldsymbol{v} &= \hat{\boldsymbol{x}}_2\boldsymbol{A}_2^t(\boldsymbol{P} - \boldsymbol{P}\boldsymbol{A}_1\boldsymbol{N}_{11}^{-1}\boldsymbol{A}_1^t\boldsymbol{P})\boldsymbol{A}_2\hat{\boldsymbol{x}}_2 \\ &= \hat{\boldsymbol{x}}_2^t\boldsymbol{M}\hat{\boldsymbol{x}}_2 = \boldsymbol{v}_1^t\boldsymbol{P}\boldsymbol{A}_2^t\boldsymbol{M}^{-1}\boldsymbol{A}_2\boldsymbol{P}\boldsymbol{v}_1 \ , \end{aligned}$$

oder wenn Gleichung (6.42) eingesetzt wird

$$\begin{aligned} \Delta\boldsymbol{v} &= -\boldsymbol{A}\boldsymbol{S}_2\boldsymbol{A}^t\boldsymbol{P}\boldsymbol{l} \\ \Delta q &= \boldsymbol{l}^t\boldsymbol{P}\boldsymbol{A}\boldsymbol{S}_2\boldsymbol{A}^t\boldsymbol{P}\boldsymbol{l} \ . \end{aligned}$$

An dieser Darstellung lässt sich besonders einfach zeigen, dass die Kovarianzmatrix zwischen $\boldsymbol{v}$ und $\Delta\boldsymbol{v}$

$$\text{Kov}\,(\Delta\boldsymbol{v}, \boldsymbol{v}) = -\boldsymbol{A}\boldsymbol{S}_2\boldsymbol{A}^t\boldsymbol{P} \cdot \boldsymbol{Q} \cdot (\boldsymbol{P}\boldsymbol{A}\boldsymbol{N}^{-1}\boldsymbol{A}^t - \boldsymbol{I}) = \boldsymbol{0}$$

verschwindet. Damit sind auch die quadratischen Formen $q = \boldsymbol{v}^t\boldsymbol{P}\boldsymbol{v}$ und $\Delta q = \Delta\boldsymbol{v}^t\boldsymbol{P}\Delta\boldsymbol{v}$ stochastisch unabhängig, so dass mit Hilfe des F-Tests untersucht werden kann, ob die Zusatzparameter $\boldsymbol{x}_2$ signifikante Bestandteile des funktionalen Modells sind. Falls $E(\hat{\boldsymbol{x}}_2) = 0$ gilt, findet man für die quadratische Form

$$E(\Delta q) = \sigma_0^2 \mathrm{sp}\, \boldsymbol{M}\boldsymbol{M}^{-1} = \sigma_0^2 u_2 \; .$$

Wir haben damit eine Zerlegung der quadratischen Form:

$$\begin{aligned} q_1 &= q + \Delta q, \quad \mathrm{Kov}\,(q, \Delta q) = 0 \\ E(q_1) &= E(q) + E(\Delta q) \; . \end{aligned}$$

Eine Erweiterung der Algorithmen auf mehrere Stufen ist leicht möglich. Die Berechnungen werden besonders einfach, wenn $\boldsymbol{x}_2$ aus nur einem Parameter besteht.

Sollen aus einem Modell insignifikante Parameter gestrichen werden, so ist dies mit den abgeleiteten Formeln ohne weiteres möglich. Man beginnt dann mit der 2. Stufe und findet nach der Berechnung von $\Delta\boldsymbol{x}_1$ sofort die gesuchten Schätzungen $\hat{\boldsymbol{x}}_1$, $\boldsymbol{v}_1$ und q_1.

6.3.2 Erweiterung des Beobachtungsvektors

Nach Durchführung einer Schätzung führt die Bewertung der Ergebnisse häufig dazu, dass zur Erzielung der erforderlichen Genauigkeit zusätzliche Beobachtungen durchzuführen und in die Schätzungen einzubeziehen sind; oder dass bei einigen Messungen der Verdacht auf grobe Fehler entsteht und eine Neuberechnung ohne diese Beobachtungen erwünscht ist. Bei manchen Projekten ist es auch so, dass die Beobachtungen nach und nach anfallen. Es wird dann oft, wenn die Anzahl der Beobachtungen ausreicht, eine vorläufige Schätzung durchgeführt, die jedesmal, wenn neue Messungen zur Verfügung stehen, fortentwickelt wird. Bei all diesen Problemen ist es zweckmäßiger, die vorliegenden Schätzungen zu modifizieren, um die zusätzlichen Beobachtungsvektoren zu berücksichtigen, anstatt eine völlige Neuberechnung durchzuführen.

Ein solcher Modifikationsschritt soll nun genauer analysiert und zweckmäßige Algorithmen zu seiner Bearbeitung sollen abgeleitet werden. Eine Erweiterung auf mehrere Schritte ist problemlos möglich. Das GMM der Ausgangssituation sei gegeben durch

$$\boldsymbol{A}_1\boldsymbol{x} = \boldsymbol{l}_1 + \boldsymbol{\varepsilon}_1, \quad E(\boldsymbol{l}_1) = \boldsymbol{A}_1\boldsymbol{x}, \quad \boldsymbol{\Sigma}_1 = \sigma_0^2\boldsymbol{Q}_1, \quad \mathrm{o}(\boldsymbol{A}_1) = n_1 \times u \; .$$

Unter der Annahme $\mathrm{r}(\boldsymbol{A}_1) = u$ erhält man nach Kapitel 4 die Schätzer

$$\begin{aligned} \hat{\boldsymbol{x}}_1 &= \boldsymbol{N}_1^{-1}\boldsymbol{A}_1^t\boldsymbol{P}_1\boldsymbol{l}_1, \quad \boldsymbol{N}_1 = \boldsymbol{A}_1^t\boldsymbol{P}_1\boldsymbol{A}_1, \quad \boldsymbol{P}_1 = \boldsymbol{Q}_1^{-1} \\ \boldsymbol{Q}_{\hat{x}_1} &= \boldsymbol{N}_1^{-1}, \quad \boldsymbol{P}_{\hat{x}_1} = \boldsymbol{N}_1 \\ \boldsymbol{v}_1 &= \boldsymbol{A}_1\hat{\boldsymbol{x}}_1 - \boldsymbol{l}_1 \\ q_1 &= \boldsymbol{v}_1^t\boldsymbol{P}_1\boldsymbol{v}_1 = \boldsymbol{l}_1^t(\boldsymbol{P}_1 - \boldsymbol{P}_1\boldsymbol{A}_1\boldsymbol{N}_1^{-1}\boldsymbol{A}_1^t\boldsymbol{P}_1)\boldsymbol{l}_1 \\ E(q_1) &= \sigma_0^2(n_1 - u) \; . \end{aligned} \tag{6.43}$$

Das Modell für den Modifikationsschritt zur Berücksichtigung von $\boldsymbol{l}_2$ lautet

$$\boldsymbol{A}_2\boldsymbol{x} = \boldsymbol{l}_2 + \boldsymbol{\varepsilon}_2, \quad E(\boldsymbol{l}_2) = \boldsymbol{A}_2\boldsymbol{x}, \quad \boldsymbol{\Sigma}_2 = \sigma_0^2\boldsymbol{Q}_2, \quad \mathrm{o}(\boldsymbol{A}_2) = n_2 \times u \; .$$

Der Beobachtungsvektor $\boldsymbol{l}_2$ wird in der Regel aus wenigen $n_2 < n_1$ Messungen, oft sogar nur aus einer einzigen, bestehen. Eine Schätzung für $\boldsymbol{x}$ nur aus $\boldsymbol{l}_2$ ist daher in diesem Schritt nicht sinnvoll. Für die Lösung des erweiterten Modells findet man mit

$$\boldsymbol{N} = \boldsymbol{A}_1^t \boldsymbol{P}_1 \boldsymbol{A}_1 + \boldsymbol{A}_2^t \boldsymbol{P}_2 \boldsymbol{A}_2 = \boldsymbol{N}_1 + \boldsymbol{N}_2 = (\boldsymbol{A}_1^t \vdots \boldsymbol{A}_2^t) \begin{pmatrix} \boldsymbol{P}_1 & \boldsymbol{0} \\ \boldsymbol{0} & \boldsymbol{P}_2 \end{pmatrix} \begin{pmatrix} \boldsymbol{A}_1 \\ \boldsymbol{A}_2 \end{pmatrix} \tag{6.44}$$

die Schätzungen

$$\begin{aligned} \hat{\boldsymbol{x}} &= \boldsymbol{N}^{-1}(\boldsymbol{A}_1^t \boldsymbol{P}_1 \boldsymbol{l}_1 + \boldsymbol{A}_2^t \boldsymbol{P}_2 \boldsymbol{l}_2) \\ \boldsymbol{Q}_{\hat{x}} &= \boldsymbol{N}^{-1}, \quad \boldsymbol{P}_{\hat{x}} = \boldsymbol{N} \\ \boldsymbol{v} &= \boldsymbol{A}\hat{\boldsymbol{x}} - \boldsymbol{l}, \quad \boldsymbol{A}^t = (\boldsymbol{A}_1^t \vdots \boldsymbol{A}_2^t), \quad \boldsymbol{l}^t = (\boldsymbol{l}_1^t \ \boldsymbol{l}_2^t) \\ q &= \boldsymbol{v}^t \boldsymbol{P} \boldsymbol{v} = \boldsymbol{l}^t(\boldsymbol{P} - \boldsymbol{P}\boldsymbol{A}\boldsymbol{N}^{-1}\boldsymbol{A}^t\boldsymbol{P})\boldsymbol{l} \\ E(q) &= \sigma_0^2(n-u), \quad n = n_1 + n_2 \; . \end{aligned} \tag{6.45}$$

Die Darstellung der Differenz zwischen den beiden Schätzungen (6.43) und (6.45) beruht auf der folgenden Matrix-Identität, die immer dann gilt, wenn die angegebenen Inversionen zulässig sind.

$$(\boldsymbol{A}^{-1} + \boldsymbol{B}\boldsymbol{D}^{-1}\boldsymbol{C})^{-1} = \boldsymbol{A} - \boldsymbol{A}\boldsymbol{B}(\boldsymbol{D} + \boldsymbol{C}\boldsymbol{A}\boldsymbol{B})^{-1}\boldsymbol{C}\boldsymbol{A} \; . \tag{6.46}$$

Setzt man nun für (6.44)

$$\boldsymbol{N} = (\boldsymbol{A}_1^t \boldsymbol{P}_1 \boldsymbol{A}_1 + \boldsymbol{A}_2^t \boldsymbol{P}_2 \boldsymbol{A}_2) = (\boldsymbol{Q}_{\hat{x}_1}^{-1} + \boldsymbol{A}_2^t \boldsymbol{Q}_2^{-1} \boldsymbol{A}_2) \; ,$$

so liest man die Inverse ab

$$\boldsymbol{N}^{-1} = \boldsymbol{Q}_{\hat{x}_1} - \boldsymbol{Q}_{\hat{x}_1} \boldsymbol{A}_2^t (\boldsymbol{Q}_2 + \boldsymbol{A}_2 \boldsymbol{Q}_{\hat{x}_1} \boldsymbol{A}_2^t)^{-1} \boldsymbol{A}_2 \boldsymbol{Q}_{\hat{x}_1} = \boldsymbol{Q}_{\hat{x}} \; .$$

Zur Abkürzung dieses Ausdrucks wird üblicherweise die Hilfsmatrix $\boldsymbol{K}$ eingeführt, die die weiteren Ableitungen übersichtlicher macht.

$$\boldsymbol{K} = \boldsymbol{Q}_{\hat{x}_1} \boldsymbol{A}_2^t (\boldsymbol{Q}_2 + \boldsymbol{A}_2 \boldsymbol{Q}_{\hat{x}_1} \boldsymbol{A}_2^t)^{-1} \tag{6.47}$$

$$\boldsymbol{Q}_{\hat{x}} = \boldsymbol{Q}_{\hat{x}_1} - \boldsymbol{K}\boldsymbol{A}_2 \boldsymbol{Q}_{\hat{x}_1} \; . \tag{6.48}$$

Wird (6.48) in den Schätzer für $\hat{\boldsymbol{x}}$ eingesetzt, so folgt

$$\hat{\boldsymbol{x}} = \hat{\boldsymbol{x}}_1 - \boldsymbol{K}\boldsymbol{A}_2 \hat{\boldsymbol{x}}_1 + \boldsymbol{Q}_{\hat{x}_1} \boldsymbol{A}_2^t \boldsymbol{P}_2 \boldsymbol{l}_2 - \boldsymbol{K}\boldsymbol{A}_2 \boldsymbol{Q}_{\hat{x}_1} \boldsymbol{A}_2^t \boldsymbol{P}_2 \boldsymbol{l}_2 \; .$$

Dieser Ausdruck wird mit $(\boldsymbol{K} - \boldsymbol{K}\boldsymbol{Q}_2\boldsymbol{P}_2)\boldsymbol{l}_2 = \boldsymbol{0}$ erweitert und führt nach Umordnung auf

$$\hat{\boldsymbol{x}} = \hat{\boldsymbol{x}}_1 - \boldsymbol{K}\boldsymbol{A}_2 \hat{\boldsymbol{x}}_1 + \boldsymbol{Q}_{\hat{x}_1} \boldsymbol{A}_2^t \boldsymbol{P}_2 \boldsymbol{l}_2 + \boldsymbol{K}\boldsymbol{l}_2 - \boldsymbol{K}(\boldsymbol{A}_2 \boldsymbol{Q}_{\hat{x}_1} \boldsymbol{A}_2^t + \boldsymbol{Q}_2)\boldsymbol{P}_2 \boldsymbol{l}_2 \; . \tag{6.49}$$

Aus der Definitionsgleichung (6.47) für $\boldsymbol{K}$ folgt nun

$$\boldsymbol{K}(\boldsymbol{A}_2 \boldsymbol{Q}_{\hat{x}_1} \boldsymbol{A}_2^t + \boldsymbol{Q}_2) = \boldsymbol{Q}_{\hat{x}_1} \boldsymbol{A}_2^t$$

und nach Einsetzen dieser Beziehung in (6.49) die Endgleichung

$$\hat{\boldsymbol{x}} = \hat{\boldsymbol{x}}_1 + \boldsymbol{K}(\boldsymbol{l}_2 - \boldsymbol{A}_2\hat{\boldsymbol{x}}_1) = \hat{\boldsymbol{x}}_1 + \Delta\hat{\boldsymbol{x}}$$
$$\boldsymbol{Q}_{\hat{x}} = \boldsymbol{Q}_{\hat{x}_1} - \boldsymbol{K}\boldsymbol{A}_2\boldsymbol{Q}_{\hat{x}_1}, \quad \boldsymbol{K} = \boldsymbol{Q}_{\hat{x}_1}\boldsymbol{A}_2^t(\boldsymbol{Q}_2 + \boldsymbol{A}_2\boldsymbol{Q}_{\hat{x}_1}\boldsymbol{A}_2^t)^{-1} .$$

Für den modifizierten Verbesserungsvektor erhält man schließlich

$$\boldsymbol{v} = \begin{pmatrix} \boldsymbol{v}_1 \\ \boldsymbol{0} \end{pmatrix} + \begin{pmatrix} \Delta\boldsymbol{v} \\ \boldsymbol{v}_2 \end{pmatrix}, \quad \Delta\boldsymbol{v} = \boldsymbol{A}_1\Delta\hat{\boldsymbol{x}}, \quad \boldsymbol{v}_2 = \boldsymbol{A}_2\hat{\boldsymbol{x}} - \boldsymbol{l}_2$$
$$\boldsymbol{v}^t\boldsymbol{P}\boldsymbol{v} = q = \boldsymbol{v}_1^t\boldsymbol{P}_1\boldsymbol{v}_1 + \Delta\boldsymbol{v}\boldsymbol{P}_1\Delta\boldsymbol{v} + \boldsymbol{v}_2^t\boldsymbol{P}_2\boldsymbol{v}_2$$
$$q = q_1 + \Delta\hat{\boldsymbol{x}}^t\boldsymbol{N}_1\Delta\hat{\boldsymbol{x}} + \boldsymbol{v}_2^t\boldsymbol{P}_2\boldsymbol{v}_2 .$$

Für den wichtigen Sonderfall, dass $\boldsymbol{l}_2$ nur eine einzige Beobachtung enthält, vereinfachen sich die Formeln. An die Stelle von $\boldsymbol{A}_2$ tritt dann der Vektor $\boldsymbol{a}_2^t$ und aus $\boldsymbol{P}_2$ wird das Gewicht p_2. Daraus folgen:

$$\boldsymbol{K} = \boldsymbol{Q}_{\hat{x}_1}\boldsymbol{a}_2(\frac{1}{p_2} + \boldsymbol{a}_2^t\boldsymbol{Q}_{\hat{x}_1}\boldsymbol{a}_2)^{-1} = p_2(1 + p_2\boldsymbol{a}_2^t\boldsymbol{Q}_{\hat{x}_1}\boldsymbol{a}_2)^{-1}\boldsymbol{Q}_{\hat{x}_1}\boldsymbol{a}_2,$$

$$\hat{\boldsymbol{x}} = \hat{\boldsymbol{x}}_1 + \boldsymbol{K}(l_2 - \boldsymbol{a}_2^t\hat{\boldsymbol{x}}_1),$$
$$\boldsymbol{Q}_{\hat{x}} = \boldsymbol{Q}_{\hat{x}_1} - \boldsymbol{K}\boldsymbol{a}_2^t\boldsymbol{Q}_{\hat{x}_1} = \boldsymbol{Q}_{\hat{x}_1} - p_2(1 + p_2\boldsymbol{a}_2^t\boldsymbol{Q}_{\hat{x}_1}\boldsymbol{a}_2)^{-1}\boldsymbol{Q}_{\hat{x}_1}\boldsymbol{a}_2\boldsymbol{a}_2^t\boldsymbol{Q}_{\hat{x}_1},$$
$$\boldsymbol{v} = \begin{pmatrix} \boldsymbol{v}_1 \\ 0 \end{pmatrix} + \begin{pmatrix} \Delta\boldsymbol{v} \\ v_2 \end{pmatrix}, \quad \begin{aligned} \Delta\boldsymbol{v} &= \boldsymbol{A}_1\boldsymbol{K}(l_2 - \boldsymbol{a}_2^t\hat{\boldsymbol{x}}_1), \\ v_2 &= \boldsymbol{a}_2^t\hat{\boldsymbol{x}} - l_2. \end{aligned}$$

Ist die umgekehrte Aufgabe zu lösen, ist also ein Schritt zurück zu machen vom vollständigen Modell zum Modell ohne die Beobachtung l_2, so erhält man mit der Hilfsmatrix $\boldsymbol{G}$ und sonst gleichen Bezeichnungen in den Vorzeichen unterschiedliche Formeln

$$\boldsymbol{G} = p_2(1 - p_2\boldsymbol{a}_2^t\boldsymbol{Q}_{\hat{x}}\boldsymbol{a}_2)^{-1}\boldsymbol{Q}_{\hat{x}}\boldsymbol{a}_2$$
$$\hat{\boldsymbol{x}}_1 = \hat{\boldsymbol{x}} - \boldsymbol{G}(l_2 - \boldsymbol{a}_2^t\hat{\boldsymbol{x}})$$
$$\boldsymbol{Q}_{\hat{x}_1} = \boldsymbol{Q}_{\hat{x}} + \boldsymbol{G}\boldsymbol{a}_2^t\boldsymbol{Q}_{\hat{x}}$$

$$\begin{pmatrix} \boldsymbol{v}_1 \\ 0 \end{pmatrix} = \boldsymbol{v} - \begin{pmatrix} \Delta\boldsymbol{v} \\ v_2 \end{pmatrix}, \quad \begin{aligned} \Delta\boldsymbol{v} &= \boldsymbol{A}_1\boldsymbol{G}(l_2 - \boldsymbol{a}_2^t\hat{\boldsymbol{x}}) \\ v_2 &= \boldsymbol{a}_2^t\hat{\boldsymbol{x}} - l_2 \end{aligned}$$
$$q_1 = q - (l_2 - \boldsymbol{a}_2^t\hat{\boldsymbol{x}})^2 p_2(1 - p_2\boldsymbol{a}_2^t\boldsymbol{Q}_{\hat{x}}\boldsymbol{a}_2)^{-1} = q - v_2^2 p_2 .$$

6.3.3 KALMAN-Filter

Ein in den Ingenieurwissenschaften weit verbreitetes Verfahren zur Schätzung des Zustandes eines dynamischen Systems in Echtzeit ist das KALMAN-Filter. Die kinematische Positionsbestimmung und die Navigation sind weitere wichtige Gebiete, in denen das KALMAN-Filter eine große Rolle spielt. In vereinfachter Form wird es aber auch in anderen Bereichen, wo eine Schätzung in Echtzeit nicht erforderlich ist, angewandt. Beispiele dafür sind die Deformationsanalyse und die Zeitreihenauswertung. Wir wollen uns hier auf die Darstellung der linearen (linearisierten) diskreten Version der Filtergleichungen beschränken und die enge Verwandtschaft mit den im vorigen Abschnitt abgeleiteten Schätzverfahren aufzeigen.

Die Modellierung des dynamischen Systems erfolge durch die Differenzialgleichung

$$\dot{\boldsymbol{x}}(t) = \boldsymbol{F}(t)\boldsymbol{x}(t) + \boldsymbol{G}(t)\boldsymbol{w}(t),$$

in der $\boldsymbol{x}(t)$ der zeitabhängige *Zustandsvektor* ist mit seiner Zeitableitung $\dot{\boldsymbol{x}}(t)$. $\boldsymbol{F}(t)$ ist die *Dynamikmatrix*, die das zeitliche Verhalten des Zustandsvektors modelliert. $\boldsymbol{G}(t)$ wird als *Störeingangsmatrix* und $\boldsymbol{w}(t)$ als *Störvektor*(Sensorfehler, Systemrauschen) bezeichnet. In manchen technischen Anwendungen kommt noch ein Stellvektor hinzu, der bei den hier betrachteten Aufgaben nicht vorhanden sein soll. Der deterministische Teil der Modellgleichung stellt mit

$$\dot{\boldsymbol{x}}(t) = \boldsymbol{F}(t)\boldsymbol{x}(t)$$

eine homogene, lineare Differenzialgleichung dar, deren Lösung

$$\boldsymbol{x}(t) = \boldsymbol{\Phi}(t, t_0)\boldsymbol{x}(t_0)$$

die Beziehung des Zustandes zum Zeitpunkt t mit dem Anfangszustand zum Zeitpunkt t_0 herstellt. Die Matrix $\boldsymbol{\Phi}$ wird als *Transitionsmatrix*(Systemübergangsmatrix) bezeichnet. Die Umsetzung dieser Gleichung in einen Algorithmus erfordert zunächst ihre Diskretisierung. Dazu wird die Differenzialgleichung durch eine Differenzengleichung approximiert.

$$\dot{\boldsymbol{x}}(t) = \frac{\boldsymbol{x}(t+\Delta t) - \boldsymbol{x}(t)}{\Delta t} = \boldsymbol{F}(t)\boldsymbol{x}(t)$$
$$\boldsymbol{x}(t+\Delta t) = [\boldsymbol{I} + \boldsymbol{F}(t)\Delta t]\boldsymbol{x}(t)\ .$$

Nun schreibt man für den Zustand zu diskreten Zeitpunkten $\boldsymbol{x}(t_k)$ vereinfachend $\boldsymbol{x}_k$ und erhält mit konstantem $\Delta t = t_{k+1} - t_k$ die lineare, diskrete Filtergleichung

$$\boldsymbol{x}_k = \boldsymbol{\Phi}_{k-1}\boldsymbol{x}_{k-1} + \boldsymbol{B}_{k-1}\boldsymbol{w}_{k-1}$$
$$\boldsymbol{\Phi}_{k-1} = \boldsymbol{I} + \boldsymbol{F}_{k-1}\Delta t, \quad \boldsymbol{B}_{k-1} = \boldsymbol{F}_{k-1}\boldsymbol{G}_{k-1}\Delta t\ .$$

Als einfaches Beispiel betrachten wir ein Landfahrzeug, das sich unbeschleunigt auf einer Ebene bewegt. Es sei ausgerüstet mit einem Kompass und einem Geschwindigkeitsmesser. Der Zustandsvektor enthalte neben den Koordinaten (x, y) der momentanen Position die Fahrtrichtung φ und die Geschwindigkeit v

$$\boldsymbol{x}^t = (x\ y\ \varphi\ v), \qquad \begin{aligned} x_k &= x_{k-1} + v_{k-1}\cos\varphi_{k-1}\Delta t \\ y_k &= y_{k-1} + v_{k-1}\sin\varphi_{k-1}\Delta t \\ \varphi_k &= \varphi_{k-1} \\ v_k &= v_{k-1}. \end{aligned}$$

Dieses nichtlineare kinematische Modell dient dazu, den Zustandsvektor über das Zeitintervall Δt zu extrapolieren. Es ist sofort einsichtig, dass nur für sehr kleines Δt brauchbare Ergebnisse erzielt werden können und dass alle Abweichungen akkumuliert werden, so dass schon nach kurzer Fahrzeit intolerierbare Positionsfehler zu erwarten sind. Eine Verbesserung der Fehlersituation kann dadurch erreicht werden, dass die Positionsbestimmung von Zeit zu Zeit durch externe Beobachtungen gestützt wird. In unserem Beispiel könnten das etwa Positionsbestimungen mit dem Global Positioning System sein oder die Koordinaten bekannter Positionen, die mit dem Fahrzeug angefahren werden. Die Gleichungen dieser Beobachtungen haben, evtl. nach Linearisierung, die Form $\boldsymbol{l} = \boldsymbol{A}\boldsymbol{x} + \boldsymbol{\varepsilon}$ eines gewöhnlichen funktionalen Modells. Ihre Verwendung zur Verbesserung der Schätzung des Zustandsvektors ist der Kernpunkt des KALMAN-Filters. Zum Zeitpunkt t_k liegen somit zwei Gruppen von Gleichungen

$$\begin{aligned} \boldsymbol{x}_k &= \boldsymbol{\Phi}_{k-1}\boldsymbol{x}_{k-1} + \boldsymbol{B}_{k-1}\boldsymbol{w}_{k-1}; \quad \boldsymbol{w}_k \sim (\boldsymbol{0}, \boldsymbol{\Omega}_k) \\ \boldsymbol{l}_k &= \boldsymbol{A}_k\boldsymbol{x}_k + \boldsymbol{\varepsilon}_k; \quad \boldsymbol{\varepsilon}_k \sim (\boldsymbol{0}, \boldsymbol{\Sigma}_k); \quad \mathrm{Kov}(\boldsymbol{w}, \boldsymbol{\varepsilon}) = \boldsymbol{0} \end{aligned} \tag{6.50}$$

vor, die um Annahmen über die Eigenschaften der Fehlerprozesse ergänzt werden. Realistische Annahmen über die Messgenauigkeit, d. h. über die Matrix $\boldsymbol{\Sigma}_k$, bereiten meist keine Schwierigkeit. Anders ist es beim stochastischen Modell des dynamischen Systems. Die Eigenschaften des Systemrauschens $\boldsymbol{w}_k$ und seine Auswirkungen auf die Prädiktion können meist erst nach Simulationen und Tests identifiziert werden. Aus (6.50) wird zunächst unter Nutzung aller Informationen, die zum Zeitpunkt t_{k-1} vorliegen, eine Prädiktion des Zustandes $\bar{\boldsymbol{x}}_k$ für den Zeitpunkt t_k durchgeführt, und seine VKM $\overline{\Pi}$ berechnet.

$$\begin{aligned} \bar{\boldsymbol{x}}_k &= \boldsymbol{\Phi}_{k-1}\hat{\boldsymbol{x}}_{k-1} \\ \overline{\Pi}_k &= \boldsymbol{\Phi}_{k-1}\hat{\boldsymbol{\Pi}}_{k-1}\boldsymbol{\Phi}^t_{k-1} + \boldsymbol{B}_{k-1}\boldsymbol{\Omega}_{k-1}\boldsymbol{B}^t_{k-1} \,. \end{aligned}$$

Im nächsten Schritt wird dieser prädizierte Vektor mit den externen Beobachtungen zusammengefasst. Aus dem Modell

$$\begin{aligned} \boldsymbol{l}_k &= \boldsymbol{A}_k\boldsymbol{x}_k + \boldsymbol{\varepsilon}_k, \qquad \boldsymbol{\Sigma}_k \\ \bar{\boldsymbol{x}}_k &= \boldsymbol{I}\boldsymbol{x}_k + \boldsymbol{\omega}_k, \qquad \overline{\Pi}_k \end{aligned}$$

(vergleiche (6.1)) folgt durch Anwendung der MkQ das System der Normalgleichung (6.2)

$$(\boldsymbol{A}^t_k\boldsymbol{\Sigma}^{-1}_k\boldsymbol{A}_k + \overline{\Pi}^{-1}_k)\hat{\boldsymbol{x}}_k = \boldsymbol{A}^t_k\boldsymbol{\Sigma}^{-1}_k\boldsymbol{l}_k + \overline{\Pi}^{-1}_k\ \bar{\boldsymbol{x}}_k.$$

Mit der bereits benutzten Identität (6.46)

$$(\boldsymbol{A}^{-1} + \boldsymbol{B}\boldsymbol{D}^{-1}\boldsymbol{C})^{-1} = \boldsymbol{A} - \boldsymbol{A}\boldsymbol{B}(\boldsymbol{D} + \boldsymbol{C}\boldsymbol{A}\boldsymbol{B})^{-1}\boldsymbol{C}\boldsymbol{A}$$

erhält man als Inverse der Normalgleichungsmatrix

$$(\boldsymbol{A}^t_k\boldsymbol{\Sigma}^{-1}_k\boldsymbol{A}_k + \overline{\Pi}^{-1}_k)^{-1} = \overline{\Pi}_k - \overline{\Pi}_k\boldsymbol{A}^t_k(\boldsymbol{\Sigma}_k + \boldsymbol{A}_k\overline{\Pi}_k\boldsymbol{A}^t_k)^{-1}\boldsymbol{A}_k\overline{\Pi}_k = \hat{\boldsymbol{\Pi}}_k \,.$$

Wird auch hier zur Abkürzung (6.47)

$$\boldsymbol{K}_k = \overline{\Pi}_k\boldsymbol{A}^t_k(\boldsymbol{\Sigma}_k + \boldsymbol{A}_k\overline{\Pi}_k\boldsymbol{A}^t_k)^{-1}$$

gesetzt, so folgt als vorläufige Gleichung für die Lösung

$$\hat{\boldsymbol{x}}_k = \bar{\boldsymbol{x}}_k - \boldsymbol{K}_k\boldsymbol{A}_k\bar{\boldsymbol{x}}_k + \overline{\Pi}_k\boldsymbol{A}^t_k\boldsymbol{\Sigma}^{-1}_k\boldsymbol{l}_k - \boldsymbol{K}_k\boldsymbol{A}_k\overline{\Pi}_k\boldsymbol{A}^t_k\boldsymbol{\Sigma}^{-1}_k\boldsymbol{l}_k \,.$$

Wird dieser Ausdruck mit

$$(\boldsymbol{K}_k - \boldsymbol{K}_k \boldsymbol{\Sigma}_k \boldsymbol{\Sigma}_k^{-1}) \boldsymbol{l}_k = \boldsymbol{0}$$

erweitert, so erhält man nach Ordnen und Zusammenfassen die Endgleichungen

$$\begin{aligned} \hat{\boldsymbol{x}}_k &= \bar{\boldsymbol{x}}_k + \boldsymbol{K}_k(\boldsymbol{l}_k - \boldsymbol{A}_k \bar{\boldsymbol{x}}_k) \\ \hat{\boldsymbol{\Pi}}_k &= (\boldsymbol{I} - \boldsymbol{K}_k \boldsymbol{A}_k)\overline{\Pi}_k \ . \end{aligned}$$

Die Matrix $\boldsymbol{K}_k$ wird als *Verstärkungsmatrix* und die Differenz $\boldsymbol{l}_k - \boldsymbol{A}_k \bar{\boldsymbol{x}}_k$ als *Innovation* bezeichnet. Für den Einsatz des KALMAN-Filters benötigt man Start- oder Anfangswerte $\boldsymbol{x}_0$ für den Zustandsvektor und $\boldsymbol{\Pi}_0$ für seine VKM. Bei Anwendungen in der Navigation werden durch das KALMAN-Filter in der Regel die Systemfehler geschätzt. Die nichtlinearen dynamischen Gleichungen werden dazu um die Nominaltrajektorie linearisiert. Wird diese durch die geschätzten Größen selbst beschrieben, so erhält man ein sogenanntes erweitertes KALMAN-Filter.

6.4 Auflösung großer Gleichungssysteme

Bei der Schätzung von Festpunktkoordinaten in der Landesvermessung, bei der Homogenisierung digitalisierter Katasterkarten und bei der Punktschätzung in photogrammetrischen Bildverbänden treten gelegentlich Normalgleichungssysteme von so großer Ordnung auf, dass selbst mit den heutigen Möglichkeiten der Datenverarbeitung eine Lösung mit Standardalgorithmen zu Speicher- und Rundungsproblemen führt. Bei diesen Aufgaben kann die Anzahl der gemeinsam zu schätzenden Parameter im Bereich von einigen Zehntausend bis Hunderttausend liegen. Das horizontale Datum der USA wurde zum Beispiel durch die simultane Positionsschätzung von 200 000 Punkten festgelegt. Zur numerisch effizienten Lösung großer Normalgleichungssysteme sind zahlreiche Methoden entwickelt worden, die im Wesentlichen darauf beruhen, die Tatsache auszunutzen, dass viele Koeffizienten der zu invertierenden Matrix Null sind. Die ersten Ideen reichen bis ins 19. Jahrhundert zurück. Den derzeitigen Stand der Wissenschaft kann man u. a. in der Dissertation von TH. SCHOLZ: *Zur Kartenhomogenisierung mit Hilfe strenger Ausgleichungsmethoden*; Veröffentlichung des Geodätischen Instituts der RWTH Aachen Nr.47 (1992), und in dem Aufsatz von S. KAMPSHOFF u. W. BENNING: *Homogenisierung von Massendaten im Kontext von Geodaten-Infrastrukturen*; Zeitschrift f. Geodäsie, Geoinformation und Landmanagement (130), S. 133-145, 2005 nachlesen.

6.4.1 Gruppenweise Positionsschätzung

Die gruppenweise Schätzung eignet sich besonders für geodätische Netze. Sie wird eingesetzt, um regionale Punktfelder zu einem Gesamtnetz zu vereinigen (Beispiel *Retrig*) oder um sehr große Punktfelder in leichter handhabbare und übersichtliche Teilfelder zu zerlegen (Beispiel *North American Datum*). Wir wollen zunächst den einfachen Fall einer Schätzung in zwei Gruppen betrachten. Dazu sei ein flächenhaftes Punktfeld in zwei Regionen R_1 und R_2 gegliedert, die über die gemeinsamen Punkte in der Verknüpfungszone V verbunden sind. Die Parameter werden drei Subvektoren zugeordnet

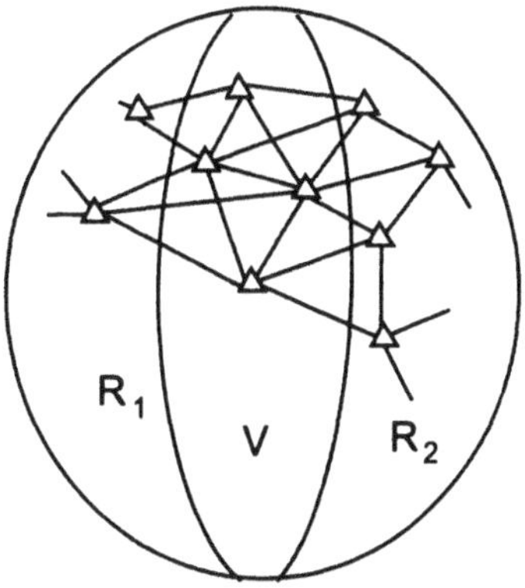

Abb. 6.2: Gruppenbildung

und zwar so, dass der Subvektor $\boldsymbol{x}_1$ die Koordinaten der in R_1 liegenden und der Subvektor $\boldsymbol{x}_2$ die Koordinaten der in R_2 liegenden Punkte enthält. Die Koordinaten der in V liegenden Verknüpfungspunkte bilden den Subvektor $\boldsymbol{x}_{12}$. Die Beobachtungen werden in zwei Gruppen eingeteilt. Die erste Gruppe enthält alle Messungen zwischen Punkten in R_1 und zwischen Punkten von R_1 und V. Entsprechend wird die zweite Beobachtungsgruppe für R_2 gebildet. Beobachtungen, die ganz in V liegen, werden einer der zwei Gruppen zugeschlagen. Es entsteht dann folgendes System von Beobachtungsgleichungen, in dem die Parameter nach der Methode der kleinsten Quadrate geschätzt werden.

$$\begin{pmatrix} \boldsymbol{l}_1 \\ \boldsymbol{l}_2 \end{pmatrix} + \begin{pmatrix} \boldsymbol{v}_1 \\ \boldsymbol{v}_2 \end{pmatrix} = \begin{pmatrix} \boldsymbol{A}_{11} & \boldsymbol{0} & \boldsymbol{A}_{13} \\ \boldsymbol{0} & \boldsymbol{A}_{22} & \boldsymbol{A}_{23} \end{pmatrix} \begin{pmatrix} \boldsymbol{x}_1 \\ \boldsymbol{x}_2 \\ \boldsymbol{x}_{12} \end{pmatrix}, \begin{pmatrix} \boldsymbol{P}_1 & \boldsymbol{0} \\ \boldsymbol{0} & \boldsymbol{P}_2 \end{pmatrix},$$

Die Minimumsforderung $\boldsymbol{v}^t\boldsymbol{P}\boldsymbol{v} \Longrightarrow Min$ führt auf das Normalgleichungssystem

$$\begin{aligned} &\boldsymbol{N}_{11}\hat{\boldsymbol{x}}_1 + \boldsymbol{0} + \boldsymbol{N}_{13}\hat{\boldsymbol{x}}_{12} - \boldsymbol{A}_{11}^t\boldsymbol{P}_1\boldsymbol{l}_1 = \boldsymbol{0} \\ &\boldsymbol{0} + \boldsymbol{N}_{22}\hat{\boldsymbol{x}}_2 + \boldsymbol{N}_{23}\hat{\boldsymbol{x}}_{12} - \boldsymbol{A}_{22}^t\boldsymbol{P}_2\boldsymbol{l}_2 = \boldsymbol{0} \\ &\boldsymbol{N}_{31}\hat{\boldsymbol{x}}_1 + \boldsymbol{N}_{32}\hat{\boldsymbol{x}}_2 + \boldsymbol{N}_{33}\hat{\boldsymbol{x}}_{12} - \\ &- \quad (\boldsymbol{A}_{13}^t\boldsymbol{P}_1\boldsymbol{l}_1 + \boldsymbol{A}_{23}^t\boldsymbol{P}_2\boldsymbol{l}_2) = \boldsymbol{0} \end{aligned}$$

$$\text{mit} \quad \boldsymbol{N}_{ij} = \sum_{k=1}^{2} \boldsymbol{A}_{ki}^t\boldsymbol{P}_k\boldsymbol{A}_{kj}.$$

Für die Besetzung der NGL-Matrix erhält man unter Berücksichtigung der Symmetrie die in Abb. 6.3 dargestellte Struktur.
Wird nun die erste Gleichung von links mit $-\boldsymbol{N}_{31}\boldsymbol{N}_{22}^{-1}$ und die zweite mit $-\boldsymbol{N}_{32}\boldsymbol{N}_{22}^{-1}$ multipliziert, und werden danach die drei Gleichungen addiert, so bleibt eine Gleichung

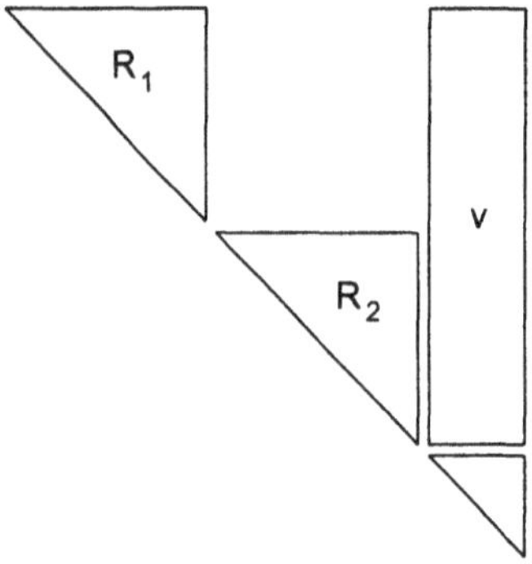

Abb. 6.3: Normalgleichungssystem bei zwei Gruppen

übrig, die nur noch die Verknüpfungsparameter enthält:

$$
\begin{aligned}
(\boldsymbol{N}_{33} - \boldsymbol{N}_{31}\boldsymbol{N}_{11}^{-1}\boldsymbol{N}_{13} - \boldsymbol{N}_{32}\boldsymbol{N}_{22}^{-1}\boldsymbol{N}_{23})\hat{\boldsymbol{x}}_{12} \\
-(\boldsymbol{A}_{13}^{t} - \boldsymbol{N}_{31}\boldsymbol{N}_{11}^{-1}\boldsymbol{A}_{11}^{t})\boldsymbol{P}_1\boldsymbol{l}_1 \\
-(\boldsymbol{A}_{23}^{t} - \boldsymbol{N}_{32}\boldsymbol{N}_{22}^{-1})\boldsymbol{P}_2\boldsymbol{l}_2 = \boldsymbol{0}.
\end{aligned}
$$

Diese Gleichung wird nun nach $\hat{\boldsymbol{x}}_{12}$ aufgelöst. Anschließend wird $\hat{\boldsymbol{x}}_{12}$ in die erste und zweite Normalgleichung eingesetzt, wonach $\hat{\boldsymbol{x}}_1$ und $\hat{\boldsymbol{x}}_2$ berechnet werden können. Die beschriebene Vorgehensweise setzt voraus, dass die Gruppenbildung so erfolgt, dass die Inversen $\boldsymbol{N}_{11}^{-1}$ und $\boldsymbol{N}_{22}^{-1}$ existieren. Beim Zusammenschluss von Landesfestpunktfeldern bilden die Beobachtungen jedes Landes eine Gruppe. Dies ermöglicht eine sinnvolle Dezentralisierung der Rechenarbeiten, da nur die Berechnung der Verknüpfungsunbekannten zentral erfolgen muss. Abbildung 6.4 zeigt die Situation bei vier Gruppen und die dabei entstehende Normalgleichungsstruktur.

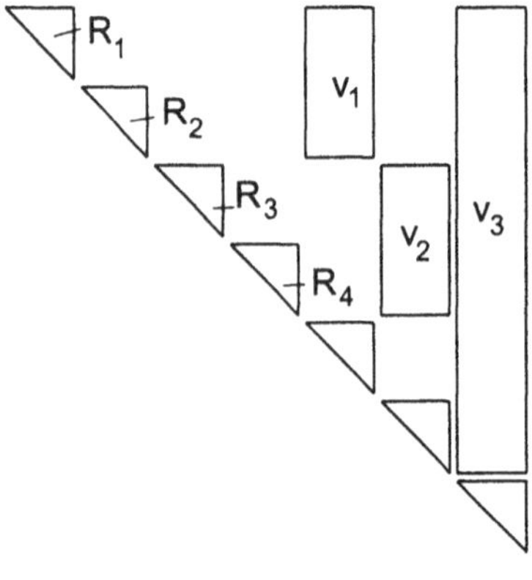

Abb. 6.4: Normalgleichungssystem bei vier Gruppen

6.4.2 Speichertechnik für schwach besetzte Matrizen

Die Inversion einer $n \times n$-Matrix erfordert etwa $n^3 + 2n^2$ Rechenoperationen. Um die dazu benötigte Rechenzeit nicht noch zusätzlich durch Lese- und Schreiboperationen zwischen Arbeits- und Massenspeicher zu belasten, wird man bestrebt sein, die gesamte Matrix im Arbeitsspeicher zu halten. Damit dies auch bei größeren Gleichungssystemen noch möglich ist, nutzt man die besonderen Eigenschaften der Normalgleichungsmatrix.

Aufgrund der Symmetrie der NGL-Matrix reicht es offensichtlich aus, die obere oder untere Dreiecksmatrix und den Absolutgliedvektor abzuspeichern. Dies geschieht jedoch in aller Regel nicht in einem Feld, sondern in einem Vektor, der dadurch entsteht, dass man immer kürzer werdende Zeilen bzw. Spalten der Dreiecksmatrix aneinanderhängt. Durch geschickte Anordnung der Rechenschritte bei der GAUSSschen Elimination gelingt die Inversion auf dem Platz, d. h. zum Schluss steht das Ergebnis dort, wo vorher die Ausgangsmatrix stand. Unbefriedigend ist bei dieser Vorgehensweise, dass sehr viele unnötige Nulloperationen durchgeführt werden. Bei großen Normalgleichungssystemen haben 90 bis 95% der Koeffizienten den Wert Null. Die Anzahl der Rechenoperationen lässt sich daher erheblich reduzieren, wenn alle Multiplikationen oder Additionen mit Null vermieden werden. Um dies zu ermöglichen und weiteren Speicherplatz einzusparen, kann man sich darauf beschränken, nur die von Null verschiedenen Elemente im Koeffizientenvektor abzuspeichern. Man benötigt dann aber einen zusätzlichen Index- oder Zeigervektor, der die Position der Nichtnullelemente in der Matrix angibt. Bei der Reduktion stellt sich heraus, dass in der Ergebnismatrix auf Positionen, bei denen in der Ausgangsmatrix der Wert Null stand und für die kein Speicherplatz vorhanden ist, Werte auftreten. Diese sogenannten fill-in werden entweder an der passenden Position im Koeffizientenvektor eingefügt, was eine Verschiebung aller folgenden Koeffizienten und Zeiger erfordert, oder sie werden an den Vektor angehängt. In beiden Fällen ist eine aufwändige weitere Verzeigerung und Indexberechnung erforderlich, die der Übersichtlichkeit dieser Methode abträglich ist. Zwei häufig eingeschlagene Mittelwege zwischen der Abspeicherung aller Elemente der Dreiecksmatrix und der Abspeicherung der Nichtnullelemente sind die Band- und die Profilspeichertechnik. Sie nutzen die Tatsache, dass ein fill-in nur an solchen Stellen im Spaltenvektor der Matrix erfolgen kann, die unterhalb des ersten Nichtnullelementes liegen.

Bei der Bandspeicherung baut man den Arbeitsvektor aus Subvektoren der Dreiecksmatrix auf, deren konstante Länge b sich aus dem am weitesten von der Diagonale entfernt liegenden Nullelement ergibt. Dabei wird inkauf genommen, dass noch eine größere Anzahl von Nulloperationen durchgeführt wird. Da aber alle auftretenden fill-ins innerhalb des Bandes liegen und alle Subvektoren gleich lang sind, vereinfachen sich Speicherorganisation und Indexberechnung erheblich. Bei großen Modellen und günstiger Anordnung der Parameter liegt b bei 0,15 bis 0,20 n. Es werden also in erheblichem Umfang Speicherplatz und Rechenoperationen eingespart.

Die Profilspeicherung ist eine Verfeinerung der Bandspeicherung, bei der die Subvektoren, aus denen der Arbeitsvektor aufgebaut wird, unterschiedliche Länge haben. Die individuellen Längen ergeben sich aus dem Abstand zwischen Diagonal- und letztem Nichtnullelement der Spaltenvektoren. Die Verzeigerung der Koeffizienten im Arbeitsvektor wird dadurch aufwändiger, aber die Behandlung der fill-in ist recht einfach, da sie nur innerhalb der gespeicherten Subvektoren auftreten. Man erkauft bei dieser Methode die Speicherplatzersparnis also durch zusätzliche Indexoperationen. Auch hier hängt der im Einzelfall benötigte Speicherplatz erheblich von der Anordnung der Elemente im Unbekanntenvektor ab.

Um bei der Band- und Profilspeicherung den erforderlichen Speicherplatzbedarf zu minimieren, sind mehrere Verfahren entwickelt worden, deren Ziel eine optimale Anordnung der Unbekannten ist. Die bekanntesten Verfahren sind der CUTHILL-MCKEE-Algorithmus und der von SNAY entwickelte *Banker Algorithmus*. Über beide gibt es umfangreiche, auch geodätische Sekundärliteratur. Für diese sei wieder auf die Dissertation von TH. SCHOLZ verwiesen, aus der auch das folgende Beispiel entnommen ist.

Die Abbildung 6.5 zeigt 10 Punkte, die durch Messungen, z.B. durch beobachtete Höhenunterschiede, in der dargestellten Weise verknüpft sind. Werden nun die Unbekannten so nummeriert, wie es in der Abbildung angegeben ist, so erhält die Normalgleichungsmatrix die nebenstehende Verteilung der Nichtnullkoeffizienten, die durch einen Punkt gekennzeichnet sind.

Man entnimmt der Skizze, dass von den $\frac{1}{2}n(n+1) = 55$ Koeffizienten 30, das sind 55%, den Wert Null haben. Bei Anwendung der Bandspeicherung erhält man $b = 9$ und kann gerade ein Nullelement einsparen, und auch der Gewinn der Profilspeicherung ist mit ersparten 9 Nullelementen sehr gering.

Wird nun der Banker-Algorithmus zur Bestimmung einer günstigen Punktnummerierung eingesetzt, so ändert sich die Situation erheblich. Nach mehreren Iterationsschritten erhält man die in der Abbildung 6.6 gezeigte optimierte Nummerierung und Speicherplatzbelegung. Der Banker-Algorithmus ist ein Näherungsverfahren, das nicht sicher zum Optimum führt. Bei dem Beispiel erhält man in Abhängigkeit von der Anfangsnummerierung unterschiedliche Ergebnisse, die jedoch im Sinne der Zielsetzung gleichwertig sind.

Obwohl die Anzahl der Nullelemente durch den Sortiervorgang nicht geändert wird, reicht nun eine Bandbreite $b = 5$, d. h. Speicher und Rechenoperationen werden von 15 Nullen entlastet. Bei Profilspeicherung ist der Gewinn noch erheblich größer. Es müssen nur zwei Nullen mitgespeichert werden, die auf Positionen stehen, die für fill-ins ohnehin benötigt werden.

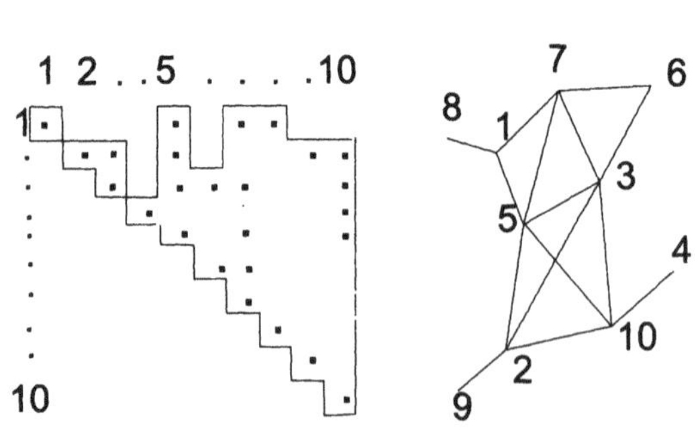

Abb. 6.5: Speicherbelegung ohne Optimierung

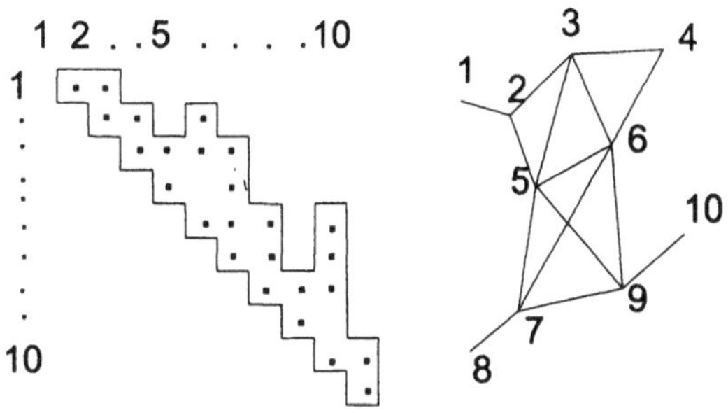

Abb. 6.6: Speicherbelegung mit Optimierung

So überzeugend der Gewinn an Speicherplatz durch Optimierung der Parameteranordnung auch erscheint, es darf nicht übersehen werden, dass er durch erheblichen zusätzlichen Rechenaufwand erkauft wird.

Die zu beobachtende gewaltige Leistungssteigerung bei modernen Rechnern, die von Jahr zu Jahr höhere Taktraten und größere Arbeitsspeicher besitzen, lässt erwarten, dass die vorstehend beschriebenen Techniken rasch an Bedeutung verlieren werden.

7 Verteilung der Schätzergebnisse

Im Anschluss an die Parameterschätzung sollen oft Wahrscheinlichkeitsaussagen gemacht und Prognosen gestellt werden. Dazu benötigt man die statistische Verteilung der geschätzten Größen. Wir wollen zunächst die für diesen Bereich wichtigen Verteilungen zusammenstellen, danach die Verteilung der Schätzergebnisse ableiten und auf ihrer Grundlage Vertrauensintervalle und -gebiete ermitteln.

7.1 Grundlegende Verteilungen

Da bei der Messdatenauswertung stets angenommen werden kann, dass die Beobachtungen normalverteilt sind oder zumindest eine zum Erwartungswert symmetrische gerade Dichte besitzen, können wir uns auf die mit der Normalverteilung zusammenhängenden Verteilungen beschränken. Diese werden in den folgenden Abschnitten dargestellt und erläutert. Für mathematische Ableitungen wird auf die einschlägigen statistischen Lehrbücher verwiesen.

7.1.1 Die Normalverteilung

Die für Messabweichungen grundlegende Normalverteilung wird in Abschnitt 2.1.4 ausführlich behandelt. Wir beschränken uns daher auf eine kurze Formelzusammenstellung, auf die im Folgenden häufig zurückgegriffen wird.

Ein Zufallsvektor $\boldsymbol{X} = (X_1 \;\; X_2 \;\; ... \;\; X_n)^t$ besitzt eine Normalverteilung mit $E(\boldsymbol{X}) = \boldsymbol{\xi}$ und $\text{Var}\,(\boldsymbol{X}) = \boldsymbol{\Sigma}$, wenn seine Dichte die Form

$$\varphi(\boldsymbol{x}) = \frac{\sqrt{\det \boldsymbol{\Sigma}^{-1}}}{\sqrt{2\pi}^{\,n}} \exp\{-\frac{1}{2}(\boldsymbol{x}-\boldsymbol{\xi})^t \boldsymbol{\Sigma}^{-1}(\boldsymbol{x}-\boldsymbol{\xi})\}$$

hat. Wir schreiben dann $\boldsymbol{X} \sim N(\boldsymbol{\xi}, \boldsymbol{\Sigma})$. Für eine skalare Zufallsvariable X mit $E(X) = \xi$, $Var(X) = \sigma^2$, d. h. für $X \sim N(\xi, \sigma^2)$, folgt daraus die Dichte

$$\varphi(x) = \frac{1}{\sigma\sqrt{2\pi}} \exp\{-\frac{(x-\xi)^2}{2\sigma^2}\} \,.$$

Schließlich gilt für die normierte Zufallsvariable $U = (X - \xi)/\sigma$ mit $E(U) = 0$, $\text{Var}\,(U) = 1$, d. h. für $U \sim N(0,1)$, die Dichte

$$\varphi(u) = \frac{1}{\sqrt{2\pi}} \exp\{-\frac{u^2}{2}\} \,.$$

Die Abbildung 2.5 zeigt die Wahrscheinlichkeitsdichtefunktion der Normalverteilung.

7.1.2 Die χ^2-Verteilung (Chiquadrat-Verteilung)

Seien $U_1, U_2, \ldots, U_n$ normierte unabhängig normalverteilte Zufallsvariable mit $U_i \sim N(0,1)\,\forall i$, dann besitzt die Summe der Quadrate $Q = U_1^2 + U_2^2 + \ldots + U_n^2$ eine zentrale χ^2-Verteilung mit n Freiheitsgraden, wofür kurz $Q \sim \chi^2(n)$ oder $Q \sim \chi_n^2$ geschrieben wird. Werden die Zufallsvariablen U_i als Komponenten eines Vektors $\boldsymbol{U} = (U_1 \;\; U_2 \;\; \ldots \;\; U_n)^t$, mit $\boldsymbol{U} \sim N(\boldsymbol{0}, \boldsymbol{I})$ aufgefasst, so erkennt man, dass $Q = \boldsymbol{U}^t\boldsymbol{U} = \boldsymbol{U}^t\boldsymbol{I}\boldsymbol{U}$ eine quadratische Form ist.

Die χ^2-Verteilung hat die Dichte

$$f(q) = k(n)q^{(n-2)/2}\exp\{-q/2\}, \quad q \geq 0 \; ,$$

aus der man durch Integration folgende Verteilungsfunktion erhält.

$$F(z) = P(q \leq z) = k(n)\int_0^z q^{(n-2)/2}\exp\{-q/2\}dq$$

$$\text{mit} \qquad k(n) = (2^{n/2}\Gamma(\frac{n}{2}))^{-1} \; .$$

Die hier auftretende Γ-Funktion wurde in (2.17) eingeführt. Man erhält für

$$\begin{aligned}\Gamma(\frac{n}{2}) &= (\frac{n}{2} - 1)!, \quad \text{wenn } n = 2k \\ &= \frac{(n-2)(n-4)\ldots(n-[n-1])}{2^{(n-1)/2}}\sqrt{\pi}, \quad \text{wenn } n = 2k+1 \; .\end{aligned}$$

Die Zufallsvariable Q bzw. ihre Realisierung q besitzt den Erwartungswert

$$E(Q) = E(U_1^2 + U_2^2 + \ldots + U_n^2) = n$$

und die Varianz

$$\begin{aligned}\text{Var}\,(Q) &= E(Q^2) - E(Q)^2 \\ &= E[(U_1^2 + U_2^2 + \ldots + U_n^2)^2] - n^2 \\ &= nE(U^4) + n(n-1)E(U_i^2U_j^2) - n^2 \\ \text{Var}\,(Q) &= 3n + n(n-1) - n^2 = 2n \; .\end{aligned}$$

Die Definition der Zufallsvariablen Q führt unmittelbar auf den sogenannten Additionssatz der χ^2-Verteilung, der besagt, dass die Summe χ^2-verteilter Größen wieder χ^2-verteilt ist.

$$\begin{aligned}q_1 &= (u_1^2 + u_2^2 + \ldots + u_n^2) \sim \chi^2(f_1), \; f_1 = n \\ q_2 &= (v_1^2 + v_2^2 + \ldots + v_m^2) \sim \chi^2(f_2), \; f_2 = m \\ q \; &= q_1 + q_2 \sim \chi^2(f), \quad f = f_1 + f_2 \; .\end{aligned}$$

Die Anzahl der unabhängigen Quadrate, die zu q aufsummiert werden, ist der Freiheitsgrad f der Verteilung. Für großes $n = f$ kann aus der χ^2-verteilten Größe q mit $\sqrt{2q}$ eine

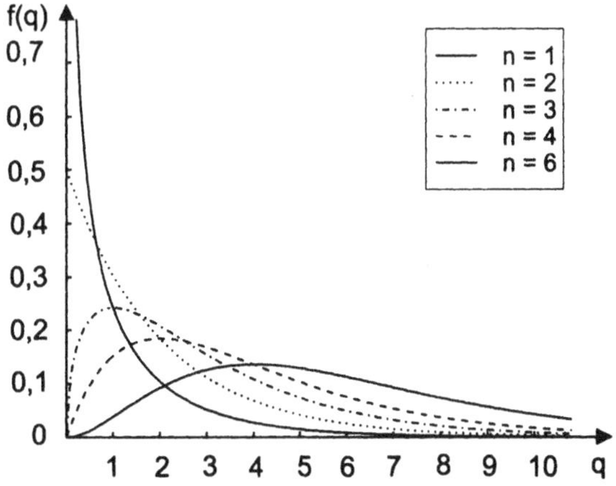

Abb. 7.1: Dichte der Chiquadrat-Verteilung

asymptotisch normalverteilte Zufallsvariable gebildet werden, die den Erwartungswert $\sqrt{2n-1}$ und die Varianz 1 besitzt.

$$F(z) \to \Phi(\sqrt{2z} - \sqrt{2n-1}) \quad \text{für } n \to \infty \ ,$$

$n = 30$ kann für diese Näherung schon als groß betrachtet werden.

Sei nun $\boldsymbol{V}$ ein Zufallsvektor mit $\boldsymbol{V} \sim N(\boldsymbol{0}, \boldsymbol{\Sigma})$. Die quadratische Form $q = \boldsymbol{v}^t \boldsymbol{A} \boldsymbol{v}$ besitzt genau dann eine χ^2-Verteilung mit $f = r(\boldsymbol{A}\,\boldsymbol{\Sigma})$ Freiheitsgraden, wenn $\boldsymbol{\Sigma A \Sigma A \Sigma} = \boldsymbol{\Sigma A \Sigma}$ gilt. Wenn $\boldsymbol{\Sigma}$ vollen Rang hat, vereinfacht sich die Bedingung zu $\boldsymbol{A \Sigma A} = \boldsymbol{A}$.

Abbildung 7.1 zeigt den Verlauf der Dichte der zentralen χ^2-Verteilung für einige Freiheitsgrade.

Besitzen die unabhängig normalverteilten Zufallsvariablen U_i von Null verschiedene Erwartungswerte, $U_i \sim N(\mu_i, 1)$, so geht die Verteilung der Variablen $Q = U_1^2 + U_2^2 + \ldots + U_n^2$ bzw. der Stichprobenfunktion $q = \boldsymbol{u}^t \boldsymbol{u}$ mit $\boldsymbol{u} \sim N(\boldsymbol{\mu}, \boldsymbol{I})$ in die nichtzentrale χ^2-Verteilung über, und man schreibt $Q \sim \chi^2(n; \lambda)$. Hierbei ist $\lambda = \boldsymbol{\mu}^t \boldsymbol{\mu} = \mu_1^2 + \mu_2^2 + \ldots + \mu_n^2$ der Nichtzentralitätsparameter. Die nichtzentral χ^2-verteilte Zufallsvariable besitzt den Erwartungswert

$$E(Q) = n + \boldsymbol{\mu}^t \boldsymbol{\mu} = n + \lambda$$

und die Varianz

$$\text{Var}\,(Q) = 2n + 4\boldsymbol{\mu}^t \boldsymbol{\mu} = 2(n + 2\lambda) \ .$$

7.1.3 Die t-Verteilung (Student-Verteilung)

Seien U und Q zwei unabhängige Zufallsvariable mit $U \sim N(0, 1)$ und $Q \sim \chi^2(f)$. Die Variable

$$T = U/\sqrt{Q/f} \tag{7.1}$$

ist dann ebenfalls Zufallsvariable und besitzt eine t-Verteilung mit f Freiheitsgraden. Abgekürzt wird dies durch $T \sim t_f$ bzw. $T \sim t(f)$ bezeichnet.

Die Dichte der t-Verteilung lautet

$$\psi(t) = C(f)(1 + t^2/f)^{-(f+1)/2} ,$$

aus der durch Integration die Verteilungsfunktion folgt

$$\Psi(z) = P(t \leq z) = C(f) \int_{-\infty}^{z} (1 + t^2/f)^{-(f+1)/2} dt$$

$$C(n) = \Gamma\frac{n+1}{2}/\Gamma(\frac{n}{2})\sqrt{n\pi} .$$

Für den Erwartungswert einer t-verteilten Variablen mit f Freiheitsgraden erhält man

$$E(T) = 0 \quad \text{für} \quad f > 1,$$

$$\text{unbestimmt für} \quad f = 1 .$$

Für die Varianz gilt

$$\text{Var}\,(T) = \frac{f}{f-2} \quad \text{für} \quad f > 2,$$

$$\text{unbestimmt für} \quad f = 1, \ f = 2 .$$

Mit wachsendem f strebt die Verteilungsfunktion $\Psi(t)$ gegen die normierte Normalverteilungsfunktion $\Phi(u)$. Für $f = 1$ ist $\psi(t)$ die Dichte der CAUCHY-Verteilung, die keinen Mittelwert besitzt. Die Abbildung 7.2 zeigt die Dichte von t-verteilten Zufallsvariablen für einige Freiheitsgrade f.

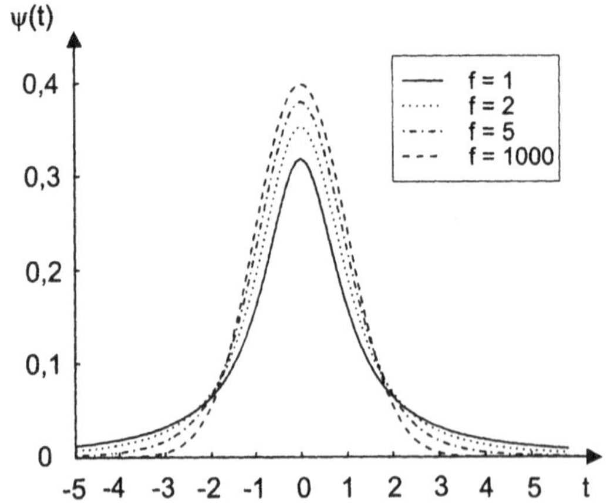

Abb. 7.2: Dichte der Student-Verteilung

7.1.4 Die F-Verteilung (FISHER-Verteilung)

Seien Q_1 und Q_2 zwei unabhängige zentral χ^2-verteilte Zufallsvariablen mit den Freiheitsgraden f_1 und f_2. Die Zufallsvariable

$$R = \frac{Q_1/f_1}{Q_2/f_2}$$

besitzt eine zentrale F-Verteilung mit f_1, f_2 Freiheitsgraden. Wir kennzeichnen diese Eigenschaft auch durch $R \sim F_{f_1,f_2}$ bzw. $R \sim F(f_1, f_2)$. Die Dichte der F-Verteilung lautet

$$f(x) = C(f_1, f_2)x^{(f_1-2)/2}/(f_1x + f_2)^{(f_1+f_2)/2} .$$

Für die Verteilungsfunktion erhält man

$$F(z) = 0 \quad \text{für} \quad z < 0,$$
$$F(z) = C(f_1, f_2) \int_0^z x^{(f_1-2)/2}/(f_1x + f_2)^{(f_1+f_2)/2}dx$$
$$C(f_1, f_2) = \Gamma(\frac{f_1+f_2}{2})f_1^{f_1/2}f_2^{f_2/2}/\Gamma(\frac{f_1}{2})\Gamma(\frac{f_2}{2}).$$

Eine zentral $F(f_1, f_2)$-verteilte Zufallsvariable R besitzt den Erwartungswert

$$E(R) = f_2/(f_2 - 2) \quad \text{für} \quad f_2 > 2$$

und die Varianz

$$\operatorname{Var}(R) = \frac{2f_2^2(f_1 + f_2 - 2)}{f_1(f_2 - 2)^2(f_2 - 4)} \quad \text{für} \quad f_2 > 4 .$$

Die Abbildung 7.3 zeigt die Dichte der zentralen F-Verteilung für ausgewählte Freiheitsgrade f_1, f_2.

Die F-Verteilung besitzt eine wichtige Symmetrieeigenschaft.

Wenn mit $F_\alpha(f_1, f_2)$ die Integrationsgrenze für

$$P(R \le F_\alpha(f_1, f_2)) = 1 - \alpha$$

bezeichnet wird, so gilt

$$P(R \ge F_{1-\alpha}(f_2, f_1)) = 1 - \alpha.$$

Man erhält daraus die Beziehung

$$F_\alpha(f_1, f_2) = 1/F_{1-\alpha}(f_2, f_1) . \tag{7.2}$$

Besitzt Q_1 eine nichtzentrale χ^2-Verteilung, so geht die F-Verteilung in die nichtzentrale F-Verteilung über. Für $Q_1 \sim \chi^2(f_1; \lambda)$ und $Q_2 \sim \chi^2(f_2)$ folgt in diesem Fall

$$R = \frac{Q_1/f_1}{Q_2/f_2} \sim F(f_1, f_2; \lambda) .$$

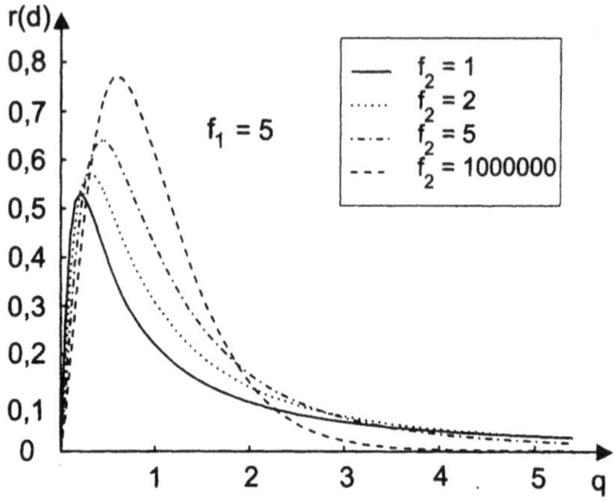

Abb. 7.3: Dichte der FISHER-Verteilung

7.1.5 Testverteilungen

Die drei in den Abschnitten 7.1.2 bis 7.1.4 eingeführten Verteilungen werden in der Statistik als Test- oder Prüfverteilungen bezeichnet, da sie eine wichtige Rolle bei den in Kapitel 8 behandelten Hypothesentests spielen. Sie stehen untereinander und mit der Normalverteilung in engem Zusammenhang. Im Einzelnen gelten, von der FISHER-Verteilung $F(f_1, f_2)$ ausgehend, folgende Beziehungen:

$$\begin{array}{llll} f_1 = 1,\ f_2 = f & \Longrightarrow F \Longrightarrow t^2(f) & \Longrightarrow & \sqrt{F(1,f)} = t(f) \\ f_1 = f,\ f_2 = \infty & \Longrightarrow F \Longrightarrow \chi^2(f)/f & \Longrightarrow & fF(f,\infty) = \chi^2(f) \\ f_1 = \infty,\ f_2 = f & \Longrightarrow F \Longrightarrow f/\chi^2(f) & \Longrightarrow & f/F(\infty,f) = \chi^2(f) \end{array}$$

7.2 Schätzergebnisse

Bei der Ableitung der statistischen Eigenschaften der Schätzergebnisse wird vorausgesetzt, dass das verwendete mathematische Modell die Realität richtig und vollständig beschreibt. Dies heißt insbesondere, dass keine unmodellierten systematischen Fehler vorhanden sind, dass die Messabweichungen zufällig, erwartungswertfrei und unkorreliert sind, und dass die a priori Varianzen realistisch geschätzt wurden. Große Abweichungen von diesen Annahmen können durch statistische Tests, die in Kapitel 8 behandelt werden, aufgedeckt werden und führen zu einer Wiederholung der Schätzung in einem verbesserten Modell. Es soll daher für die folgenden Ableitungen angenommen werden, dass allenfalls kleine Modellabweichungen vorhanden sind, die wegen der ohnehin statistischen Betrachtungsweise hingenommen werden können.

7.2.1 Verteilung der geschätzten Lageparameter

Der unter den Modellannahmen

$$\boldsymbol{l} = \boldsymbol{A}\boldsymbol{x} + \boldsymbol{\varepsilon}, \quad E(\boldsymbol{\varepsilon}) = \boldsymbol{0}, \quad E(\boldsymbol{\varepsilon}\boldsymbol{\varepsilon}^t) = \boldsymbol{\Sigma} = \sigma_0^2\boldsymbol{Q}$$

geschätzte Parametervektor

$$\hat{\boldsymbol{x}} = (\boldsymbol{A}^t\boldsymbol{P}\boldsymbol{A})^{-1}\boldsymbol{A}^t\boldsymbol{P}\boldsymbol{l} \quad \text{mit} \quad \boldsymbol{P} = \boldsymbol{Q}^{-1} \tag{7.3}$$

ist offensichtlich eine lineare Transformation des Beobachtungsvektors mit der Matrix $\boldsymbol{B} = (\boldsymbol{A}^t\boldsymbol{P}\boldsymbol{A})^{-1}\boldsymbol{A}^t\boldsymbol{P}$. Wenn die Beobachtungen l_i normalverteilt sind, so folgt nach Abschnitt 2.1.4 für die Komponenten von $\hat{\boldsymbol{x}}$ ebenfalls eine Normalverteilung. Besitzen die Beobachtungen eine andere Verteilung, die gewisse schwache Voraussetzungen erfüllt, und enthalten die Zeilen von $\boldsymbol{B}$ in ausreichender Zahl von Null verschiedene Komponenten, so ist $\hat{\boldsymbol{x}}$ nach dem Zentralen Grenzwertsatz (s. Abschnitt 2.1.4) normalverteilt. Daraus folgt, dass die Normalverteilungsannahme für die geschätzten Lageparameter praktisch stets gerechtfertigt ist. Aus (7.3) folgt für den Erwartungswert

$$E(\hat{\boldsymbol{x}}) = \boldsymbol{B}E(\boldsymbol{l}) = \boldsymbol{B}\boldsymbol{A}\boldsymbol{x} = \boldsymbol{x}$$

und für die Kofaktorenmatrix

$$\boldsymbol{Q}_{\hat{x}} = \boldsymbol{B}\boldsymbol{Q}\boldsymbol{B}^t = (\boldsymbol{A}^t\boldsymbol{P}\boldsymbol{A})^{-1} = \boldsymbol{N}^{-1} \ .$$

Für die VKM erhält man $\boldsymbol{\Sigma}_{\hat{x}} = \sigma_0^2\boldsymbol{Q}_{\hat{x}}$ mit dem a priori angesetzten Varianzfaktor σ_0^2 oder die Schätzung $\boldsymbol{S}_{\hat{x}} = s_0^2\boldsymbol{Q}_{\hat{x}}$ mit dem a posteriori Wert s_0^2. Die Verteilung von $\hat{\boldsymbol{x}}$ lautet damit

$$\hat{\boldsymbol{x}} \sim N(\boldsymbol{x}, \boldsymbol{\Sigma}_{\hat{x}}) \ .$$

Betrachtet man nun beliebige lineare Funktionen von $\hat{\boldsymbol{x}}$, so übertragen sich die oben ausgeführten Eigenschaften unmittelbar und man erhält für

$$\begin{array}{lll}
\text{lineare Funktionen} & \hat{\boldsymbol{y}} = \boldsymbol{G}\hat{\boldsymbol{x}} \Longrightarrow & \hat{\boldsymbol{y}} \sim N(\boldsymbol{G}\boldsymbol{x}, \boldsymbol{G}\boldsymbol{\Sigma}_{\hat{x}}\boldsymbol{G}^t), \\
\text{ausgegl. Beobachtungen} & \hat{\boldsymbol{l}} = \boldsymbol{A}\hat{\boldsymbol{x}} \Longrightarrow & \hat{\boldsymbol{l}} \sim N(\boldsymbol{A}\boldsymbol{x}, \boldsymbol{A}\boldsymbol{\Sigma}_{\hat{x}}\boldsymbol{A}^t), \\
\text{Verbesserungen} & \boldsymbol{v} = \hat{\boldsymbol{l}} - \boldsymbol{l} \Longrightarrow & \boldsymbol{v} \sim N(\boldsymbol{0}, \sigma_0^2\boldsymbol{Q}_v), \text{ mit} \\
 & & \quad \boldsymbol{Q}_v = \boldsymbol{Q} - \boldsymbol{A}\boldsymbol{N}^{-1}\boldsymbol{A}^t \ .
\end{array}$$

Ferner entnehmen wir der Tabelle 4.2 der Varianzschätzungen, dass die Kovarianzen der Verbesserungen mit den anderen Schätzern verschwinden.

$$\text{Kov}(\boldsymbol{v}, \hat{\boldsymbol{x}}) = \boldsymbol{0}, \quad \text{Kov}(\boldsymbol{v}, \hat{\boldsymbol{l}}) = \boldsymbol{0}, \quad \text{Kov}(\boldsymbol{v}, \hat{\boldsymbol{y}}) = \boldsymbol{0} | E(\hat{\boldsymbol{y}}) \neq \boldsymbol{0} \ . \tag{7.4}$$

Wenn die Parameterschätzung in einer freien Ausgleichung datumabhängig erfolgt, so haben die Matrizen $\boldsymbol{A}$ und $\boldsymbol{N} = \boldsymbol{A}^t\boldsymbol{P}\boldsymbol{A}$ den Rangdefekt $d = u - \text{r}(\boldsymbol{A})$. Nach Abschnitt 4.2.5 gilt dann in Abhängigkeit von den gewählten Datumbedingungen

$$\begin{aligned}
\hat{\boldsymbol{x}} &= \boldsymbol{Q}_{11}\boldsymbol{A}^t\boldsymbol{P}\boldsymbol{l} + \boldsymbol{Q}_{12}\boldsymbol{g} \quad \text{unter} \quad \boldsymbol{R}^t\boldsymbol{x} = \boldsymbol{g} \\
\boldsymbol{Q}_{11} &= (\boldsymbol{N} + \boldsymbol{R}\boldsymbol{R}^t)^{-1}\boldsymbol{N}(\boldsymbol{N} + \boldsymbol{R}\boldsymbol{R}^t)^{-1} \\
\boldsymbol{Q}_{12} &= (\boldsymbol{N} + \boldsymbol{R}\boldsymbol{R}^t)^{-1}\boldsymbol{R} \ .
\end{aligned}$$

Wir entnehmen dort ferner $\boldsymbol{Q}_{\hat{x}} = \boldsymbol{Q}_{11}$ sowie $\boldsymbol{Q}_{\hat{l}} = \boldsymbol{A}\boldsymbol{Q}_{11}\boldsymbol{A}^t$ und $\boldsymbol{Q}_v = \boldsymbol{Q} - \boldsymbol{A}\boldsymbol{Q}_{11}\boldsymbol{A}^t$. Bei der Varianzschätzung tritt also die Matrix $\boldsymbol{Q}_{11}$ an die Stelle von $\boldsymbol{N}^{-1}$. Da offensichtlich $\text{r}(\boldsymbol{Q}_{11}) = \text{r}(\boldsymbol{N}) = u - d$ gilt, wird die VKM der Parameter singulär, was vorher nur für

$\boldsymbol{Q}_{\hat{l}}$ und $\boldsymbol{Q}_v$ galt. Der Erwartungswert von $\hat{\boldsymbol{x}}$ und seine VKM hängen von den gewählten Restriktionen ab

$$E(\hat{\boldsymbol{x}}) = \boldsymbol{Q}_{11}\boldsymbol{A}^t\boldsymbol{P}\boldsymbol{A}\boldsymbol{x} + \boldsymbol{Q}_{12}\boldsymbol{g} = \boldsymbol{Q}_{11}\boldsymbol{N}\boldsymbol{x} + \boldsymbol{Q}_{12}\boldsymbol{g} \ ,$$

während die Größen für $\hat{\boldsymbol{l}}$ und $\boldsymbol{v}$ davon nicht beeinflusst sind, da sie im Sinne von Abschnitt 4.2.6 datuminvariante Funktionen darstellen. Die Annahme der Normalverteilung gilt auch bei datumabhängigen Schätzungen. Man bezeichnet die Normalverteilung als singulär, wenn die VKM einen Rangdefekt besitzt. Dieser hat bei $\boldsymbol{Q}_{\hat{x}}$ die Größe $d = u - \mathrm{r}(\boldsymbol{A})$, bei $\boldsymbol{Q}_{\hat{l}}$ beträgt er $n - \mathrm{r}(\boldsymbol{A})$, während $\boldsymbol{Q}_v$ den Defekt $\mathrm{r}(\boldsymbol{A})$ besitzt.

7.2.2 Verteilung der geschätzten Streuungsparameter

Unter den im vorigen Abschnitt definierten Annahmen wurde die Verteilung des Verbesserungsvektors abgeleitet zu

$$\boldsymbol{v} \sim N(\boldsymbol{0}, \sigma_0^2\boldsymbol{Q}_v); \quad \boldsymbol{Q}_v = \boldsymbol{Q} - \boldsymbol{A}\boldsymbol{Q}_{\hat{x}}\boldsymbol{A}^t.$$

Hier wollen wir zunächst die Verteilung der quadratischen Form $q = \boldsymbol{v}^t\boldsymbol{P}\boldsymbol{v}$ untersuchen. Nach Abschnitt 7.1.2 besitzt q genau dann eine χ^2-Verteilung, wenn $\boldsymbol{\Sigma}_v\boldsymbol{P}\boldsymbol{\Sigma}_v\boldsymbol{P}\boldsymbol{\Sigma}_v = \boldsymbol{\Sigma}_v\boldsymbol{P}\boldsymbol{\Sigma}_v$ gilt.

Nun erhält man $\boldsymbol{\Sigma}_v\boldsymbol{P} = \sigma_0^2(\boldsymbol{I} - \boldsymbol{A}\boldsymbol{Q}_{\hat{x}}\boldsymbol{A}^t\boldsymbol{P})$ und
$\boldsymbol{\Sigma}_v\mathbf{P}\boldsymbol{\Sigma}_v = \sigma_0^4(\mathbf{Q} - \mathbf{A}\mathbf{Q}_{\hat{x}}\mathbf{A}^t) = \sigma_0^2\boldsymbol{\Sigma}_v$ sowie $\boldsymbol{\Sigma}_v\boldsymbol{P}\boldsymbol{\Sigma}_v\boldsymbol{P}\boldsymbol{\Sigma}_v = \sigma_0^6(\boldsymbol{Q} - \boldsymbol{A}\boldsymbol{Q}_{\hat{x}}\boldsymbol{A}^t)$.

Wir lesen ab, dass zwar nicht q aber $q/\sigma_0^2 = \boldsymbol{v}^t\boldsymbol{P}\boldsymbol{v}/\sigma_0^2$ eine χ^2-Verteilung besitzt. Der Freiheitsgrad dieser Verteilung ist gleich dem Rang von $\boldsymbol{\Sigma}_v\boldsymbol{P}/\sigma_0^2 = \boldsymbol{I} - \boldsymbol{P}\boldsymbol{A}\boldsymbol{Q}_{\hat{x}}\boldsymbol{A}^t$. Da diese Matrix idempotent ist, wie man durch Ausmultiplizieren leicht zeigt, stimmen Rang und Spur überein. Daraus folgt $f = n - \mathrm{r}(\boldsymbol{A})$. Wir fassen zusammen

$$\boldsymbol{v}^t\boldsymbol{P}\boldsymbol{v}/\sigma_0^2 \sim \chi^2(f), \quad f = n - \mathrm{r}(\boldsymbol{A}) = n - u + d. \tag{7.5}$$

Aus Abschnitt 7.1.2 folgen Erwartungswert und Varianz der quadratischen Form

$$\begin{aligned} E(\boldsymbol{v}^t\boldsymbol{P}\boldsymbol{v})/\sigma_0^2 = f &\implies E(\boldsymbol{v}^t\boldsymbol{P}\boldsymbol{v}) = \sigma_0^2 f \\ \mathrm{Var}\,(\boldsymbol{v}^t\boldsymbol{P}\boldsymbol{v}/\sigma_0^2) = 2f &\implies \mathrm{Var}\,(\boldsymbol{v}^t\boldsymbol{P}\boldsymbol{v}) = 2\sigma_0^4 f \ . \end{aligned}$$

In Abschnitt 4.2.4 wurde gezeigt, dass für normalverteilte Beobachtungen $s_0^2 = \boldsymbol{v}^t\boldsymbol{P}\boldsymbol{v}/f$ der Maximum-Likelihood-Schätzer für σ_0^2 ist. Hier sehen wir noch einmal, dass er die Eigenschaft der Erwartungstreue besitzt. Ferner liest man ab, dass s_0^2 wegen

$$s_0^2 = \frac{\boldsymbol{v}^t\boldsymbol{P}\boldsymbol{v}}{f} \sim \frac{\sigma_0^2}{f}\chi^2(f) \tag{7.6}$$

proportional zu $\chi^2(f)$ verteilt ist.

7.3 Intervallschätzungen

Die bisher betrachteten Schätzverfahren werden in der Statistik als Punktschätzung bezeichnet. Sie definieren einen Punkt auf der Zahlengeraden oder im Raum, der unter den gewählten Schätzkriterien das günstigste Ergebnis repräsentiert. Für manche Problemstellungen ist es jedoch zweckmäßiger, ein Intervall zu bestimmen, in dem mit einer gewählten Wahrscheinlichkeit der unbekannte wahre Wert liegt bzw. ein bestimmter Prozentsatz der Beobachtungen zu erwarten ist. Man spricht dann von Intervall- oder Bereichsschätzungen. Sie treten in unterschiedlichen Varianten auf.

a) Aus einer vorgelegten Stichprobe soll ein Intervall bestimmt werden, in dem im Mittel der gesuchte unbekannte Parameter ξ mit der Wahrscheinlichkeit W liegt. Man führt zunächst eine Punktschätzung $\hat{x}$ für den Parameter durch und berechnet dann davon ausgehend die Intervallgrenzen. Das Ergebnis ist das *Vertrauensintervall* (Konfidenzintervall) bzw. der Vertrauensbereich

$$P(\hat{x} - g_u \leq \xi \leq \hat{x} + g_o) = W \; .$$

b) Es soll ein Intervall bestimmt werden, in dem bei bekanntem Parameter ξ der Grundgesamtheit im Mittel die Realisierungen $\hat{x}$ mit der Wahrscheinlichkeit W zu erwarten sind. Man berechnet aus den bekannten Parametern zunächst das Intervall und überprüft dann, ob der Stichprobenwert in dem Intervall liegt. Diese Betrachtungsweise tritt in ähnlicher Form im Kapitel 8 bei den statistischen Tests auf. Man spricht hier von *Toleranzintervall* bzw. Toleranzbereich

$$P(\xi - h_u \leq \hat{x} \leq \xi + h_o) = W \; .$$

7.3.1 Die Ungleichung von TSCHEBYSCHEFF

Seien X eine Zufallsvariable mit beliebiger, unbekannter Verteilung und c eine reelle Konstante. Unter der Voraussetzung $E\{(X-c)^2\} < \infty$ gilt dann folgende Ungleichung

$$P(|x - c| \geq \delta) \leq \frac{1}{\delta^2} E\{(X-c)^2\} \quad \forall \delta > 0 \; . \tag{7.7}$$

Wir wollen zunächst die Ungleichung beweisen und sie danach zur Konstruktion von Vertrauens- und Toleranzbereichen anwenden. Dazu sei angenommen, dass X stetig verteilt ist. Für diskrete Verteilungen ist der Beweis ähnlich.

$$|x - c| \geq \delta \Rightarrow -\delta \geq x - c \geq \delta \Rightarrow c - \delta \geq x \geq c + \delta \; .$$

Daraus folgt für die Wahrscheinlichkeit

$$P(|x - c| \geq \delta) = \int\limits_{|x-c|\geq\delta} f(x)\,dx = \int\limits_{-\infty}^{c-\delta} f(x)\,dx + \int\limits_{c+\delta}^{\infty} f(x)\,dx \leq 1 \; .$$

Außerdem gilt

$$|x - c| \geq \delta \Rightarrow (x-c)^2 \geq \delta^2 \Rightarrow \frac{(x-c)^2}{\delta^2} \geq 1 \; .$$

Die nachfolgenden Integrale und die Definitionen des Erwartungswertes

$$1 = \int_{-\infty}^{\infty} f(x)\,dx \le \int_{-\infty}^{\infty} \frac{(x-c)^2}{\delta^2} f(x)\,dx = \frac{1}{\delta^2} \int_{-\infty}^{\infty} (x-c)^2 f(x)\,dx = \frac{1}{\delta^2} E\{(X-c)^2\}$$

liefern die Beziehung

$$P(|X-c| \ge \delta) \le 1 \le \frac{1}{\delta^2} E\{(X-c)^2\}\ .$$

Die Zusammenfassung der Teilergebnisse beweist die Richtigkeit der TSCHEBYSCHEFF-schen Ungleichung (7.7). Für die Anwendung sei nun $c = E(X) = \xi$ gesetzt. Damit erhält man

$$E\{(X-c)^2\} = E\{(X-E(X))^2\} = \mathrm{Var}\,(X) = \sigma^2$$

und nach Einsetzen in die Ungleichung

$$(P(|X-\xi| \ge \delta) \le \frac{1}{\delta^2}\sigma^2\ .$$

Wählt man nun $\delta = k\sigma$, so folgt

$$P(|X-\xi| \ge k\sigma) \le \frac{1}{k^2}\ ,$$

und schließlich das Vertrauensintervall

$$P(x - k\sigma \le \xi \le x + k\sigma) \ge 1 - \frac{1}{k^2} \tag{7.8}$$

sowie das Toleranzintervall

$$P(\xi - k\sigma \le x \le \xi + k\sigma) \ge 1 - \frac{1}{k^2}.$$

Das Besondere an dieser Ungleichung ist, dass die Verteilung nicht bekannt sein muss, d. h. dass sie für alle Verteilungen gilt. Für praktische Anwendungen wird σ benötigt, das in der Regel durch die Schätzung s ersetzt werden muss.

7.3.2 Vertrauensbereiche für Lageparameter

In Abschnitt 7.2.1 wurde gezeigt, dass man praktisch stets annehmen darf, dass die geschätzten Lageparameter einer Normalverteilung folgen. Es sind allerdings zwei Fälle zu unterscheiden, nämlich der hauptsächlich für die Messplanung interessierende Fall, bei dem die Varianz der Grundgesamtheit als bekannt angenommen wird und der für die Beurteilung der Ergebnisse wichtige Fall, bei dem die empirische Varianz benutzt wird.

a) Vertrauensbereich bei bekannter Varianz σ^2

Sei $X \sim N(\xi, \sigma^2)$ eine normalverteilte Zufallsvariable mit $E(X) = \xi$ und $\mathrm{Var}(X) = \sigma^2$. Durch Normierung (Standardisierung) folgt daraus die Zufallsvariable $U = (X - \xi)/\sigma$ mit $E(U) = 0$, $\mathrm{Var}(U) = 1$; $U \sim N(0,1)$, für die folgende Wahrscheinlichkeit W angegeben werden kann:

$$P(-u_{\alpha/2} \leq u \leq +u_{\alpha/2}) = W = 1 - \alpha = \int_{-u_{\alpha/2}}^{+u_{\alpha/2}} \varphi(t)\,dt = 2\int_{0}^{u_{\alpha/2}} \varphi(t)\,dt.$$

Die Intervallgrenzen $\pm u_{\alpha/2}$ liegen symmetrisch zum Erwartungswert. Sie können Tafeln oder Graphiken der Standardnormalverteilung entnommen werden. Für die ursprüngliche Zufallsvariable X folgt aus

$$P(-u_{\alpha/2} \leq \frac{x - \xi}{\sigma} \leq u_{\alpha/2}) = 1 - \alpha$$

das Vertrauensintervall für ξ mit den Vertrauensgrenzen $x \pm u_{\alpha/2}$

$$P(x - u_{\alpha/2}\sigma \leq \xi \leq x + u_{\alpha/2}\sigma) = 1 - \alpha\ . \tag{7.9}$$

Einige Werte für $u_{\alpha/2}$ sind in folgender Tabelle zusammengestellt. Eine Graphik ist im Anhang gegeben.

$\alpha\,[\%]$	31,73	10	5	4,55	1	0,27	0,1
$u_{\alpha/2}$	1	1,64	1,96	2	2,58	3	3,29

Tab. 7.1: Fraktile der Standardnormalverteilung

b) Vertrauensbereich bei empirischer Varianz s^2

Sei $X \sim N(\xi, \sigma^2)$ eine normalverteilte Zufallsvariable mit $E(X) = \xi$ und $\mathrm{Var}(X) = \sigma^2$. Für die unbekannte Varianz σ^2 steht die Schätzung s^2 zur Verfügung. Die Schätzung $\hat{x}$ für ξ hat das Gewicht $p_x = \sigma_0^2/\sigma_x^2$. Ferner gilt $s_x = s_0/\sqrt{p_x} = s_0\sigma_x/\sigma_0$. Der studentisierte Schätzfehler

$$w = (\hat{x} - \xi)/s_x = (\hat{x} - \xi)\sigma_0/s_0\sigma_x$$

ist als Quotient aus der $N(0,1)$-verteilten Größe $u = (\hat{x} - \xi)/\sigma_x$ und dem Quotienten s_0/σ_0 darstellbar. Nun ist nach (7.5) $s_0^2/\sigma_0^2 = \boldsymbol{v}^t\boldsymbol{P}\boldsymbol{v}/f\sigma_0^2 = q/f \sim \chi^2(f)/f$ proportional zu einer χ^2-verteilten Größe q mit f Freiheitsgraden. Daraus folgt

$$w = u/\sqrt{q/f}$$

bzw. für die zugehörigen Zufallsvariablen

$$W = U/\sqrt{Q/f}$$

und wir entnehmen (7.1) dass W eine t-Verteilung mit f Freiheitsgraden besitzt. Die Voraussetzung der Unabhängigkeit von Zähler und Nenner ist gegeben, da nach (7.4) die Schätzungen $\hat{x}$ und v stochastisch unabhängig sind. Auf der Grundlage dieser Verteilung kann die folgende Wahrscheinlichkeitsaussage formuliert werden:

$$P(-t_{\alpha/2} \leq \frac{\hat{x}-\xi}{s_x} \leq +t_{\alpha/2}) = 1-\alpha \ ,$$

die nach einfacher Umformung auf das Vertrauensintervall für den Erwartungswert ξ führt.

$$P(\hat{x} - t_{\alpha/2}s_x \leq \xi \leq \hat{x} + t_{\alpha/2}s_x) = 1-\alpha \ . \qquad (7.10)$$

Die Vertrauensgrenzen $\hat{x} \pm t_{\alpha/2}s_x$ hängen vom Ausfall der empirischen Standardabweichung, dem Freiheitsgrad und der gewählten Wahrscheinlichkeit $W = 1-\alpha$ ab. Die nachfolgende Tabelle gibt die *Fraktile* $t_{\alpha/2}$ für einige ausgewählte Werte für f und α an. Ausführliche Tabellen findet man in allen Statistiklehrbüchern. Eine Graphik befindet sich im Anhang.

α	$f=1$	2	3	5	10	20	50	100
10%	6,31	2,92	2,35	2,02	1,81	1,73	1,68	1,66
5%	12,71	4,30	3,18	2,57	2,23	2,09	2,01	1,98
1%	63,66	9,93	5,84	4,03	3,17	2,85	2,68	2,63
0,1%	636,6	31,60	12,92	6,87	4,59	3,85	3,50	3,39

Tab. 7.2: Fraktile der Student-Verteilung

Beispiel 19

Überprüfung eines Distanzmessers

Mit einem neuen reflektorlosen Entfernungsmesser wurden 5 Probemessungen zu demselben Ziel durchgeführt. Nach Herstellerangaben beträgt für Strecken bis 100 m die Standardabweichung einer Messung $\sigma = 10\,\text{mm}$.

Nr	$D\,[m]$	$v\,[mm]$
1	83,213	+17,4
2	83,241	−10,6
3	83,245	−14,6
4	83,228	+2,4
5	83,225	+5,4

$\hat{x} = 83,2304$ m
$s = 12,9$ mm
$s_x = 5,8$ mm
$f = 4$

Tab. 7.3: Ergebnisse Distanzmessung

A) Die statistische Verteilung der Beobachtungen ist unbekannt. Der Mittelwert hat die Standardabweichung $\sigma_{\bar{x}} = \sigma/\sqrt{5} = 4,5\,\text{mm}$. Das Vertrauensintervall wird nach (7.8) berechnet. Für $k = 2$ erhält man $P(\hat{x} - 2\sigma_{\bar{x}} \leq \xi \leq \hat{x} + 2\sigma_{\bar{x}}) \geq 1 - \frac{1}{4}$, und nach Einsetzen der Zahlen $2\sigma_{\bar{x}} = 8,9\,\text{mm}$ schließlich $P(83,2215 \leq \xi \leq 83,2393) \geq 75\%$.
Wählt man statt dessen $P = 95\%$, so folgen $1 - 1/k^2 = 0,95$, $k = 4,47$, $k\sigma_{\bar{x}} = 20,0\,\text{mm}$ und das Vertrauensintervall $P(83,2104 \leq \xi \leq 83,2504) \geq 95\%$.

B) Die Beobachtungen sind normalverteilt mit der bekannten Standardabweichung $\sigma = 10\,\text{mm}$. Daraus folgt für den Mittelwert wie unter A) $\sigma_{\bar{x}} = 4,5\,\text{mm}$, und aus (7.9) $P(\hat{x} - u_{\alpha/2}\sigma_{\bar{x}} \leq \xi \leq \hat{x} + u_{\alpha/2}\sigma_{\bar{x}}) = 1 - \alpha$. Wird nun für $u_{\alpha/2} = 2$ gesetzt, so folgt $\alpha = 4,55$ und man erhält das Intervall $P(83,2215 \leq \xi \leq 83,2393) = 95,45\%$ mit einer erheblich höheren Wahrscheinlichkeit als bei A). Wählt man statt dessen wieder $\alpha = 5\%$, so folgen $u_{\alpha/2} = 1,96$, $\sigma_{\bar{x}} u_{\alpha/2} = 8,8\,\text{mm}$ und das im Vergleich mit A) deutlich engere 95%-Intervall $P(83,2216 \leq \xi \leq 83,2392) = 95\%$.

C) Die Beobachtungen sind normalverteilt mit der geschätzten Standardabweichung $s = 12,9$ mm, $s_{\bar{x}} = 5,8$ mm, $f = 4$. Nun ist das Vertrauensintervall nach (7.10) zu berechnen:
$P(\hat{x} - t_{\alpha/2}s_{\bar{x}} \leq \xi \leq \hat{x} + t\alpha/2s_{\bar{x}}) = 1 - \alpha$. Für $t_{\alpha/2} = 2$ folgt hier $\alpha = 11,8\%$ und damit für die Wahrscheinlichkeit $P(83,2215 \leq \xi \leq 83,2393) = 88,2\%$. Der Vertrauensbereich für $\alpha = 5\%$ führt auf $t_{\alpha/2} = 2,78$ und $s_{\bar{x}} t_{\alpha/2} = 16,1$, so dass sich folgendes 95%-Intervall ergibt: $P(83,2143 \leq \xi \leq 83,2465) = 95\%$.

Der Vergleich der Ergebnisse zeigt, dass die Breite des Vertrauensintervalls von der gewählten Wahrscheinlichkeit $1-\alpha$ und von der verfügbaren Information über die Verteilung abhängt.

7.3.3 Vertrauensbereich für die Standardabweichung

Die Schätzfunktion für den a posteriori Varianzfaktor (Stichprobenvarianz) lautet $s_0^2 = \boldsymbol{v}^t\boldsymbol{P}\boldsymbol{v}/f$ mit $\boldsymbol{v} = \boldsymbol{A}\hat{\boldsymbol{x}} - \boldsymbol{l}$, $\boldsymbol{P} = \boldsymbol{Q}^{-1}$ und $f = n - r(\boldsymbol{A})$.
Im Abschnitt 7.2.2 wurde gezeigt, dass die quadratische Form $\boldsymbol{v}^t\boldsymbol{P}\boldsymbol{v}/\sigma_0^2 = \boldsymbol{v}^t\boldsymbol{\Sigma}^{-1}\boldsymbol{v}$ unter der Annahme $\boldsymbol{v} \sim N(\boldsymbol{0}, \sigma_0^2\boldsymbol{Q}_v)$ eine χ^2-Verteilung mit f Freiheitsgraden besitzt.
Zur Konstruktion eines Vertrauensintervalls für die Varianz bildet man eine Hilfsvariable λ^2

$$\lambda^2 = \frac{s_0^2}{\sigma_0^2} = \frac{\boldsymbol{v}^t\boldsymbol{P}\boldsymbol{v}}{f\sigma_0^2} \sim \frac{1}{f}\chi^2(f) \tag{7.11}$$
$$\Rightarrow E(\lambda^2) = 1, \quad \text{Var}\,(\lambda^2) = 2/f\,,$$

deren Verteilung und Parameter aus der χ^2-Verteilung folgen. Mit

$$P(\chi^2_{\alpha/2}(f) \leq f\lambda^2 \leq \chi^2_{1-\alpha/2}(f)) = 1 - \alpha$$

folgt das Vertrauensintervall für σ_0^2

$$P\left(\frac{f s_0^2}{\chi^2_{1-\alpha/2}(f)} < \sigma_0^2 < \frac{f s_0^2}{\chi^2_{\alpha/2}(f)}\right) = 1 - \alpha \; . \tag{7.12}$$

Oft wird es vorgezogen, das Vertrauensintervall für die Standardabweichung zu bilden. Dazu benötigt man die Verteilung der Größe $\lambda = s_0/\sigma_0$, die bis auf den Faktor $1/\sqrt{f}$ einer χ-Verteilung folgt. Ihre Dichte ist durch die Gleichung

$$f(\lambda) = \frac{2(f/2)^{f/2}}{\Gamma(f/2)} \cdot \lambda^{f-1} e^{-\lambda^2 f/2}$$

gegeben. Die Vertrauensgrenzen $\lambda_u = \lambda_{\alpha/2}$ und $\lambda_o = \lambda_{1-\alpha/2}$ liegen wie bei der χ^2-Verteilung unsymmetrisch zum Erwartungswert. Das Vertrauensintervall für die Standardabweichung lautet damit

$$P\left(\frac{s}{\lambda_o} \le \sigma \le \frac{s}{\lambda_u}\right) = 1 - \alpha \; .$$

λ_o und λ_u können aus Tabellen oder Graphiken entnommen bzw. als

$$\lambda_o = \sqrt{\frac{\chi^2_{1-\alpha/2}(f)}{f}} \quad \text{und} \quad \lambda_u = \sqrt{\frac{\chi^2_{\alpha/2}(f)}{f}}$$

aus den Schwellenwerten der χ^2-Verteilung berechnet werden.

Beispiel 20

Fortsetzung des Beispiels 19

Das im vorigen Abschnitt eingeführte Beispiel 19 ergab die Varianzschätzung $s_0^2 = 165{,}8$ für $\sigma_0^2 = 100$ mit $f = 4$ Freiheitsgraden. Wir entnehmen den Graphiken der Verteilungsfunktionen die Schwellenwerte

$$\chi^2_{2,5}(4) = 0{,}48 \quad \chi^2_{97,5}(4) = 11{,}2$$
$$\chi^2_{2,5}(4) = 0{,}35 \quad \lambda^2_{97,5}(4) = 1{,}67$$

und erhalten die Vertrauensintervalle für σ_0^2 bzw. σ_0

$$P(59{,}2 \le \sigma_0^2 \le 1381{,}7) = 95\% = P(7{,}7 \le \sigma_0 \le 36{,}8) \; .$$

Durch leichte Umformungen folgen die Toleranzintervalle für s_0^2 und s_0 zu

$$P(12{,}0 \le s_0^2 \le 280) = 95\% = P(3{,}5 \le s_0 \le 16{,}7) \; .$$

7.4 Vertrauensgebiete

In Abschnitt 7.3.2 wurden Vertrauensintervalle für einen Lageparameter entwickelt. Die Verallgemeinerung für einen n-dimensionalen Zufallsvektor soll Gegenstand dieses Abschnitts sein.

Sei $\boldsymbol{l} = \boldsymbol{Ax} + \boldsymbol{\varepsilon}$, $E(\boldsymbol{l}) = \boldsymbol{Ax}$, $\mathrm{Var}\,(\boldsymbol{l}) = \boldsymbol{\Sigma} = \sigma_0^2\boldsymbol{Q}$, $\boldsymbol{P} = \boldsymbol{Q}^{-1}$ ein gewöhnliches GAUSS-MARKOV-Modell mit dem MkQ-Schätzer $\hat{\boldsymbol{x}} = \boldsymbol{N}^{-1}\boldsymbol{A}^t\boldsymbol{Pl}$, $\boldsymbol{N} = \boldsymbol{A}^t\boldsymbol{PA}$ und dem Varianzschätzer $s_0^2 = \boldsymbol{v}^t\boldsymbol{Pv}/f$, $\boldsymbol{v} = \boldsymbol{A}\hat{\boldsymbol{x}} - \boldsymbol{l}$. Nach den Ergebnissen von Abschnitt 7.2.1 gilt unter schwachen Einschränkungen

$$\begin{aligned}
&\hat{\boldsymbol{x}} \sim N(\boldsymbol{x}, \sigma_0^2\boldsymbol{Q}_x),\ \boldsymbol{Q}_x = \boldsymbol{N}^{-1} \quad \text{für} \quad r(\boldsymbol{A}) = u\\
&\boldsymbol{v} \sim N(\boldsymbol{0}, \sigma_0^2\boldsymbol{Q}_v),\ \boldsymbol{Q}_v = \boldsymbol{Q} - \boldsymbol{AN}^{-1}\boldsymbol{A}^t\\
&\mathrm{Kov}\,(\hat{\boldsymbol{x}}, \boldsymbol{v}) = \boldsymbol{0}, \qquad f = n - \mathrm{r}(\boldsymbol{A}) = n - u\ .
\end{aligned}$$

Ferner folgt aus Abschnitt 7.2.2

$$s_0^2 = \boldsymbol{v}^t\boldsymbol{Pv}/f \sim \frac{\sigma_0^2}{f}\chi^2(f)\ .$$

Wird nun die quadratische Form $q = (\hat{\boldsymbol{x}} - \boldsymbol{x})^t\boldsymbol{\Sigma}_x^{-1}(\hat{\boldsymbol{x}} - \boldsymbol{x})$ betrachtet, so folgt $q \sim \chi^2(u)$ wegen $(\hat{\boldsymbol{x}} - \boldsymbol{x}) \sim N(\boldsymbol{0}, \boldsymbol{\Sigma}_x)$ nach Abschnitt 7.1.2, denn die Bedingung $\boldsymbol{\Sigma}_x^{-1}\boldsymbol{\Sigma}_x\boldsymbol{\Sigma}_x^{-1} = \boldsymbol{\Sigma}_x^{-1}$ ist offensichtlich erfüllt.
Nun gilt

$$E(q) = \frac{1}{\sigma_0^2}E((\hat{\boldsymbol{x}} - \boldsymbol{x})^t\boldsymbol{Q}_x^{-1}(\hat{\boldsymbol{x}} - \boldsymbol{x})) \quad \text{und} \quad E(q) = u\ .$$

Daraus folgt

$$\sigma_0^2 = \frac{1}{u}E((\hat{\boldsymbol{x}} - \boldsymbol{x})^t\boldsymbol{Q}_x^{-1}(\hat{\boldsymbol{x}} - \boldsymbol{x}))$$

und somit ein weiterer erwartungstreuer Schätzer

$$\bar{s}_0^2 = \frac{1}{u}(\hat{\boldsymbol{x}} - \boldsymbol{x})^t\boldsymbol{Q}_x^{-1}(\hat{\boldsymbol{x}} - \boldsymbol{x})$$

für den Varianzfaktor σ_0^2. Wegen $\mathrm{Kov}\,(\hat{\boldsymbol{x}}, \boldsymbol{v}) = \boldsymbol{0}$ sind s_0^2 und $\bar{s}_0^2$ stochastisch unabhängig, so dass nach Abschnitt 7.1.4 der Quotient

$$R = \frac{\bar{s}_0^2}{s_0^2} = \frac{q\sigma_0^2/u}{\boldsymbol{v}^t\boldsymbol{Pv}/f} = \frac{\chi^2(r)\sigma_0^2/u}{\chi^2(f)\sigma_0^2/f} = \frac{\chi^2(r)/u}{\chi^2(f)/f} \sim F(u, f)$$

eine F-Verteilung mit Freiheitsgraden u und f besitzt. Einsetzen von $\bar{s}_0^2$ liefert schließlich

$$(\hat{\boldsymbol{x}} - \boldsymbol{x})^t\boldsymbol{Q}_x^{-1}(\hat{\boldsymbol{x}} - \boldsymbol{x}) = us_0^2R \sim us_0^2F(u, f)$$

und damit die Wahrscheinlichkeitsbeziehung

$$P((\hat{\boldsymbol{x}} - \boldsymbol{x})^t\boldsymbol{Q}_x^{-1}(\hat{\boldsymbol{x}} - \boldsymbol{x}) \leq us_0^2F_{1-\alpha}(u, f)) = 1 - \alpha\ ,$$

die ein u-dimensionales Vertrauensgebiet um den Punkt $\hat{\boldsymbol{x}}$ definiert, in dem mit der Wahrscheinlichkeit $W = 1 - \alpha$ der Erwartungswert $\boldsymbol{x}$ des Parametervektors liegt. Das durch die quadratische Form gegebene Gebiet ist ein u-achsiges Hyperellipsoid. Orientierung und Form dieses Hyperellipsoids werden durch die Matrix $\boldsymbol{Q}_x$ bestimmt, während seine Größe von s_0^2 und α abhängt.
Die Richtungen der Achsen des Hyperellipsoids sind identisch mit den Eigenrichtungen der Matrix $\boldsymbol{Q}_x$. Aus den zugehörigen Eigenwerten sowie s_0^2 und α werden die Achsenlängen abgeleitet.
Seien λ_i die Eigenwerte und $\boldsymbol{s}_i$ die zugehörigen normierten Eigenvektoren, dann existieren u homogene lineare Gleichungssysteme

$$(\boldsymbol{Q}_x - \boldsymbol{I}\lambda_i)\boldsymbol{s}_i = \boldsymbol{0}, \quad \boldsymbol{s}_i^t\boldsymbol{s}_i = 1, \quad \boldsymbol{s}_i^t\boldsymbol{s}_j = 0 \quad \text{für} \quad i \neq j,\ i = 1, 2, \ldots, u\ ,$$

die als Matrix-Gleichungssystem zusammengefasst werden können.

$$\begin{aligned} \boldsymbol{Q}_x\boldsymbol{S} - \boldsymbol{S}\boldsymbol{\Lambda} = \boldsymbol{0}, &\quad \boldsymbol{S} = (\boldsymbol{s}_1\ \boldsymbol{s}_2\ \ldots\ \boldsymbol{s}_u),\ \boldsymbol{\Lambda} = \operatorname{diag}(\lambda_1, \lambda_2,\ \ldots\ , \lambda_u) \\ \boldsymbol{S}^t\boldsymbol{Q}_x\boldsymbol{S} = \boldsymbol{\Lambda}, &\quad \boldsymbol{S}^t\boldsymbol{S} = \boldsymbol{S}\boldsymbol{S}^t = \boldsymbol{I}\ . \end{aligned}$$

Die Lösungen ergeben das Eigensystem der Matrix $\boldsymbol{Q}_x$. Aus den Eigenwerten werden mit

$$A_i = s_0\sqrt{\lambda_i\, uF_{1-\alpha}(u, f)}$$

die Längen der Ellipsoidachsen berechnet, und die $\boldsymbol{s}_i$ geben die Richtungen der Achsen im u-dimensionalen Raum an.

Für $u = 3$ und $u = 2$ erhält man ein noch anschaulicheres Ergebnis. Der Vergleich mit Abschnitt 4.4.3 zeigt, dass die *Vertrauensellipse* in der Ebene sich von der mittleren Fehlerellipse, die dort ausführlich behandelt ist, nur in der Länge der Achsen unterscheidet.

$$\begin{aligned} &\text{Fehlerellipse} && a_i = s_0\sqrt{\lambda_i} \\ &\text{Konfidenzellipse} && A_i = s_0\sqrt{\lambda_i 2F(2, f)} = a_i\sqrt{2F_{1-\alpha}(2, f)}\ . \end{aligned}$$

Die dort angegebene Vorgehensweise zur Berechnung von λ_i und $\boldsymbol{s}_i$ führt auch hier zum Ziel.
Für $u = 1$ erhält man wegen $\sqrt{F(1, f)} = t(f)$ das in (7.10) berechnete Vertrauensintervall.

8 Statistische Testverfahren

In vielen Fällen dienen Messungen dem Zweck, einen vermuteten Zustand zu bestätigen oder zu widerlegen. Da die Messwerte jedoch mit Abweichungen behaftet sind, erhält man durch die Auswertung oft Ergebnisse, die zunächst keine klare Entscheidung zulassen. Mit Hilfe statistischer Testmethoden wird es möglich, Wahrscheinlichkeiten zu ermitteln und Voraussetzungen zu klären, unter denen eine Entscheidung richtig ist.

8.1 Grundbegriffe

Da die Testtheorie ihre Wurzeln nicht im Ingenieurbereich hat, haben wir es mit Begriffen zu tun, die auf den ersten Blick nicht zu den hier interessierenden Problemen passen. Eine genaue Betrachtung zeigt jedoch viele Ähnlichkeiten in den Aufgaben und in den statistischen Grundannahmen. Es ist daher ohne Weiteres möglich, viele der statistischen Testverfahren auf Entscheidungssituationen zu übertragen, die im Zusammenhang mit der Auswertung von Messdaten stehen.

8.1.1 Hypothese und statistische Sicherheit

Der erste Schritt bei der Anwendung eines statistischen Testverfahrens ist stets die Formulierung einer *Hypothese.* Diese sogenannte *Nullhypothese* H_0 bringt die Annahme zum Ausdruck, dass die zu beurteilende Größe die vermutete oder vorausgesetzte Eigenschaft besitzt. Gedanklich gekoppelt mit der Nullhypothese ist die *Alternativhypothese* H_A, die als richtig anzunehmen ist, falls die Nullhypothese verworfen wird. In den meisten Fällen wird durch die Alternative keine konkrete Eigenschaft beschrieben, sondern es werden darunter alle von H_0 abweichenden Zustände zusammengefasst. Es gibt aber auch Aufgaben, bei denen durch Messung zwischen zwei möglichen Eigenschaften unterschieden werden soll. Dann ist sowohl H_0 als auch H_A konkret gegeben.

Die folgenden Beispiele sollen den Sachverhalt verdeutlichen. Es werden einige Entscheidungssituationen genannt, in denen statistische Tests auf der Grundlage von Messergebnissen eine Aussage ermöglichen.

a) Überprüfung eines Objekts oder eines Messgerätes:

- Hat der Punkt seine Lage geändert?
  H_0: Punktverschiebung = 0, H_A: Punktverschiebung $\neq 0$.
- Haben die Bauteile die vorgeschriebene Dimension?
  H_0: Soll - Ist = 0, H_A: Soll - Ist $\neq 0$.

- Realisiert die erworbene Lehre das angegebene Maß?
  H_0: Nennlänge - Istlänge $= 0$, H_A: Nennlänge - Istlänge $\neq 0$.

b) Auswahl eines Messverfahrens:

- Können die Positionen durch satellitengestützte oder durch terrestrische Messungen genauer bestimmt werden?
  $H_0 : \sigma_s^2 < \sigma_t^2$, $H_A : \sigma_s^2 \geq \sigma_t^2$.
- Ist A ein besserer Beobachter als B?
  $H_0 : \sigma_A^2 < \sigma_B^2$, $H_A : \sigma_A^2 \geq \sigma_B^2$.
- Führen Messsystem X und Y zu derselben Messunsicherheit für die Messgröße?
  $H_0 : \sigma_x^2 = \sigma_y^2$, $H_A : \sigma_x^2 \neq \sigma_y^2$.

c) Analyse eines mathematischen Modells:

- Besitzt die Beobachtungsreihe eine Normalverteilung?
  $H_0 : \boldsymbol{l} \sim N(E(\boldsymbol{l}), \boldsymbol{\Sigma})$, $H_A : \boldsymbol{l}$ ist nicht normalverteilt.
- Sind die einzelnen Messwerte $l_k, k = 1, 2, ..., n$ stochastisch unabhängig?
  $H_0 : E(s_{ij}) = 0$, $H_A : E(s_{ij}) \neq 0$, $\forall\ i \neq j$.
- Müssen die eingeführten Hilfsparameter im Modell mitgeführt werden?
  $H_0 : E(y_i) = 0$, $H_A : E(y_i) \neq 0$.

Der zweite wichtige Schritt im Ablauf eines Tests ist die Festlegung der *statistischen Sicherheit* S. Dies muss auf das Problem bezogen geschehen, wobei das *Risiko* $\alpha = 1 - S$ (auch *Irrtumswahrscheinlichkeit* genannt), eine falsche Entscheidung zu treffen, genau abgewogen werden muss. Übliche Risiken liegen im Bereich von $0,1$ bis $0,001$, mit dem Schwerpunkt bei $0,05$.

Aus den Beobachtungen wird im nächsten Schritt die *Teststatistik* (*Prüfgröße, Testgröße*) gebildet. Dies ist der tatsächliche Stichprobenwert für den in der Nullhypothese angenommenen theoretischen Wert. Unter der Voraussetzung, dass die Verteilung der Teststatistik bekannt ist, kann für das Risiko α der *Annahmebereich* für H_0 angegeben und damit zum *Niveau* α eine Entscheidung getroffen werden. Der *Verwerfungsbereich* ist das Komplement des Annahmebereichs im Gebiet der möglichen Stichprobenwerte für die Teststatistik. Fällt die Teststatistik in diesen Bereich, so wird H_0 zugunsten von H_A verworfen. H_0 gilt damit als zum Niveau α widerlegt. Fällt die Statistik dagegen in den Annahmebereich, so gilt H_0 als bestätigt oder als nicht abgelehnt. Dies ist jedoch kein Nachweis der Richtigkeit von H_0, sondern eher mit einem „Freispruch aus Mangel an Beweisen" zu vergleichen.

In Abhängigkeit von der Situation, über die eine Entscheidung zu treffen ist, bzw. von der Formulierung von H_0 und H_A, wird man entweder einen *einseitigen* oder einen *zweiseitigen Test* durchführen. Einseitige Tests treten auf, wenn die Nullhypothese mit einem $>$ oder $<$ Zeichen formuliert worden ist (vergl. Beispiel b) erste und zweite Situation). Wird H_0 mit einem Gleichheitszeichen formuliert, so ist der Test in der Regel zweiseitig.

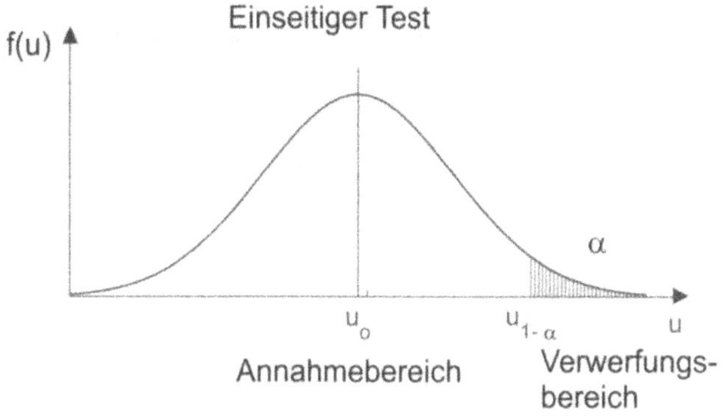

Abb. 8.1: Annahme- und Verwerfungsbereich beim einseitigen Test

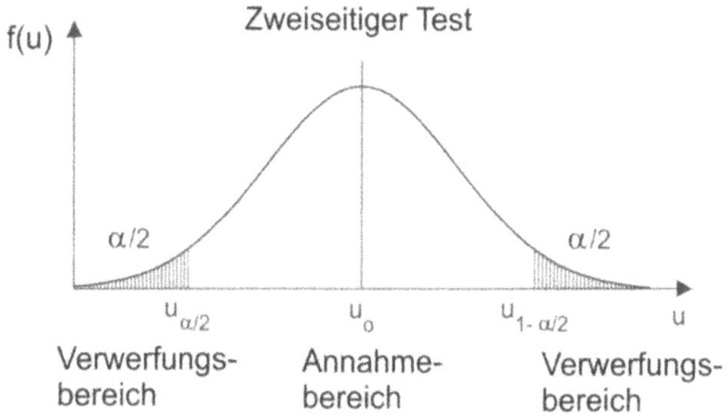

Abb. 8.2: Annahme- und Verwerfungsbereich beim zweiseitigen Test

Beispiel 21

Überprüfung eines Messbandes

Ein Messband hat nach dem Eichschein bei 20°C und 50 N Zug die Länge $L = 20{,}0005\,\mathrm{m}$. Vor dem Einsatz wird das Band auf einem Präzisionskomparator überprüft. Aus 10 Einzelmessungen unter den Eichbedingungen erhält man $\hat{l} = 20{,}0009\,\mathrm{m}$, $s = 0{,}2\,\mathrm{mm}$, $f = 9$. Falls die wahre Länge des Bandes vom Nennwert L abweicht, ist vor dem Einsatz entweder eine erneute Eichung erforderlich, oder das Band wird als fehlerhaft an den Hersteller zurückgegeben. Als statistische Sicherheit für den Test wird $S = 0{,}95$ festgelegt. Die Nullhypothese lautet

$$H_0 : E(\hat{l}) = L, \quad \text{bzw.} \quad E(\hat{l} - L) = 0.$$

Da ein zu langes Band ebenso unbrauchbar ist wie ein zu kurzes, erhält man für die Alternativhypothese

$$H_A : E(\hat{l}) \neq L, \quad \text{bzw.} \quad E(\hat{l} - L) \neq 0.$$

Die Entscheidung ist auf der Basis eines zweiseitigen Tests zu treffen. Als Teststatistik eignet sich hier die Größe

$$d = (\hat{l} - L)/s,$$

die nach Abschnitt 7.1.3 eine t-Verteilung mit $f = 9$ Freiheitsgraden besitzt.

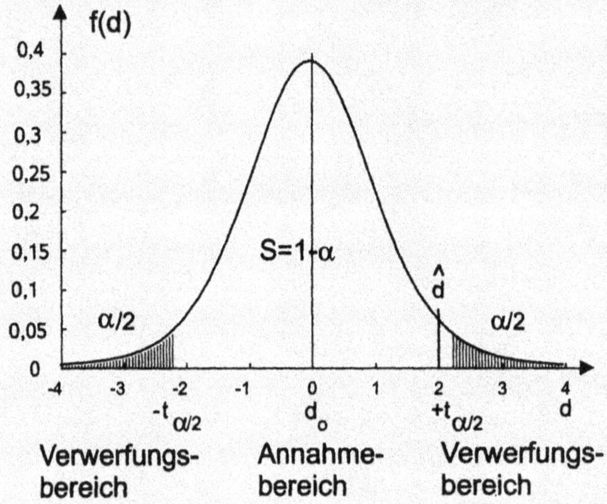

Abb. 8.3: Prüfung eines Mittelwerts mit dem t-Test

Unter H_0 gilt $E(d) = d_0 = 0$. Dem steht der Stichprobenwert der Teststatistik $\hat{d} = 2,00$ gegenüber. Der t-Verteilung mit $f = 9$ und $\alpha = 0,05$ entnimmt man die Schwellenwerte $t_{\alpha/2} = \pm 2,23$. Abbildung 8.3 macht die Testsituation deutlich. Der Stichprobenwert $\hat{d}$ liegt im Annahmebereich. Daraus folgt, dass H_0 zum Niveau α nicht widerlegt ist. Ein geringfügig größeres Risiko α hätte zum Verwerfen von H_0 geführt. Um den Test möglichst objektiv zu halten, sollte α immer festgelegt werden, bevor die Teststatistik berechnet wird.

Beispiel 22

Überprüfung der Messgenauigkeit

Laut Datenblatt beträgt die Standardabweichung eines elektrooptischen Entfernungsmessers $\sigma = 4$ mm für eine einmalige Messung einer Strecke im Entfernungsbereich 10 - 1000 m.

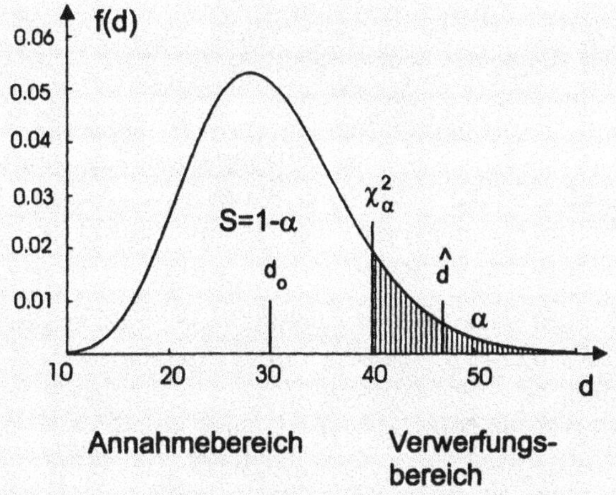

Abb. 8.4: Prüfung einer empirischen Varianz mit dem Chiquadrat-Test

Aus den ersten 30 Doppelmessungen wurde die empirische Standardabweichung zu $s = 5$ mm ermittelt. Es soll durch einen Test geprüft werden, ob das Instrument die Spezifikation erfüllt. Falls dies nicht der Fall ist, soll beim Hersteller reklamiert werden. Die Irrtumswahrscheinlichkeit wird zu $\alpha = 0,1$ festgesetzt. Der Test ist einseitig, da nur ein zu ungenaues Instrument Anlass zu Beanstandungen gibt. Als Teststatistik eignet sich die Größe $d = fs^2/\sigma^2$, die nach (7.5) eine χ^2-Verteilung mit $f = 30$ Freiheitsgraden besitzt.

Unter H_0 gilt $E(d) = d_0 = 30$. Der Stichprobenwert beträgt $\hat{d} = 46,9$. Der χ^2-Verteilung mit $f = 30$ und $\alpha = 0,1$ entnimmt man den Schwellenwert $\chi^2_\alpha = 40,3$. Die Abbildung 8.4 verdeutlicht die Testsituation. Der Stichprobenwert liegt im Verwerfungsbereich. Die Hypothese ist mit der Irrtumswahrscheinlichkeit 0,1 widerlegt. Das heißt, dass in einem von 10 Fällen auch bei zutreffendem H_0 der Stichprobenwert in den Ablehnungsbereich fällt und damit falsch entschieden wird.

Wir fassen die Vorgehensweise beim Test zusammen:

1) Die zu treffende Entscheidung ist eindeutig durch H_0 und H_A zu beschreiben, und eine geeignete Teststatistik ist zu wählen.

2) Die statistische Sicherheit S bzw. das Risiko $\alpha = 1 - S$ wird festgelegt.

3) Art und Umfang der Messungen werden festgelegt, und aus den Beobachtungen wird der empirische Wert der Prüfgröße berechnet.

4) Die Schwellenwerte der zugrunde liegenden Verteilung werden ermittelt und der Prüfgröße gegenübergestellt.

5) Die Entscheidung über H_0 wird getroffen.

8.1.2 Fehler erster und zweiter Art

Da die Teststatistik als Stichprobenwert eine Zufallsgröße ist, unterliegt sie natürlichen Schwankungen, die Ursache für zwei Arten von Fehlentscheidungen sein können.

A) Man bezeichnet es als *Fehler 1. Art*, wenn die Nullhypothese H_0 verworfen wird, obwohl sie richtig ist. Die Prüfgröße ist nur zufällig in den Verwerfungsbereich des Tests gefallen. Die Wahrscheinlichkeit dafür beträgt α, die *Irrtumswahrscheinlichkeit* (auch *Risiko 1. Art* oder *Produzentenrisiko*). Die Wahrscheinlichkeit diesen Fehler zu vermeiden ist die *statistische Sicherheit* $S = 1 - \alpha$.

B) Wenn die Nullhypothese H_0 nicht verworfen wird, obwohl sie falsch ist, spricht man vom *Fehler 2. Art*. Die Prüfgröße ist zufällig in den Annahmebereich von H_0 gefallen, obwohl H_A richtig ist. Die Wahrscheinlichkeit β für diesen Fehler heißt *Risiko 2. Art* oder auch *Konsumentenrisiko*. β ist eine Funktion von α, der Differenz $d_0 - d_A$ und der Testverteilung und kann nur für eine konkrete Alternativhypothese angegeben werden. Die Wahrscheinlichkeit $1 - \beta$, diesen Fehler zu vermeiden, heißt *Macht des Tests*.

	Unbekannte Wirklichkeit	
Testergebnis	$E(d) = d_0$	$E(d) = d_A$
H_0 verworfen	Fehler 1. Art $P = \alpha$	richtige Entscheidung $P = 1 - \beta$
H_0 nicht verworfen	richtige Entscheidung $P = S = 1 - \alpha$ statistische Sicherheit	Fehler 2. Art $P = \beta$

In den meisten Fällen kann nur α festgelegt werden, da keine mit festen Zahlen verbundene Alternative vorliegt. Es gibt aber auch Aufgaben, wie zum Beispiel Stabilitätsprüfungen und Toleranzkontrollen, in denen kritische Werte vorgegeben sind, die

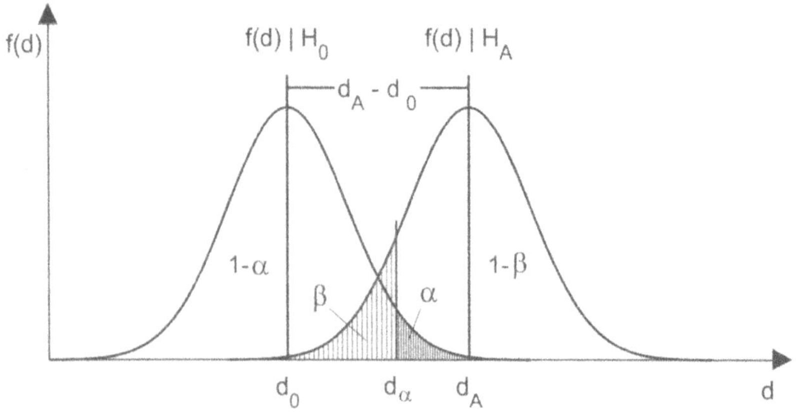

Abb. 8.5: Fehler 1. und 2. Art

keinesfalls überschritten werden dürfen. Mit der Nullhypothese wird dann der Idealzustand identifiziert und die Alternative ist gleich dem kritischen Wert. Die Abbildung 8.5 verdeutlicht die Situation:

Wenn α festgelegt wird, ist bei gegebenem Abstand $d_A - d_0$ und angenommener Verteilung der Statistik d indirekt auch über β verfügt worden. Genauso kann man in der Situation β festlegen und hat damit zugleich über α verfügt. Zuweilen wird auch $\alpha = \beta$ gefordert. Falls beide Risiken α und β verringert werden sollen, kann man dies durch Verkleinern der Varianz von $\hat{d}$ erreichen, auf die man indirekt über den Freiheitsgrad, d.h. die Anzahl der Messungen, oder auch über die Wahl der Messausrüstung Einfluss hat.

8.1.3 Testgüte und Operationscharakteristik

Wie bereits erläutert, ist in den meisten Fällen die Alternativhypothese H_A nicht mit einer konkreten Zahl verbunden, sondern mit einer der Relationen $d < d_0$, $d > d_0$ oder $d \neq d_0$. Das Risiko 2. Art lässt sich dann als Funktion von d_A darstellen, wobei α und σ^2 feste Parameter sind,

$$\beta = \beta(d_A; \alpha, \sigma^2).$$

Lässt man d_A den möglichen Wertebereich von d durchlaufen, so erhält man den Verlauf der Funktion, die als *Operationscharakteristik* (OC) des Tests bezeichnet wird. Die OC dient zur Beurteilung der Leistungsfähigkeit des Tests. Man kann an ihr die Wahrscheinlichkeit ablesen, eine falsche Nullhypothese beizubehalten.
Für den zweiseitigen Test einer normalverteilten Prüfgröße zeigt die OC-Kurve (Wirkungslinie) den in der folgenden Abbildung 8.6 angegebenen Verlauf, wobei $d_0 = 0$ und $\sigma_d = \sigma/\sqrt{n}$ angenommen wurde.

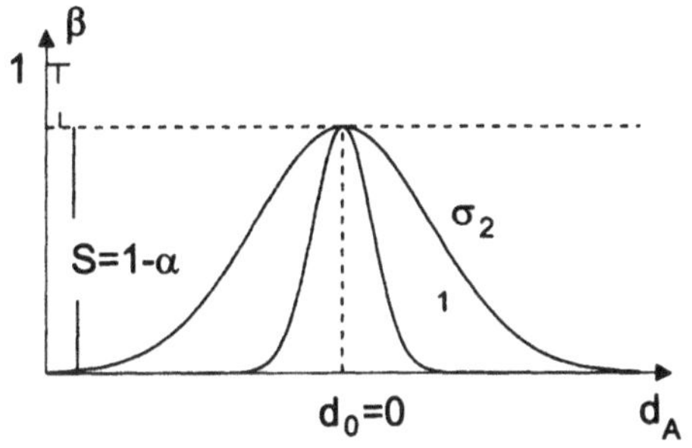

$\sigma_1 < \sigma_2$

$$\beta = \Phi(u_{\alpha/2} - \frac{d_A}{\sigma_d}) - \Phi(-u_{\alpha/2} - \frac{d_A}{\sigma_d})$$

$u_{\alpha/2}$ Schwellenwert von $u \sim N(0,1)$

Abb. 8.6: OC-Kurven

Je steiler die OC-Kurve ansteigt, desto besser ist der Test. Wenn eine konkrete Alternativhypothese erkannt werden soll, sollte man durch die Zahl der Messwiederholungen dafür sorgen, dass $\beta \leq 0,2$ gilt.

Als Alternative oder Ergänzung zur Operationscharakteristik wird oft die *Gütefunktion* (*Trennschärfefunktion, Machtfunktion*) des Tests herangezogen. Diese Funktion gibt die Wahrscheinlichkeit dafür an, die Nullhypothese zu verwerfen, wenn die Alternativhypothese richtig ist, also in dieser Situation die richtige Entscheidung zu treffen. Dies geschieht mit der Wahrscheinlichkeit $1 - \beta$. Die Gütefunktion enthält damit letztlich dieselbe Information wie die OC, nur in anderer Aufbereitung. Abbildung 8.7 zeigt die zur OC in Abbildung 8.6 gehörende Gütefunktion. Es wird wieder der zweiseitige Test einer normalverteilten Prüfstatistik angenommen mit $d_0 = 0$, $\sigma_d = \sigma/\sqrt{n}$ und festem α.

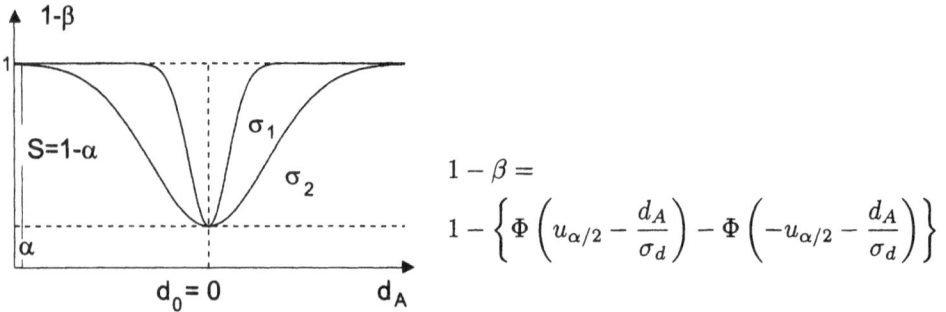

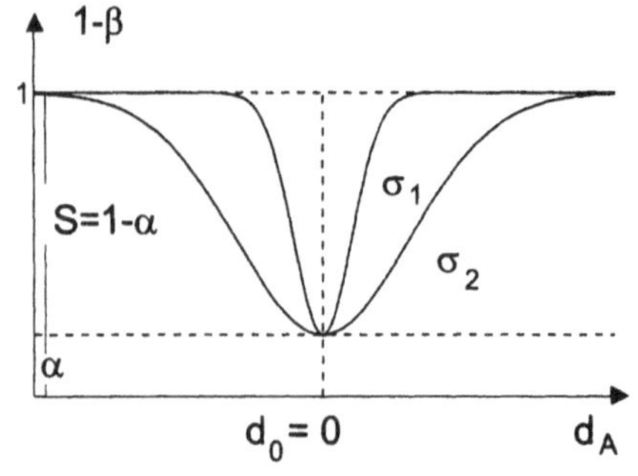

$$1 - \beta =$$
$$1 - \left\{ \Phi\left(u_{\alpha/2} - \frac{d_A}{\sigma_d}\right) - \Phi\left(-u_{\alpha/2} - \frac{d_A}{\sigma_d}\right) \right\}$$

Abb. 8.7: Gütefunktionen

8.2 Tests für Verteilungen (Anpassungstests)

Für wissenschaftliche Fragestellungen und als Grundlage für die Auswahl von Schätz- und Testverfahren wird oft die Kenntnis der Verteilung von Beobachtungsreihen benötigt. In der Regel sind darüber plausible Annahmen möglich, die sich auf die Erfahrung bei gleichen oder ähnlichen Messaufgaben, auf die Analyse der Messprozesse oder auf theoretische Erwägungen stützen. Diese Annahmen führen dann zur Formulierung einer Nullhypothese, die mit einem statistischen Test überprüft wird.

8.2.1 Test auf Symmetrie und Form

Sei X eine stetige Zufallsvariable mit $E(X) = 0$, z. B. realisiert durch die Residuen nach einer Parameterschätzung. An Hand einer Stichprobe $\boldsymbol{x} = (x_1\ x_2\ \ldots\ x_n)^t$ soll geprüft werden, ob die Verteilung von X symmetrisch ist. Unter der Nullhypothese einer symmetrischen Verteilung

$$H_0 : P(X > 0) = P(X < 0) = 0,5$$

werden von den x_i positive und negative Vorzeichen mit gleicher Wahrscheinlichkeit angenommen.

Mit Z wird eine Zufallsvariable definiert, deren Realisierung z die Anzahl der positiven Vorzeichen ist. Unter H_0 besitzt Z eine Binomialverteilung mit der Wahrscheinlichkeitsfunktion

$$P(Z = z) = p_z = \binom{n}{z} 2^{-n}, \quad z \in \{1, 2, \ldots, n\} .$$

Da Z eine diskrete Variable ist, gibt es in der Regel keinen genauen Schwellenwert z_α für ein gewähltes Risiko α. Man wird daher die Wahrscheinlichkeit für den beobachteten

Wert k berechnen und die Testentscheidung von diesem Ergebnis abhängig machen,

$$\alpha_k = P(z \le k) = \sum_{z=1}^{k} \binom{n}{z} 2^{-n} \ .$$

Wird H_0 verworfen, so bedeutet dies, dass die Stichprobe nicht symmetrisch zum Erwartungswert ist. Sie ist dann entweder unsymmetrisch oder der Median (Mittelwert) der Stichprobe weicht vom Erwartungswert ab.

Ein effizienterer Test auf Symmetrie ist der Vorzeichen-Rangtest nach WILCOXON, der neben den Vorzeichen der x_i auch ihren Betrag berücksichtigt. Die Nullhypothese lautet hier, dass die Dichtefunktion $f(x)$, bzw. die Wahrscheinlichkeitsfunktion p_x bei diskreten Zufallsvariablen symmetrisch zum Erwartungswert $E(X) = \xi$ ist,

$$H_0 : f(\xi - x) = f(\xi + x); \quad P(X = \xi - x) = P(X = \xi + x) \ .$$

Untersucht werden die Differenzen $v_i = x_i - \hat{x}$ zwischen dem Median oder Mittel $\hat{x}$ und den Einzelwerten x_i. Dazu werden die $|v_i|$ nach Größe geordnet und mit Platzziffern (Rangzahlen) versehen. Als Teststatistik w^+ wird die Summe der Ränge der positiven v_i gebildet. Ferner sei w^- die Rangsumme der v_i mit negativen Vorzeichen. Bei n Beobachtungen ist die Summe aller Ränge

$$w^+ + w^- = n(n+1)/2 \ .$$

Unter H_0 gilt $E(w^+) = E(w^-) = n(n+1)/4$ und für die Varianz erhält man $\mathrm{Var}\,(w^+) = \mathrm{Var}\,(w^-) = n(n+1)(2n+1)/24$. Die Verteilung von w^+ ist unter H_0 symmetrisch zum Erwartungswert. Die Einzelwahrscheinlichkeiten können mit Hilfe der Kombinatorik berechnet werden. Es folgt danach

$$P(W^+ = k) = z_n(k) 2^{-n}$$

mit der Rekursionsformel

$$z_n(k) = z_{n-1}(k-n) + z_{n-1}(k), \quad z_n(0) = z_n(n(n+1)/2) = 1 \ .$$

Für $n > 20$ kann mit guter Näherung die $N(0,1)$-verteilte Variable

$$U = \frac{W^+ - E(W^+)}{\sqrt{\mathrm{Var}\,(W^+)}}$$

zur Grundlage des Symmetrietests gemacht werden.

In Abschnitt 2.1.4 wurden die Schiefe und der Exzess als Funktionen der Momente einer Verteilung eingeführt. Für eine beliebige stetige Zufallsvariable X mit $E(X) = \xi$ und $\mathrm{Var}\,(X) = \sigma^2$ gilt

$$\begin{aligned} \text{Schiefe} : \ & \gamma_1 = E((X-\xi)^3)/\sigma^3 \\ \text{Exzess} : \ & \gamma_2 = E((X-\xi)^4)/\sigma^4 - 3 \ . \end{aligned}$$

Verteilung	$E(g_1)$	$Var(g_1)$	$E(g_2)$	$Var(g_2)$
Normalverteilung	0	$6/n$	0	$24/n$
Logistische Verteilung	0	$264/n$	$1,2$	$468/n$
Gleichverteilung	0	$837/35n$	$-1,2$	$1,32/n$
Exponentialverteilung	2	$2172/n$	6	$5600/n$

Tab. 8.1: Schiefe und Exzess für einige Verteilungen

Die Schiefe ist ein Maß für die Symmetrie einer Verteilung um den Erwartungswert. Für alle symmetrischen Verteilungen ist $\gamma_1 = 0$. Für $\gamma_1 > 0$ ist die Dichte rechtsschief und für $\gamma_1 < 0$ linksschief. Die empirische Schiefe wird mit

$$\hat{x} = \sum x_i/n \quad \text{und} \quad s = \sqrt{\sum (x_i - \hat{x})^2/(n-1)} \quad \text{als}$$
$$g_1 = \frac{1}{n}\sum (x_i - \hat{x})^3/s^3$$

berechnet.

Der Exzess (Wölbung) ist ein Maß für die Konzentration der Dichte um den Erwartungswert. Für die Normalverteilung erhält man $\gamma_2 = 0$. Für $\gamma_2 > 0$ ist mehr Dichte an den Rändern und für $\gamma_2 < 0$ mehr im Zentrum der Verteilung als bei der Normalverteilung. Den empirischen Exzess berechnet man aus

$$g_2 = \frac{1}{n}\sum (x_i - \hat{x})^4/s^4 - 3\ .$$

Die folgende Tabelle gibt für einige Verteilungen Erwartungswert und Varianz von g_1 und g_2 an. Im Vergleich mit empirischen Werten können daraus Schlüsse über die Form der Verteilung gezogen werden. Für großes n sind g_1 und g_2 asymptotisch normalverteilt.

Man erkennt an den Varianzen, dass bei der logistischen und der Exponentialverteilung erst bei sehr großem n sinnvolle Aussagen möglich sind.

8.2.2 χ^2-Test für Verteilungen mit bekannten Parametern

Die Vorüberlegungen mögen zu der Nullhypothese H_0 geführt haben, dass die Beobachtungsreihe (Stichprobe) $\boldsymbol{l} = (l_1\ l_2\ \dots\ l_n)^t$ aus einer Grundgesamtheit mit vollständig bekannter Verteilung $F(x)$ entnommen ist; oder in anderer Formulierung, dass $\boldsymbol{l}$ ein Vektor von Realisierungen der Zufallsvariablen X mit bekannter Verteilung $F(x)$ ist.

Wenn $F(x)$ eine diskrete Verteilung ist, kennt man die Wahrscheinlichkeiten p_j, $j = 1, 2, \dots, m$, mit denen unter H_0 die Beobachtungen l_i die Werte x_j annehmen. Man darf dann erwarten, dass die Differenzen $\Delta_j = n_j/n - p_j$ zwischen relativer Häufigkeit und Wahrscheinlichkeit den Erwartungswert Null haben und zufällig um Null streuen. Aus diesen Δ_j, die den Abstand zwischen theoretischer und empirischer Wahrscheinlichkeit angeben, wird die Teststatistik

$$d = n \sum_{j=1}^{m} \Delta_j^2 / p_j = \sum_{j=1}^{m} (n_j - np_j)^2 / np_j$$

gebildet, die bei zutreffender Hypothese H_0 in guter Näherung eine χ^2-Verteilung mit $m - 1$ Freiheitsgraden besitzt.

Wenn $F(x)$ eine kontinuierliche Verteilungsfunktion ist, wird der Wertebereich von x in m Klassen K_j der Breite b eingeteilt. Die Wahrscheinlichkeit p_j, dass eine Beobachtung l_i in die Klasse K_j fällt, findet man mit $p_j = F(u_j + b) - F(u_j)$ als Differenz der Funktionswerte von F an der oberen Klassengrenze $u_j + b$ und der unteren u_j. Danach werden die theoretischen und die empirischen Klassenhäufigkeiten gebildet, und es wird wie bei der diskreten Verteilung fortgefahren.

Bei der Klasseneinteilung bzw. der Bildung der Prüfgröße d ist dafür zu sorgen, dass für alle j die theoretische Häufigkeit $np_j \geq 5$ ist. Um diese Bedingung an den Rändern einer Verteilung zu erfüllen, müssen häufig mehrere Klassen zusammengefasst werden. Die Anzahl der zu bildenden Klassen sollte näherungsweise $\sqrt{n}$ sein. Günstig ist die Wahl einer variablen Klassenbreite, so dass alle p_j denselben Wert annehmen. Beobachtungen, die genau auf eine Klassengrenze fallen, werden mit je 0,5 bei den Nachbarklassen gezählt.

Der Anpassungstest ist stets ein einseitiger Test. Die Irrtumswahrscheinlichkeit wird in Anbetracht der Folgen einer Fehlentscheidung festgelegt und liegt in der Regel zwischen 0,1 und 0,01. Im Übrigen folgt der Test den in Abschnitt 8.1.1 angegebenen Regeln.

Beispiel 23

Zehntelschätzung

Bei der Schätzung des Millimeters an der Zentimeterteilung eines Maßstabes kann man erwarten, dass die Ziffern 0 bis 9 mit gleicher Wahrscheinlichkeit auftreten. In der Praxis zeigt sich jedoch, dass manche Beobachter gewisse Ziffern bevorzugen und andere meiden. Um das Schätzverhalten des Beobachters *M* zu untersuchen, wurde aus seinen Messprotokollen eine zufällige Stichprobe von 1800 Messwerten entnommen. Durch einen Test soll festgestellt werden, ob *M* ein guter Schätzer ist.

Die *Nullhypothese* H_0 lautet: Die Stichprobenverteilung der geschätzten Millimeter ist eine Gleichverteilung (Rechteckverteilung), d.h. $p_j = 0,1$ für $j = 0, 1, \ldots, 9$. Die *Irrtumswahrscheinlichkeit* wird zu $\alpha = 0,1$ festgelegt. Die Häufigkeiten, mit denen die Ziffern in der Stichprobe auftreten, wurden ermittelt und in Tabelle 8.2 zusammengestellt.

x_j	0	1	2	3	4	5	6	7	8	9
n_j	175	238	130	213	141	226	151	144	212	170
np_j	180	180	180	180	180	180	180	180	180	180
Diff	−5	+58	−50	+33	−39	+46	−29	−36	+32	−10

Tab. 8.2: Zusammenstellung der Häufigkeiten

$$d = \sum_{j=0}^{9}(n_j - np_j)^2/np_j = 13876/180 = 77,1$$

$$f = 10 - 1 = 9, \quad \chi^2_{0,1}(9) = 14,7, \quad d \gg \chi^2_\alpha \ .$$

H_0 ist zu verwerfen. Beobachter M bevorzugt bei der Zehntelschätzung offensichtlich gewisse Ziffern, so dass die Stichprobenverteilung signifikant von der Gleichverteilung abweicht.

8.2.3 χ^2-Test für Verteilungen mit geschätzten Parametern

In der Mehrzahl der praktischen Fälle treten Verteilungen auf, die von unbekannten Parametern abhängen. Das wichtigste Beispiel ist die Normalverteilung, die durch Erwartungswert und Varianz charakterisiert wird. In der Regel müssen diese Parameter aus den Beobachtungen geschätzt werden. Wie bei der Varianzschätzung führt jeder zusätzlich zu schätzende Parameter zu einer Verringerung des Freiheitsgrades. Wir wollen also hier annehmen, dass klare Vorstellungen über die Art der Verteilung existieren, dass aber r Verteilungsparameter zu schätzen sind.

Der Anpassungstest folgt dem Rechengang des vorigen Abschnitts mit der Modifikation, dass der Freiheitsgrad der χ^2-Verteilung nun den Wert $f = n - r - 1$ annimmt.

Beispiel 24

Verteilung von Dreieckswidersprüchen
(aus Böhm, J.: *Statistische Prüfung von Messergebnissen auf Normalverteilung.* ZfV 90, 83-90, 1965).

Im tschechischen Triangulationsnetz wurden in $n = 227$ Dreiecken die Widersprüche w_i der Winkelsummen gebildet. Für die Ergebnisse wird die Nullhypothese H_0 aufgestellt, dass die Widersprüche w_i einer normalverteilten Grundgesamtheit mit Erwartungswert $E(\boldsymbol{w}) = \boldsymbol{0}$ und Standardabweichung $\sigma_w = 0,66''$ entstammen. Während $E(\boldsymbol{w})$ als theoretischer Wert bekannt ist, wurde die Standardabweichung aus $s^2 = \boldsymbol{w}^t\boldsymbol{w}/n$ geschätzt. Die statistische Sicherheit des Anpassungstestes wird auf $S = 0,9$ festgelegt. Der Test ist einseitig. Die Stichprobenwerte werden in $m = 14$ zum Erwartungswert symmetrische Klassen eingeteilt. Als Klassenbreite b wird $0,5\,s = 0,33''$ gewählt.

Klassen-grenze in ["]	Klassen-grenze normiert u_j	$\Phi(u_j)$	$p_j = \Phi(u_j+b) - \Phi(u_j)$	Theor. Häufigk. np_j	Beob. Häufigk. n_j	Differenz $n_j - np_j$
1	2	3	4	5	6	7
$-\infty$	$-\infty$					
-1,98	-3,0	0,0013	0,0013	0,3	1	
-1,65	-2,5	0,0062	0,0049	1,1	2	+1,8
-1,32	-2,0	0,0228	0,0166	3,8	4	
				5,2	**7**	
-0,99	-1,5	0,0668	0,0440	10,0	9	-1,0
-0,66	-1,0	0,1587	0,0919	20,8	16	-4,8
-0,33	-0,5	0,3085	0,1498	34,0	35	+1,0
0	0	0,5000	0,1915	43,5	43	-0,5
0,33	0,5	0,6915	0,1915	43,5	53	+9,5
0,66	1,0	0,8413	0,1498	34,0	27	-7,0
0,99	1,5	0,9332	0,0919	20,8	22	+1,2
1,32	2,0	0,9972	0,0440	10,0	10	0
1,65	2,5	0,9938	0,0166	3,8	5	
1,98	3,0	0,9987	0,0049	1,1	0	-0,2
∞	∞	1,000	0,0013	0,3	0	
				5,2	**5**	
	n=227		1,000			0

Tab. 8.3: Zusammenstellung der Häufigkeiten

Zur Berechnung der theoretischen Häufigkeit werden die Klassengrenzen normiert, so dass die Tafeln der $N(0,1)$-Verteilung benutzt werden können.

$$p_j = \Phi(u_j + b) - \Phi(u_j), \quad u_j = (j - \frac{m}{2})b, \quad j = 1, 2, \ldots, 13 \,.$$
$$u_0 = -\infty, \quad u_{14} = +\infty$$

Aus den Werten der Tabelle folgt die Teststatistik

$$d = \sum_{j=1}^{m} (n_j - np_j)^2/np_j = 5,4 \,.$$

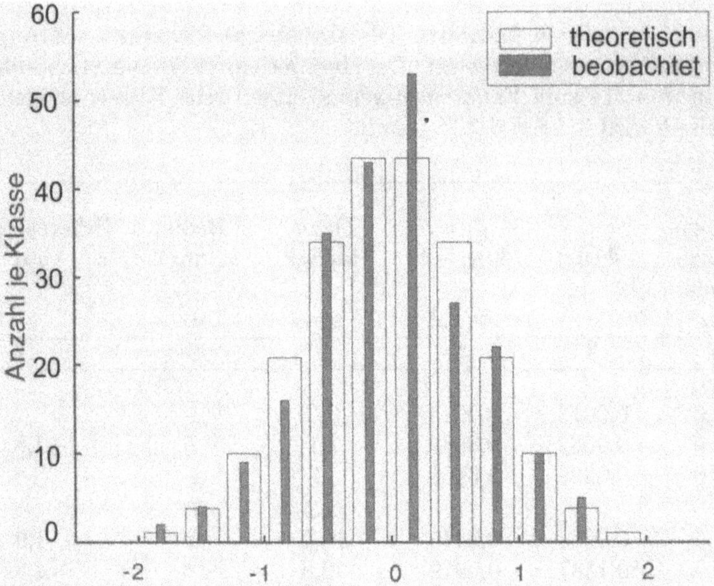

Abb. 8.8: Histogramm der Häufigkeiten

Für diese Berechnung sind jeweils drei Klassen am oberen und am unteren Ende der Tabelle zusammengefasst worden, so dass die effektive Anzahl der Klassen $m = 10$ beträgt. Daraus folgt der Freiheitsgrad $f = 10 - 1 - 1$ der χ^2-verteilten Teststatistik. Aus den Tabellen der χ^2-Verteilung entnimmt man für $\alpha = 0,1$ und $f = 8$ den Schwellenwert $\chi^2(0,1;8) = 13,4$.

Wir erhalten damit folgendes Ergebnis des Anpassungstests: Die Hypothese, dass die Dreieckswidersprüche w_i einer Normalverteilung mit $E(w) = 0$ und $\text{Var}(w) = (0,66'')^2$ entstammen, kann durch den χ^2-Test mit der vorliegenden Stichprobe auf dem Signifikanzniveau von $\alpha = 0,1$ nicht widerlegt werden. Das Histogramm zeigt anschaulich die gute Übereinstimmung von theoretischer und empirischer Häufigkeitsverteilung.

8.2.4 Der Kolmogorov-Smirnow-Test (KS-Test)

Der KS-Test ist ein Anpassungstest für stetige Verteilungen, der etwas leichter zu handhaben ist als der χ^2-Test. Er beruht auf dem Hauptsatz der Statistik, der besagt, dass die relative Häufigkeit h_i eines Ereignisses E_i für $n \to \infty$ gleichmäßig gegen seine Wahrscheinlichkeit p_i konvergiert, und dass die Verteilung von $h_i - p_i$ nicht von p_i abhängt. Untersucht werden die Differenzen zwischen der Verteilung $F_n(x)$ einer Stichprobe und der mit der Nullhypothese vermuteten (stetigen) Verteilung $F(x)$ der Grundgesamtheit, der die Stichprobe entstammt. Dazu werden die Beobachtungen zunächst der Größe nach geordnet. Bei sehr umfangreichen Stichproben erfolgt eine Klasseneinteilung, die oft schon automatisch durch die Rundung der Messwerte entsteht. Für jede

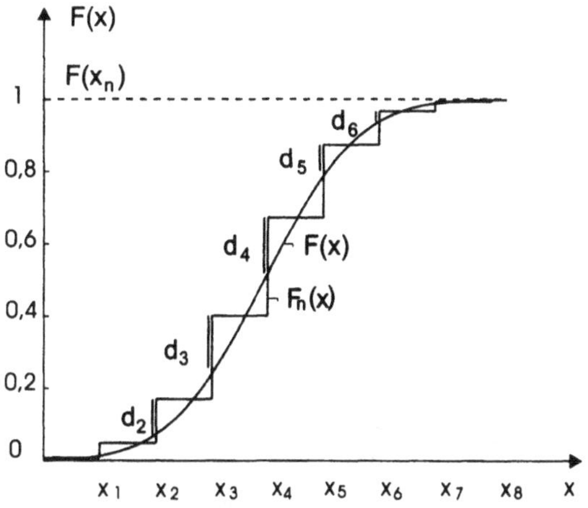

Abb. 8.9: KOLMOGOROV-SMIRNOV-Test

Beobachtung bzw. Klasse wird die Differenz d_i zwischen empirischer Verteilungsfunktion $F_n(x_i) = n_i/n$, wobei n_i die Anzahl der Werte kleiner oder gleich x_i ist, und dem Wert $F(x_i)$ der theoretischen Verteilungsfunktion gebildet,

$$d_i = F_n(x_i) - F(x_i).$$

Wenn d_i vorwiegend positiv ausfällt, kann ein einseitiger Test auf der Grundlage des größten Wertes $(d_i)_{\max}$ durchgeführt werden. Entsprechendes gilt für den kleinsten Wert $(d_i)_{\min}$ bei überwiegend negativen d_i. Wir wollen jedoch den zweiseitigen Test weiter verfolgen, der sich auf $(d_i)_{\max}$ stützt und in aller Regel vorgezogen wird.

Die Nullhypothese lautet $H_0 : F_n(x) = F(x)\ \forall x$. Sie wird getestet gegen die zweiseitige Alternative $H_A : F_n(x) \neq F(x)$ für mindestens ein x. Die Teststatistik $d = |d_i|_{\max}$ ist die Realisierung einer Zufallsvariablen D, die nur vom Umfang n der Stichprobe abhängt.

Bei zutreffender Nullhypothese gilt für die Verteilung von D

$$\lim_{n\to\infty} P(D \leq \frac{\lambda}{\sqrt{n}}) = 1 - 2\sum_{m=1}^{\infty}(-1)^{m-1}\exp\{-2m^2\lambda^2\} \ .$$

Für $n \geq 40$ und $\alpha \leq 0,2$ gilt in guter Näherung

$$P(D \leq \frac{\lambda}{\sqrt{n}}) \approx 1 - \alpha \quad \text{mit} \quad \lambda = \sqrt{\frac{1}{2}|\ln\frac{\alpha}{2}|}\ .$$

Bei geringerem Stichprobenumfang müssen die Schwellenwerte streng berechnet oder Tabellen entnommen werden (z. B. SACHS 1992).

Der KS-Test ist verteilungsfrei und setzt voraus, dass die theoretische Verteilung stetig und vollkommen bekannt ist. Verteilungsparameter dürfen nicht geschätzt sein. Da der Test robust und eher konservativ ist, sind Abweichungen von den theoretischen Voraussetzungen in der Regel tolerierbar.

zweiseitig: $d_{n;1-\alpha}$	$\alpha = 0,01$	$\alpha = 0,02$	$\alpha = 0,05$	$\alpha = 0,1$	$\alpha = 0,2$
$n = 1$	0,995	0.990	0,975	0,950	0,900
$n = 2$	0,929	0,900	0,842	0,776	0,364
$n = 3$	0,829	0,785	0,708	0,636	0,565
$n = 4$	0,734	0,689	0,624	0,565	0,493
$n = 5$	0,669	0,627	0,563	0,509	0,447
$n = 6$	0,617	0,577	0,519	0,468	0,410
$n = 7$	0,576	0,538	0,483	0,436	0,381
$n = 8$	0,542	0,507	0,454	0,410	0,358
$n = 9$	0,513	0,480	0,430	0,387	0,339
$n = 10$	0,489	0,457	0,409	0,369	0,323
$n = 11$	0,468	0,437	0,391	0,352	0,308
$n = 12$	0,449	0,419	0,375	0,338	0,296
$n = 13$	0,432	0,404	0,361	0,325	0,285
$n = 14$	0,418	0,390	0,349	0,314	0,275
$n = 15$	0,404	0,377	0,338	0,304	0,266
$n = 16$	0,392	0,366	0,327	0,295	0,258
$n = 17$	0,381	0,355	0,318	0,286	0,250
$n = 18$	0,371	0,346	0,309	0,279	0,244
$n = 19$	0,361	0,337	0,301	0,271	0,237
$n = 20$	0,352	0,329	0,294	0,265	0,232
$n = 21$	0,344	0,321	0,287	0,259	0.226
$n = 22$	0,337	0,314	0,281	0,253	0,221
$n = 23$	0,330	0,307	0,275	0,247	0,216
$n = 24$	0,323	0,301	0,269	0,242	0,212
$n = 25$	0,317	0,295	0,264	0,238	0,208
$n = 26$	0,311	0,290	0,259	0,233	0,204
$n = 27$	0,305	0,284	0,254	0,229	0,200
$n = 28$	0,300	0,279	0,250	0,225	0,197
$n = 29$	0,295	0,275	0,246	0,221	0,193
$n = 30$	0,290	0,270	0,242	0,218	0,190
$n = 31$	0,285	0,266	0,238	0,214	0,187
$n = 32$	0,281	0,262	0,234	0,211	0,184
$n = 33$	0,277	0,258	0,231	0,208	0,182
$n = 34$	0,273	0,254	0,227	0,205	0,179
$n = 35$	0,269	0,251	0,224	0,202	0,177
$n = 36$	0,265	0,247	0,221	0,199	0,174
$n = 37$	0,262	0,244	0,218	0,196	0,172
$n = 38$	0,258	0,241	0,215	0,194	0,170
$n = 39$	0,255	0,238	0,213	0,191	0,168
Näherung für $n > 40$	$\frac{1,6276}{\sqrt{n}}$	$\frac{1,5174}{\sqrt{n}}$	$\frac{1,3581}{\sqrt{n}}$	$\frac{1,2239}{\sqrt{n}}$	$\frac{1,0730}{\sqrt{n}}$

Tab. 8.4: Kritische Grenzen beim KOLMOGOROV-SMIRNOV-Anpassungstest (Einstichprobentest)

Beispiel 25

Streckenmessung mit EDM

Zur Prüfung der Verteilung von Streckenmessungen wurden auf einer bekannten Sollstrecke 15 Wiederholungsmessungen durchgeführt. In der folgenden Tabelle sind in der zweiten Spalte die der Größe nach geordneten Werte x_i = Soll-Messwert und in der dritten Spalte die empirischen Verteilungswerte $F_{15}(x_i)$ eingetragen.

Die Nullhypothese lautet: Die Stichprobe entstammt einer $N(0,(3,5\,mm)^2)$-verteilten Grundgesamtheit. Diese Hypothese soll auf dem Signifikanzniveau $\alpha = 0,1$ getestet werden. Die Werte der theoretischen Verteilungsfunktion werden aus der $N(0,1)$-Verteilung abgeleitet. Dazu werden die Messwerte normiert zu $u_i = (x_i - \xi)/\sigma$ (4. Spalte). Die zugehörigen Werte $\Phi(u_i) = F(x_i)$ werden Tafeln der Normalverteilung entnommen (5. Spalte). In der 6. Spalte sind die Differenzen $d_i = F_{15}(x_i) - \Phi(u_i)$ aufgeführt. Der dem Betrage nach größte Wert dieser Differenzen ist die Realisation d der Teststatistik.

$Nr\ i$	x_i [mm]	$F_{15}(x_i)$	$u_i = x_i/3,5$	$\Phi(u_i)$	d_i	$n = 15$
1	−5,9	0,067	−1,686	0,046	+0,021	$\mid d_i \mid_{\max} = d = 0,221$
2	−4,1	0,133	−1,171	0,121	+0,012	
3	−3,5	0,200	−1,000	0,159	+0,041	$\alpha = 0,1$
4	−1,4	0,333	−0,400	0,345	−0,012	
5	−1,4	0,333	−0,400	0,345	−0,012	
6	−1,1	0,400	−0,314	0,377	+0,023	$d_\alpha = 0,304$
7	−0,9	0,467	−0,257	0,399	+0,068	
8	−0,4	0,533	−0,114	0,455	+0,078	$d < d_\alpha$
9	−0,2	0,600	−0,057	0,487	+0,113	
10	+0,1	0,733	+0,029	0,512	**0,221**	
11	+0,1	0,733	+0,029	0,512	**0,221**	
12	+2,0	0,800	+0,571	0,716	+0,084	
13	+4,0	0,867	+1,314	0,905	−0,038	
14	+4,9	0,933	+1,400	0,919	+0,014	
15	+6,1	1,000	+1,743	0,959	+0,041	

Tab. 8.5: Verteilung von EDM-Beobachtungen

Das Testergebnis gibt keinen Anlass, die Hypothese H_0 zu verwerfen.

Da bei den Anpassungstests die Beobachtungen in Klassen eingeteilt (χ^2-Test) oder der Größe nach geordnet (KS-Test) werden, wird die Information, die in der Reihenfolge des Auftretens der Beobachtungen enthalten ist, nicht genutzt. Der Test sagt daher etwas darüber, ob die Beobachtungen Realisationen einer hypothetischen Verteilung sind, nichts jedoch darüber, ob diese Realisationen stochastisch unabhängig sind. Untersuchungen dazu werden in Abschnitt 8.5 behandelt.

8.2.5 Test auf Gleichheit von Verteilungen

Zur Überprüfung, ob zwei Stichproben derselben Grundgesamtheit entstammen oder ob zwei Zufallsvariable dieselbe Verteilung besitzen, sind eine Vielzahl von Tests entwickelt worden, von denen zwei kurz behandelt werden sollen. Bei verbundenen (paarweisen) Stichproben kann der in Abschnitt 8.2.1 beschriebene WILCOXON-Test angewandt werden. Man bildet dazu paarweise die Differenzen $d_i = x_{i2} - x_{i1}$, stellt für die $|d_i|$ die Ränge fest und ermittelt den Wert w^+ der Teststatistik. Wenn w^+ die gewählte Signifikanzschwelle übersteigt, so gilt H_0 : die Stichproben gehören zur selben Verteilung, als widerlegt. Als Ursachen kommen unterschiedlicher Erwartungswert, unterschiedliche Varianz und unterschiedliche Art der Verteilung in Betracht.

Bei zwei nicht verbundenen Stichproben wird H_0 : die Proben entstammen derselben Grundgesamtheit, meist mit dem U-Test von WILCOXON, MANN und WHITNEY geprüft. Voraussetzung ist, dass die Verteilungsfunktion stetig ist und die Stichproben unabhängig sind. Unter H_0 gilt

$$P(x_{i1} > x_{i2}) = P(x_{i1} < x_{i2}) = 0,5 \quad \forall i, j \ .$$

Zur Testdurchführung werden die n_1 Werte x_{i1} mit den n_2 Werten x_{i2} zu einer nach Größe geordneten Reihe vom Umfang $n = n_1 + n_2$ zusammengefasst und durchnummeriert. Dann werden die Rangsummen S_1 und S_2 der beiden Proben gebildet und die Prüfgröße ermittelt, die gleich dem kleineren der beiden Werte w_1 oder w_2 ist.

$$w_1 = n_1 n_2 + \frac{n_1(n_1+1)}{2} - S_1, \quad w_2 = n_1 n_2 + \frac{n_2(n_2+1)}{2} - S_2,$$

$$w_1 + w_2 = n_1 n_2$$

H_0 wird verworfen, wenn der kleinere w-Wert den kritischen Wert w_α überschreitet. Die Verteilung von W ist symmetrisch. Da es nur wenige Tabellen gibt, wird meist mit der Approximation

$$U = |W - \frac{n_1 n_2}{2}| / \sqrt{n_1 n_2 (n_1 + n_2 + 1)/12}$$

gearbeitet, die für $n_1 \geq 8$ und $n_2 \geq 8$ in guter Näherung der $N(0,1)$-Verteilung folgt.

Liegen r unabhängige Stichproben $\boldsymbol{x}_1, \boldsymbol{x}_2, \ldots, \boldsymbol{x}_r$, $\boldsymbol{x}_i = (x_{i1}\ x_{i2}\ \ldots\ x_{in_i})^t$ vor, über die die Nullhypothese, sie gehören zur gleichen Grundgesamtheit, getestet werden soll, so kann dies mit einer χ^2-verteilten Teststatistik geschehen. Die Stichproben werden dazu in m Klassen K_j eingeteilt, die für alle Stichproben gleich sind. Die Anzahl der Beobachtungen pro Stichprobe darf unterschiedlich sein.

Die absoluten Häufigkeiten h_{ji} der Stichproben x_i in den Klassen K_j werden in eine *Kontingenztafel* eingetragen. Die unbekannte Wahrscheinlichkeit p_j, dass unter H_0 ein Wert in Klasse K_j fällt, wird durch

$$\hat{p}_j = \sum_{i=1}^{r} h_{ji}/n = k_j/n$$

$K \setminus x$	x_1	x_2	$\ldots x_i \ldots$	x_r	$\sum$
K_1	h_{11}	h_{12}	$\cdots$	h_{1r}	k_1
K_2	h_{21}	h_{22}	$\cdots$	h_{2r}	k_2
$\vdots$	$\vdots$	$\vdots$	$\vdots$	$\vdots$	$\vdots$
K_j	h_{j1}	h_{j2}	$\cdots$	h_{jr}	k_j
$\vdots$	$\vdots$	$\vdots$	$\vdots$	$\vdots$	$\vdots$
K_m	h_{m1}	h_{m2}	$\cdots$	h_{mr}	k_m
$\sum$	n_1	n_2	$\ldots n_i \ldots$	n_r	n

Tab. 8.6: Klasseneinteilung der Stichprobe

geschätzt. Wegen $\sum p_j = 1$ müssen $m - 1$ Wahrscheinlichkeiten geschätzt werden. Die Testgröße

$$d = \sum_{j=1}^{m} \sum_{i=1}^{r} (h_{ji} - n_i k_j/n)^2 / n_i k_j / n = n \left(\sum_{j=1}^{m} \sum_{i=1}^{r} h_{ji}^2 / n_i k_j - 1 \right)$$

besitzt unter H_0 eine χ^2-Verteilung mit $(m-1)(r-1)$ Freiheitsgraden.
Die Klasseneinteilung sollte so gewählt werden, dass $h_{ji} \geq 5$ für alle Zellen gilt.

8.3 Tests für Lageparameter

Bei zahlreichen Problemstellungen existieren a priori Annahmen über die Modellparameter, deren Werte in einem linearen Modell oder durch Mittelwertbildung geschätzt werden. A posteriori ist dann zu überprüfen, ob diese Annahmen mit der Realität im Einklang sind.

8.3.1 Vergleich von Schätzwert und Erwartungswert

Nach Abschnitt 7.2.1 darf praktisch immer angenommen werden, dass die Schätzwerte $\hat{x}$ der Modellparameter normalverteilt sind.

$$\hat{x} \sim N(x, \Sigma_{\hat{x}}) \quad \text{bei bekanntem} \quad \sigma_0^2$$
$$\hat{x} \sim N(x, S_{\hat{x}}) \quad \text{für geschätztes} \quad s_0^2$$

Typische a priori Annahmen sind $x_i = 0$ für Zusatzparameter (Maßstabsfaktor, Refraktionskoeffizient o. ä.) oder für Polynomkoeffizienten und $x_i = k_i$ für Sollwerte und Dimensionen gemessener Objekte. In diesen Fällen kann stets entweder die Teststatistik

$$(\hat{x} - x_i)/\sigma_{\hat{x}_i} = u_i, \quad U \sim N(0,1) \quad \text{oder}$$
$$(\hat{x} - x_i)/s_{x_i} = t_i, \quad T \sim t_f\text{-verteilt}$$

gebildet werden.

Die Nullhypothese H_0 lautet $E(u_i) = 0$ bzw. $E(t_i) = 0$. In Abhängigkeit von der Problemstellung lautet die Alternativhypothese

$$H_A : E(\cdot) \neq 0, \text{ zweiseitiger Test, oder } \left.\begin{array}{l} E(\cdot) > 0 \\ E(\cdot) < 0 \end{array}\right\} \text{ einseitige Tests.}$$

Für eine gewählte Irrtumswahrscheinlichkeit α wird der Schwellenwert für die Teststatistik einer Tabelle oder Graphik entnommen. Es ist zu beachten, dass auf diesem Weg pro Messreihe bzw. linearem Modell nur ein Parameter getestet werden darf. Falls die Hypothese sich auf mehrere Parameter bezieht, ist nach Abschnitt 8.3.3 bzw. 8.3.4 vorzugehen.

Beispiel 26

Länge eines Normalmeters

Laut Eichschein besitzt ein neuerworbenes Invarnormal bei 20°C die Länge $L = 1,000\,003\,m$. Vor dem Gebrauch wird das Normal in einem Komparator verglichen. Die Standardabweichung des Komparators, $\sigma = 6\,\mu m$ für eine Messung, ist aus vielen Kalibrierungen bekannt. Auf dem Signifikanzniveau von $\alpha = 0,05$ soll getestet werden, ob sich durch den Transport die Länge L verändert hat.

$$H_0 : \hat{l} - L = 0, \quad H_A : \hat{l} - L \neq 0.$$

Das Mittel aus 9 Einzelmesssungen beträgt

$$\hat{l} = 1,000\,008\,m, \quad \sigma_{\hat{l}} = 6/\sqrt{9} = 2\,\mu m\;.$$

Die Prüfgröße U nimmt folgenden Wert an

$$u = (\hat{l} - L)/\sigma_{\hat{l}} = 2,5\,.$$

Aus Tabellen der normierten Normalverteilung entnimmt man $u_{\alpha/2} = 1,96$. Wegen $u > 1,96$ ist die Nullhypothese auf dem Niveau $\alpha = 0,05$ zu verwerfen.

Beispiel 27

Beobachtungsdifferenzen

In Abschnitt 3.4.6 wurde das Beispiel 11 zur Varianzschätzung aus Beobachtungsdifferenzen betrachtet. Als Mittelwert der Differenzen aus Lage I und Lage II von 10 Winkelmessungen ergab sich der Wert $\hat{d} = -0,09\,mgon$. Die Nullhypothese lautet $H_0 : E(d) = 0$. Sie soll mit der Irrtumswahrscheinlichkeit $\alpha = 0,1$ gegen die zweiseitige Alternative $E(d) \neq 0$ getestet werden. Als Testgröße eignet sich der Schätzer $\hat{d}/s_{\hat{d}}$, der bei richtiger Nullhypothese zu einer t-verteilten Zufallsvariablen mit 9 Freiheitsgraden gehört.

Die empirische Varianz einer Differenz d_i beträgt $\sum(d_i - \hat{d})^2/9 = s^2 = 3,49$ und die Varianz des Mittels $s^2_{\hat{d}} = s^2/10 = 0,349$. Daraus folgt die Standardabweichung $s_{\hat{d}} = 0,59\,mgon$.
Als Realisation der Prüfgröße erhält man damit

$$t = -0,09/0,59 = -0,15\,.$$

Der Schwellenwert $t_{\alpha/2}$ für $f = 9$ beträgt 1,83. Da $|t|$ weit unterhalb $t_{\alpha/2}$ liegt, wird H_0 nicht verworfen. Man darf also annehmen, dass $E(d) = 0$ gilt und dass der in Abschnitt 3.4.6 beschrittene Weg zur Varianzschätzung zulässig ist.

8.3.2 Vergleich zweier Schätzwerte

Gegeben seien die Schätzungen der Erwartungswerte von zwei Zufallsvariablen oder die Schätzwerte für zwei Parameter mit ihren empirischen Varianzen:

$$\hat{x}_1, s_1^2, f_1;\ \hat{x}_2, s_2^2, f_2\,.$$

Unter der Annahme von Normalverteilung soll die Hypothese

$$H_0 : E(\hat{x}_1) = E(\hat{x}_2)\text{ß} \quad \text{bzw.} \quad E(\hat{x}_1 - \hat{x}_2) = 0$$

getestet werden. Die Alternativhypothese H_A kann in Abhängigkeit von der Aufgabenstellung einseitig oder zweiseitig sein. Als Teststatistik dient die Zufallsvariable

$$T = D/s \quad \text{mit} \quad D = X_1 - X_2,$$

deren Realisierung, $t = |d|/s_d$, $d = \hat{x}_1 - \hat{x}_2$, mit dem Schwellenwert zum Niveau α der t-Verteilung verglichen wird. Für die Berechnung von s_d und die Ermittlung des Freiheitsgrades der t-Verteilung sind zwei Fälle zu unterscheiden.

A) Die Varianzen der Zufallsvariablen bzw. der Beobachtungen, aus denen die Schätzwerte berechnet wurden, sind gleich. Die empirischen Varianzfaktoren

$$s_{01}^2 = \boldsymbol{v}_1^t \boldsymbol{P}_1 \boldsymbol{v}_1/(n_1 - u_1) \quad \text{und} \quad s_{02}^2 = \boldsymbol{v}_2^t \boldsymbol{P}_2 \boldsymbol{v}_2/(n_2 - u_2)$$

beziehen sich auf denselben Varianzfaktor und können zusammengefasst werden:

$$s_0^2 = (\boldsymbol{v}_1^t \boldsymbol{P}_1 \boldsymbol{v}_1 + \boldsymbol{v}_2^t \boldsymbol{P}_2 \boldsymbol{v}_2)/(n_1 + n_2 - [u_1 + u_2]) \quad \text{bzw.}$$
$$s_0^2 = [(n_1 - u_1)s_{01}^2 + (n_2 - u_2)s_{02}^2]/(n_1 + n_2 - [u_1 + u_2]).$$

Wenn arithmetische Mittelwerte verglichen werden, ist $u_1 = u_2 = 1$ zu setzen. Wurden $\hat{x}_1$ und $\hat{x}_2$ aus unterschiedlichen Beobachtungsreihen geschätzt, so sind sie unkorreliert. Daraus folgt

$$d = \hat{x}_1 - \hat{x}_2,\ s_d^2 = s_0^2(q_{11} + q_{22}),\ f = f_1 + f_2.$$

Die Gewichtsreziproken q_{ii} entnimmt man den getrennten Schätzungen bzw. den Mittelwertbildungen ($q_{\hat{x}\hat{x}} = 1/\sum p$ bzw. $1/n$). Gehören $\hat{x}_1$ und $\hat{x}_2$ zu demselben linearen Modell, so hat man

$$d = \hat{x}_1 - \hat{x}_2,\ s_d^2 = s_0^2(q_{11} + q_{22} - 2q_{12}),\ f$$

zu bilden. Die Gewichtsreziproken q_{ik} werden wie vorher der Normalgleichungsinversen entnommen.

B) Die Beobachtungsreihen besitzen unterschiedliche Varianzen. Diese Aufgabenstellung ist das sogenannte FISHER-BEHRENS-Problem für das es nur Näherungslösungen gibt. Man bildet die asymptotisch t-verteilte Prüfgröße

$$t = |d|/s_d,\ d = \hat{x}_1 - \hat{x}_2,\ s_d^2 = s_{\hat{x}_1}^2 + s_{\hat{x}_2}^2 = s_{01}^2 q_{11} + s_{02}^2 q_{22}.$$

Für den Freiheitsgrad f der t-Verteilung kann folgende Näherung benutzt werden

$$f = s_d^4/[s_{\hat{x}_1}^4/f_1 + s_{\hat{x}_2}^4/f_2].$$

Das Ergebnis wird auf die nächste natürliche Zahl gerundet.

Beispiel 28

Kalibrierung von Messbändern

Zwei neuerworbene Messbänder werden vor dem Einsatz kompariert. Die Nullhypothese lautet, dass beide Bänder dieselbe Länge besitzen. Die Alternative ist zweiseitig. Als Irrtumswahrscheinlichkeit wird $\alpha = 0,05$ festgelegt. Folgende Messresultate wurden ermittelt:

$$\hat{x}_1 = 20,00027\ \text{mm},\quad s_{\hat{x}_1} = 0,04\ \text{mm},\quad f = n_1 - 1 = 14$$
$$\hat{x}_2 = 20,00018\ \text{mm},\quad s_{\hat{x}_2} = 0,07\ \text{mm},\quad f = n_2 - 1 = 9$$

Zunächst werden die Varianzen für die Einzelmessungen berechnet

$$s_{01}^2 = 15 s_{\hat{x}_1}^2 = 0,024,\quad s_{02}^2 = 10 s_{\hat{x}_2}^2 = 0,049.$$

Falls s_{01}^2 und s_{02}^2 Schätzungen für dieselbe Varianz σ_0^2 sind, müssen sie zusammengefasst werden. Andernfalls ist nach B) vorzugehen. Für die Entscheidung gibt es einen Test, der in Abschnitt 8.4.2 behandelt wird. Da dasselbe Messverfahren zum Einsatz kam, sei hier ohne Test die Hypothese gleicher Varianzen angenommen.

$$s_0^2 = (14 s_{01}^2 + 9 s_{02}^2)/23 = 0,034$$
$$s_d^2 = s_0^2 \left(\frac{1}{15} + \frac{1}{10}\right) = 0,0056;\quad s_d = 0,075\,\text{mm},\quad f = 23\,.$$

Daraus folgt die Prüfgröße $t = 0,09/0,075 = 1,2$, welcher der Schwellenwert $t_{\alpha/2}(23) = 2,07$ gegenüber steht. Die Nullhypothese wird aufgrund der Kalibrierdaten nicht verworfen. Bei zukünftigen Messungen wird für beide Bänder die Länge $l = (15\hat{x}_1 + 10\hat{x}_2)/25 = 20,00023$ m angenommen.

Beispiel 29

Additionskonstante eines Distanzmessers

Zur Ermittlung der Additionskonstanten eines Distanzmessers wurden zwei unabhängige Methoden eingesetzt.

1. **Labormessung mit kurzen, sehr genau bekannten Strecken**

$$A_1 = +13,5\,\text{mm}, \quad s_1 = 2,1\,\text{mm}, \quad f_1 = 9, \quad s_{01} = 6,64\,\text{mm}$$

2. **Streckenmessung in allen Kombinationen auf einer Prüfstrecke von 500 m Länge mit 6 unbekannten Teilstrecken**

$$A_2 = +29,3\,\text{mm}, \quad s_2 = 5,3\,\text{mm}, \quad f_2 = 14, \quad s_{02} = 12,2\,\text{mm}$$

Die zu testenden Hypothesen lauten

$$H_0 : E(A_1 - A_2) = 0, \quad H_A : E(A_1 - A_2) \neq 0, \quad \text{zweiseitig.}$$

Die Irrtumswahrscheinlichkeit wird zu $\alpha = 0,1$ festgelegt. Da die Messbedingungen sehr unterschiedlich sind, soll angenommen werden, daß die Messreihen ungleiche Varianzen haben (für einen Test s. Abschnitt 8.4.2).

$$d = A_1 - A_2 = -15,8\text{ mm}, \quad s_d^2 = s_1^2 + s_2^2 = 32,5$$
$$f = s_d^4/[s_1^4/f_1 + s_2^4/f_2] = 18,05 \approx 18\ .$$

Daraus folgen die Statistik $t = 15,8/5,7 = 2,77$ und der Schwellenwert $t_{\alpha/2}(18) = 1,73$. Die Nullhypothese wird verworfen. Auf kurzen Strecken gilt offenbar eine andere Additionskonstante als bei mittleren Entfernungen.

8.3.3 Vergleich mehrerer geschätzter Größen

Liegen mehrere normalverteilte Zufallsgrößen vor, die auf gleichen Erwartungswert getestet werden sollen, so ist es nicht sinnvoll, den t-Test mehrfach anzuwenden. In diesem Fall führt man besser eine *Varianzanalyse* durch, in der mit einem mächtigeren Test alle Mittelwerte gleichzeitig geprüft werden. Einzelheiten dazu sind in Abschnitt 8.7 beschrieben.

8.4 Tests für Streuungsparameter

8.4.1 Vergleich von empirischer und theoretischer Standardabweichung

Aus den Verbesserungen der Beobachtungen, die bei der Mittelwertbildung oder einer Schätzung in einem linearen Modell auftreten, wird in aller Regel eine Schätzung für die Varianz der Grundgesamtheit abgeleitet, aus der die Beobachtungsreihe stammt:

$s_0^2 = \boldsymbol{v}^t \boldsymbol{P} \boldsymbol{v}/f$, empirische Varianz der Gewichtseinheit,
$s_0^2 = \boldsymbol{v}^t \boldsymbol{v}/f$, empirische Varianz gleichgewichtiger Beobachtungen,
$f = n - u$, Freiheitsgrad, $u = 1$ für Mittelbildung.

Unter der Voraussetzung, dass die Grundgesamtheit normalverteilt ist, wird getestet, ob sich der empirische Wert s_0^2 signifikant von dem Verteilungsparameter σ_0^2 unterscheidet. Die Nullhypothese H_0 lautet $E(s_0^2) = \sigma_0^2$. Die Alternativhypothese H_A kann zweiseitig sein, $E(s_0^2) \neq \sigma_0^2$, oder einseitig, $E(s_0^2) > \sigma_0^2$ bzw. $E(s_0^2) < \sigma_0^2$.
Als Prüfgröße ist der Ausdruck

$$d = f s_0^2/\sigma_0^2 = \boldsymbol{v}^t \boldsymbol{P} \boldsymbol{v}/\sigma_0^2$$

geeignet. Wenn H_0 zutrifft, ist d Realisierung einer χ^2-verteilten Zufallsvariablen mit f Freiheitsgraden (vergl. (7.11)). Für die gewählte Irrtumswahrscheinlichkeit α kann der Schwellenwert $\chi_\alpha^2(f)$ Tafeln oder Nomogrammen entnommen und mit d verglichen werden.

Beispiel 30

Überprüfung eines stochastischen Modells

Für die Auswertung von Deformationsmessungen an einem rutschungsgefährdeten Hang wurde folgendes stochastisches Modell gewählt:

$\sigma_R = 1{,}55\,\text{mgon}$, Standardabweichung einer einmal gemessenen Richtung,

$\sigma_{D_i} = 1{,}0\,\text{cm} + 5 \cdot 10^{-6} D_i$, Standardabweichung einer Strecke.

Die Gewichte wurden mit der Konstanten $\sigma_0^2 = 30$ berechnet,

$$p_{R_i} = n_i \sigma_0^2/\sigma_R^2; \quad p_{D_i} = \sigma_0^2/\sigma_{D_i}^2,$$

wobei n_i die Anzahl der Wiederholungsmessungen der i-ten Richtung ist.

Aus der Ausgleichung ergab sich

$$s_0^2 = 55{,}2; \; \boldsymbol{v}^t \boldsymbol{P} \boldsymbol{v} = 607{,}1; \; f = 11 \; .$$

Die Nullhypothese $H_0 : E(s_0^2) = \sigma_0^2 = 30$ soll bei einer Irrtumswahrscheinlichkeit $\alpha = 0,05$ gegen die zweiseitige Alternative $H_A : E(s_0^2) \neq \sigma_0^2$ getestet werden. Die Prüfgröße $d = 607,1/30 = 20,2$ ist mit dem Schwellenwert $\chi^2_\alpha = 21,9$ zu vergleichen. Wegen $\chi^2_\alpha > d$ kann die Hypothese nicht verworfen werden, d. h. das stochastische Modell steht in Einklang mit den Beobachtungen.

8.4.2 Vergleich zweier unabhängiger Varianzen

Seien σ_1^2 und σ_2^2 die Varianzen zweier unabhängiger normalverteilter Zufallsvariablen. Von beiden Zufallsvariablen möge eine Stichprobe vorliegen, aus der die empirischen Varianzen s_1^2 und s_2^2 berechnet wurden. Soll nun die Nullhypothese $H_0 : \sigma_1^2 = \sigma_2^2$ gegen die Alternative $H_{A1} : \sigma_1^2 \neq \sigma_2^2$ (zweiseitig) oder $H_{A2} : \sigma_1^2 > \sigma_2^2$ getestet werden, so kann dies auf der Basis der empirischen Varianzen geschehen. Nach Abschnitt 7.1.4 ist die Testgröße $d = (s_1^2/\sigma_1^2)/(s_2^2/\sigma_2^2)$ die Realisation einer F-verteilten Zufallsvariablen mit f_1 und f_2 Freiheitsgraden. Unter H_0 wird daraus

$$d = s_1^2/s_2^2 = \frac{(\boldsymbol{v}_1^t \boldsymbol{P}_1 \boldsymbol{v}_1/f_1)}{(\boldsymbol{v}_2^t \boldsymbol{P}_2 \boldsymbol{v}_2/f_2)},$$

wobei die Nummerierung so vorzunehmen ist, dass $d > 1$ ausfällt. Der Schwellenwert $F_\alpha(f_1, f_2)$, der bei richtiger Nullhypothese nur mit der Wahrscheinlichkeit α überschritten wird, kann mit den Eingängen f_1, f_2 aus Tafeln oder Graphiken der F-Verteilung entnommen werden.
Der F-Test ist von großer praktischer Bedeutung, da er es erlaubt, verschiedene Messverfahren, Geräte und Beobachter hinsichtlich ihrer Leistungsfähigkeit objektiv zu vergleichen. Wegen der vereinbarten Nummerierung wird in aller Regel die einseitige Alternative, H_{A2}, $\sigma_1^2 > \sigma_2^2$, betrachtet. Weitere Anwendungen sind die Varianzanalyse (Abschnitt 8.7) und die Überprüfung der Varianzen auf Gleichheit vor Anwendung des t-Tests (Abschnitt 8.3.2).

Beispiel 31

Additionskonstante eines Distanzmessers

In Beispiel 29 wurde die Differenz der auf zwei unterschiedlichen Wegen bestimmten Additionskonstanten eines Distanzmessers auf den Erwartungswert Null getestet. Dabei wurde angenommen, dass die Varianzen der eingesetzten Messverfahren unterschiedlich sind. Diese Annahme soll nun mit dem F-Test überprüft werden. Der Test ist einseitig und soll mit $\alpha = 0,05$ durchgeführt werden.

$$\begin{array}{ll} \text{1. Labormessung}: & s_{01} = 6,64\,\text{mm}, \; f_1 = 9 \\ \text{2. Feldmessung}: & s_{02} = 12,2\,\text{mm}, \; f_2 = 14 \end{array}$$

$H_0 : E(s_{01}^2) = E(s_{02}^2) = \sigma_0^2$, $H_A : E(s_{01}^2) > E(s_{02}^2)$.
Da s_{02} größer als s_{01} ist, muss umnummeriert werden:

$$\begin{array}{ll} \text{1. Feldmessung}: & s_{01} = 12,2\,\text{mm}, \; f_2 = 14 \\ \text{2. Labormessung}: & s_{02} = 6,64\,\text{mm}, \; f_1 = 9 \end{array}$$

Der Teststatistik $d = s_{01}^2/s_{02}^2 = 3,38$ steht der Schwellenwert $F_\alpha = 3,0$ gegenüber. Wegen $d > F_\alpha$ wird die Nullhypothese verworfen. Es war also richtig, unterschiedliche Varianzen anzunehmen.

8.4.3 Vergleich mehrerer Varianzen (BARTLETT-Test)

Liegen aus mehreren unabhängig normalverteilten Grundgesamtheiten Messreihen vor, die gemeinsam ausgewertet werden sollen, so ist das Zusammenfassen der Messreihen mit einer gemeinsamen Varianz nur erlaubt, wenn die Grundgesamtheiten dieselbe Varianz besitzen. Sei k die Anzahl der Messreihen, für die die empirischen Varianzen s_{0i}^2 mit f_i, $i = 1,2,\ldots,k$, vorliegen. Für eine gewählte Irrtumswahrscheinlichkeit α soll die Nullhypothese $H_0 : \sigma_{01}^2 = \sigma_{02}^2 = \ldots = \sigma_{0k}^2 = \sigma_0^2$ gegen die Alternative H_A: Für mindestens eine Varianz gilt $\sigma_0^2 \neq \sigma_{0i}^2$, getestet werden.
Bei richtiger Nullhypothese dürfen die empirischen Varianzen zusammengefasst werden:

$$s_0^2 = \frac{f_1 s_{01}^2 + f_2 s_{02}^2 + \ldots + f_k s_{0k}^2}{f_1 + f_2 + \ldots + f_k}, \quad f = \sum_{i=1}^{k} f_i \, .$$

Nach BARTLETT ist die zu bildende Teststatistik

$$d = \frac{|f \ln s_0^2 - \sum_{i=1}^k f_i \ln s_{0i}^2|}{\left[1 + (3[k-1])^{-1}\left(\sum_{i=1}^k f_i^{-1} - f^{-1}\right)\right]}$$

asymptotisch χ^2-verteilt mit $k-1$ Freiheitsgraden. Der Test setzt voraus, dass $k \geq 3$ und $f_i \geq 5 \; \forall i$ gilt. Der Schwellenwert $\chi_\alpha^2(k-1)$ kann aus Tabellen oder Graphiken abgelesen werden. Fällt d größer als χ_α^2 aus, ist H_0 zu verwerfen.

Beispiel 32

Astronomische Breitenbestimmung

(aus Wermann, G.: *Azimut- und Breitenbeobachtungen 1955 und 1956.* DGK, Reihe B, Heft 38).
Im August 1956 wurden auf der Station Wingst/Silberberg die in Tab. 8.1 zusammengestellten Beobachtungsergebnisse erzielt.

Nacht	Mittelwert $\hat{x}_i$	$s_{\hat{x}_i}$	n_i	f_i	$s_{0_i}^2$
4.8.1956	$53°43'48,33''$	$0,18''$	11	10	0,36
5.8.1956	49,04	0,25	6	5	0,38
7.8.1956	48,50	0,17	10	9	0,29
8.8.1956	47,50	0,09	11	10	0,09
9.8.1956	48,68	0,33	8	7	0,87

Tab. 8.7: Breitenbestimmung

Die Nullhypothese lautet: alle Messreihen entstammen derselben Grundgesamtheit mit der Varianz σ_0^2. Als Irrtumswahrscheinlichkeit des einseitigen Tests wird $\alpha = 0,075$ festgelegt. Der Schätzer für die Varianz σ_0^2 einer einzelnen Messung ist

$$s_0^2 = \sum f_i s_{0i}^2 / f = 0,37, \; f = \sum f_i = 41 \, .$$

Damit folgt für die Prüfgröße

$$d = |-40,76 + 51,25|(1 + \frac{1}{12}[0,654 - 0,024])$$
$$d = 10,49/(1 + 0,0525) = 9,96 \, ,$$

die dem Schwellenwert $\chi_\alpha^2 = 8,63$ für $\alpha = 0,075$, $k-1 = 4$ gegenübersteht. Wegen $d > \chi_\alpha^2$ wird H_0 verworfen. Die Beobachtungsreihen entstammen unterschiedlichen Grundgesamtheiten. Bei der Bildung des Mittelwertes für die fünf Nächte sind daher Gewichte proportional $1/s_{\bar{x}_i}^2$ zu verwenden.

8.4.4 Genauigkeit der Gewichtsbestimmung

Wenn die Messwerte unterschiedlich genau sind, werden im stochastischen Modell a priori Gewichte festgelegt. Nach (3.8) gilt für die Gewichte $p_i \sim 1/\sigma_i^2$ bzw. $p_i = \sigma_0^2/\sigma_i^2$. Die benötigten Varianzen σ_i^2 sind jedoch in der Regel nicht bekannt und müssen daher durch Schätzungen s_i^2 ersetzt werden. Wenn der Freiheitsgrad dieser Schätzungen gering ist, erhält man nach (7.12) recht große Vertrauensintervalle für σ_i^2, und es stellt sich dann die Frage, wie groß die Varianzunterschiede sein müssen, um unterschiedliche Gewichte zu rechtfertigen. Nach Abschnitt 7.1.4 ist die Zufallsvariable

$$R = \frac{Q_1/f_1}{Q_2/f_2} \sim F(f_1, f_2) \quad \text{mit} \quad Q = \boldsymbol{v}^t \boldsymbol{P} \boldsymbol{v}/\sigma_0^2$$

F-verteilt. Durch einfaches Umformen findet man

$$R = \frac{s_1^2/\sigma_1^2}{s_2^2/\sigma_2^2} = \frac{s_1^2 p_1}{s_2^2 p_2}$$

und damit die Wahrscheinlichkeit für p_1/p_2

$$P(p_1/p_2 \leq \frac{s_2^2}{s_1^2} F_{1-\alpha}(f_1, f_2)) = 1 - \alpha \, .$$

Da üblicherweise die Nummerierung so gewählt wird, dass $s_1^2 > s_2^2$ und damit $p_2 > p_1$ gilt, ist es zweckmäßig, die Kehrwerte zu bilden. Man erhält dann

$$P(p_2/p_1 \geq \frac{s_1^2}{s_2^2}(F_{1-\alpha}(f_1, f_2))^{-1}) = 1 - \alpha \, ,$$

bzw. mit der (7.2) entnommenen Beziehung $F_\alpha(f_1, f_2) = (F_{1-\alpha}(f_2, f_1))^{-1}$

$$P(p_2/p_1 \geq \frac{s_1^2}{s_2^2} F_\alpha(f_2, f_1)) = 1 - \alpha \ .$$

Für das Vertrauensintervall des Quotienten p_2/p_1 folgt daraus

$$P(\frac{s_1^2}{s_2^2} F_{\alpha/2}(f_2, f_1) \leq p_2/p_1 \leq \frac{s_1^2}{s_2^2} F_{1-\alpha/2}(f_2, f_1)) = 1 - \alpha \ .$$

Wenn in eine Schätzung erst dann unterschiedliche Gewichte eingeführt werden sollen, wenn mit einer vorgegebenen Wahrscheinlichkeit $W = 1 - \alpha$ das Gewichtsverhältnis $\sigma_1^2/\sigma_2^2 = p_2/p_1 \geq k$ ist, kann der folgende Test durchgeführt werden. Die Nullhypothese $p_2/p_1 = \sigma_1^2/\sigma_2^2 \geq k$ bzw. $p_2 \geq kp_1$ wird gegen die einseitige Alternative $p_2 < kp_1$ getestet. Als Teststatistik wird der Quotient s_1^2/s_2^2 gebildet, der unter H_0 wie $k\,F(f_1, f_2)$ verteilt ist. H_0 wird auf dem Niveau α verworfen, wenn

$$\frac{s_1^2}{s_2^2} < k\,F_\alpha(f_1, f_2) = k/F_{1-\alpha}(f_2, f_1)$$

ausfällt.

Beispiel 33

Fortsetzung des Beispiels 32

Der BARTLETT-Test hat zum Verwerfen der Hypothese gleicher Varianzen der Einzelbeobachtungen in den verschiedenen Nächten geführt. Deshalb müssen Gewichte für die Nächtemittel eingeführt werden, die proportional zu den empirischen Varianzen $1/s_{x_i}^2$ und nicht zu den Wiederholungszahlen n_i festgelegt werden. Dies soll jedoch nur dann erfolgen, wenn mit $W = 0{,}9$ die Hypothese H_0, dass das Verhältnis $p_{\max}/p_{\min} \geq 2$ ist, bestätigt wird. Wir entnehmen der Tabelle 8.7 des Beispiels 32:

$$s_{\min} = 0{,}09'' \rightarrow p_{\max} = 123{,}5 \quad f_2 = 11$$
$$s_{\max} = 0{,}33 \rightarrow p_{\min} = 9{,}2 \quad f_1 = 8$$

Die Teststatistik nimmt damit den Wert $d = 13{,}4$ an. Für den Schwellenwert folgt $2\,F_{0{,}10}(f_1, f_2) = 2/F_{0{,}90}(f_2, f_1) = 0{,}9$. Die Teststatistik fällt damit in den Annahmebereich von H_0. Man liest aus dem Ergebnis ab, dass bei einem realen Gewichtsverhältnis $p_2/p_1 = 2$ der Quotient s_1^2/s_2^2 in 10% aller Fälle kleiner als $0{,}9$ ausfällt. Daraus folgt, dass bei den vorliegenden Freiheitsgraden H_0 niemals verworfen wird, da stets $p_{\max}/p_{\min} > 1$ gelten muss. Für das Vertrauensintervall des Gewichtsverhältnisses $p_{\max}/p_{\min} = 13{,}4$ erhält man

$$P(13{,}4F_{0{,}05}(11, 8) \leq p_{\max}/p_{\min} \leq 13{,}4F_{0{,}95}(11, 8)) = 0{,}9$$
$$P(4{,}5 \leq p_{\max}/p_{\min} \leq 44{,}5) = 0{,}9$$

Dieses Ergebnis macht sehr deutlich, wie unsicher aus empirischen Varianzen abgeleitete Gewichte sind. Selbst bei großen Freiheitsgraden ändert sich daran nicht viel. Für $f_1 = f_2 = 100$ würde in dem Beispiel mit $W = 0,90$ das Intervall $[10,4;\ 17,3]$ für das Gewichtsverhältnis folgen. Bemerkenswert ist ferner, dass sich die Breite des Vertrauensintervalls proportional mit dem empirischen Varianzenquotienten ändert. Daraus folgt, dass für $p_2/p_1 = 1$ das Intervall am kleinsten ist.

8.5 Tests auf Unabhängigkeit

Die Unabhängigkeit der Realisationen einer Zufallsvariablen und die Unabhängigkeit von Zufallsvariablen sind oft grundlegende Voraussetzungen für die Anwendung bestimmter Schätz- und Testverfahren. Von der großen Zahl von Tests zur Prüfung dieser Voraussetzungen sollen hier einige kurz dargestellt werden.

8.5.1 Realisationen einer beliebig verteilten Zufallsvariablen

Drei verteilungsfreie Tests sollen hier beschrieben werden, die sich nach Aufwand und Effizienz unterscheiden. Die zu prüfende Nullhypothese H_0 lautet jeweils „es gibt keine Abhängigkeit zwischen den Werten der Beobachtungsreihe".

A) Der einfachste Test auf Unabhängigkeit der Realisierungen einer Zufallsvariablen beruht auf der Analyse von Vorzeichen. Zunächst wird der Median der Stichprobe gebildet und von allen Realisierungen subtrahiert. Dadurch entsteht die zentrierte Stichprobe mit gleichviel negativen und positiven Vorzeichen. Wenn die Beobachtungen stark gerundet sind oder von einer diskreten Zufallsvariablen stammen, kann es vorkommen, dass mehrere Werte mit dem Median zusammenfallen. Diese Beobachtungen werden entweder eliminiert und es wird mit dem entsprechend reduzierten Umfang n fortgefahren, oder diese Nullen werden abwechselnd durch Plus und Minus ersetzt und zwar so, dass eine maximale Anzahl von Vorzeichenwechseln entsteht. Nun werden nebeneinanderstehende gleiche Vorzeichen zu Gruppen (Phasen, Iterationen) zusammengefasst. Die Anzahl g der Gruppen ist die Realisierung einer Zufallsvariablen G, für die nach KREYSZIG bei richtiger Nullhypothese, die Reihenfolge der Messwerte ist zufällig, folgende Wahrscheinlichkeitsfunktion gilt:

$$f(g) = P(G = g) = \frac{2\begin{pmatrix} m-1 \\ \frac{1}{2}(g-2) \end{pmatrix}^2}{\begin{pmatrix} 2m \\ m \end{pmatrix}}, \quad g \ \text{gerade}\ , \tag{8.1}$$

$$f(g) = P(G = g) = \frac{2\begin{pmatrix} m-1 \\ \frac{1}{2}(g-1) \end{pmatrix}\begin{pmatrix} m-1 \\ \frac{1}{2}(g-3) \end{pmatrix}}{\begin{pmatrix} 2m \\ m \end{pmatrix}}, \quad g \ \text{ungerade}\ .$$

In diesen Gleichungen ist m die Anzahl der Pluszeichen, die nach Voraussetzung gleich der Anzahl der Minuszeichen ist. Für $m \geq 20$ und $n = 2m$ kann nach SACHS G in eine normierte normalverteilte Zufallsvariable transformiert werden

$$U = |G - \left(\frac{n}{2} + 1\right)| / \sqrt{n(n-2)/4(n-1)} \quad . \tag{8.2}$$

Die Alternativhypothese, die Anordnung der Beobachtungen ist nicht zufällig, kann bei zu kleinem g bedeuten, dass die Messungen einem linearen Trend folgen oder starke Erhaltungsneigung besitzen. Bei zu großem g wechselt das Vorzeichen regelmäßig, was auf ein Oszillieren der Zufallsvariablen hindeuten kann. Man wird, wenn keine a priori Kenntnisse vorliegen, daher nur einen zweiseitigen Test durchführen.

B) Ein sehr ähnlicher Test kann auf die Vorzeichen der Differenzen benachbarter Beobachtungen gestützt werden. Unter H_0 sollten diese Vorzeichen zufällig verteilt sein. Man formt wieder Gruppen gleicher benachbarter Vorzeichen und bildet aus ihrer Anzahl g die nach SACHS für $n > 10$ mit guter Näherung normiert normalverteilte Testgröße

$$U = \frac{|G - \frac{2n-1}{3}| - 0,5}{\sqrt{(16n-29)/90}} \quad .$$

Dieser Test ist effizienter als der unter A) beschriebene, da über die Differenzbildung auch die Größe der Einzelbeobachtungen in den Test eingeht.

C) Ein weiterer, sehr effizienter verteilungsfreier Test kann aus den Rangzahlen r_i der Beobachtungen abgeleitet werden. Zunächst werden den Beobachtungen in der Reihenfolge ihres Auftretens die Zahlen $1, 2, \ldots, i, \ldots, n$ zugeordnet. Danach erhält jede Beobachtung eine Rangzahl r_i, die ihre Position oder Platzziffer in der nach Größe geordneten Stichprobe angibt. Wenn die Reihenfolge der Beobachtungen zufällig ist, konmmt jeder Permutation der r_i die gleiche Wahrscheinlichkeit zu. Da es $(n-1)!$ verschiedene Permutationen gibt, ist die Wahrscheinlichkeit dafür, dass $r_i = k$, $k \in \{1, 2, ..., n\}$ eintrifft für alle r_i gleich und zwar $(n-1)!/n! = 1/n$. Für den Erwartungswert der gleichverteilten r_i hat man daher $(n+1)/2$ und für ihre Varianz $(n^2-1)/12$. Wird nun aus den n Paaren (i, r_i) der empirische Korrelationskoeffizient berechnet, so muss er unter H_0 den Erwartungswert Null besitzen. Als Schätzer für den (SPEARMANschen) Rangkorrelationskoeffizienten erhält man damit

$$r_S = \frac{\left(\frac{1}{n}\sum_{i=1}^{n} i r_i - \left[\frac{1}{2}(n+1)\right]^2\right)}{\frac{1}{12}(n^2-1)} \tag{8.3}$$

oder nach einigen Umformungen

$$r_S = 1 - \frac{6}{n(n^2-1)} \sum_{i=1}^{n} (r_i - i)^2 \ . \tag{8.4}$$

Die Schwellenwerte für r_S entnimmt man entweder aus entsprechenden Tabellen oder man nutzt die Tatsache, dass die Größe

$$t = \sqrt{(n-2)r_S^2/(1-r_S^2)} \tag{8.5}$$

in guter Näherung einer t-Verteilung mit $n-2$ Freiheitsgraden folgt.

Beispiel 34

Überprüfung einer EDM

Auf einer Kalibrierstrecke mit fehlerfrei bekannten Teilstrecken wurden im Abstand von jeweils 10 Minuten unmittelbar nacheinander Messungen zum 30 m entfernten Pfeiler A und zum 250 m entfernten Pfeiler B ausgeführt. Die Differenz der Messergebnisse zu den Sollstrecken sind die in der Tabelle 8.8 in zeitlicher Reihenfolge angegebene Werte.

Nr i 1	dA [mm] 2	dB [mm] 3	dA $-m_A$ 4	dB $-m_B$ 5	ΔdA 6	ΔdB 7	r_A 8	$\|r_A$ $-i\|$ 9	r_B 10	$\|r_B$ $-i\|$ 11
1	+4,6	+1,5	+5,6	+2,8			3	2	7	6
2	+3,7	+1,7	+4,7	+3,0	-0,9	+0,2	4	2	6	4
3	+6,4	+6,3	+7,4	+7,6	+2,7	+4,6	1	2	2	1
4	+0,5	-3,1	+1,5	-1,8	-5,9	-9,4	5	1	12	8
5	-1,1	+2,4	-0,1	+3,7	-1,6	+5,5	9,5	4,5	4	1
6	+4,9	+9,5	+5,9	+10,8	+6,0	+7,1	2	4	1	5
7	+0,1	+2,8	+1,1	+4,1	-4,8	-6,7	6,5	0,5	3	4
8	$-1,0^*$	-6,1	0	-4,8	-1,1	-8,9	8	0	15	7
9	-4,1	-5,4	-3,1	-4,1	-3,1	+0,7	14	5	13	4
10	-1,4	-1,5	-0,4	-0,2	+2,7	+3,9	11,5	1,5	9,5	0,5
11	+0,1	+2,2	+1,1	+3,5	+1,5	+3,7	6,5	4,5	5	6
12	-1,4	-5,5	-0,4	-4,2	-1,5	-7,7	11,5	0,5	14	2
13	-1,1	-2,6	-0,1	-1,3	+0,3	+2,9	9,5	3,5	11	2
14	-5,9	-1,5	-4,9	-0,2	-4,8	+1,1	15	1	9,5	4,5
15	-3,5	$-1,3^*$	-2,5	0	+2,4	+0,2	13	2	8	7
	$m_A =$ -1,0	$m_B =$ -1,3	g_A = 6	g_B = 6	$g_{\Delta A}$ = 10	$g_{\Delta B}$ = 7	$\sum(r_A - i)^2$ =114,5		$\sum(r_B - i)^2$ =337,5	

Tab. 8.8: Überprüfung EDM

A) Zur Überprüfung der Unabhängigkeit der Messwerte innerhalb der Reihen A und B werden zunächst die Mediane m_A und m_B gebildet und von den Einzelwerten subtrahiert. Die Vorzeichen dieser Differenzen in Spalten 4 und 5 werden zu Gruppen zusammengefasst. Die Reihe A hat $g_A = 6$ und die Reihe B hat $g_B = 6$ Vorzeichengruppen. Die Auswertung der in (8.1) angegebenen Wahrscheinlichkeitsfunktion $f(g)$ mit $m = 8$ Plus- bzw. Minuszeichen liefert die in Tabelle 8.9 zusammengestellten Werte der Verteilungsfunktion $F(g) = P(G \leq g)$. Es genügt $F(2)$ bis $F(7)$ anzugeben, da $F(8) = 1 - F(7)$ und $F(8+k) = 1 - F(7-k)$ gelten.

g	2	3	4	5	6	7
F(g)	0,0005	0,0041	0,0251	0,0775	0,2086	0,3834

Tab. 8.9: Verteilung Vorzeichengruppen

Wir lesen aus der Tabelle die Toleranzintervalle

$$P(4 \leq g \leq 11) = 1 - 0,05 = 0,95 \text{ und } P(5 \leq g \leq 10) = 1 - 0,155 = 0,845$$

ab und können schließen, dass $g = 6$ im Einklang mit der Hypothese der Unabhängigkeit der Messwerte ist.

Obwohl m nur 7 beträgt, sei die Transformation (8.2) von G in eine angenähert $N(0,1)$-verteilte Variable durchgeführt,

$$u = \frac{(|6 - (14/2 + 1)|)}{\sqrt{14 \cdot 12/4 \cdot 13}} = 1,11.$$

Mit $P(|u| \geq 1,11) = 0,14$ entnimmt man den Tafeln der Normalverteilung, dass kein Grund besteht, die Hypothese der Unabhängigkeit der Beobachtungen zu verwerfen.

B) Die Spalten 6 und 7 der Tabelle enthalten die Differenzen benachbarter Messungen, deren Vorzeichen $g_A = 10$ und $g_B = 7$ Gruppen bilden. Da $n = 15$ ist, kann der Test auf der Basis der Standardnormalverteilung durchgeführt werden.

$$u_A = (|10 - 29/3| - 0,5)/\sqrt{(16 \cdot 15 - 29)/90} = -0,11$$
$$u_B = (|7 - 29/3| - 0,5)/\sqrt{(16 \cdot 15 - 29)/90} = 1,42$$

Nachdem die Schwellenwerte für $\alpha = 0,1$ durch $\pm 1,64$ gegeben sind, führt der Test in Übereinstimmung mit A) zur Annahme von H_0.

C) Die zur Berechnung der SPEARMANschen Rangkorrelation benötigten Größen sind in den Spalten 9 und 11 angegeben. Man erhält nach (8.3)

$$r_{SA} = 0,80 \text{ und } r_{SB} = 0,40$$

und nach Umrechnung gemäß (8.5) in die t-Verteilung die Prüfgrößen

$$t_A = 4,81 \text{ und } t_B = 1,57 .$$

Den Tafeln der t-Verteilung entnimmt man mit $f = 13$ die zweiseitigen Schwellenwerte $t_{0,05} = \pm 2,16$ und $t_{0,1} = \pm 1,35$. Das Ergebnis widerspricht dem Ausfall der Tests unter A) und B). Die Beobachtungen der Reihe A sind mit hoher Wahrscheinlichkeit nicht unabhängig und in der Reihe B kann die Unabhängigkeit stark angezweifelt werden. Der Test C) benutzt statt der Vorzeichen die von der Beobachtungsgröße abhängenden Ränge. Er verwertet also viel mehr Information als A) oder B) und liefert daher sicher das zuverlässigere Ergebnis.

8.5.2 Unabhängigkeit normalverteilter Stichproben

Während die Tests des vorherigen Abschnitts nur einen Teil der den Beobachtungen innewohnenden Information nutzen, nämlich das Vorzeichen bzw. die Position innerhalb der nach Größe geordneten Stichprobe (den Rang), basieren die beiden im Folgenden angegebenen Tests auf den Beobachtungswerten selbst.

A) Unter der Nullhypothese, dass die Beobachtungen den Erwartungswert λ besitzen und zufällig angeordnet sind, gilt

$$E(l_i - \lambda) = 0, \quad E[(l_i - \lambda)^2] = \sigma^2$$
$$E(l_{i+1} - l_i) = 0, \quad E[(l_{i+1} - l_i)^2] = 2\sigma^2$$

für $i = 1, 2, \ldots, n$.
Daraus können zwei Schätzungen für σ^2 abgeleitet werden

$$s^2 = \frac{1}{n-1}\sum_{i=1}^{n}(l_i - \hat{l})^2 \quad \text{bzw.} \quad s^2 = \frac{1}{n}\sum_{i=1}^{n} l_i^2, \text{ für } \lambda = 0 \text{ und}$$

$$\bar{s}^2 = \frac{1}{2(n-1)}\sum_{i=1}^{n-1}(l_{i+1} - l_i)^2 ,$$

die unter H_0 gleichwertig sind. Wenn die Beobachtungen einen Trend enthalten oder Erhaltensneigung zeigen, so wird dies die Schätzung s^2 verfälschen, während der Einfluss auf $\bar{s}^2$ wegen der Differenzenbildung gering sein wird (vgl. auch (6.18), Beziehung zwischen Varianz und Variogramm). Als Teststatistik für H_0 kann der Quotient $d = \bar{s}^2/s^2$ benutzt werden, der unter H_A (die Beobachtungen sind trendbehaftet) deutlich kleiner als eins ausfallen wird. Nach SACHS kann für große n die Statistik d in eine $N(0,1)$-verteilte Größe u transformiert werden,

$$u = (1-d)\sqrt{(n-1)(n+1)/(n-2)}$$

wobei ab $n = 15$ schon eine akzeptable Approximation erreicht wird. Für kleine $n \geq 4$ findet man bei SACHS Tabellen der kritischen Werte von d zum Niveau $\alpha = 0,001$, $\alpha = 0,01$ und $\alpha = 0,05$.

B) Ein weiterer Test der Nullhypothese (die Beobachtungsanordnung ist zufällig) kann durch Berechnung der Koeffizienten der seriellen (Auto-) Korrelation erfolgen, die unter H_0 alle den Erwartungswert Null besitzen. In Abschnitt 3.3.4 sind die Schätzformeln angegeben, die allerdings großes n ($n \geq 50$) voraussetzen. Für kleine Stichprobenumfänge ist folgende genauere Schätzformel zu verwenden,

$$r_k = \frac{\sum_{i=1}^{n-k} v_i v_{i+k}}{\left[\sum_{i=1}^{n-k} v_i^2 (\sum_{i=1}^{n-k} v_{i+k}^2)\right]^{1/2}} \tag{8.6}$$

$$v_i = l_i - \frac{1}{n-k}\sum_{i=1}^{n-k} l_i \,, \qquad v_{i+k} = l_{i+k} - \frac{1}{n-k}\sum_{i=1}^{n-k} l_{i+k}$$

in der k der Abstand der Beobachtungen innerhalb der Stichprobe ist, zwischen denen die Korrelation geschätzt wird.
Für unabhängige normalverteilte Variable l_i und l_{i+k} ist der Korrelationskoeffizient $\rho_k = 0$. Nach SACHS gilt für den Schätzer r folgende Umrechnung in eine t-verteilte Variable mit $n-2$ Freiheitsgraden

$$t = r\sqrt{(n-2)(1-r^2)}. \tag{8.7}$$

Damit ist der Test auf Zufälligkeit der Beobachtungen auf einen t-Test zurückgeführt. Allerdings setzt diese Transformation einen großen Freiheitsgrad voraus ($n \geq 50$). Für kleinere Freiheitsgrade sind die Schwellenwerte vertafelt, z. B. bei SACHS 1992. Bei der Bewertung der Schätzergebnisse ist zu beachten, dass r im Allgemeinen kein erwartungstreuer Schätzer ist

$$E(r) = \varrho\left[1 - \left[(1-\varrho)^2/2n\right] + O(n^{-2})\right] \tag{8.8}$$

und für kleine n eine relativ große Varianz besitzt

$$Var(r) = (1-\varrho)^2\left[1 + 11\rho^2/2n\right]/(n-1) + O(n^{-3}). \tag{8.9}$$

Um den Korrelationskoeffizienten bei Stichproben $10 \leq n \leq 50$ auf Signifikanz zu testen, empfiehlt es sich, die auf FISHER zurückgehende z-Transformation durchzuführen. Das Ergebnis dieser Transformation ist asymptotisch normalverteilt,

$$z = \frac{1}{2}\ln[(1+r)/(1-r)], \ \zeta = \frac{1}{2}\ln[(1+\varrho)/(1-\varrho)] \tag{8.10}$$

mit

$$E(z) = \zeta + \frac{\varrho}{2(n-1)}\left[1 + \frac{5+\varrho^2}{4(n-1)} + 0(n^{-2})\right], \ E(z|H_0) = 0 \tag{8.11}$$

$$Var(z) = \frac{1}{n-1}\left[1 + \frac{4-\varrho^2}{2(n-1)} + 0(n^{-2})\right], \ Var(z|H_0) = \frac{n+1}{(n-1)^2}. \tag{8.12}$$

Der Test auf zufällige Anordnung der Messwerte innerhalb der Stichprobe ist ein zweiseitiger Test auf Erwartungswert Null des Korrelationskoeffizienten. Bei $n \geq 50$ wird zweckmäßig die in (8.7) angegebene t-verteilte Teststatistik benutzt, und bei kleineren n über die Tabellen bei SACHS oder mit Hilfe der normalverteilten Prüfgröße z nach (8.10) der Test durchgeführt.

Beispiel 35

(Fortsetzung des Beispiels 34)

A) Für die in Beispiel 34 angegebenen Messreihen (Tabelle 8.8) werden die benötigten Quadratsummen und empirischen Varianzen gebildet

$$\sum(dA)^2 = 171,3, \quad s_A^2 = 11,42, \quad \sum(\Delta dA)^2 = 156,2, \quad \bar{s}_A^2 = 5,58$$

$$\sum(dB)^2 = 272,7, \quad s_B^2 = 18,18, \quad \sum(\Delta dB)^2 = 412,7, \quad \bar{s}_B^2 = 14,74$$

Daraus folgen die $N(0,1)$ verteilten Prüfstatistiken

$$d_A = \bar{s}_A^2/s_A^2 = 0,49, \quad u_A = (1-0,49)\sqrt{14 \cdot 16/13} = 2,12$$

$$d_B = \bar{s}_B^2/s_B^2 = 0,81, \quad u_B = (1-0,81)\sqrt{14 \cdot 16/13} = 0,79$$

Die Schwellenwerte der Normalverteilung lauten für $\alpha = 0,1$ $u_\alpha = \pm 1,64$, für $\alpha = 0,05$ $u_\alpha = \pm 1,96$ und für $\alpha = 0,01$ $u_\alpha = \pm 2,58$. Für die Reihe A ist H_0 auf dem 0,05-Niveau zu verwerfen, während B nicht im Widerspruch zu H_0 steht (vergl. Ergebnis Beisp. 34, C).

B) Nach den Formeln (8.6) für kleine Stichproben werden folgende Autokorrelationskoeffizienten geschätzt:

$$A: \quad r_1 = +0,51,\ n = 14; \quad r_2 = +0,32,\ n = 13; \quad r_3 = +0,37,\ n = 12$$
$$B: \quad r_1 = +0,24,\ n = 14; \quad r_2 = -0,24,\ n = 13; \quad r_3 = +0,03,\ n = 12$$

Unter H_0 besitzen die Schätzungen die Standardabweichungen $s_1 = 0,28$, $s_2 = 0,29$ und $s_3 = 0,30$. Man erkennt sogleich, dass sich bei Reihe B der Test erübrigt. Für die Koeffizienten der Reihe A wird die z-Transformation durchgeführt

$$z_1 = 1/2 \ln 1,51/0,49 = 0,56 \qquad s_1 = 0,28;\ u_1 = z_1/s_1 = 2,0$$
$$z_2 = 1/2 \ln 1,32/0,68 = 0,33 \qquad s_2 = 0,29;\ u_2 = z_2/s_2 = 1,14$$
$$z_3 = 1/2 \ln 1,37/0,63 = 0,39 \qquad s_3 = 0,33;\ u_3 = z_3/s_3 = 1,18$$

Die Schwellenwerte der Normalverteilung sind unter A) zusammengestellt. Da $u_1 > u_{0,05}$ ist, wird H_0 verworfen. Alle anderen Korrelationsschätzungen liefern offensichtlich keine signifikant von Null abweichenden Ergebnisse.

8.5.3 Korrelation zwischen beliebig verteilten Stichproben

Bei verbundenen Stichproben werden Beobachtungen von zwei oder mehr Zufallsvariablen durchgeführt, die über gemeinsame Einflussgrößen, z. B. gleicher Zeitpunkt, gleiche Temperatur o. ä., miteinander gekoppelt sind. Dieselbe Situation entsteht, wenn zwei- oder mehrdimensionale Zufallsvariablen beobachtet werden. Geprüft werden soll die Nullhypothese, dass die einzelnen Zufallsvariablen bzw. Komponenten des Zufallsvektors unabhängig voneinander sind. Wenn die statistischen Verteilungen unbekannt sind, wird man sich dabei auf verteilungsfreie Testverfahren stützen.

A) Sei (X, Y) ein Paar von Zufallsvariablen, von denen n Realisierungen (x_i, y_i) vorliegen. Es soll die Nullhypothese, X und Y sind unkorreliert, getestet werden. Die (zentrierten) Realisierungen x_i werden in q und y_i in r Klassen eingeteilt. Für die Klasseneinteilung gilt sinngemäß dasselbe wie in Abschnitt 8.2.1 ($n \geq 5$). Die Häufigkeiten h_{jk} werden in einer sog. *Kontingenztafel* zusammengestellt.

Unter H_0 ist die Wahrscheinlichkeit $p_j = P(X \in K_{xj})$ unabhängig von Y und ebenso $p_k = P(Y \in K_{yk})$ unabhängig von X. Daher gilt $p_{jk} = p_j \cdot p_k$ nach dem Produktsatz für unabhängige Ereignisse. Die unbekannten Wahrscheinlichkeiten p_j werden durch die relativen Häufigkeiten $h_{j\cdot}/n$ und p_k durch $h_{\cdot k}/n$ geschätzt. Daraus folgen die theoretischen Häufigkeiten der Zellen zu $h_{j\cdot} \cdot h_{\cdot k}/n$. Analog zu Abschnitt 8.2.2 wird aus der theoretischen und der beobachteten Zellenhäufigkeit eine χ^2-verteilte Teststatistik d gebildet, deren Freiheitsgrad $q \cdot r - (q + r - 2) = (q-1)(r-1)$ beträgt, da $q + r - 2$ unbekannte Wahrscheinlichkeiten geschätzt werden.

$A \setminus B$	K_{y1}	K_{y2}	$\cdots$	K_{yr}	$\sum$
K_{x1}	h_{11}	h_{12}	$\cdots$	h_{1r}	$h_{1\cdot}$
K_{y2}	h_{21}	h_{22}	$\cdots$	h_{2r}	$h_{2\cdot}$
$\vdots$	$\vdots$	$\vdots$	$\ddots$	$\vdots$	$\vdots$
K_{xq}	h_{q1}	h_{q2}	$\cdots$	h_{qr}	$h_{q\cdot}$
$\sum$	$h_{\cdot 1}$	$h_{\cdot 2}$	$\cdots$	$h_{\cdot r}$	n

Tab. 8.10: Kontingenztafel

$$d = \sum_{j=1}^{q}\sum_{k=1}^{r} \frac{[h_{jk} - h_{j\cdot}h_{\cdot k}/n]^2}{h_{j\cdot}h_{\cdot k}/n}$$
$$= n\left[\sum_{j=1}^{q}\sum_{k=1}^{r} \frac{h_{jk}^2}{h_{j\cdot}h_{\cdot k}} - 1\right].$$

Ein häufig auftretender Sonderfall dieses Verfahrens entsteht, wenn $q = r = 2$ gesetzt wird. Die Häufigkeiten werden dann in eine sog. Vierfeldertafel eingetragen, und man erhält die spezielle Statistik

$$d = \frac{n(h_{11}h_{22} - h_{12}h_{21})^2}{h_{1\cdot}h_{2\cdot}h_{\cdot 1}h_{\cdot 2}}.$$

B) Ein weiterer Test auf Unabhängigkeit eines Paares (X, Y) von Zufallsvariablen stützt sich auf den bereits mit (8.3) eingeführten SPEARMANschen Rangkorrelationskoeffizienten. Dazu werden die Realisierungen (x_i, y_i) durch Rangzahlen (rx_i, ry_i) ersetzt, die der Platzziffer in einer nach Größe geordneten Stichprobe entsprechen. Es folgen damit

$$r_S = \frac{\sum_{i=1}^{n} rx_i ry_i - N}{[(\sum_{i=1}^{n} rx_i^2 - N)(\sum_{i=1}^{n} ry_i^2 - N)]^{\frac{1}{2}}}, \quad N = \frac{n(n+1)^2}{4}$$

oder nach Bildung der Differenz $dr_i = rx_i - ry_i$

$$r_S = 1 - 6\sum_{i=1}^{n} dr_i^2/n(n^2 - 1).$$

Unter H_0 gilt $E(r_S) = 0$, und die transformierte Prüfgröße nach (8.5) $t = [(n-2)r_S^2/(1-r_S^2)]^{\frac{1}{2}}$ folgt näherungsweise einer t-Verteilung mit $n - 2$ Freiheitsgraden.

Beispiel 36

(Fortsetzung von Beispiel 34)

Die Nullhypothese, Messreihe A und Messreihe B sind unabhängig, soll auf dem Niveau $\alpha = 0,05$ getestet werden.

A) Obwohl der Stichprobenumfang eigentlich zu gering ist, soll der χ^2-Test demonstriert werden. Dazu werden die beiden Reihen in je zwei Klassen geteilt, nämlich in Beobachtungen mit positiven und negativen Vorzeichen. Daraus folgt die Vierfeldertafel mit den beobachteten Häufigkeiten.

1	2	3	4
5	6	7	8
9	10	11	12
13	14	15	16

Unter H_0 ist der Erwartungswert für die Häufigkeiten in allen Zellen gleich, und zwar 15/4. Für die Prüfgröße erhält man $d = 8,08$. Ihr steht der kritische Wert des einseitigen Tests gegenüber, der aus Tabellen der χ^2-Verteilung mit dem Freiheitsgrad 1 entnommen wird, $\chi^2_{0,05}(1) = 3,84$. H_0 ist also zu verwerfen.

B) Zur Berechnung des SPEARMANSCHEN Korrelationskoeffizienten zwischen den Beobachtungsreihen A und B kann auf die bereits in Spalten 8 und 10 der Tabelle 8.8 angegebenen Rangzahlen zurückgegriffen werden. Man erhält gemäß (8.4) und (8.5) damit $r_S = 0,583$ und die Prüfgröße $t = 2,587$. Der Schwellenwert der t-Verteilung mit 13 Freiheitsgraden für den zweiseitigen Test mit $\alpha = 0,05$ beträgt dagegen $t_{0,05}(13) = 2,160$. Die Nullhypothese ist damit auch bei diesem Test eindeutig abzulehnen.

8.5.4 Korrelationen zwischen normalverteilten Stichproben

Wenn die Zufallsvariablen X und Y eine zweidimensionale Normalverteilung besitzen, so kann mit der Maximum-Likelihood Methode der Korrelationskoeffizient geschätzt werden. Das wohlbekannte Ergebnis lautet (3.19)

$$r = (1/n)\sum(x-\hat{x})(y-\hat{y})/s_1 s_2$$

$$\text{mit } \hat{x} = \sum x/n,\ \hat{y} = \sum y/n,\ s_1^2 = \sum(x-\hat{x})^2/(n-1)$$

$$\text{und } s_2^2 = \sum(y-\hat{y})^2/(n-1).$$

Die Verteilung von r ist recht kompliziert. Sie nimmt aber unter H_0, d. h. für $\varrho = 0$, folgende einfache Dichte an ($B[k_1, k_2]$ ist die Betafunktion):

$$f(r|H_0) = B[1/2, 1/2(n-2)]^{-1} (1-r^2)^{(n-4)/2} ,$$

die im Falle der Normalverteilung streng auf eine t-Verteilung mit $n-2$ Freiheitsgraden zurückgeführt werden kann,

$$t = \left[(n-2)r^2/(1-r^2)\right]^{1/2} .$$

Unter H_A, $\varrho \neq 0$, ist r kein erwartungstreuer Schätzer für ϱ. Erwartungswert und Varianz sind dann nach (8.8) und (8.9) zu berechnen.
Wegen der Form der Verteilung von r ist es zweckmäßig, FISHERs z-Transformation nach (8.10) durchzuführen, und z anstelle von r zu betrachten. Die Zufallsvariable z ist asymptotisch normalverteilt und besitzt die in (8.11) und (8.12) angegebenen Parameter. Unter H_0 folgt daraus die $N(0, 1)$-verteilte Statistik

$$u = z(n-1)/\sqrt{n+1}$$

Sollen mehrere Zufallsvariable auf Unabhängigkeit getestet werden, so können paarweise die Korrelationskoeffizienten r_i geschätzt werden. Für H_0, $E(r_1) = \ldots = E(r_k) = 0$, wird die $\chi^2(k)$-verteilte Statistik

$$d = u_1^2 + u_2^2 + \ldots + u_k^2$$

gebildet und mit dem Schwellenwert der χ^2-Verteilung verglichen.

Beispiel 37

(Fortsetzung von Beispiel 34)

Aus den beiden Messreihen A und B der Tabelle 8.8 erhält man

$$\begin{aligned} \sum dA &= +0,8, & \sum (dA)^2 &= 171,3, & s_A &= 3,50 \\ \sum dB &= -0,6, & \sum (dB)^2 &= 272,7, & s_B &= 4,41 \\ \sum dA \sum dB &= -0,48, & \sum dAdB &= 150,7, & s_{AB} &= 10,77 . \end{aligned}$$

Daraus folgen $r = s_{AB}/s_A s_B = +0,70$ und die t-Statistik unter H_0, $E(r) = 0$, $t = 3,53$. Mit $f = 13$ entnimmt man für den zweiseitigen Test den Schwellenwert $t_{0,05} = 2,16$ bzw. $t_{0,01} = 3,01$. H_0 ist also mit einer Irrtumswahrscheinlichkeit kleiner 1% zu verwerfen, d. h. die Reihen A und B sind abhängig voneinander. Das Testergebnis wird bestätigt, wenn der Weg über die z-Transformation gewählt wird. Man erhält dann $z = 0,867$ und $u = 3,08$. Der Schwellenwert der $N(0, 1)$-Verteilung für den zweiseitigen Test mit $\alpha = 0,01$ beträgt $u_{0,01} = 2,58$ und liegt damit deutlich unter dem Stichprobenwert.

8.6 Ausreißertests

In Abschnitt 1.3 sind die Beobachtungsabweichungen klassifiziert worden in zufällige, systematische und grobe Abweichungen. Bisher haben wir unterstellt, dass die groben Abweichungen erkannt und beseitigt worden sind. Nun wollen wir uns mit Strategien zur Identifikation von groben Fehlern (Ausreißern) beschäftigen.

8.6.1 Behandlung von Ausreißern

Die Modellvorstellung, unter der Schätz- und Testmethoden entwickelt worden sind, lautet, dass alle Beobachtungen l_i aus *einer* Grundgesamtheit entstammen mit $E(\boldsymbol{L}) = \boldsymbol{A}\boldsymbol{x}$ und $Var(\boldsymbol{L}) = \boldsymbol{\Sigma}$. Nun lehrt die Erfahrung, dass bei der Durchsicht der l_i oder der Verbesserungen $v_i = \boldsymbol{a}_i^t\hat{\boldsymbol{x}} - l_i$ gelegentlich Werte auftreten, die die Vermutung nahe legen, dass die Modellvorstellung verletzt ist. Diese unerwartet großen oder kleinen Beobachtungen können das Ergebnis eines groben Fehlers sein, der beim Ablesen, beim Aufschreiben, durch Instrumentenversagen oder durch Irrtümer aufgetreten ist. Das Aufdecken und Beseitigen solcher Fehler ist wichtig, da nur modellkonforme Beobachtungen in die Auswertung einbezogen werden sollen. Andererseits gehört es in der Regel zu den Modellvorstellungen, dass die Beobachtungen normalverteilt sind. Damit ist der zulässige Messwertbereich von $-\infty$ bis $+\infty$ festgelegt, wenngleich Beobachtungen im Randbereich nur eine geringe oder gar verschwindende Wahrscheinlichkeit besitzen. Ein leichtfertiges Streichen von abweichenden Beobachtungen, allein wegen ihrer Größe, ist deshalb nicht zulässig. Dies sollte nur dann geschehen, wenn ein grober Fehler nachgewiesen werden kann.
Daraus ergibt sich die folgende Vorgehensweise. Im ersten Schritt werden die Beobachtungen gekennzeichnet, die auffallend weit von der Menge der anderen Werte entfernt liegen. Als Grenzabstand wird oft $\pm 3\sigma$ gewählt. Im zweiten Schritt werden diese Ausreißer analysiert. Wenn sich nachweisen lässt, dass sie durch grobe Fehler entstanden sind, werden die Beobachtungen gestrichen und, falls erforderlich, wiederholt. Ist solch ein Beweis nicht möglich und gibt es keine andere plausible Erklärung, so kann man die Beobachtung heruntergewichten, streichen oder unverändert im Datensatz belassen. Neben einer solchen pragmatischen Vorgehensweise können formalisierte Entscheidungsregeln mit Hilfe statistischer Tests entwickelt werden.

8.6.2 Verteilung des größten Messwertes

Sei $\boldsymbol{l} = (l_1\ l_2\ \ldots\ l_n)^t$ die Realisierung eines normalverteilten Zufallsvektors $\boldsymbol{L}$ mit $E(L_i) = \lambda$ und $Var(L_i) = \sigma^2$, für alle L_i und $Kov(L_i, L_j) = 0$. Mit l^* sei die größte Beobachtung bezeichnet. Die Wahrscheinlichkeit, dass l^* einen Grenzwert g nicht überschreitet, ist gleich der Wahrscheinlichkeit, dass alle l_i im Intervall $-\infty < l_i \leq g$ liegen. Und diese ergibt sich als Produkt der n gleichen Einzelwahrscheinlichkeiten $\Phi(g)$ zu $\Phi^n(g)$. Wird für g der Maximalwert l^* eingesetzt, so erhält man seine Verteilung zu $F(l^*) = \Phi^n(l^*)$, und für die Dichte folgt

$$f(l^*) = n\,\Phi^{n-1}(l^*)\varphi(l^*)\ .$$

Mithilfe der Verteilung von l^* kann ohne Weiteres für die statistische Sicherheit $S = 1 - \alpha$ der Schwellenwert l^*_α berechnet werden, den l^* nur mit $\alpha\%$ Wahrscheinlichkeit überschreitet

$$F(l^*_\alpha) = 1 - \alpha = \Phi^n(l^*_\alpha)$$
$$\Phi(l^*_\alpha) = (1-\alpha)^{1/n} \; .$$

Unter der Annahme $L_i \sim N(\lambda, \sigma^2)$ erhält man

$$l^*_\alpha = \lambda + \sigma u^*_\alpha$$

mit u^*_α aus der normierten Normalverteilung

$$\Phi(u^*_\alpha) = (1-\alpha)^{1/n} \; .$$

Die Tabelle 8.11 gibt einige Werte u^*_α an.

$\alpha\% \setminus n$	5	10	15	20	30	50	100	200
5	2,32	2,56	2,70	2,80	2,93	3,08	3,29	3,47
1	2,88	3,09	3,21	3,29	3,40	3,54	3,71	3,89
0,1	3,54	3,71	3,82	3,89	3,99	4,11	4,27	4,43

Tab. 8.11: Schwellenwerte für die größte Beobachtung

Hiermit wird der kritische Wert l^*_α berechnet , der bei einer Stichprobe vom Umfang n höchstens mit der Wahrscheinlichkeit α überschritten wird. Auf demselben Weg erhält man den Schwellenwert für die kleinste Beobachtung. Der beschrittene Weg zur Ableitung der Verteilung der Extremwerte einer Stichprobe ist nicht an die Normalverteilung gebunden. Er führt bei jeder anderen bekannten Verteilung ebenfalls zum Ziel. Da in der Regel λ und σ nicht bekannt sind und durch die Schätzer $\hat{x}$ und s ersetzt werden müssen, ist die berechnete Signifikanzschwelle l^*_α für kleines n nur näherungsweise richtig.

8.6.3 Tests der Residuen

Im GAUSS-MARKOV-Modell, $\boldsymbol{l} = \boldsymbol{A}\boldsymbol{x} + \boldsymbol{\varepsilon}, \boldsymbol{\Sigma}$, können die Beobachtungen l_i selbst nicht auf grobe Fehler getestet werden. Die nach der Schätzung verfügbaren Residuen $\boldsymbol{v} = \boldsymbol{A}\hat{\boldsymbol{x}} - \boldsymbol{l}$ sind aber für diesen Zweck geeignet, da sie als Abweichungen der Beobachtungswerte von der modellierten Wirklichkeit aufzufassen sind. Allerdings wird die Beurteilung der Verbesserungen dadurch erschwert, dass sie untereinander korreliert und unterschiedlich genau sind.
Aus Abschnitt 7.2.1 entnehmen wir

$$\boldsymbol{v} = (\boldsymbol{A}\boldsymbol{N}^{-1}\boldsymbol{A}^t\boldsymbol{P} - \boldsymbol{I})\boldsymbol{l}, \quad \boldsymbol{N} = \boldsymbol{A}^t\boldsymbol{P}\boldsymbol{A}, \quad \boldsymbol{\Sigma}_l = \sigma_0^2\boldsymbol{Q}$$
$$\boldsymbol{v} \sim \boldsymbol{N}(\boldsymbol{0}, \sigma_0^2\boldsymbol{Q}_v), \qquad \boldsymbol{Q}_v = \boldsymbol{Q} - \boldsymbol{A}\boldsymbol{N}^{-1}\,\boldsymbol{A}^t,$$

und wenn $\boldsymbol{l} = \boldsymbol{A}\boldsymbol{x} + \boldsymbol{\varepsilon}$ eingesetzt wird, folgt die Beziehung

$$\boldsymbol{v} = (\boldsymbol{A}\boldsymbol{N}^{-1}\boldsymbol{A}^t\boldsymbol{P} - \boldsymbol{I})\boldsymbol{\varepsilon}$$

zwischen Verbesserungen und wahren Abweichungen. Da die in Klammern stehende $n \times u$-Matrix nur den Rang $n - u$ hat, können die wahren Abweichungen nicht aus den Verbesserungen abgeleitet werden. Um die einzelnen Verbesserungen $v_i \sim N(0, \sigma_0^2 q_{ii})$, mit q_{ii} Diagonalelement von $\boldsymbol{Q}_v$, vergleichen zu können, müssen sie zunächst auf einen einheitlichen Maßstab gebracht werden. Dazu sind drei Verfahren üblich:

A) Wenn σ_0^2 als bekannt vorausgesetzt werden kann, werden die *standardisierten Verbesserungen*

$$u_i = v_i / \sigma_0 \sqrt{q_{ii}} \ .$$

gebildet, die wegen $E(u_i) = 0$ und $Var(u_i) = 1$ normiert normalverteilt sind:

$$u_i \sim N(0, 1).$$

In aller Regel muss jedoch σ_0^2 durch eine Schätzung ersetzt werden. Nach Art dieser Schätzung werden zwei Fälle unterschieden.

B) Die Schätzung $\bar{s}_0^2$ für σ_0^2 ist unabhängig von v_i. Es wird dann eine *externe Studentisierung* der Verbesserung durchgeführt,

$$\bar{v}_i = v_i / \bar{s}_0 \sqrt{q_{ii}}.$$

Durch leichte Umformung des Ausdrucks mit $\bar{s}_0^2 = \boldsymbol{v}^t\boldsymbol{P}\boldsymbol{v}/f$ und $\boldsymbol{v}^t\boldsymbol{P}\boldsymbol{v}/\sigma_0^2 \sim \chi^2(f)$ nach (7.6) erkennt man an

$$\bar{v}_i = \frac{v_i / \sigma_0 \sqrt{q_{ii}}}{\sqrt{\boldsymbol{v}^t\boldsymbol{P}\boldsymbol{v}/\sigma_0^2 f}} ,$$

dass im Zähler eine $N(0,1)$-verteilte Zufallsvariable und im Nenner eine nach Voraussetzung davon unabhängige $\sqrt{\chi^2/f}$-verteilte Variable steht. Nach (7.1) ist $\bar{v}_i$ daher t-verteilt mit f Freiheitsgraden. Für die Schätzung von $\bar{s}_0^2$ wird entweder ein zweiter unabhängiger Beobachtungsvektor verwandt, oder man führt eine zweite Schätzung im gleichen GM-Modell durch, jedoch unter Ausschluss der Beobachtung l_i. Der Freiheitsgrad ist dann $f = n - u - 1$.

C) Die Schätzung s_0^2 für σ_0^2 enthält auch die Verbesserung v_i. Es wird dann eine *interne Studentisierung* der Verbesserungen durchgeführt,

$$v_i' = v_i / s_0 \sqrt{q_{ii}} \ .$$

Die Herleitung der Verteilung von v_i' ist recht umständlich. Sie führt auf die sogenannte τ-*Verteilung,* deren Realisierungen über folgende Gleichung mit der Student-Verteilung in Beziehung stehen:

$$\tau_f = \sqrt{f}\ t_{f-1} / \sqrt{f - 1 + t_{f-1}^2}$$
$$t_f = \sqrt{f}\ \tau_{f+1} / \sqrt{f + 1 - \tau_{f+1}^2}$$

Man kann daher den Test der v_i' mit Hilfe der Tafeln der t-Verteilung durchführen.

Die angegebenen Verteilungen der Größen u_i, $\bar{v}_i$ und v'_i beziehen sich auf das i-te Element des jeweiligen Vektors der Zufallsvariablen. Zur Identifikation eines Ausreißers benötigt man jedoch die Verteilung des dem Betrage nach größten Wertes $|u|_{\max}$, $|\bar{v}_{\max}|$ bzw. $|v'|_{\max}$, die nach den Überlegungen des vorherigen Abschnitts abzuleiten wäre. Dies führt jedoch zu unüberwindlichen Schwierigkeiten, da die Zufallsgrößen korreliert sind und mithin die geforderte Unabhängigkeit der Einzelwahrscheinlichkeiten nicht gegeben ist.

Man muss sich daher mit einem Näherungsverfahren begnügen, dessen Ergebnisse entsprechend vorsichtig zu interpretieren sind. Die Korrelationen zwischen den standardisierten bzw. studentisierten Verbesserungen werden vernachlässigt, und die Schwellenwerte für den Maximalwert werden aus

$$\Phi(u_\alpha^*) = (1-\alpha)^{1/n}, \quad \text{standardisierte Verbesserungen}$$
$$F(t_\alpha^*) = (1-\alpha)^{1/n}, \quad \text{extern standardisierte Verbesserungen}$$
$$F(\tau_\alpha^*) = (1-\alpha)^{1/n}, \quad \text{intern standardisierte Verbesserungen}$$

bestimmt.

8.6.4 Multiple Ausreißer

Die bisher abgeleiteten Testverfahren können auf das dem Betrage nach größte Element des jeweiligen Zufallsvektors angewandt werden. Es wird also getestet, ob die Beobachtungsreihe *einen* Ausreißer enthält.

Prinzipiell ist die Erweiterung des in Abschnitt 8.6.2 beschriebenen Verfahrens auf den Fall, dass gleichzeitig m Beobachtungen einen Grenzwert überschreiten, möglich. Dies führt jedoch zu einer recht umständlichen Teststrategie und erfordert die Berechnung von Formeln und Tafeln für alle möglichen Kombinationen von α, n und m. Zudem ist eine korrekte Übertragung auf die in Abschnitt 8.6.3 beschriebene meistens interessierende Situation nicht möglich.

Es wird daher der folgende pragmatische Weg beschritten. Der Nullhypothese, dass die Beobachtungen im Einklang mit dem Modell stehen, wird die Alternative entgegengestellt, dass genau eine Beobachtung nicht modellkonform ist. Es kann dann nach dem im vorigen Abschnitt angegebenen Verfahren getestet werden, ob der Maximalwert der betrachteten Größe die für α und n geltende Schwelle überschreitet. Ist dies nicht der Fall, so gilt H_0 als bestätigt. Andernfalls wird die signifikante Beobachtung als Ausreißer identifiziert. Sie wird aus dem Modell entfernt, und die Schätzungen $\hat{x}$, s_0^2 und v werden im GMM-Modell vom Umfang $n-1$ wiederholt. Die dem Betrage nach größte standardisierte bzw. studentisierte Verbesserung in diesem reduzierten Modell wird wie zuvor auf Signifikanz getestet. Diese Sequenz von Schätzen, Maximalwert testen, eliminieren und im reduzierten Modell erneut schätzen wird solange wiederholt, bis alle Ausreißer eliminiert sind.

Abschließend erfolgt eine sorgfältige Analyse der Ausreißer. Wenn keine groben Fehler aufgedeckt werden, muss eventuell das Modell erweitert oder angepasst werden.

8.7 Varianzanalyse

Bei der Varianzanalyse (Streuungszerlegung) wird die für eine strukturierte Stichprobe ermittelte Varianz in einzelne Komponenten zerlegt, die verschiedenen Einflüssen auf die Realisierung der Zufallsvariable zugeordnet werden können. Diese Komponenten bilden die Grundlage für statistische Tests auf Signifikanz der Einflüsse (Effekte). Man unterscheidet dabei *feste Effekte*, die unter der Alternativhypothese zu einer Änderung des Erwartungswertes führen und *zufällige Effekte*, die die Varianz vergrößern. Im ersten Fall kann die Varianzanalyse als Verallgemeinerung des t-Tests gemäß Abschnitt 8.3.3 betrachtet werden. Die Einflussgröße (Faktor), deren Wirkung auf die Beobachtung geprüft werden soll, wird in unterschiedlichen Stufen eingestellt. Es werden also Messungen oder Experimente unter kontrollierten Bedingungen durchgeführt, vgl. Beispiel 38. Die Nullhypothese lautet, der Faktor hat keinen systematischen Einfluss auf das Messergebnis, d. h. der Erwartungswert bleibt bei allen Stufen des Faktors konstant.
Beim Modell mit zufälligen Effekten nehmen die zu prüfenden Faktoren als Realisierungen von stochastischen Variablen, vom Zufall gesteuert, unterschiedliche Stufen an. Die Nullhypothese lautet hier, der Faktor hat keinen stochastischen Einfluss auf das Messergebnis, d. h. die Varianz bleibt bei allen Stufen des Faktors konstant. Es handelt sich um eine Methode der *Varianzkomponentenschätzung*. Auch Mischformen mit festen und zufälligen Effekten treten auf.

8.7.1 Grundlagen

Es wird für die Varianzanalyse vorausgesetzt, dass die Stichprobenwerte normalverteilt, unabhängig und gleichgenau sind. Diese Voraussetzungen müssen erforderlichenfalls mit den Methoden der vorstehenden Abschnitte dieses Kapitels überprüft werden. Mithilfe der Homogenisierung (Abschnitt 3.4.5) können Unabhängigkeit und gleiche Genauigkeit erzielt werden.
Bei der Analyse *fester Effekte* werden die n Beobachtungen nach dem zu untersuchenden Merkmal, das in verschiedenen Ausprägungen auftritt, in k Klassen K_j eingeteilt (z. B. Zeit, Temperatur, Beobachter, Instrument). Jeder Klasse wird eine Zufallsvariable X_j, $j = 1, 2, \ldots, k$ zugeordnet, deren Realisation l_{ij} das i-te Element, $i = 1, 2, \ldots, n_j$, der Klasse K_j ist,

$$l_{ij} = x_j + \varepsilon_{ij} \ .$$

Unter der Nullhypothese gilt $E(X_1) = E(X_2) = \ldots = E(X_k)$. Deshalb haben das Gesamtmittel $\hat{x}$ und die k Klassenmittel $\hat{x}_j$ denselben Erwartungswert. Daraus folgt, dass drei verschiedene Schätzer für die Varianz σ^2 der Grundgesamtheit berechnet werden können.

$$
\begin{aligned}
s_g^2 &= \frac{1}{n-1}\sum_i\sum_j (l_{ij}-\hat{x})^2, \quad \hat{x} = \frac{1}{n}\sum_i\sum_j l_{ij} = \frac{1}{n}\sum_j n_j\hat{x}_j \\
s_{ik}^2 &= \frac{1}{n-k}\sum_j\sum_i (l_{ij}-\hat{x}_j)^2, \quad \hat{x}_j = \frac{1}{n_j}\sum_i l_{ij} \\
s_{zk}^2 &= \frac{1}{k-1}\sum_j n_j(\hat{x}_j-\hat{x})^2
\end{aligned}
$$

Unter der Alternativhypothese, dass die Erwartungswerte unterschiedlich sind, werden die Varianzschätzer verschieden ausfallen. Die Varianz innerhalb der Klassen s_{ik}^2 ist frei von Erwartungswertunterschieden, während die Varianz zwischen den Klassen s_{zk}^2 gerade diese Unterschiede enthält.
Zwischen den quadratischen Formen der Residuen

$$\begin{aligned} q_g &= \sum_i \sum_j (l_{ij} - \hat{x})^2 = \sum_i \sum_j l_{ij}^2 - n\hat{x}^2 \\ q_{ik} &= \sum_j \sum_i (l_{ij} - \hat{x}_j)^2 = \sum_j \sum_i l_{ij}^2 - \sum_j n_j \hat{x}_j^2 \\ q_{zk} &= \sum_j n_j (\hat{x}_j - \hat{x})^2 = \sum_j n_j \hat{x}_j^2 - n\hat{x}^2 \end{aligned}$$

liest man die Beziehung

$$q_g = q_{ik} + q_{zk}$$

ab. Für die Freiheitsgrade gilt entsprechend

$$f_g = f_{ik} + f_{zk} = (n-k) + (k-1) = n-1 \; .$$

Da außerdem, was hier nicht gezeigt werden soll, die Formen q_{ik} und q_{zk} stochastisch unabhängig voneinander sind, kann nach Abschnitt 7.1.4 die Teststatistik

$$R = \frac{Q_{zk}/f_{f_{zk}}}{Q_{ik}/f_{ik}} \quad \sim \quad F_{(k-1),(n-k)}$$

gebildet werden, die unter H_0 eine FISHER-Verteilung mit $f_{zk} = k-1$ und $f_{ik} = n-k$ Freiheitsgraden besitzt.

Die Grundlage zur Untersuchung *zufälliger Effekte* bildet folgendes Modell

$$l_{ij} = x + z_j + \varepsilon_{ij} \; ,$$

in dem sich die Beobachtung l_{ij} zusammensetzt aus dem Erwartungswert der Zufallsvariablen X_{ij}, $E(X_{ij}) = E(l_{ij}) = x$, der Realisierung z_j der Zufallsvariablen Z und der zufälligen Abweichung ε_{ij}. Von der Zufallsvariablen Z treten k Realisierungen z_j auf, nach denen die Stichprobe in die Klassen K_j eingeteilt wird. Ferner möge gelten

$$\begin{aligned} E(Z) &= 0, \quad Var(Z) = \sigma_Z^2 \\ E(\boldsymbol{\varepsilon}) &= 0, \quad Var(\boldsymbol{\varepsilon}) = \sigma^2, \quad Kov(Z, \boldsymbol{\varepsilon}) = 0 \\ i &= 1, 2, \ldots, n_j, \quad j = 1, 2, \ldots, k, \quad \sum n_j = n. \end{aligned}$$

Die Beobachtungen besitzen die Varianz

$$Var(X_{ij}) = E[(Z_j + \boldsymbol{\varepsilon}_{ij})^2] = \sigma_Z^2 + \sigma^2$$

und die Beobachtungen innerhalb einer Klasse die Kovarianz

$$Kov(X_{ij}, X_{pj}) = E(Z_j + \varepsilon_{ij})(Z_j + \varepsilon_{pj}) = \sigma_Z^2 + \sigma^2 \ .$$

Man bildet wie bei festen Effekten die quadratischen Formen

$$q_g = \sum_i \sum_j l_{ij}^2 - n\hat{x}^2, \quad \hat{x} = \frac{1}{n} \sum_i \sum_j l_{ij}$$
$$q_{ik} = \sum_j \sum_i l_{ij}^2 - \sum_j n_j \hat{x}_j^2, \quad \hat{x}_j = \frac{1}{n_j} \sum_i l_{ij}$$
$$q_{zk} = \sum_j n_j \hat{x}_j^2 - n\hat{x}^2$$

deren Erwartungswerte sich aus den folgenden Ableitungen ergeben:

$$E(X_{ij}) = x, \quad E(X_{ij}^2) = x^2 + \sigma_Z^2 + \sigma^2, \quad Var(X_{ij}) = \sigma_Z^2 + \sigma^2$$
$$E(X_j) = \frac{1}{n_j} E(\sum_i X_{ij}) = x, \quad E[(\sum_i X_{ij})^2] = n_j^2 x^2 + n_j^2 \sigma_Z^2 + n_j \sigma^2$$
$$Var(X_j) = \sigma_Z^2 + \frac{1}{n_j}\sigma^2$$
$$E(X) = \frac{1}{n} \sum_i \sum_j X_{ij} = x, \quad E[(\sum_i \sum_j X_{ij})^2] = n^2 x^2 + \sum_j n_j^2 \sigma_Z^2 + n\sigma^2$$
$$Var(X) = \frac{1}{n^2} \sum_j n_j^2 \sigma_Z^2 + \frac{1}{n}\sigma^2$$

$$\begin{aligned} E(q_g) &= n(x^2 + \sigma_Z^2 + \sigma^2) - n(x^2 + \frac{1}{n^2} \sum_j n_j^2 \sigma_Z^2 + \frac{1}{n}\sigma^2) \\ &= (n - \frac{1}{n} \sum_j n_j^2)\sigma_Z^2 + (n-1)\sigma^2 \\ E(q_{ik}) &= n(x^2 + \sigma_Z^2 + \sigma^2) - \sum_j (n_j x^2 + n_j \sigma_Z^2 + \sigma^2) \\ &= (n-k)\sigma^2 \\ E(q_{zk}) &= \sum_j (n_j x^2 + n_j \sigma_Z^2 + \sigma^2) - n(x^2 + \frac{1}{n^2} \sum_j n_j^2 \sigma_Z^2 + \frac{1}{n}\sigma^2) \\ &= (n - \frac{1}{n} \sum_j n_j^2)\sigma_Z^2 + (k-1)\sigma^2 \ . \end{aligned}$$

Man erkennt auch hier, dass q_{ik} von dem zu untersuchenden zufälligen Effekt unbeeinflusst ist und dass zwischen den Formen die Beziehung $q_g = q_{ik} + q_{zk}$ gilt.

Unter der Nullhypothese H_0: $\sigma_Z^2 = 0$ erhält man die Freiheitsgrade $f_g = n-1$, $f_{ik} = n-k$ und $f_{zk} = k-1$ sowie die Varianzschätzungen

$$s_g^2 = q_g/f_g; \quad s_{ik}^2 = q_{ik}/f_{ik}; \quad s_{zk}^2 = q_{zk}/f_{zk} \; .$$

Die quadratischen Formen q_{ik} und q_{zk} sind unabhängig. Unter H_A: $\sigma_Z^2 \neq 0$ erhält man eine Schätzung s_Z^2 aus

$$q_{zk} = \frac{k-1}{n-k} q_{ik} = (n - \frac{1}{n} \sum_j n_j^2) s_Z^2 \; .$$

Häufig sind die Klassen K_j gleich besetzt mit $n_j = \bar{n} \; \forall j$. Für den Ausdruck $n - (1/n) \sum_j n_j^2 = m$ erhält man dann

$$m = k\bar{n} - \frac{1}{k\bar{n}} k\bar{n}^2 = \bar{n}(k-1) \quad \text{mit } n = k\bar{n} \; .$$

8.7.2 Einfache Varianzanalyse mit festen Effekten

Man spricht von *einfacher Varianzanalyse*, wenn die Klasseneinteilung hinsichtlich nur eines Merkmals erfolgt. Die Nullhypothese lautet, das untersuchte Merkmal hat keinen Einfluss auf die beobachtete Zufallsvariable. Die statistische Sicherheit S für den Test wird festgelegt. Der weitere Ablauf gestaltet sich folgendermaßen:

- Die Voraussetzungen, dass die Beobachtungen gleichgenau, unabhängig und normalverteilt sind, werden geprüft und, falls erforderlich, durch Transformation herbeigeführt.

- Ein Tableau zur übersichtlicheren Berechnung der Teststatistik wird angelegt

Klasse	Anzahl	Mittel	$\sum_i l_{ij}^2$	$q_{ik}(j)$
1	n_1	$\hat{x}_1$	$\sum l_{i1}^2$	$q_{ik}(1)$
2	n_2	$\hat{x}_2$	$\sum l_{i2}^2$	$q_{ik}(2)$
$\vdots$	$\vdots$	$\vdots$	$\vdots$	$\vdots$
j	n_j	$\hat{x}_j$	$\sum l_{ij}^2$	$q_{ik}(j)$
$\vdots$	$\vdots$	$\vdots$	$\vdots$	$\vdots$
k	n_k	$\hat{x}_k$	$\sum l_{ik}^2$	$q_{ik}(k)$
$\sum$	n	$\hat{x}$	$\sum\sum l_{ij}^2$	q_{ik}

$$\begin{aligned} q_{ik}(j) &= \textstyle\sum_i l_{ij}^2 - n_j \hat{x}_j^2 \\ q_{ik} &= \textstyle\sum_j q_{ik}(j) \\ q_{zk} &= \textstyle\sum_j n_j \hat{x}_j^2 - n\hat{x}^2 \\ q_g &= \textstyle\sum_i \sum_j l_{ij}^2 - n\hat{x}^2 \end{aligned}$$

- Die Prüfgröße

  $$r = \frac{q_{zk}/f_{zk}}{q_{ik}/f_{ik}}, \; f_{zk} = k-1, \; f_{ik} = n-k$$

  wird gebildet und dem Schwellenwert $F_\alpha(f_{zk}, f_{ik})$ gegenübergestellt.

- Für $r > F_\alpha$ wird H_0 verworfen. Das bedeutet der feste Effekt besitzt signifikanten Einfluss auf die Stichprobe.

Beispiel 38

Einspielgenauigkeit eines Kompensators

Zur Prüfung der Nullhypothese, die Einspielrichtung der Dosenlibelle hat keinen Einfluss auf die Genauigkeit des Kompensators eines Nivelliers, wird das folgende Messprogramm durchgeführt.

Das Nivellier wird auf dem Prüfstand aufgebaut. Nach genauer Horizontierung wird ein fester Kollimator angezielt und das Planplattenmikrometer abgelesen. Danach wird mit der Fußschraube I das Nivellier über den Arbeitsbereich des Kompensators hinaus geneigt. Anschließend wird die Dosenlibelle wieder eingestellt, der Kollimator angezielt und das Mikrometer abgelesen. Dieser Vorgang wird n_1-mal wiederholt. Genauso wird n_2-mal nach Neigung mit Fußschraube II und n_3-mal nach Neigung mit Fußschraube III das Mikrometer abgelesen. Aus den Messwerten ergibt sich folgendes Tableau (Ablesungen in mm):

Fußschraube I : $3,70 \; 3,64 \; 3,72 \; 3,77 \; 3,68 \; 3,69$
Fußschraube II : $3,56 \; 3,61 \; 3,65 \; 3,58$
Fußschraube III : $3,66 \; 3,72 \; 3,63 \; 3,60 \; 3,69$

Klasse	Anzahl	Mittel	$\sum_i l_{ij}^2$	$q_{ik}(j)$	
1	6	3,70	82,1494	0,009	$q_g = 0,0470,\; f_g = 14$
2	4	3,60	51,8446	0,005	$q_{ik} = 0,0230,\; f_{ik} = 12$
3	5	3,66	66,987	0,009	$q_{zk} = 0,0240,\; f_{zk} = 2$
$\sum$	15	3,66	200,981	0,023	

Tab. 8.12: Messungen Kompensatorgenauigkeit

Es darf angenommen werden, dass die Messwerte gleiche Genauigkeit besitzen, unabhängig sind und näherungsweise einer Normalverteilung folgen.

H_0 soll mit der Irrtumswahrscheinlichkeit $\alpha = 0,05$ getestet werden. Der Test ist einseitig

$$r = \frac{0,024/2}{0,023/12} = 6,26 \; .$$

Aus Tafeln der $F_{2,12}$-Verteilung entnimmt man $F_\alpha = 3,89$. Wegen $r > F_\alpha$ wird H_0 verworfen. Der vom Kompensator erzeugte Horizont hängt von der Einspielrichtung der Dosenlibelle ab.

Bei einer größeren Anzahl von Messwerten und bei großen Zahlenwerten ist es zweckmäßig, vor Aufstellen des Tableaus von allen Beobachtungen eine Konstante l_0 zu subtrahieren. Hier hätte man mit $l_{ij} := l_{ij} - 3,5\,\mathrm{mm}$ Rechenarbeit gespart.

8.7.3 Zwei-Wege-Zerlegung bei festen Effekten

Bei der zweifachen Varianzanalyse werden die Auswirkungen von zwei gleichzeitig die Messwerte beeinflussenden Effekte untersucht (z. B. Beobachter und Instrument, Temperatur und Zeit). Vorausgesetzt wird wieder, dass die Beobachtungen l_{ij} unabhängig normalverteilt sind und die gleiche Varianz besitzen. Für jede Kombination der beiden Effekte wird eine Beobachtung angenommen (einfache Klassenbesetzung), die jedoch durchaus das Mittel mehrerer ursprünglicher Beobachtungen sein darf. In diesem Falle ist mit Gewichten zu rechnen, die als $p_{ij} = n_{ij}$, Anzahl der gemittelten gleich genauen Werte, einzuführen sind. Das Modell, das der Analyse zugrunde liegt, lautet

$$l_{ij} = x + x_i + x_j + \varepsilon_{ij}, \; E(l_{ij}) = x + x_i + x_j \; .$$

Jede Beobachtung setzt sich aus dem Parameter x, dem durch den 1. Effekt verursachten Wert x_i, dem durch den 2. Effekt verursachten Wert x_j und der zufälligen Abweichung ε_{ij} zusammen. Die $n = kr$ Beobachtungen werden in ein Tableau mit k Spalten für das Merkmal 2, $j = 1, 2, \ldots, k$ und r Zeilen für das Merkmal 1, $i = 1, 2, \ldots, r$ eingetragen. Anschließend werden die Zeilenmittel $\hat{z}_i$, die Spaltenmittel $\hat{y}_j$ und das Gesamtmittel $\hat{x}$ gebildet.

$$\begin{array}{ccccccc|}
\hline
l_{11} & l_{12} & \cdots & l_{1j} & \cdots & l_{1k} & \hat{z}_1 \\
l_{21} & l_{22} & \cdots & l_{2j} & \cdots & l_{2k} & \hat{z}_2 \\
\vdots & \vdots & \cdots & \vdots & \cdots & \vdots & \vdots \\
l_{i1} & l_{i2} & \cdots & l_{ij} & \cdots & l_{ik} & \hat{z}_i \\
\vdots & \vdots & \cdots & \vdots & \cdots & \vdots & \vdots \\
l_{r1} & l_{r2} & \cdots & l_{rj} & \cdots & l_{rk} & \hat{z}_r \\
\hline
\hat{y}_1 & \hat{y}_2 & \cdots & \hat{y}_j & \cdots & \hat{y}_k & \hat{x} \\
\hline
\end{array}
\qquad
\begin{array}{l}
\hat{z}_i = \frac{1}{k} \sum_j l_{ij} \\
\hat{y}_j = \frac{1}{r} \sum_i l_{ij} \\
\hat{x} = \frac{1}{n} \sum_i \sum_j l_{ij} \\
E(\hat{z}_i) = x + x_i \\
E(\hat{y}_j) = x + x_j \\
E(\hat{x}) = x
\end{array}$$

Wegen des Parameters x im Modell muss stets

$$\sum_i x_i = \sum_i \hat{x}_i = 0; \; \sum_i x_j = \sum \hat{x}_j = 0$$

gelten. Die Analyse beruht wieder auf der Zerlegung der quadratischen Formen. Dazu bildet man bezüglich des Mittels $\hat{x}$

$$q_g = \sum_i \sum_j (l_{ij} - \hat{x})^2 = \sum_i \sum_j l_{ij}^2 - n\hat{x}^2, \quad f = n - 1 \; ,$$

für das Merkmal 1

$$q_1 = k \sum_i (\hat{z}_i - \hat{x})^2 = k \sum_i \hat{x}_i^2, \quad f_1 = r - 1 \; ,$$

für das Merkmal 2

$$q_2 = r \sum_j (\hat{y}_i - \hat{x})^2 = r \sum_j \hat{x}_j^2, \quad f_2 = k - 1$$

und für die merkmalfreien Restfehler

$$q_r = \sum_i \sum_j (l_{ij} - \hat{x}_i - \hat{x}_j - \hat{x})^2 = \sum_i \sum_j l_{ij}^2 - k \sum_i \hat{x}_i^2 - r \sum_j \hat{x}_j^2 - n\hat{x}^2$$

$$f_r = n - r - k + 1 = (k-1)(r-1) \ .$$

Es zeigt sich, dass zwischen den Formen die Beziehung

$$q = q_1 + q_2 + q_r$$

gilt und dass die Teilformen statistisch unabhängig voneinander sind. Ebenso gilt für die Freiheitsgrade

$$f = f_1 + f_2 + f_r \ .$$

Die Herleitung dieser Beziehung erfolgt ganz ähnlich wie bei der einfachen Varianzanalyse.

Unter H_{01}: Das Merkmal 1 hat keinen Einfluss, ist $q_1/f_1 = s_1^2$ ein erwartungstreuer Schätzer für die Varianz σ^2 des Beobachtungsfehlers. Ebenso gilt unter H_{02}: Das Merkmal 2 hat keinen Einfluss, $q_2/f_2 = s_2^2$, $E(s_2^2) = \sigma^2$. Unabhängig von den Merkmalen erhält man stets mit $q_r/f_r = s^2$ einen erwartungstreuen Schätzer für σ^2.

Man kann daher zwei Teststatistiken bilden

$$r_1 = \frac{q_1/f_1}{q_r/f_r} \sim F_{f_1,f_r} \text{ unter } H_{01}$$

$$r_2 = \frac{q_2/f_2}{q_r/f_r} \sim F_{f_2,f_r} \text{ unter } H_{02} \ ,$$

mit deren Realisationen die Nullhypothesen auf einem gewählten Testniveau α geprüft werden können. Das Modell kann durch die Hinzunahme weiterer Effekte und durch den Ansatz von Wechselwirkungsparametern zwischen den Effekten erweitert werden.

Beispiel 39

Geräteuntersuchungen

Mit einem elektronischen Distanzmesser sind fünf Prismen geliefert worden. Durch eine Beobachtungsreihe soll untersucht werden, ob die Prismen die gleiche Konstante haben und ob die Konstante entfernungsabhängig ist.

H_{01}: Die fünf Prismenkonstanten sind gleich.

H_{02}: Die Prismenkonstanten sind nicht entfernungsabhängig.

Die Irrtumswahrscheinlichkeit des einseitigen Tests wird zu $\alpha = 0,05$ festgelegt.

Die Beobachtungen l_{ij} in Tabelle 8.13 sind die Soll-Ist-Differenzen in mm.

Merkmal 1:	Merkmal 2: Prisma						
Entfernung	1	2	3	4	5	$\hat{z}_i$	$\hat{z}_i - \hat{x}$
10 m	13	10	7	8	10	9,6	$-0,7$
50 m	9	7	7	4	10	7,4	$-2,9$
200 m	6	17	8	6	13	10	$-0,3$
500 m	12	14	10	16	19	14,2	3,9
$\hat{y}_j$	10	12	8	8,5	13	$\hat{x} = 10,3$	0
$\hat{y}_j - \hat{x} = \hat{x}_j$	$-0,3$	1,7	$-2,3$	$-1,8$	$+2,7$	0	

Tab. 8.13: Messungen Prismenkonstanten

$$q_g = 2428 - 20 \cdot 10,3^2 = 306,2, \quad f_g = 19$$
$$q_1 = 5 \sum_i (\hat{z}_i - \hat{x})^2 = 5 \cdot 24,2 = 121,0, \quad f_1 = 3$$
$$q_2 = 4 \sum_j (\hat{y}_j - \hat{x})^2 = 4 \cdot 18,8 = 75,2, \quad f_2 = 4$$
$$q_r = 2428 - 20 \cdot 10,3^2 - 5 \cdot 24,2 - 4 \cdot 18,8 = 110,0, \quad f_r = 12$$
$$r_1 = \frac{121/3}{110/12} = 4,4, \quad F(3;12;0,05) = 3,5$$
$$r_2 = \frac{75,2/4}{110/12} = 2,1, \quad F(4;12;0,05) = 3,3$$

Alle fünf Prismen besitzen dieselbe Prismenkonstante ($r_2 < F_\alpha$), diese ändert sich jedoch mit der Entfernung ($r_1 > F_\alpha$). Die Messgenauigkeit des Instruments wird durch die empirische Standardabweichung $s = (110/12)^{1/2} = 3,0$ mm abgeschätzt. Im Rahmen dieser Genauigkeit sind die ermittelten Unterschiede zwischen den Prismen ($\hat{x}_j$) nicht signifikant, wohl aber die zwischen Entfernungen ($\hat{x}_i$).

8.7.4 Varianzanalyse mit zufälligen Effekten

Das Modell für die Varianzanalyse mit zufälligen Effekten ist in Abschnitt 8.7.1 bereits vorgestellt, und die benötigten Formeln sind dort abgeleitet worden. Es wird benutzt, wenn allgemeine Aussagen über die Streuung von beobachteten Größen auf ein Experiment gestützt werden sollen, bei dem eine Zufallsauswahl von Ausprägungen eines Merkmals einwirken kann. Soll etwa untersucht werden, ob die Temperatur Einfluss auf die Streuung der Ergebnisse eines Experiments hat, so wird man sich auf einige Temperaturen beschränken, die zufällig ausgewählt werden. Bei nur einer Einflussgröße spricht man von einfacher Streuungszerlegung.

Die Nullhypothese lautet, der Effekt hat keinen Einfluss. Es wird wieder vorausgesetzt, dass die Beobachtungen gleichgenau, unabhängig und normalverteilt sind. Das Vorgehen entspricht ganz dem Schema bei festen Effekten. Der wesentliche Unterschied ist, dass die zu einer Realisation der Einflussgrößen gehörenden Beobachtungen korreliert sind. Wenn zwei oder mehrere Effekte von Bedeutung sind, kann das einfache Modell erweitert werden und zusätzlich Wechselwirkungen enthalten. Wegen des schematischen Ablaufs bleibt die Berechnung auch bei Modellen höherer Ordnung übersichtlich. Die Hauptanwendungsgebiete dieser Art von Varianzanalyse liegen im nichttechnischen Bereich. Ein Beispiel ist die Auswertung von Kaufpreissammlungen. Die den Preis eines Grundstücks beeinflussenden Effekte wie Lage, Größe, Maß der zulässigen Bebauung und Erschließung sollen dann in ihrer Bedeutung beurteilt werden, um aus den gewonnenen Erkenntnissen Verkehrswerte abzuleiten.

Anhang A Nomogramme

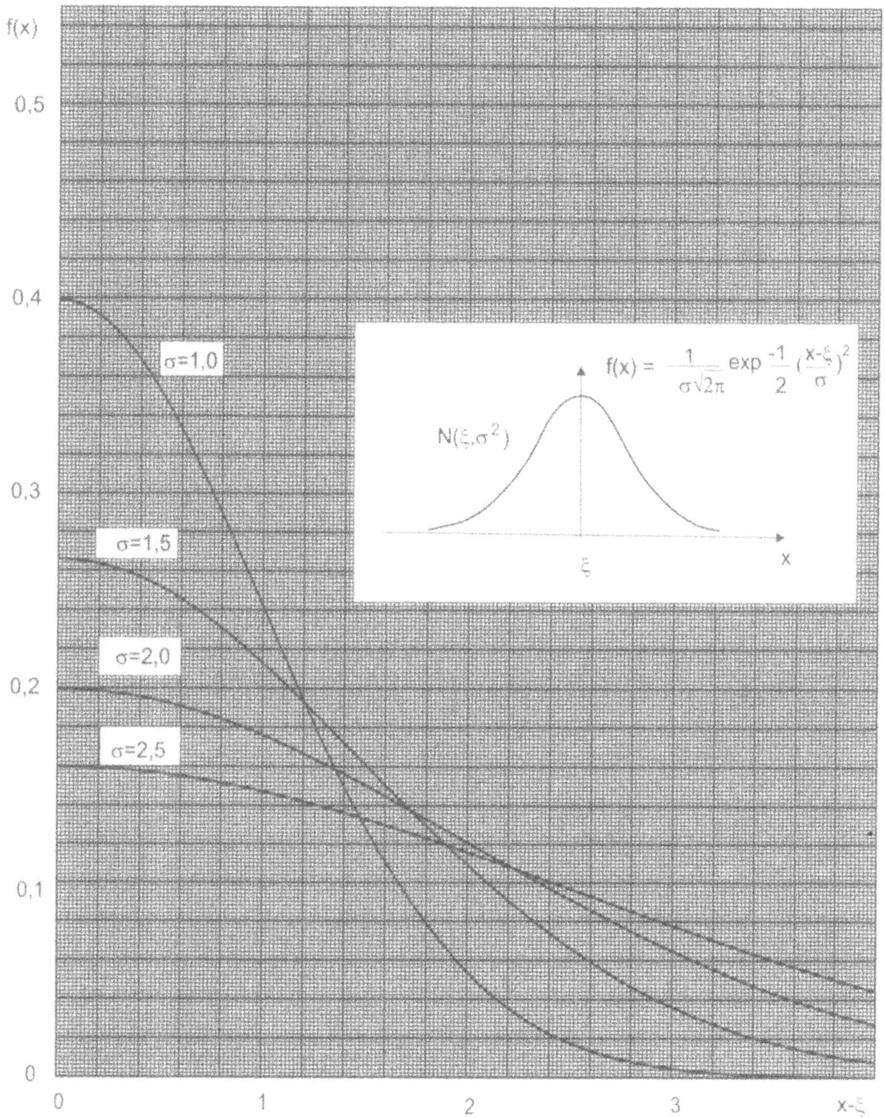

Nomogramm 1: $N(\xi, \sigma^2)$-Normalverteilung
Dichtefunktion bei gleichem Erwartungswert ξ für Standardabweichung $\sigma = 1{,}0; 1{,}5; 2{,}0; 2{,}5$.

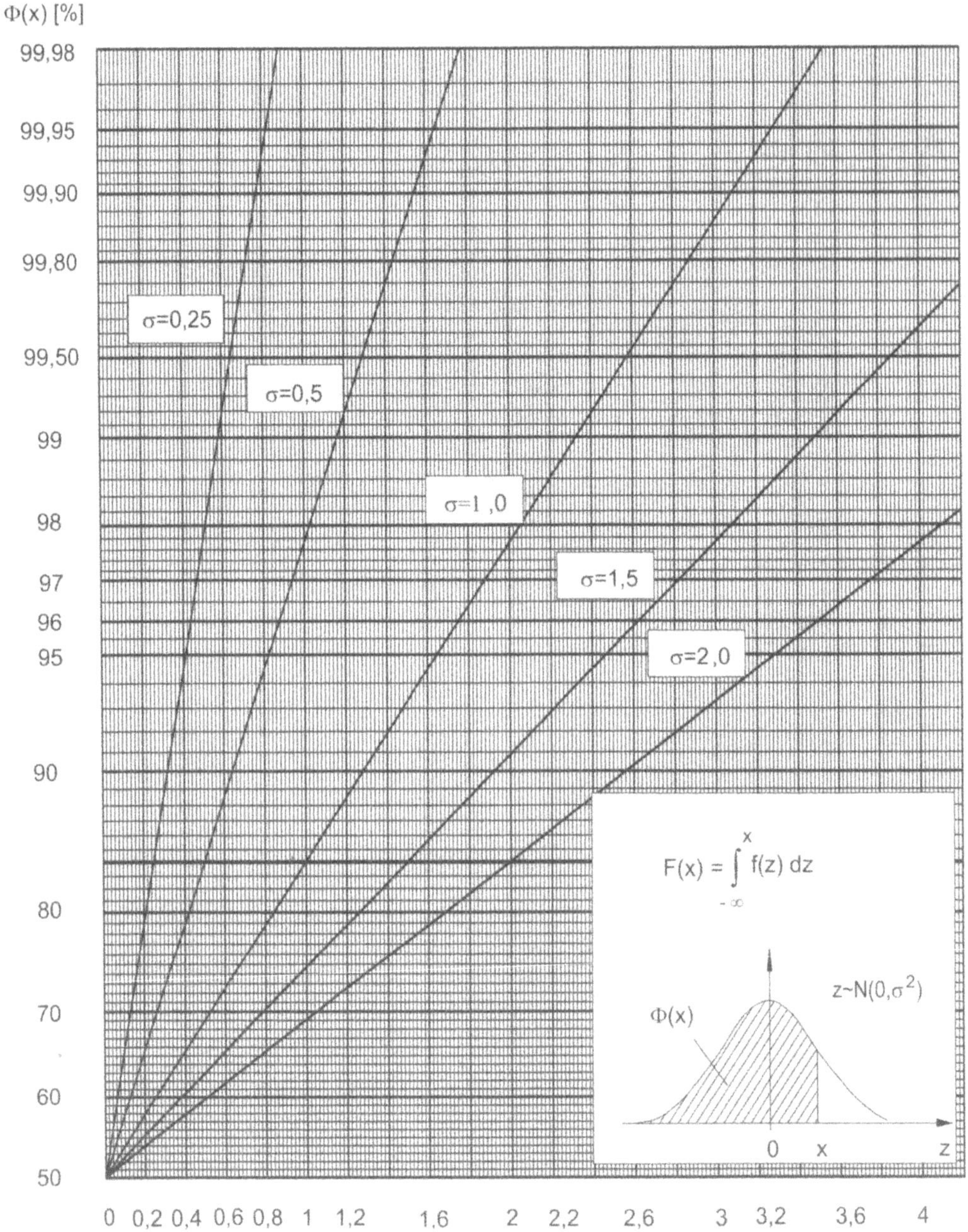

Nomogramm 2: $N(0, \sigma^2)$-Normalverteilung
Beispiel: $\sigma = 1$, $\alpha = 5\,\%$, Test mit zweiseitiger Fragestellung
kritischer Wert $u_\alpha = x_{97,5} = 1{,}96$

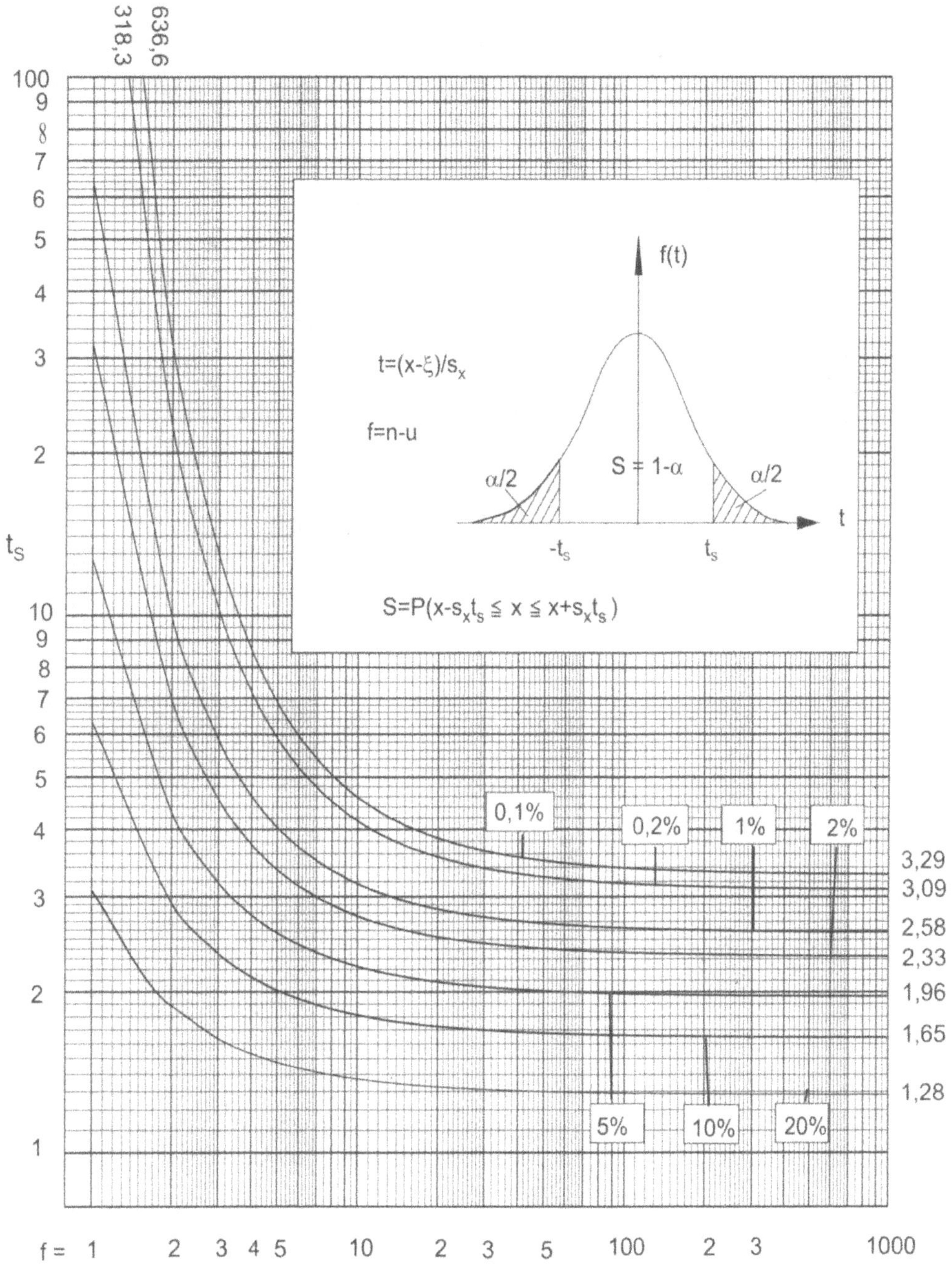

Nomogramm 3: Zweiseitige Vertrauensgrenzen der Student-Verteilung
Beispiel: $\alpha = 5\,\%$, $f = 10$ für einen zweiseitigen Test
kritischer Wert $t_\alpha = 2{,}23$

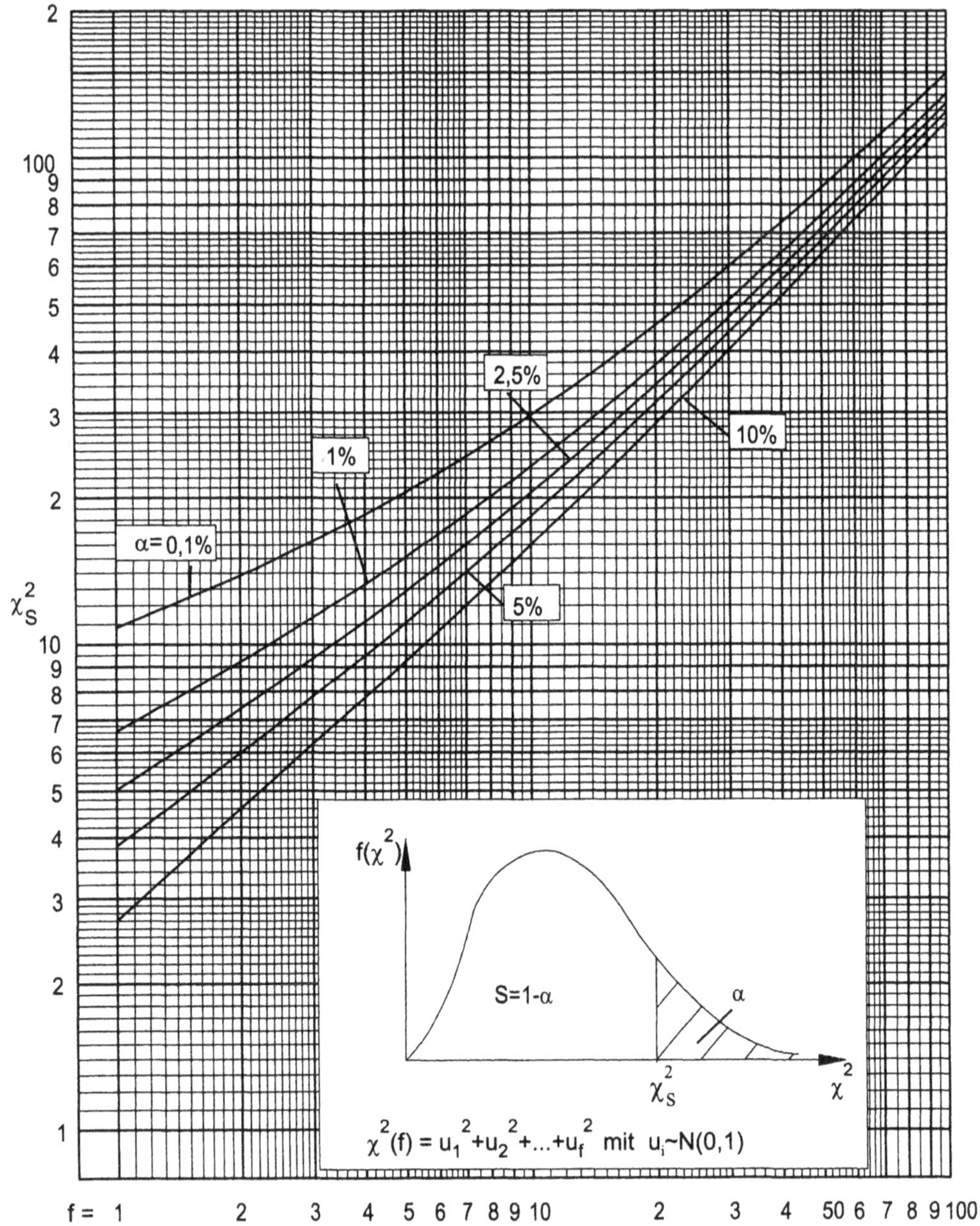

Nomogramm 4: Obere Vertrauensgrenzen der χ^2-Verteilung
Beispiel: Teststatistik $T = s^2/\sigma^2$, $\alpha = 5\,\%$, $f = 10$
kritischer Wert $\chi^2_\alpha = 18{,}3$

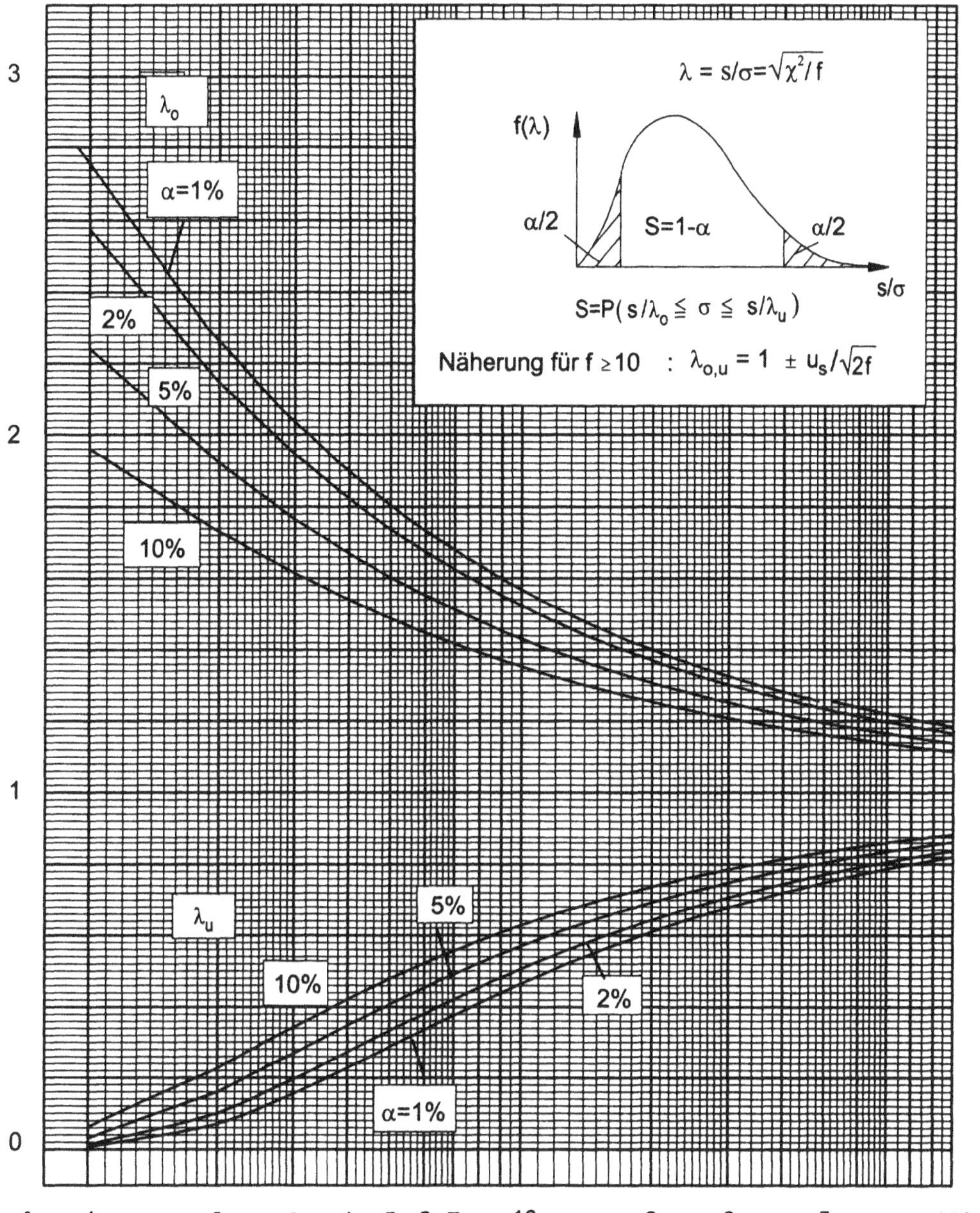

Nomogramm 5: Vertrauensgrenzen λ_u, λ_o der λ-Verteilung
Beispiel: $\alpha = 5\,\%$, $f = 10$, $\lambda_u = 0{,}57$, $\lambda_o = 1{,}43$

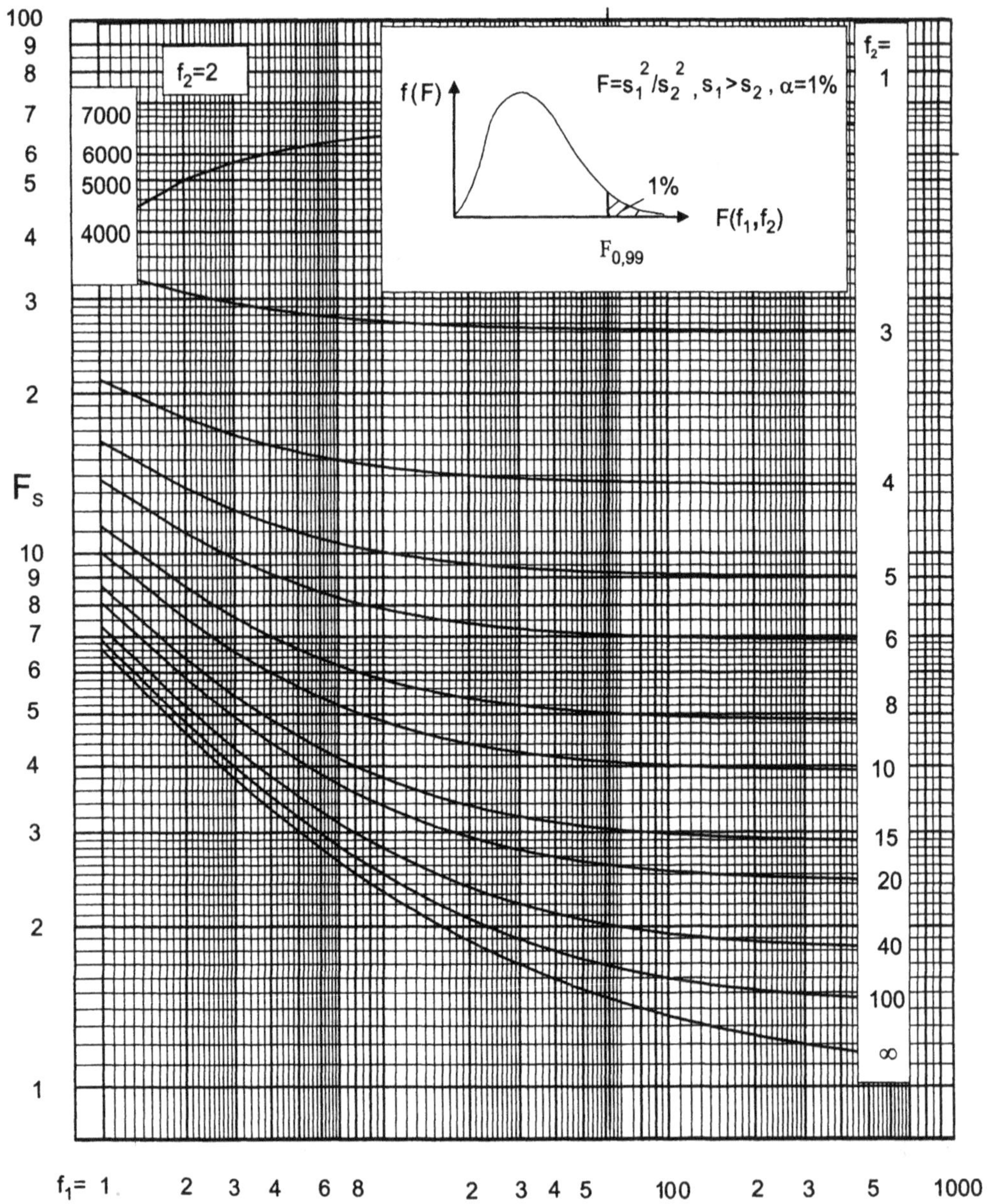

Nomogramm 6: Obere Vertrauensgrenzen der FISHERschen F-Verteilung mit f_1 und f_2 Freiheitsgraden für $\alpha = 1\,\%$.
Beispiel: Teststatistik $T = s_1^2/s_2^2$, $s_1 > s_2$, $f_1 = 10$, $f_2 = 20$, $\alpha = 1\,\%$ kritischer Wert $F_\alpha(f_1, f_2) = 3{,}37$

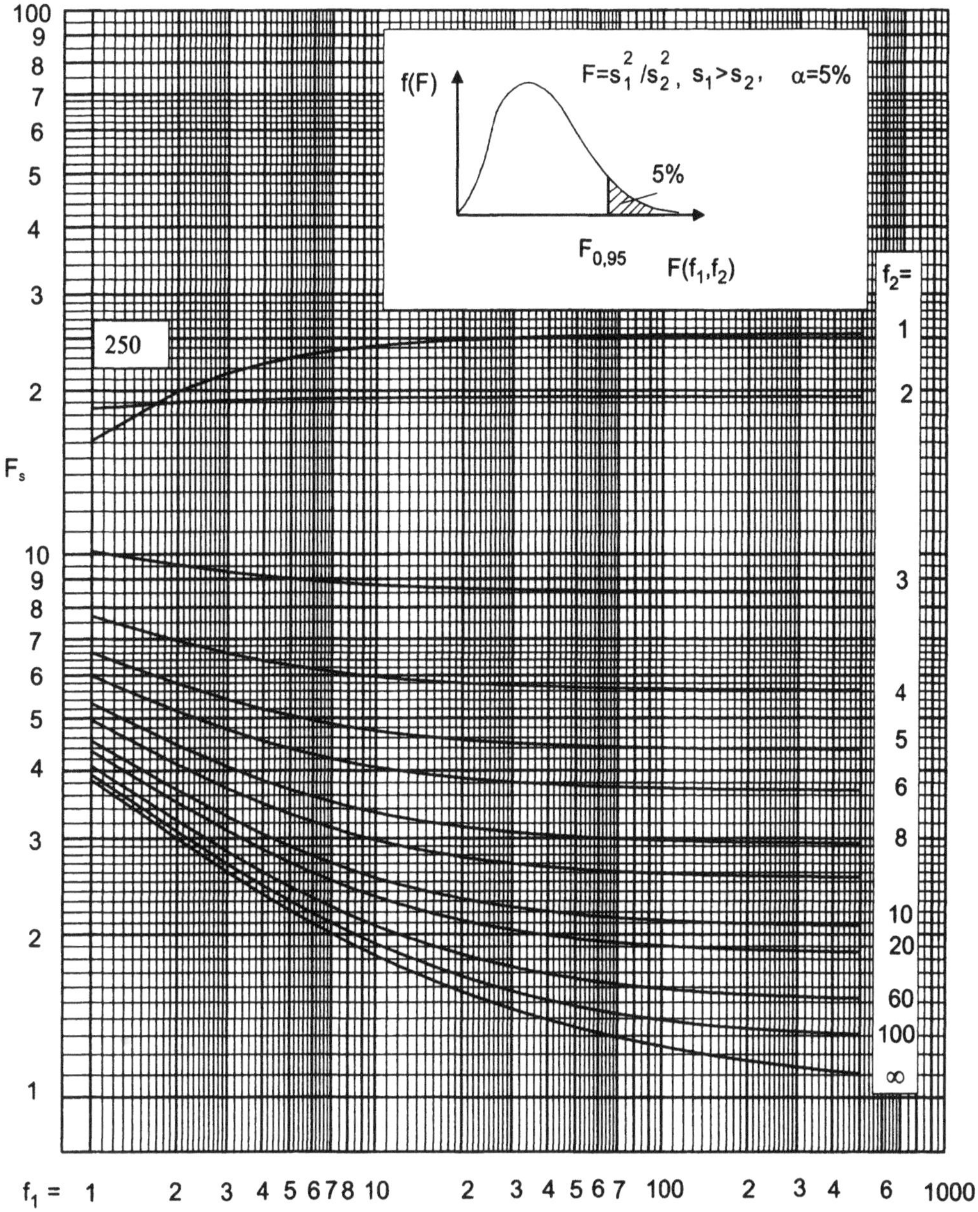

Nomogramm 7: Obere Konfidenzgrenzen der FISHERschen F-Verteilung mit f_1 und f_2 Freiheitsgraden für $\alpha = 5\,\%$.
Beispiel: Teststatistik $T = s_1^2/s_2^2$, $s_1 > s_2$, $f_1 = 10$, $f_2 = 20$, $\alpha = 5\,\%$
kritischer Wert $F_\alpha(f_1, f_2) = 2{,}35$

Anhang B Lehr- und Handbücher

- Adunka, F.: *Messunsicherheiten – Theorie und Praxis.* Vulkan Verlag, Essen, 1998
- Anderson, T. W., Finn, J.D.: *The new statistical analysis of data.* Springer Verlag, New York u.a., 1996
- Bates, D.M., Watts, D.G.: *Nonlinear regression analysis and its applications.* Wiley, New York u.a., 1988
- Benning, W.: *Statistik in Geodäsie, Geoinformation und Bauwesen.* Herbert Wichmann Verlag, Heidelberg, 2002
- Blobel, V., Lohrmann, E.: *Statistische und numerische Methoden der Datenanalyse.* Teubner Verlag, Stuttgart, 1998
- Bosch, K.: *Statistik-Taschenbuch.* 2. Auflage, Oldenbourg Verlag, München, Wien, 1993
- Brandt, S.: *Datenanalyse.* 3. Auflage, B.I. Wissenschaftsverlag, Mannheim u.a., 1992
- Branham, R.L.: *Scientific data analysis: an introduction to overdetermined systems.* Springer Verlag, New York u.a., 1990
- Brosg, M.: *Der Umgang mit Unsicherheiten - ein Leitfaden zur Fehleranalyse.* Facultas Universitätsverlag, Wien, 2006
- Caspary, W., Wichmann, K.: *Lineare Modelle, Algebraische Grundlagen und statistische Anwendungen.* Oldenbourg Verlag, München, Wien, 1994
- Duff, I.S., Erisman, A.M., Reid, J.K.: *Direct methods for sparse matrices.* Clarendon Press, Oxford, 1986
- Eubank, R.L.: *Spline smoothing and nonparametric regression.* Dekker Verlag, New York u.a., 1988
- Fisz, M.: *Wahrscheinlichkeitsrechnung und mathematische Statistik.* VEB Deutscher Verlag der Wissenschaften, Berlin, 1976
- Fuller, W.A.: *Measurement errror models.* Wiley, New York u.a., 1987
- Gotthardt, E.: *Einführung in die Ausgleichungsrechnung* (neu bearbeitet durch G. Schmidt). Sammlung Wichmann, neue Folge, Band 3, Karlsruhe, 1978

- Grafarend, E., Schaffrin, B.: *Ausgleichungsrechnung in linearen Modellen.* B.I. Wissenschaftsverlag, Mannheim, Leipzig, Wien, Zürich, 1993

- Härdle, W.: *Applied nonparametric regression.* Cambridge University Press, Cambridge, 1990

- Hart, H., Lotze, W., Woschni, E.-G.: *Messgenauigkeit.* 3. Auflage, Oldenbourg Verlag, München, Wien, 1997

- Hocking, R.R.: *Methods and applications of linear models, regression and analysis of variance.* Wiley, New York u.a., 1996

- Höpcke, W.: *Fehlerlehre und Ausgleichungsrechnung.* Walter de Gruyter, Berlin, New York, 1980

- Koch, K.R.: *Parameterschätzung und Hypothesentests in linearen Modellen.* 3. Auflage, Dümmlers Verlag, Bonn, 1997

- Koch, K.R.: *Bayesian Inference with Geodetic Applications.* Springer Verlag, Berlin, Heidelberg, 1990

- Koch, K.R., Schmidt, M.: *Deterministische und stochastische Signale.* Dümmlers Verlag, Bonn, 1994

- Kreyszig, E.: *Statistische Methoden und ihre Anwendungen.* Vandenhoeck & Ruprecht, Göttingen, 1975

- Lentner, M., Bishop, T.: *Experimental design and analysis.* Valley Book Company, Blacksburg VA, 1986

- Linnik, J.W.: *Die Methode der kleinsten Quadrate in moderner Darstellung.* VEB Deutscher Verlag der Wissenschaften, Berlin, 1961

- MacCullagh, P., Nelder J.A.: *Generalized linear models.* Chapman and Hall, London u.a., 1990

- Mikhail, E.M., Gracie, G.: *Analysis and Adjustment of Survey Measurements.* Van Nostrand Reinhold, New York, 1981

- Miller, I., Freund, J.E., Johnson, R.A.: *Probability and statistics for engineers.* Prentice-Hall, Cliffs NJ, 1990

- Montgomery, D.C., Peck, E.A.: *Introduction to linear regression analysis.* Wiley, New York u.a., 1982

- Neter, J., Wasserman, W., Kutner, M.H.: *Applied linear statistical models: regression, analysis of variance, and experimental design.* Irwin, Homewood Ill, 1987

- Niemeier, W.: *Ausgleichungsrechnung.* Walter de Gruyter, Berlin, New York, 2002

- Ostle, B., Malone, C.M.: *Statistics in research: basic concepts and techniques for research workers.* Iowa State Univ. Press, Ames, 1988

- Press, W.H.: *Numerical recipes in C^{++}: the art of scientific computing.* Cambridge Univ. Press, Cambridge, 2002

- Rao, C.R.: *Linear Statistical Inference and its Application.* 2. Auflage, John Wiley, New York, 1973

- Rice, J.A.: *Mathematical statistics and data analysis.* Wadsworth & Brooks, Cole, Pacific Grove CA, 1988

- Rieder, H. (Hrsg.): *Robust statistics, data analysis, and computer intensive methods.* Springer, New York u.a., 1996

- Ross, S.M.: *Introdution to probability and statistics for engineers and scientists.* Wiley, New York u.a., 1987

- Sachs, L.: *Angewandte Statistik.* 7. Auflage, Springer Verlag, Berlin, Heidelberg, 1992

- Searle, S.R., Casella, G., MacCulloch, C.E.: *Variance components.* Wiley, New York u.a., 1992

- Siegel, A.F.: *Statistics and data analysis.* Wiley, New York u.a., 1988

- VDI-Berichte 1867: *Messunsicherheit praxisgerecht bestimmen.* Tagung, Oberhof/ Thüringen, 30.11.-1.12.2004, VDI Verlag, Düsseldorf, 2004

- Wall, F.J.: *Statistical data analysis handbook.* McGraw-Hill, New York u.a., 1986

- Walpole, R.E., Myers, R.H.: *Probability and statistics for engineers and scientists.* MacMillan, New York u.a:, 1989

- Weerahadi, S.: *Exact statistical methods for data analysis.* Springer, New York u.a., 1995

- Welsch, W., Heunecke, O., Kuhlmann, H.: *Handbuch Ingenieurgeodäsie, Auswertung geodätischer Überwachungsmessungen.* Herbert Wichmann Verlag, Heidelberg, 2000

- Wolf, H.: *Ausgleichungsrechnung. Formeln zur praktischen Anwendung.* Dümmlers Verlag, Bonn, 1975 (2. Auflage, 1994)

  Ausgleichungsrechnung II. Aufgaben und Beispiele zur praktischen Anwendung. Dümmlers Verlag, Bonn, 1978 (2. Auflage, 1994)

- Wolf, H.: *Ausgleichungsrechnung nach der Methode der kleinsten Quadrate.* Dümmlers Verlag, Bonn, 1968

- Zlatev, Z.: *Computational methods for general sparse matrices.* Kluver, Dordrecht, 1991

Index

Abkürzungen

BGL	Bedingungsgleichung
BLU	Beste lineare unverzerrte Schätzung
BR	Beobachtungsreihe
CAD	Computer Aided Design
DGPS	Differenzielles Global Positioning System
EDM	Elektronische Distanzmessung
EDV	Elektronische Datenverarbeitung
GDOP	Geometric Dilution of Precision
GG	Grundgesamtheit
GMM	GAUSS-MARKOV-Modell
GPS	Global Positioning System
KS-Test	KOLMOGOROV-SMIRNOW-Test
MkQ	Methode der kleinsten Quadrate
ML	Maximum-Likelihood
MLM	Maximum-Likelihood-Methode
MM	Momentenmethode
NGL	Normalgleichungen
OC	Operationscharakteristik
PRN	Pseudo Random Noise
VFG	Varianzen-Fortpflanzungsgesetz
VKM	Varianz-Kovarianz-Matrix
WGS 84	World Geodetic System (1984)

www.ingramcontent.com/pod-product-compliance
Lightning Source LLC
Chambersburg PA
CBHW081054220326
41598CB00038B/7090

* 9 7 8 3 4 8 6 5 8 3 5 1 9 *